工程结构材料失效准则

Failure and Fracture Criteria of Engineering Structural Materials

许金泉 著

科学出版社
北京

内 容 简 介

结构工程师最大的困惑是，在做了很多结构应力分析后，却发现没有合适的失效准则和评价方法来进行结构安全性和可靠性评价。强行评价意味着评价方法本身就是不可靠的，这是做再多的应力分析也没用的。但关于失效准则的研究相对较少，因而现实中还普遍存在着一些随意假定失效准则的现象。实际上，同一材料在不同应力状态及环境条件下，会有不同的失效形式，对应不同的失效机理，需要采用不同的失效准则。诚然经验准则是最简单的，但其局限性很强。实际上随着材料及其服役环境的复杂化，失效影响因素众多，即使不考虑实验规律的普适性，总结经验规律也是非常困难的。本书从各类材料的失效机理出发，介绍了建立脆性及准脆性、韧性、界面、疲劳、蠕变及腐蚀等工程失效形式及其耦合场景下失效准则的方法，并与一些经验及现有准则进行了比较。

本书可用作从事结构强度寿命相关工作的结构工程师的实用参考书，相信必然会耳目一新，也可用作机械、土木、船舶、工程力学等专业的结构安全性和可靠性方向研究生和高年级本科生的教材，进一步培养他们解决实际问题的能力。

图书在版编目（CIP）数据

工程结构材料失效准则 / 许金泉著. —北京：科学出版社，2023.8
ISBN 978-7-03-074293-3

Ⅰ. ①工…　Ⅱ. ①许…　Ⅲ. ①工程材料-结构材料-失效机理
Ⅳ. ①TB3

中国版本图书馆 CIP 数据核字（2022）第 240993 号

责任编辑：赵敬伟　郭学雯/ 责任校对：彭珍珍
责任印制：吴兆东 / 封面设计：无极书装

科学出版社 出版
北京东黄城根北街 16 号
邮政编码：100717
http://www.sciencep.com
北京虎彩文化传播有限公司 印刷
科学出版社发行　各地新华书店经销
*
2023 年 8 月第　一　版　开本：720×1000　1/16
2024 年 1 月第二次印刷　印张：19 3/4
字数：398 000
定价：148.00 元
（如有印装质量问题，我社负责调换）

前　言

失效是指结构或材料不能满足原先设计要求的情况,不仅仅是指发生客观断裂破坏的场合(称为客观失效),也包括主观或经验上判断为不满足结构设计要求(例如,变形量超出了设计要求、出现明显裂纹等,称为主观失效)的状态。结构失效的形式多种多样,不同的失效形式往往会有不同的失效机理,需要采用不同的失效准则来进行评价,实际上发生的失效形式则是由各种失效机理中最先达到失效条件者决定的。因此,在复杂结构中,即使是对于常见材料的安全性、可靠性评价,也必须熟悉各种可能的失效机理及其对应的失效形式和准则,才有可能进行正确的评价。而对于新材料或苛刻工况下的结构失效,则必须根据其可能的失效形式和机理,去自行建立相应的失效准则。客观失效准则是一种客观规律,不是可以随意假定或套用的,也不是可以通过某些变形或破坏过程模拟获得的,而是必须根据该客观规律的属性(材料强度学理论框架),结合失效机理才可以建立的。

在实际工程结构中,失效(包括强度与寿命)评价是结构受力分析的目的。尽管已有很多结构受力分析的书籍和软件工具等,但关于失效准则却尚没有专门的教材或专著。当然,对于一些简单的工程结构,用好材料力学的四大强度理论,加一点裂纹断裂准则以及一些经验准则或行业规范也确实就够用了,但现代工程技术的迅猛发展,例如,各种发动机结构的强度寿命、各类新型电子产品的寿命可靠性等,已经超出了这类经典失效经验所能覆盖的范围。严格地说,客观失效准则属于材料强度学范畴,它的一端是力学分析得到的参数,另一端则是实际材料的强度寿命行为。客观失效准则起着联系两者的桥梁作用。传统上,工程技术人员大多习惯于按手册或规范设计。虽然这是必须的,但也导致了人们对手册或规范难以涵盖的问题缺少应对的手段。而理论研究人员则大多只习惯于做各种力学参数的分析,至于在这些力学参数下实际结构的强度寿命究竟如何,也并不能提供多少可信的评价理论基础。因此,对于复杂工况下具有新失效机理、多机理耦合的结构失效,工程技术与学术理论两界都只能靠经验摸索,而无一定之规可循。撰写本书的动机是,作者在参与实际复杂结构的安全可靠性评价时,发觉普遍存在不顾评价准则的适用范围和失效机理乱套经验或规范的情况,并且有以此排斥失效准则客观性而导致设计的可靠性无法保证的现象。因此,本书不仅仅是要介绍已有的各种评价准则,更重要的是想依据材料强度学理论介绍建立评价准则的方法和思路。本书第1章首先介绍理解本书所必需的材料强度学方面的知识,希望深入了解的读者可参阅材料强度学方面的专著。本书也要求读者具备一定的弹塑性力学、断裂力学和损伤力学的理论基础。为了方便读者，理解本书所需的最低限度的力学理论基础，在书末以附录形式给出。

本书重点聚焦于失效形式及其机理，以及根据失效机理自行建立新材料、新失效形式的破坏准则的方法，也对一些常用的失效准则进行了说明，可以作为工程力学专业研究生的教学用书，更希望可以用作工程技术人员的实用参考书。为了方便将本书用于教学的读者，各章后都针对该章主要内容附有一些思考题。当然，工程技术人员也可以通过对这些问题的思考，来加深对本书内容的理解。

2022.10 于上海

目　录

第1章　预 备 知 识

1.1　连续体模型与真实材料的区别

大家都知道连续体模型是近代力学中最基础的假定，但不一定清楚它与实际材料的区别。而材料的失效评价，不仅要用基于连续体假定的力学参数，更必须要用与材料实际微观结构有关的失效形式与强度特性，因此必须搞清楚这两者的差别。在传统的力学课程里，往往只关心力学参数的分析，这部分内容是基于连续体模型的相对严密的理论。理论分析关心的是物体受力(作用)与响应的分析方法，所以首先要规定对物体、作用、响应的表征方法，然后建立其相互关系作为分析的理论基础。例如，在经典力学中是用质点弹簧系或刚体来模型化物体，进一步用力来表征作用，用运动来表征响应，然后根据力的平衡方程、运动响应(位移、速度、加速度)的微分关系、力和加速度的关系(牛顿第二定律)为基本方程进行分析的。然而，对于工程结构材料，人们更多关心的是其变形、破坏等响应，此时用质点弹簧系表征材料会引发诸多不便甚至谬误，需要改用连续体模型来表征物体，并在此基础上定义应力应变。换句话说，应力应变的定义本身也是基于连续体假定的。

何谓连续体假定？我们知道，实际材料总是有各种微观组织结构的，如晶粒、夹杂、微空洞等，即使是理想材料，也必然是由分子、原子等的排列构成的，并且各种微观组织结构和缺陷形式、分布往往都是有随机性的。这意味着从微观来看材料是由一些不均匀且有间断甚至空穴的微观组织结构构成的。直接考虑这些微观组织结构(实际上因随机性也考虑不了)是不现实的，需要把材料先当作弥漫于其几何外形空间内的一种假想“物体”，该“物体”没有任何微观组织结构，可以无限细分，这称为连续体假定。该假想物体显然不是真实的材料，而只是真实材料的一种模型。在此模型中“物体”是可以被无限细分的，因此定义在该假想“物体”上的函数就可以有连续可微性。在连续体里，应力应变的严密定义为[1-3]

$$\sigma = \lim_{\Delta S \to 0} \frac{\Delta F}{\Delta S}, \quad \varepsilon = \lim_{\ell \to 0} \frac{\Delta \ell}{\ell} \tag{1.1}$$

定义中有长度(包括截面积)趋于零的极限操作，这使得应力应变是被定义在空间点上的，是空间位置的函数，故而可以通过其微分关系来建立固体力学的基本方程。但是在实际材料中，显然这种趋于零的极限操作是没有物理意义的，“点”只存在于假想的连续体里，实际材料中不存在“点”(只有晶格或原子分子等)。当然，这种趋于零的极限操作，应该也必须被理解为只要尺寸足够小就可以了，并不需要小到零尺寸。事实也确实如此，如果只需要做应力应变分析，那么建立在连续体概念上的固体力学理论是足够的了。但是如果要解决工程中的失效评价问题，那么问题就来了：这个足够小的尺寸究竟是多少？材料破坏总是起始于某个微观组织结构的，这种影响在没有微观组织的连续体里如何才能得到体现？这都需要我们对实际材料和连续体假定的区别，有一个清醒的认识。

采用连续体假定后，就可由三种基本关系(分别是作用与作用即平衡关系，响应与响应即几何关系，作用与响应即本构关系)来建立控制方程[4]，并以控制方程为依据进行应力应变分析。对于连续体力学理论，获得力学参数后任务就结束了。然而对于实际工程材料来说，仅获得评价参数是不够的，在此基础上进行失效评价或分析才是更重要的，甚至可以说失效分析才是应力应变分析的目的。应力应变分析与失效分析是两个不同的分析阶段，前者是后者的手段，后者是前者的目的。而要进行失效评价分析，必须搞清楚失效形式、失效机理、材料强度特性等，这些却又都是与实际材料的微观组织结构密切相关的。这样，失效分析实际上是两种不同模型下的东西，即一边是在连续体假定基础上获得的评价参数——应力应变，另一边是与微观组织结构密切相关的实际破坏现象，联系起来进行评价。评价的依据显然不是可以拍脑袋的，而必须是按一定的方法——材料强度学，才能建立起具有普适性意义的失效准则。常见的所谓强度理论、断裂理论，一般都仅局限于连续体假定，与材料微观组织结构形式无关，而所谓材料强度学则是指利用材料微观结构的失效形式和机理来研究宏观材料强度行为的学问[5,6]。本章介绍材料强度学的一些基本概念和方法，内容虽然偏于概念性，但却是联系连续体与实际材料失效行为所必需的基本概念。

当进行评价参数分析时，我们必须注意连续体本质上是不能用质点弹簧系来代替的。这是因为在质点弹簧系内，力与位移都是矢量，而在连续体内，应力应变都是张量。两者的作用与响应的表征方法不同，如图 1.1 所示。质点弹簧模型不能表示扭转或旋转的力，也不可以表征扭转或旋转的变形。刚体模型虽可表示扭转或旋转的力，但不能表示变形。某个坐标轴方向受力时，连续体可以有其他两个方向的变形，而质点弹簧系则不能。更为关键的是，质点弹簧系的失效形式只能是弹簧模型的断裂，显然这是不足以反映实际材料的断裂形式与机理(起始于微观组织结构的破坏)的。但质点弹簧模型很容易模拟主要变形，当不涉及客观失效时，它总是可以通过调节弹簧特性来获得所需的变形的。

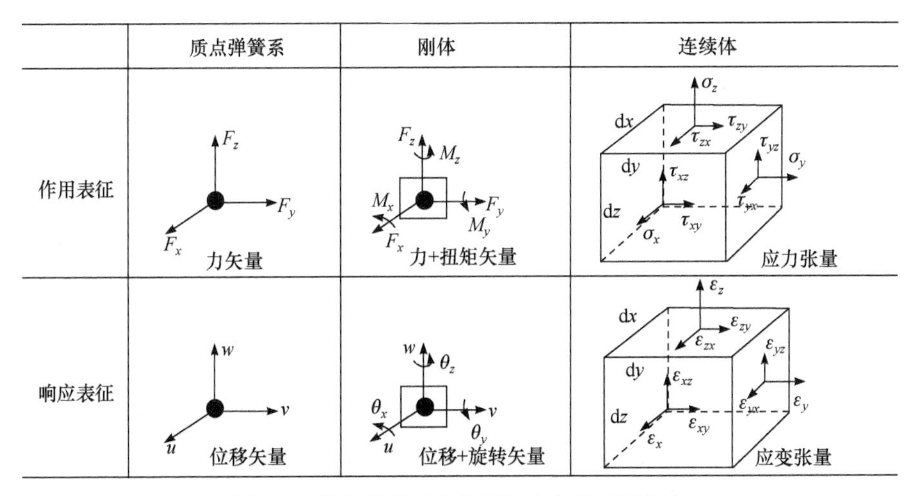

图 1.1 物体模型及其作用与响应的表征方法

1.2 工程结构失效评价的一般性步骤

对于任何复杂结构的客观失效评价(主要是指其强度与寿命评价)，其步骤都可归纳为如图 1.2 所示的三步。即：①针对实际问题，建立应力分析所需的力学模型，包括形状、尺寸、材料及载荷、约束条件等。②针对所建模型，采用相应的力学理论进行应力应变等的力学参数分析，目前基本上都可以由商用有限元程序完成。③针对力学分析结果，采用或建立合适的失效准则，对结构进行强度寿命等方面的失效评价。

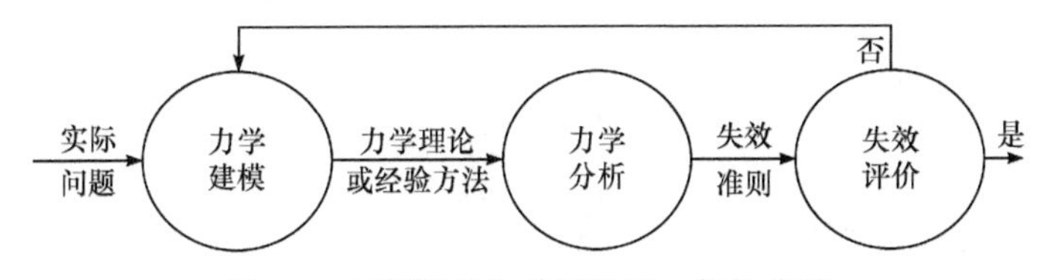

图 1.2 工程结构失效评价的一般性步骤

以上三个环节是一个整体，仅掌握其中一个环节是无法解决工程中复杂结构的强度寿命评价问题的。对于新材料或新力学问题，一般需要经过三个环节的循环完善，直至强度寿命等的失效评价结果与实际情况一致，才能最终确立其力学模型、分析理论及失效准则。如果不一致，则需要返回修改完善力学模型，再次进行三个环节的迭代。需要注意的是，目前有些商用软件也是包含失效评价模块的。但其失效准则是否正确？评价结果是否符合实际？则是没有任何保证的！这是因为本质上数值计算只是力学三个环节中的一环(力学分析)，它是无法取代其他两个环节的。人们确实可以利用商用软件进行一些失效仿真，但这种计算仿真对不对，仍是需要人们另行判断的！如图 1.2 所示的三个环节看似简单，但其实各环节的对象和目的是各不相同却又密切相关的。建模环节(包括连续体假定)是要把实际问题纳入力学理论成立的范围里去，根据拟采用的理论，就会有不同的力学模型。例如相对简单的梁、柱类模型适宜于进行材料力学分析，复杂结构、流固耦合、多场等则必须采用相应的连续介质力学理论。力学分析是要针对所建模型采用或建立相应的力学理论，获得具体的应力应变等参数。而失效评价则要采用或建立失效准则，把力学参数与实际材料失效行为联系起来，进行强度寿命的定量评价。失效评价需要根据实际材料的失效形式及其机理(这不在连续体假定范畴内)，利用基于连续体假定的应力应变参数来进行。不同应力状态下，同一材料可以有不同的失效形式和机理，需要采用不同的失效准则。失效形式与失效的微观机理密切相关，故失效准则一般也必须以微观机理为基础来建立。传统上以宏观假定为基础建立的失效准则，只有在所做假定与微观机理一致时，才会有通用性。本书聚焦于失效评价环节。诚然，对于简单的常见结构及其材料，利用材料力学、断裂力学中提及的强度理论、断裂准则就可以进行其静强度(快速断裂)失效评价，甚至对于某些常见的复杂工程结构，也可以按行业手册或规范解决其强度设计问题。此时人们多数情况下并不需要去关心评价准则究竟是怎么来的。然而，随着新材料的开发应用，以及实际结构工作环境的复杂化和苛刻化，常规的失效评价方法不再成立，从而使得结构的强度寿命成为制约工程结构可靠性的关键问题。例如，发动机等复杂结构的强度寿命，看似古典却仍是尚未很好解决的失效评价问题。

1.3 材料的变形特性和强度特性

材料的力学特性有多种，总体上可以分为两类[5,6]：一是反映材料所受作用与响应关系(本构关系)的常数。在连续体假定基础上，作用可以用应力表征，响应可以用应变表征，故本构关系[7,8]也常被称为应力应变关系(当然，多场时还有其他作用和响应，就不仅仅是应力应变关系了)。应力应变关系中的常系数就是变形特性常数，如杨氏模量、泊松比、弹塑性硬化特性等。二是表示应力或变形的某种临界状态常数，称为强度特性，如屈服强度、拉伸强度等。变形特性由变形机理决定，强度特性则由失效机理决定。变形和强度特性被统称为材料的机械性能，它们必须是与材料几何形状和应力状态(在一定范围内)无关的，而只与材料质地有关。变形特性常数通常都是由单轴应力状态定义并可以通过试验获得，也就是说本构关系的最基本形式是单轴应力应变关系。但实际应用中应力状态一般是多轴的，故需要把单轴本构关系扩展为三维本构关系。对于新材料或者新的作用与响应关系，不是可以随意定义材料变形特性常数的，也不是可以把单轴关系简单扩展到三维的。对于新型工程材料，正确的本构关系是其力学分析的前提[9]，切忌随意假定！假定本构关系后获得的变形即使与实际一致，也并不意味着该假定是正确的(例如，在位移加载情况下，无论何种本构关系，变形都是一致的，但应力却会完全不同)。本构关系是必须根据多个材料主方向的单轴实验结果，综合成各个方向上的作用与响应耦合的形式来建立的。顺便指出：固体材料在单向受力时，空间各个方向都会有变形，即响应并不局限于单向。正是由于这种作用与响应在空间各方向上的耦合性，所以经典力学中的最常用的质点弹簧系模型不再普适于固体材料的力学建模。显然本构关系也必定是有成立范围限定的，但这个成立范围的限定却不能由本构关系自身来界定，而只能通过另行导入临界条件来界定。这个临界条件往往与材料的失效密切相关。所谓失效是指材料或结构所承受的作用或响应达到某一临界状态时，被认为已不满足设计要求的情况。因此失效准则是对某种应力或应变临界状态的描述，而本构关系则是某一范围内应力应变关系的描述，两者是完全不同的两码事。材料的强度特性是由失效准则定义的，是不可以由本构关系定义或界定的。在连续介质力学框架内，失效临界状态的描述方式主要有应力极限状态、应变极限状态、能量极限状态三种，其对应的最常见的强度特性分别是屈服及拉伸极限、断裂延伸率、断裂韧性。

另外，由于变形不涉及失效，是材料在保持完好状态下的行为，故变形必然是某个较大区域内材料的简单平均行为(没有状态的突变)。因此，变形特性受微观结构随机性的影响较小，属于组织不敏感量(structure insensitive property)。例如，不同厂家但同一牌号的金属材料，其杨氏模量、泊松比等总是可认为是相同的，但是材料的强度特性则可以大不相同。这是因为失效条件是由临界状态决定的，而临界状态则与失效开始的源点密切相关。失效开始于材料内最弱的部位(称为最弱点理论，weakest point theory)[6]，显然它不是某个区域内的平均行为，而取决于最弱点的微观组织结构，因此属于组织敏感量(structure sensitive property)。同一材质的材料，因受内部微观缺陷的多寡、不均匀性等随机性因素的影响，不仅不同厂家的强度性能会有很大差别，而且同一厂家在材料不同部位也可以有很大差别(称为离散性、分散性或均匀性)。正是因为变形和强度特性成因上的差别，材料变形特性可以从微细观结构行为的均匀化或体积率来估算(当然采用简单试验获得要可靠得多)，但材料强度特性却因与实际材料的微观结构密切相关，只能通过试验确定。这种组织敏感和不敏感性的差异，还意味着把本构关系与失效准则混为一谈的做法是不可取的，因为前者是变形机理的表征，后者则是失效机理的表征。由于强度特性是组织敏感的，任何试图撇开失效准则和实验，仅靠计算来决定材料强度特性的工作也都是徒劳的。强度特性一般也都是从单轴试验获得的，如屈服极限、拉伸极限等，都是在单轴失效准则及实验基础上导出的概念。但为了处理实际工程问题，就必须将单轴失效准则扩展到复杂应力状态，这就必须采用材料强度学理论来保证准则的普适性，而不是通过各种复杂应力状态实验去建立经验失效准则。

材料在不同的应力状态下可以有不同的失效形式，而不同的失效形式有不同的临界状态，需要采用不同的失效准则，导致其涉及的材料强度特性也不同(例如，铸铁在受拉时拉断、受压时剪断，失效形式不同，作为强度特性的拉伸极限与压缩极限是大不相同的)。相应地，同一种失效形式下，因其临界状态必然只有一个，无论应力状态如何复杂，其失效准则及其对应的强度特性必然是相同的。因此，完整的失效评价方法必须包括：①针对每种可能的失效形式，建立可适用于任意应力状态的失效准则，②以各种失效形式中最先发生者作为失效评价的结果。

1.4　结构和材料的失效形式

失效可被分为两类。一类是人为判断的失效，如变形超标、材料屈服、发生宏观缺陷等，称为主观失效。此时结构或材料的完整性并不一定被破坏，但是按习惯或事先规定必须判断为不满足设计要求。主观失效一般是针对具体结构的，但常常以局部结构材料的行为(如屈服、变形量、塑性应变等)来表征。另一类是不能保证结构或材料完整性的失效，称为客观失效，即俗称的破坏。客观失效也是以结构材料的局部破坏来表征的。

结构失效和材料失效是两个不同层次的概念[5]。结构失效有多种形式，如图 1.3 所示。材料失效必然会引起结构失效，但结构失效时材料却并不一定失效。针对不同的结构失效形式，必须采用与之相应的评价准则。例如，结构刚度失效又可细分为结构的变形失效和稳定性失效。变形失效条件是通过人为规定最大变形量极限来引入的(主观失效)。在一般民用机械或工程中，结构的最大变形量一般需限制在代表尺寸的 0.5% 以内，如梁、轴的挠度须小于跨度的 0.5% 等。典型工程结构的最大变形极限往往已被包含于相关设计手册或规范内。变形过大引起的失

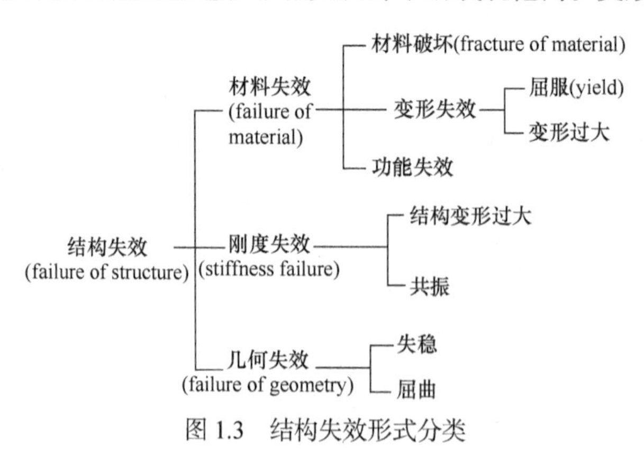

图 1.3　结构失效形式分类

效也常称刚度失效或刚度不足。由于共振现象往往是因为结构刚度不足导致的，所以也可被归属于刚度失效。但共振对应的刚度失效比较特殊，只需使载荷避开某些固有频率，则结构刚度还是可以满足设计要求的。几何失效是指结构的几何形状不能保持原来形状的失效形式，也称稳定性失效，这也是一种客观失效，主要有杆、柱类构件的压力失稳、薄壳结构的屈曲(压皱)等。几何失效与结构的约束条件、几何形状密切相关，而与材料的强度行为没有关系，一般可以通过有限元等的稳定性分析直接计算其临界载荷来避免。

材料失效(failure)与材料破坏(fracture)也是两个不同层次的概念，混淆这两个概念必然导致失效准则的乱用。材料失效是指结构材料不能满足设计要求的所有情况，而破坏则指发生断裂、碎裂等客观失效的情况。失效包含了破坏，但失效并不一定就是破坏。在失效准则的选用或新建时，必须搞清楚其差别。破坏肯定属于失效，这种失效条件是没有讨价还价的余地的(设置安全系数是另一回事)，故称为客观失效。与之相对应，主观失效则是一种人为规定的失效，例如，认为结构材料一旦发生塑性变形就不满足设计要求，或者局部塑性应变过大等，此时构件材料实际上并没有发生破坏，但却常被人为地规定为失效。必须指出，主观失效条件也是必须的。例如，如果梁的挠度很大，即使离断裂条件还远着呢，也不会有人敢住那样的房子。再如机械零部件一般都有精度要求，如果变形量(哪怕是弹性的)超过了精度要求的范围，就会产生构件间的相互干涉等，显然也就不满足设计要求了。本书中以失效来统称客观和主观失效。显然针对不同的失效形式必须用不同的失效准则。材料失效形式主要有破坏(断裂)、变形失效和功能失效(主要发生在功能材料中)三种。第一种属于客观失效范畴，后两种均属于主观失效范畴(对于功能材料的失效，常用功能降低多少来作为失效条件)。本书主要限于介绍客观失效准则。

材料的破坏又有如图 1.4 所示的多种形式。静态破坏(static fracture)是指发生在某一恒定应力状态下的破坏，加载速率不变或很小，但并不要求结构或材料处于静止状态。动破坏则指在加载速率很大(冲击或应力波等)的情况下的破坏[10]。严格地说，任何材料的变形及强度特性都是加载速率依存的，只不过多数材料在某一较大的加载速率范围内其依存性较小而已。静态破坏与动破坏是其强度特性在两种极端情况下(即加载速率很小与很大)的体现，其微观失效机理有很大不同，故其破坏准则和材料强度特性也有明显不同。

静态破坏主要有瞬时断裂和延时断裂两种，瞬时断裂是指应力状态一旦达到某个临界状态就瞬时发生的破坏。对于黏弹性材料(变形响应与加载时间有关)，以较快速率加载时发生的断裂，称为快速断裂。快速断裂机理及条件都与瞬断类似，故而瞬断与快断往往不作区分，但实际上快断强度特性是加载速率依存的。延时破坏则是指在某个外载状态下，经过一段时间后发生的断裂。因为外载可以

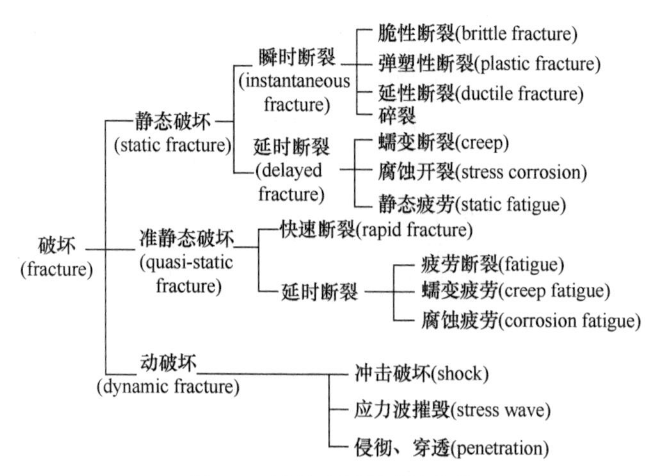

图 1.4　材料破坏形式的分类

是恒定的，也可以是交变的，故称作延时断裂以与疲劳断裂[11]区别。延时断裂是材料内部的损伤(可以由多种损伤机理导致)累积的结果。损伤使得实际的有效应力增大，或者反过来说，使得材料的剩余强度特性不断降低，从而使得材料经过一定的工作时间后到达破坏的临界条件而发生的失效。准静态破坏(quasi-static fracture)是指在应力变化速率不是很大时(如数十赫兹的循环应力或加载速率不太大的加载过程)发生的破坏，虽可能有某种动破坏机理的影响，但静态破坏机理仍占支配地位。准静态破坏可分为快速断裂和延时断裂两种形式。快速断裂是快速拉伸时发生的断裂，常采用与静态破坏中瞬断相同的评价方法，只需注意材料强度特性有可能是加载速率依存的。延时断裂是结构材料最常见的失效形式，包括疲劳断裂、蠕变疲劳、腐蚀疲劳等。延迟失效过程可分为两部分，首先是材料内部损伤的累积，导致有效应力增大，或材料剩余强度降低；其次是损伤累积到一个临界值，使得有效应力达到断裂临界状态而发生延迟后的快速断裂。在损伤累积到临界值之前，材料不发生断裂。因此，必须考虑损伤累积机理与断裂机理，才能建立延时失效的评价准则。

1.5　材料失效准则的一般形式

无论是从微观机理还是宏观假设来建立失效准则，都包含两方面的内容，一是当前应力、应变状态的描述，二是临界极限状态的描述。当前状态达到临界极限状态时，结构材料发生失效。故一般性地，材料失效条件可以表示为

$$f(p_1, p_2, \cdots, p_n) = f_{\mathrm{C}} \tag{1.2}$$

其中，p_i 称为评价参数，最常用的是应力、应变、变形位移等。这些评价参数的

某个函数(称为评价函数) f ，就代表了当前状态(如能量状态、支配参数状态等)，这个状态的描述方法即函数形式的选择，不是可以随便选的，而必须根据具体失效形式、机理或宏观假定来决定。而 f_C 就是临界状态的表征。因此，失效条件必然与具体的失效机理、失效形式相对应。在单轴应力状态下，只有应力一个参数(但应变仍有多个，都可由单轴应力决定)，式(1.2)就退化为

$$\sigma = \sigma_C \tag{1.3}$$

这容易使人产生一种误解，以为做个单轴实验就可以确立失效准则了，但实际上工程结构一般都处于复杂的多轴应力状态，是不能硬套单轴失效准则的。确定评价函数 f 的形式，主要有两种办法：①等效应力法，即将多轴应力状态等效为单轴状态，需要根据失效机理引入等效的方法，如畸变能等效、应变能等效等；②破坏机理法，即根据发生破坏的机理，找出支配因素，如最大主应力、最大剪应力等。f_C 则是临界状态时的函数值，代表了结构或材料的固有特性，是其极限承载能力的表征。一种失效形式只有一个函数值，故对于各向同性材料，一种失效形式就只有一个强度特性值与之对应。但对于各向异性材料，不同方向上的失效属于不同的失效形式(各向异性所致)，故强度特性有多个。另外，对于作为失效准则的式(1.2)，由于是对应于失效形式的，实际上也包含了失效形式的判别。例如，以最大主应力作评价参数时，断面就在与主应力垂直的方向，以最大剪应力作为评价参数时，塑性滑移方向就在最大剪应力的方向上等。一般具有微观机理依据的失效准则都可同时判断失效方向，而基于宏观假说的失效准则，尤其是对于断裂失效，通常是不能判断断裂方向的，故常常还须另行补充失效方向的假定或判断准则。

对于延时断裂，断裂发生时的条件也具有式(1.2)的形式，只不过到达这个临界状态是需要时间的，这个时间就是寿命 t_f 。此时人们更为关心的往往不是最终断裂的条件，而是到最终断裂发生前的寿命。寿命评价的依据主要是损伤累积的机理，累积慢则寿命长，而瞬断条件则是寿命的终点。

建立失效准则时，确定评价参数和评价函数的形式是关键，它们是必须根据具体的失效形式来确定的。因为不同的失效形式会有不同的支配性机理和参数，所以必然会有不同的失效准则。对于同一种失效形式，当对其失效机理的理解或宏观假定不同时，也会出现不同的函数形式。因此，在利用实验结果总结失效准则时，往往不同实验者会给出不同的失效准则。故经验准则一般只能应用于与实验者的实验条件相同的特殊情况。在寿命评价中，这一点尤其必须给予高度的重视，即经验寿命公式只适用于与该经验所对应的实验应力应变状态。另外，当从破坏的微观机理出发来建立式(1.1)时，一般是以支配性失效机理来建立的。但各类复杂微观结构及次要机理对破坏也可能会有影响，甚至可以是多种机理共同支配的。当有支配性机理时，次要机理的影响可有两种考虑方法，一是将其放在材

料强度特性常数中考虑，即认为其影响可以被包含在临界函数值 f_C 中。这就意味着宏观的材料强度特性与材料微观结构的强度特性相比，本质上不是同一个东西，宏观的强度特性要包含更多的微观结构变化形式。二是将评价参数做相应的修正，即在评价参数中考虑宏微观的差别，而保持材料强度特性常数的相对恒定。这两种考虑方法都常用，在单一参数时，两者的效果是相同的(但多参数时则会有明显不同)。

多轴应力状态下的失效准则式(1.2)常被改写为

$$\sigma_{ef} = \sigma_C \tag{1.4}$$

即对等式右侧只保留一个材料强度特性常数，把其余因素都归入等式左边。与单轴应力时的式(1.3)比较，σ_{ef} 起到了把多轴应力状态等效为单轴应力状态的作用，故称为等效应力。等效应力的定义只能来自失效准则，失效准则必须有连续性，即退化为单轴时式(1.4)就是式(1.2)的单轴失效准则。因此材料强度值 σ_C (如屈服强度、拉伸强度等)是无须由复杂应力状态试验求取的，而可由单轴应力状态试验测得。由于不同失效形式有不同的失效准则，所以等效应力必定是与失效形式对应的，不同失效形式有不同的等效应力。例如，众所周知的 Mises 应力是对应于滑移机理的，故只适用于屈服失效的评价。而对于断裂(有拉裂与滑移开裂两种形式)，显然是不能用此等效应力的。例如，近乎三向等拉的应力状态，Mises 应力近乎零，但当其最大主应力达到拉伸极限时，是会发生断裂的，用 Mises 应力是评价不了的。

单轴失效准则几乎是自明的，因为此时只有一个应力评价参数。许多人因此对建立失效准则的必要性难以理解。实际上工程结构中单轴应力状态非常少见，更多的是复杂应力状态。对于复杂应力状态，必须先建立失效准则，然后将其改写成式(1.4)的形式，来获取等效或有效应力。由于经过改写后的失效准则简单明了，所以实际应用中往往可以不管式(1.2)，而直接采用式(1.4)。这样表面上似乎只需要单轴的失效准则就可以了，把等效应力的定义拿来用即可。但是等效应力从哪里来的呢？它实际上来自式(1.2)。乱用等效应力定义与乱用失效准则一样，是导致工程应用中评价错误的主要原因之一。

1.6 危险点理论

危险点理论有两个层面的含义。其一是微观层面的，严格地说是最弱点理论[5,6]，以下仍称为危险点。真实材料内包含各种微缺陷，如图 1.5 所示。微缺陷的存在不但会引起局部的应力集中，而且会使该处的强度特性变弱。局部应力集中与材料变弱效应最严重的部位(并不一定是缺陷最大处)就是危险点(最弱点)。当危险点应力达到微观失效机理的条件时，就会发生局部失效。各种破坏失效总是始于危险点，故强度特性必然是组织敏感的。但是，考虑具体微缺陷的应力集中及其附近材料的强弱，是不可能也是不必要的。因为微缺陷形状、大小都有很强的随机性，即使做最多的具体微观缺陷的分析，也是把握不了真实的微观危险点应力集中行为的。另外，如果微观缺陷的概率分布是由材料(包括组分、成型工艺等)本身决定的话，那么无论在材料内的哪一部位，出现危险点及其对应的应力集中的概率是一样的(此即所谓的材料均匀性假定)，因此我们可以不管具体的危险点和应力集中状况如何，直接用名义应力来描述危险点的真实应力，两者之间只差微观尺度上的应力集中系数而已。这个集中系数可以被包含在实测的强度里，无需具体确定。例如，危险点失效条件是 $K\sigma=\sigma_{\mathrm{d}}$ (σ_{d} 表示危险点处的材料强度)，可以方便地改写成 $\sigma=\sigma_{\mathrm{d}}/K=\sigma_{\mathrm{b}}$。也就是说，通过实测材料强度 σ_{b}，可以以 σ_{d}/K 的形式，把危险点应力集中系数和局部强度特性进行一体化考虑，根本无需纠结微观的应力集中系数是多少，局部的强度又是多少。换句话说，我们在利用实测的材料强度值时，就已经包含了微观的危险点影响。但是由于微观缺陷的随机分布性，不同试件的材料强度特性尤其是拉伸极限也必定是有一定的离散性的，而屈服极限的离散性则会小很多(因为它不只取决于最弱点)。这导致材料的强度特性实际上需要两个指标来表征，即表征平均值行为的强度特性以及该平均值附近的离散范围。

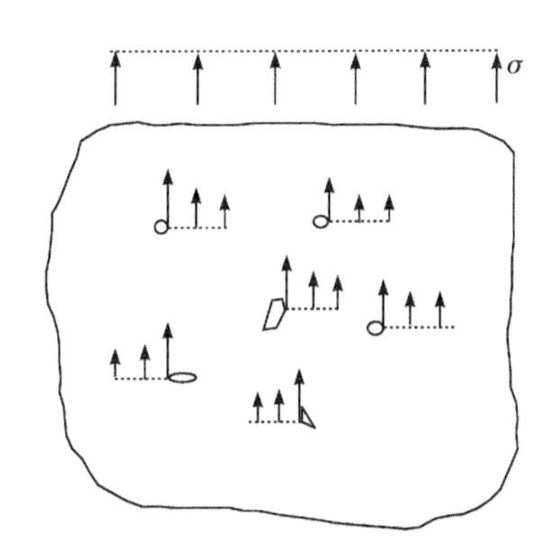

图 1.5 微缺陷与最弱点

其二是宏观层面的。结构材料中一般应力分布是不均匀的，失效准则只关心危险点(most dangerous point)。这里所谓的危险点，与最弱点(weakest point)不同，是指最先达到式(1.2)的失效条件的点，一般是应力集中点，所以结构危险点的认定是与失效条件(失效形式)密切相关的，并不一定是在某个应力分量最大处。因此，没有失效准则是难以判断结构危险点的。由于材料中的最弱点体现在材料强度的离散性中，故通常所谓危险点仅是指结构的危险点。那么，危险点处的破坏为什么可以认为是结构材料的破坏呢？这有两方面的原因：一是局部破坏后，将在该处引起更严重的应力集中，继续引发下一个危险点的破坏，总体上就可能表现为瞬时或快速失效。但当原始应力分布具有很大分布梯度时，也有可能发生局部破坏后的新危险点不满足失效条件的情况，此时，整体上并不表现为瞬时失效，而只是局部失效。二是即使只是局部破坏，失效区域也就成为材料的初始缺陷。除非设计条件中允许缺陷存在(称为损伤容限设计)，否则就不能满足设计要求，就是失效了。例如，绝大多数设计中，一般都不允许材料中包含宏观裂纹，所以一旦产生宏观裂纹，即使其在当前载荷状态下不再扩展，即材料不发生断裂，也应当被判断为(主观)失效了。当然，某些情况下有裂纹也可能仍可以继续使用，但这超出了失效概念的范围。实际上，如果结构材料中已经发现了宏观裂纹，那么一般情况下就应立即判断为主观失效，只有在非主承力构件且经过严格的行业安全规范检查后，才可有条件地继续使用。断裂力学研究的实际上是含裂纹材料的极限承载能力，并不是说在设计和设备运行中，可以允许用包含宏观裂纹的材料(这是作为工程师必须要有的概念)。这种极限承载能力，就像断裂延伸率之于塑性变形一样，只是从应力(应力强度因子)的角度，为保障极限安全状态提供一条红线。因此，在利用断裂力学的失效准则(包括裂纹疲劳扩展规律)时，一般还必须结合主观失效准则的评判。一般情况下，对于裂纹问题，主观失效在前，客观失效在后。

1.7　安全系数与许用应力

在实际工程应用中，式(1.2)还会被进一步改写成

$$\sigma_{\mathrm{ef}} \leqslant [\sigma] = \sigma_{\mathrm{p}} / n \tag{1.5}$$

其中，n 称为安全系数；$[\sigma]$ 称为许用应力，是对应于该失效形式的强度特性值 σ_{p} 除以安全系数。也就是说，在设计中，不是直接采用式(1.2)的失效准则作为依据，而是以考虑了安全系数后的式(1.5)作为设计的依据(实际上这也可看作结构材料的一种主观失效准则)。如果不满足式(1.5)的要求，也许结构不会失效，但设计就是错误的。对于常见的工程结构材料，许用应力或安全系数虽会因具体结构、实际工况而有所不同，但一般可以通过行业手册查到，任何调整或更改都必须经过严密和系统的论证。而对于新结构新材料，则没有手册可查，只能自行决定相应的许用应力或安全系数。

那么，安全系数或许用应力是怎么决定的呢？首先，必须搞清楚为什么需要安全系数。安全系数是要从载荷随机性及材料特性(包括加工品质)离散性两方面来考虑各种可能的影响因素。记各影响因素可能的最大值与名义值之比为 n_i，则总的安全系数就必须为

$$n = n_1 \times n_2 \times \cdots \times n_N \tag{1.6}$$

例如，①一般求解应力时不考虑载荷的突加性，而是认为载荷是缓慢地增大到最大值的。如果载荷有突加性，则瞬时应力是稳态应力的 2 倍，即 $n_1 \geqslant 2$。如果没有突加，则考虑最大载荷的波动性，也至少取 10%的余量，即 $n_1 \geqslant 1.1$。反之，如果设计中考虑的最大载荷是很少会出现的极限工况(静态载荷)，则可取 $n_1 \geqslant 0.9$ 等。②材料强度特性是一种统计表征，实际上它有离散性，即材料的实际强度是有可能小于作为平均统计特性的强度值的。对于板材或棒料金属结构材料的静强

度特性，离散性相对较小，但也至少应取10%的余量，即$n_2 \geqslant 1.1$。而对于几何形状及成型工艺复杂的结构材料，其离散性也较大，至少要取$n_2 \geqslant 1.3$等。对于混凝土等离散性更大的材料，则至少取$n_2 \geqslant 1.5$，甚至更大。如果有确切把握，所用材料的强度特性比普通的统计特性要好，也可取$n_2 \geqslant 0.9$。③各种不确定的附加载荷的影响。如果在主要载荷以外，还可能有别的形式的附加载荷(在计算中被忽略了的)，则可取$n_3 \geqslant 1.1$，如果附加载荷实际上也很大，则需计入应力计算中。除此之外，还可能有其他影响因素，在综合考虑了各影响因素后，就可根据式(1.4)得出其总安全系数。一般，对于金属材料的机械构件，多取$n = 1.5$；在土木工程中，钢结构多取$n = 2.5$，其他结构取$n \geqslant 4.5$；在航空航天工程中，也有取$n = 0.9$的。这些经验取法给出的都是总的安全系数，无须再考虑各影响因素的贡献。注意，实际应用中安全系数尽量以查手册为准，这里讲的只是其来历。当然在没有手册可查时，可用此法决定。结构分析师常会有一种苦恼，即辛辛苦苦把应力分析做精确了，最终因为一个安全系数，这些辛苦全部付诸东流。这是因为应力分析与强度评价是相对独立的两件事，应力分析要尽量做精确。安全系数则是从失效评价角度引入的，以覆盖建模、评价中的不确定性影响，这与计算精度要求是两码事。

对于某些材料的延时破坏，如静态疲劳、高温蠕变、应力腐蚀等，工程中也常直接采用事先规定的一个许用应力的设计方法，此时的许用应力不是强度除安全系数的概念，而是满足一定寿命要求的应力极限的概念。例如，蠕变破坏的寿命曲线如图1.6所示。如果设计寿命要求是t_{design}，那么其设计许用应力就是$[\sigma] = \sigma_1$。

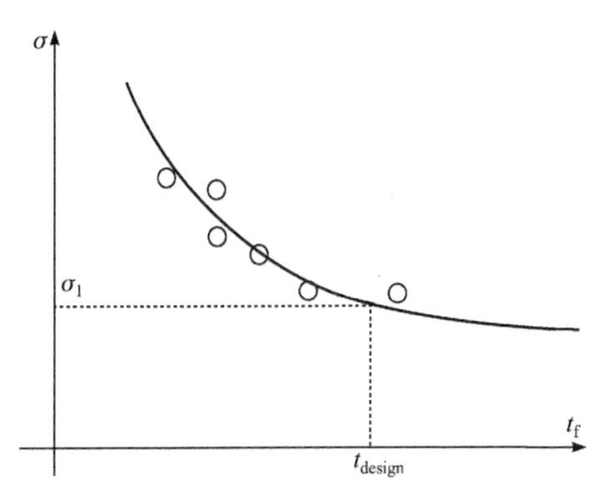

图1.6 蠕变破坏的寿命曲线示例

1.8 工程材料和理想材料

工程材料一般是指工程中实际使用的材料，主要有工程结构材料和介质材料两种。结构材料用来结构定形和承载，必须是固体；介质材料用来填充或作其他辅助或功能用，可以是固体、流体或中间态。例如在电池中，电极是结构，电解液是介质，它不是用来承载的。作为工程承载结构材料，并不是固体就可以的，最低限度还必须满足材料稳定性的要求。所谓材料稳定性，是指如果载荷不变，则变形状态也保持不变或没有明显改变的特性。起初是稳定的材料，当外部载荷超过某一极限时，会变成非稳定材料，称为材料的失稳，这与结构失稳是两码事。失稳后的材料，即使其原来是有稳定性的，也不能再作为结构材料使用。工程材料中包含各种各样的微观缺陷，但在其连续体模型中，可以先不考虑微观缺陷的影响进行弹性或弹塑性分析，而把微观缺陷的影响放在材料的强度特性中考虑。这是因为变形特性是总体平均的概念，微观缺陷的变化对其影响可以忽略，而强度特性则是危险点局部的统计表征，微观缺陷变化的影响不能忽略。

理想材料是指没有任何内部微观缺陷的材料,原子排列处处都是规则的材料，现实中不存在。理想材料与连续体假定不同，它有原子排列，但没有排列的缺陷，即不包含晶界、晶胞、空洞、杂质等缺陷。虽然现实中不存在没有微观缺陷的材料，但当研究微观组织与材料强度性能关系时，我们仍会采用理想材料模型。显然，微观缺陷越少，材料强度性能越好。因此通过减少微观缺陷，以接近于理想材料，一直是提高材料强度性能的重要手段。较早是晶须结晶和单晶材料，现在则是纳米材料。纳米材料是指原子排列几乎没有缺陷的材料，这往往只有在纳观尺度内才能做到。一个纳米内有十几个原子排列，尺寸增大，包含缺陷的可能性也随之变大。必须指出，纳米材料也仍不是严格的理想材料，因为表面层与内部层的能量级不同，所以其表面实际上仍是一种缺陷。

工程材料和理想材料的区别不在于是否可以应用连续体假定，而在于其所包含的内部微观缺陷的有无。由于工程材料中微观缺陷形状、分布的随机性，对其做纳米尺度的分析是不太现实的，也是没有必要的。但对于微观组织非常规则的纳米材料，就可以从纳米尺度的理想材料特性来推导其强度特性。

理想材料的强度特性是仅由分子间力确定的[5,6]。图 1.7(a)为拉伸方向的分子间力，图 1.7(b)为晶格滑移时作用在分子上的合力。以半个正弦波近似地表示拉伸时的原子间力(注意：分子动力学是利用势函数来描述分子间力的，这里仅考虑粗略近似)：

$$\sigma = \sigma_{\max} \sin\left(2\pi \frac{d-b_0}{\lambda}\right) \tag{1.7}$$

由胡克定律

$$\sigma = E\frac{d-b_0}{b_0} \tag{1.8}$$

由式(1.7)和式(1.8)

$$\begin{aligned} &\sigma = \sigma_{\max} \sin\left(2\pi \frac{d-b_0}{\lambda}\right) = 2\pi\sigma_{\max}\frac{d-b_0}{\lambda} = E\frac{d-b_0}{b_0} \\ &\lambda = \frac{2\pi b_0}{E}\sigma_{\max} \end{aligned} \tag{1.9}$$

将两个分子拉开所需的外力功为

$$A = \int_{b_0}^{\infty} \sigma \mathrm{d}x = \frac{2b_0}{E} \sigma_{\max}^2 \tag{1.10}$$

注意，到$\sigma_{\max}$时外力实际上只做了式(1.10)一半以下的功。这部分外力功转化为拉开后的表面能，记表面能密度为γ，则

$$\frac{2b_0}{E} \sigma_{\max}^2 = 2\gamma, \quad \sigma_{\max} = \sqrt{\frac{E\gamma}{b_0}} \tag{1.11}$$

这称为材料的理想强度，是现实材料强度的数千倍。对于理想材料，用分子动力学来分析其变形和破坏是很常见的，分子间力达到$\sigma_{\max}$就认为被拉开。但从能量角度，这也是不全面的，因为此时只能提供产生新表面所需能量的一半，另一半是没有东西来平衡的。因此，即使分子间力给定正确，也不能将应力达到$\sigma_{\max}$作为新破面形成的条件！也正是因为这一点，材料的强度特性并不只取决于一对或少数几对原子间的结合力，而必然是某个特定大小的区域内所有原子间相互作用的总体行为。另外，对于本身只有少量几个原子的纳米结构，显然是不能用总体的强度行为来表征其失效条件的。实际上此时不再是材料强度行为，而是原子结构的结构失效行为，与原子数多寡、排列结构等密切相关。

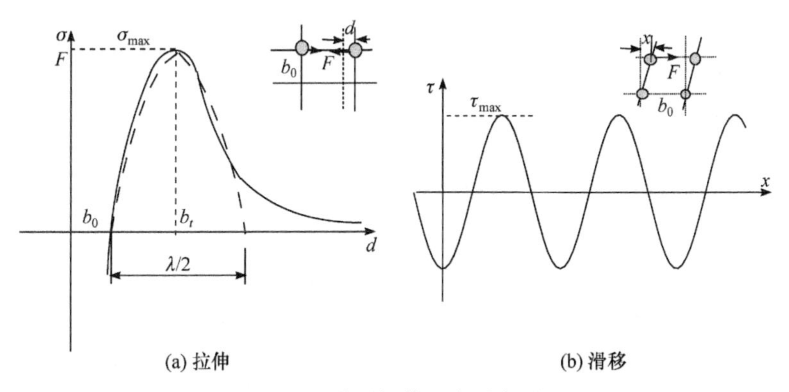

图 1.7 分子间作用力示意图

对于晶格上的原子滑移，如图 1.7(b)所示，移动半个晶格位置也是平衡位置，作用在分子上的可以用正弦波近似[4]，继而采用小变形近似

$$\begin{aligned} &\tau = \tau_{\max} \sin\left(2\pi \frac{x}{b_0}\right) \xlongequal{\text{微小变形}} \tau_{\max} 2\pi \frac{x}{b_0} = \mu \frac{x}{b_0}\Big|_{\text{剪切胡克定律}} \\ &\tau_{\max} = \frac{\mu}{2\pi} = \frac{E}{4\pi(1+\nu)} \end{aligned} \tag{1.12}$$

就可求得理想屈服强度，这比实际材料要大数千倍。因此，对于工程材料，其强度特性是不能靠理论或数值分析得出的，因为内部有太多的随机微观缺陷，故只

能由实验测定。

工程材料常被区分为脆性材料(如铸铁、陶瓷、岩石、混凝土等)和韧性材料(钢、铝等能够塑性变形金属材料)。断裂发生前没有明显塑性变形，称为脆性断裂，而断裂发生前有明显塑性变形，则称为韧性断裂。脆断面是拉开面或剪开面(参见第2章失效机理)，一般比较平整光滑，而韧断面一般呈纤维状或凹坑形，断面不平整。必须高度注意的是，脆性材料和韧性材料必须是以单轴应力状态下的断裂形式来区分的。韧性材料在复杂应力状态下，当应力三轴度较高时，也会发生脆性断裂。此时并不意味材料变脆了，而是因为对于韧性材料，破坏形式是与应力状态的三轴度有关的。所以，不能以复杂应力状态下的断裂形式来判别材料是脆性的还是韧性的。

脆性与韧性断裂都只是针对工程材料的概念，理想材料或纳米材料只有原子间结合力断开与否，没有韧脆的区别。工程材料之所以有脆性断裂和韧性断裂的差别，是由于受内部微观缺陷的影响。同一种材料，根据内部微观缺陷多少或形式的不同，可以表现为韧性或脆性。例如，钢铁材料在快速冷淬后会变成脆性材料。实际上，变形特性也是要受内部微观缺陷影响的。例如，理想材料必然是非线性弹性的，而工程材料一般都有线弹性范围。

顺便指出，习惯上也有连续体材料的说法，一般是指对实际材料应用连续体假定后的材料模型，仍是不涉及微观组织结构的。真实材料微观组织结构的影响，被认为可以体现在赋予连续体模型的材料强度特性中。因此，对于连续体模型，无所谓失效机理，有的只是赋予的强度特性及相应的失效准则，至于究竟发生何种形式的失效以及其相应的失效准则如何，超出了连续介质力学范畴的。

1.9　建立失效准则的方法论

失效准则对应于图1.2中的评价模型。图1.2的一般性步骤实际上是一种基本方法，有自相似性，即对于其中的各个环节，仍可采用该一般性步骤来进行研究。因此，对于建立评价模型即失效准则，有如图1.8所示的基本方法。首先是确定评价对象，相当于物理模型的作用，由两部分构成，一是由理论分析得到的应力应变，它是对当前状态的描述，是理性的；二是材料具体的失效形式及其失效机理(或某种宏观假定)，这是需要重新从实际中提取的，是客观的。这里必须注意同一材料在不同应力状态下是可以有不同失效机理的。其次是建立评价准则的数学表达式，即理性化的失效临界条件，相当于数学模型的作用。它必须是该失效机理下临界条件的宏观表示，并且必须是以应力或应变(包括其复合形式的能量等)表示的形式。反过来说，如果不能用应力应变等参数来表示临界条件的失效机理，即使说得再圆满也是没用的。实际发生的失效是多种可能的失效形式中最先达到失效条件的那一种。这被称为失效机理的竞合原理。式(1.2)是失效准则一般形式，其最初的意义是：左边是对应于失效机理的状态描述，右边是状态的临界值。建立失效准则后可简化如式(1.4)，其意义会发生变化，但都是从其最初的意义简化而来的。失效准则的建立必然包含假定，该假定源自对失效机理的描述，或某种能量平衡的假定。该描述必然会包含一些人为因素，因此，最后必须通过临界条件的实验再现，来检验假定或由此推导得出的失效准则的正确性，这相当于图 1.2 中的评价模型。这种再现必须具有普遍性，经过普遍性验证的失效准则才是评价模型意义上的失效准则。

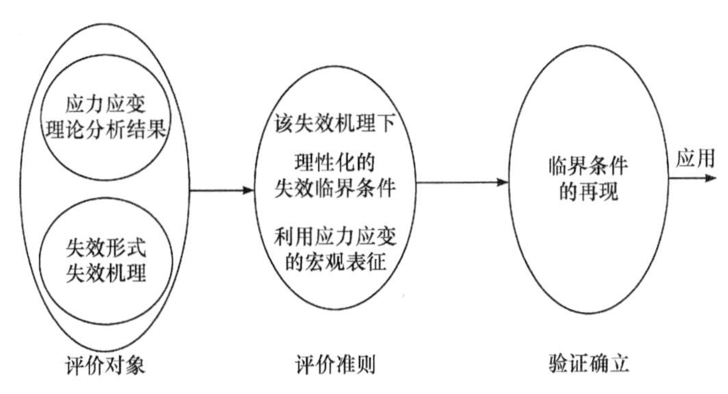

图 1.8 建立失效准则的基本方法

建立失效准则多从单轴实验结果出发，利用上述基本方法进行扩展来建立。由于单轴时只是单参数，所以单轴失效准则必然只是单参数达到其临界值。扩展到多轴时，就必须针对失效形式和机理引入必要的假定，回到图 1.8 所示的方法论框架内来。选定多轴应力中的一个或某几个的组合来套单轴失效准则，即使自认为很有道理，也是没有任何理论依据的。无论单轴还是多轴，由于都是对应于同一个失效临界条件，所以对应于某种特定的失效形式，材料强度特性都可只用单轴试验确定。由此推论出：材料强度特性是材料常数，不会因应力状态的改变而改变，也不会因应力状态复杂而需要增添强度特性的个数。但是，材料的强度特性是与失效形式对应的，失效形式不同，就需要用不同的材料强度特性。单轴试验并不一定能够把材料的各种失效形式都体现出来的。在某种意义上，多轴试验多是为了实现单轴试验中不出现的失效形式而设计的。

值得指出，能量平衡法[12,13]也是建立失效准则时常用的临界条件描述方法，路径独立积分类[14,15]的临界条件都属于此法。但能量平衡法是建立在连续体假定基础上的理论方法，原则上是与失效的微观机理无关的(连续体假定已经忽略了微观组织及缺陷，而微观机理必然涉及微观组织结构)。因此，建立失效临界条件的方法有两大类：一类是基于微观失效机理的，可以根据不同失效机理建立不同的失效准则；另一类是基于另行引入的宏观假定的，对不同的失效形式，需要引入不同的宏观条件。无论采用哪一类，都是在图 1.8 所示的建立失效准则的基本方法框架内的。需要注意的是，由于能量平衡法不涉及微观失效机理，但又很有说服力，故很容易被误用于不同的失效形式里。实际上，不同的失效形式，是必须采用不同的能量平衡假定的。例如，对于拉应力状态下的起裂和压剪应力状态下的起裂，破坏机理完全不同，失效条件也不同，如果采用同一个能量平衡条件来建立起裂准则，则必然导致相同的起裂条件，这显然是不符合实际情况的。

1.10　结构材料的失效准则与可靠性

根据危险点理论，破坏性(客观)的结构失效就是危险点的材料失效，因此其失效条件与材料失效是相同的。但是，用于材料失效判断的材料强度特性，一般是由光滑小试件(取样自棒材或板材等质地较均匀的原材)的标准试验求得的，故表现为某个常数(不同试件试验结果的离散性较小，如疲劳极限标准试验法[16]的升降法，就假定了离散性在 5%以内，否则就会因不收敛而难以获得疲劳极限)。工程中的一些小尺寸或简单形状构件，往往直接由棒材或板材加工而成，因原材的质地仍较均匀，故可直接应用由材料试验获得的强度特性值(有时需考虑表面品质和尺寸影响等)。但大尺寸或复杂形状结构的材料(如曲轴、盘锻件等)往往采用锻造、铸造或粉末烧结等成型工艺，其微观组织的不均匀性较大，导致其材料强度特性往往会因具体部位的不同而有较大的离散性。结构失效评价必须把这种离散性考虑在内，这是结构失效与材料失效评价的不同点，也是结构强度寿命评价的关键所在。换句话说，虽然结构强度与寿命的设计往往按其中值特性进行，但其可靠性却是与实际使用的结构材料强度特性、离散性密切相关的，不能一概而论。采用离散性小的材料，结构的安全性、可靠性就较高。结构材料强度性能的离散性，是由材料内部微观组织和微缺陷分布的不均匀性导致的，不同几何形状或加工工艺、不同厂家，其不均匀程度会有较大差别。因此，对于结构材料的强度特性要求，一般不是给出一个确定的值，而是给出一个离散范围。例如对于拉伸极限，通常就规定($\sigma_{\rm bmin},\sigma_{\rm bmax}$)的离散范围。通常认为，如果任意取样试验获得的材料强度落在这个区间内，那么该结构材料是合格的。但这种认识实际上包含一个误区：如果将材料强度特性近似地作正态分布处理，如图 1.9(a)所示，少量几个取样试验获得的强度特性值，因中值或均值附近的概率密度最大，必定出现在其均值附近。这就很容易得出材料强度大于$\sigma_{\rm bmin}$故而满足材料技术要求的结论。但实际上$\sigma_{\rm bmin}$本来是大量的取样试验结果作正态分布处理后，满足三西格玛可靠度要求的最小值。如图 1.9(b)所示，出现某一实验强度结果的概率密度(按正态分布处理)为

$$f(\sigma_{\mathrm{b}})=\frac{1}{\sqrt{2\pi}s}\mathrm{e}^{-\frac{(\sigma_{\mathrm{bav}}-\sigma_{\mathrm{b}})^2}{2s^2}} \tag{1.13}$$

其中，σ_{bav} 为拉伸极限中值或均值，s 为方差(注意，概率分布的方差习惯上用 σ，这里用 s 取代以免与应力记号混淆)。方差小的材料，性能稳定，构件材料品质好，反之，方差大的材料，离散性大，品质就差。所谓可靠度，是指出现 σ_{bmin} 以上拉伸极限的总概率，如图 1.9(b)中阴影部分面积。

$$P(x)=\int_{\sigma_{\mathrm{bmin}}}^{\infty}\frac{1}{\sqrt{2\pi}s}\mathrm{e}^{-\frac{(\sigma_{\mathrm{bav}}-\sigma_{\mathrm{b}})^2}{2s^2}}\mathrm{d}\sigma_{\mathrm{b}}, \quad x=\frac{\sigma_{\mathrm{bav}}-\sigma_{\mathrm{bmin}}}{s} \tag{1.14}$$

如无特别说明，结构材料强度要求中的 σ_{bmin} 通常对应于三西格玛准则的可靠度，即 99.87%，必须高度注意它并不是少量几个试验中的最小值。顺便指出，所谓三西格玛准则，是指认为对于一般结构，$x=3$ 时的可靠度(99.87%)足够的观点，其许用强度 $\sigma_{\mathrm{bmin}}=\sigma_{\mathrm{bav}}-xs=\sigma_{\mathrm{bav}}-3s$。$x$ 越大，可靠度越高(参见附录Ⅳ)，反过来说，许用强度 σ_{bmin} 就越小。例如，对于 99.9%的可靠度要求，由书末附录查得 $x=3.08$，许用强度就只有 $\sigma_{\mathrm{bmin}}=\sigma_{\mathrm{bav}}-3.08s$ 了。实际结构的可靠度要求是需要根据结构的重要性来确定的。民用结构中一般采用三西格玛准则即可，但特殊用途时也有所谓三个九(99.9%)和四个九(99.99%)的要求，后者就是所谓的“万无一失”的要求。

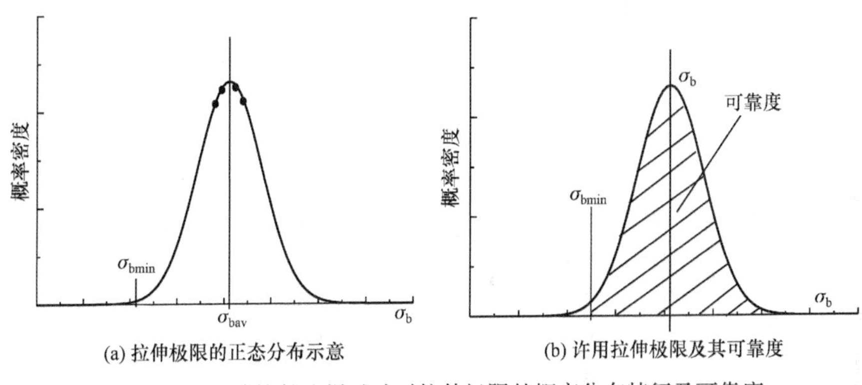

(a) 拉伸极限的正态分布示意　　(b) 许用拉伸极限及其可靠度

图 1.9　大尺寸构件取样试验时拉伸极限的概率分布特征及可靠度

因此，在结构失效的可靠性评价中，强度特性不是仅利用其均值即可的，而必须要利用与规定的可靠度要求对应的 σ_{bmin}。当然，也可直接利用材料强度要求中的许用强度 σ_{bmin} 来进行设计，此时暗含的可靠度要求是三西格玛的 99.87%。结构许用疲劳极限的概念与此类似。但必须注意的是，对于疲劳极限，往往在结构材料强度特性要求中并没有给出许用疲劳极限 $\sigma_{-1\mathrm{min}}$ (但在一些行业设计标准中将其记为 σ_{p} 并有经验估算公式，这类经验估算与实际材料的离散性无关，故而是非常保守的)，一般只有其均值 $\sigma_{-1\mathrm{av}}$ 的要求，少量试验取均值时对应的都只是

σ_{-1av}，并且少量取样试验时试验结果也往往都在σ_{-1av}附近。严格地说，结构材料强度特性(包括拉伸极限和疲劳极限)的离散性都必须在结构中取足够多且具有充分代表性的取样试验并做正态分布处理来获得。另外还应注意，不同厂家的材料，即使其均值相差不大，但其离散性是会有很大不同的。尤其是关于复杂结构件的疲劳极限，不同部位的取样试件的寿命差别很大(可差几个量级)，甚至一般不能用试验标准中的升降法来获取结构件的疲劳极限(离散性大于 5%，升降不收敛)。有人说国产复杂结构材料的稳定性(或均匀性、一致性)较差，主要就是指其离散范围大，而不是指其中值达不到要求。

工程中对强度的要求方式有两种。一种是直接规定拉伸极限、疲劳极限的下限σ_{bmin}、σ_{-1min}，不满足此规定的就是不合格结构材料，至于实际结构材料能否达到σ_{bmin}、σ_{-1min}的要求，交由结构材料厂家去负责。简单地说，这就是“材料跟设计要求走”的思路。显然，σ_{bmin}、σ_{-1min}定高了，设计容易但材料厂家做不到；定低了，材料厂家容易做到但设计变得很笨重。采用这一种途径容易产生的问题是，材料厂家(甚至包括设计方)往往把σ_{bmin}、σ_{-1min}误认为是少量试验中的最小值(但实际却是与可靠度要求相关的许用值，比少量试验中的最小值要小得多)，导致在实际应用中出现故障或事故(但并不是全部产品都会发生，而是概率性的，称为早期失效)。另一种途径是“设计跟材料走”的思路，即根据实际材料的离散性，结合可靠度要求来确定设计中使用的σ_{bmin}、σ_{-1min}。理论上这种方法可确保结构的可靠性。但采用这一途径的困难是，实际结构材料的离散性往往连材料厂家自己都不十分清楚，因为这需要足够多且具有充分代表性的取样试验。因此，利用省时、简单的试验代替耗时、复杂的疲劳试验，是检验结构材料强度性能离散性(即材料均匀性)是否符合设计要求的技术关键。工程中有很多事故其实都是因未能检出实际结构材料的强度离散性能不符合设计要求而发生的，此时单纯复查设计计算是否正确是没有意义的。

1.11　材料损伤的概念

当涉及材料性能退化或寿命问题时，损伤是不可或缺的概念。虽然这已是一个被广泛使用的概念，但要真正理解损伤的本质却并不容易。当然，不同研究者有不同理解是完全正常的，但要利用损伤进行强度和寿命的评价，就必须把损伤的概念搞得十分清楚，不能有任何模糊。以下仅对本书所用的损伤概念进行说明(读者应充分理解以下损伤概念，才能理解本书基于损伤的强度寿命评价方法)。

在损伤力学[17]的初创期，损伤的原始定义是截面中不能受载的面积(称为损伤面积)的占比，即：

$$D = \tilde{A} / A \tag{1.15}$$

称为连续损伤。其中，A 为截面总面积，是对材料采用连续介质假定后的几何面积；$\tilde{A}$ 为损伤面积。必须高度注意的是，随着损伤力学的发展，这里所谓的损伤面积实际上并不是指实际存在的缺陷面积，而是把所有微观缺陷的影响(包括应力集中等)都折算为不能承受载荷的面积，并进一步弥散到整个连续介质几何截面里去的假想面积，连续体模型内部截面本身仍是连续的。这是一种模型化假定，称为连续损伤假定(必须高度注意其与连续体假定的区别)。现实材料中总是有各种各样的微观缺陷，这些微观缺陷在采用连续体假定时是被忽略了的(其影响体现在材料强度特性的均值中)，总面积 A 是指应用连续体假定后的面积(不考虑微观缺陷)，这与连续介质力学中应力的定义 $\sigma = F / A$ 中的面积 A 是一致的。为了方便区别，这里称基于连续介质假定的应力为公称应力或简称应力。采用连续损伤假定后，有效承载面积变为 $A - \tilde{A}$，因此损伤连续体中的有效应力为

$$\sigma_{\mathrm{ef}} = \frac{\sigma}{A - \tilde{A}} = \frac{\sigma}{1 - D} \tag{1.16}$$

必须注意的是，这是损伤连续体中的有效应力(包含以损伤表示的微观缺陷影响)，不是连续体中的应力(不含微观缺陷的影响)。这听起来很简单，但实际上却经常被混淆。由于连续介质力学中的平衡方程、几何关系及本构关系都是在不考虑微观缺陷影响的连续体(非损伤连续体)假定上建立起来的，故基于损伤连续体的有效应力式(1.16)是不能用于连续介质力学分析的，有效应力只能在求得公称应力后，才能进一步采用损伤连续体假定，用式(1.16)来定义有效应力。引入有效应力的概念后，原始的损伤定义 $D = \tilde{A} / A$ 发生了升华，变成了各类微观缺陷对有效应力的综合增幅作用(主要是应力集中)，不再仅是微观缺陷的面积总和了(因此，常见的通过计量微观缺陷的面积来计算损伤值是错误的)。

另外，连续体的应变定义为 $\varepsilon = \Delta L / L$，其中，长度 L 也是不考虑微观缺陷影响的。可否考虑定义损伤连续体中的有效应变呢？早期的损伤力学中，将不能承受载荷部分的面积排除后，剩下完好部分材料的杨氏模量不变，间接地定义损伤连续体中的有效应变为

$$\varepsilon_{\mathrm{ef}} = \frac{\sigma_{\mathrm{ef}}}{E} = \frac{\sigma}{E(1-D)} = \frac{\sigma}{E_{\mathrm{ef}}}, \quad E_{\mathrm{ef}} = E(1-D), \quad \sigma = (1-D)E\varepsilon \tag{1.17}$$

其中，E_{ef} 称为有效杨氏模量。但这一定义即式(1.17)却是完全错误的！因为损伤定义中所谓“不能承受载荷部分的面积”，其大部分是由应力集中因素概念性地折算过来的。也就是说，损伤面积所对应的大部分面积实际上仍是参与变形的，所以以 $\varepsilon_{\mathrm{ef}} = \sigma / E_{\mathrm{ef}} = \sigma_{\mathrm{ef}} / E$ 来定义有效应变是错误的。当然，应变的定义本来应该直接从变形关系来得出，而式(1.17)所谓的有效应变则是利用本构关系来间接定义

的，这种定义方式本身就是有概念问题的。从变形几何关系来定义时，无论是连续体还是损伤连续体，都必须是 $\varepsilon = \Delta L / L$ ，所以不存在所谓损伤连续体的有效应变(一定要说有的话，也必须是与公称应变相同的)。式(1.17)实际上并不是损伤连续体应变的定义，而只是强行错误地规定了损伤连续体的本构关系，这是个非常严重的错误，由此产生了所谓的损伤连续体本构关系 $\sigma = (1-D)E\varepsilon$ (这里又把由式(1.17)错误定义了的 $\varepsilon_{\rm ef}$ 当成了公称应变 ε ，再次错上加错)，被大量地应用于所谓损伤连续体的力学分析中。这一所谓的损伤本构关系，只要稍微考虑一下，就可从形式上判断是错误的。例如，在同一应变下，有损伤的应力反而小，无损伤的反而大，这与损伤概念明显是矛盾的。并且根据该形式的所谓损伤本构关系得出的是公称应力或名义应力，如果再利用式(1.16)的损伤有效应力的话，得 $\sigma_{\rm ef} = E\varepsilon$ ，显然从有效应力角度来看，实际上根本没有计及损伤的影响。出现这种错误的根本原因是混淆了公称应力、公称应变与有效应力、有效应变的概念。只要把这些概念区分清楚，很容易明白 $\sigma = (1-D)E\varepsilon$ 类的所谓损伤本构关系是错误的。实际上，单轴有效应力与有效应变的关系为 $\sigma_{\rm ef} = E_{\rm ef}\varepsilon_{\rm ef}$ ，公称应力应变关系为 $\sigma = E\varepsilon$ ，根据有效应力的定义(这是损伤力学的基本定义)，故有

$$\sigma_{\rm ef} = \frac{\sigma}{1-D} = \frac{E\varepsilon}{1-D} = E_{\rm ef}\varepsilon_{\rm ef}\text{，即 } E_{\rm ef}\varepsilon_{\rm ef} = \frac{E\varepsilon}{1-D} \tag{1.18}$$

因此，所谓有效杨氏模量、有效应变是无法被单独定义的。如果要强行定义，也应该是 $E_{\rm ef} \approx E$ (组织钝感量，损伤累积对应微观组织的变化)，得到有效应变 $\varepsilon_{\rm ef} = \varepsilon / (1-D)$ 。但必须注意，用有效应力应变表征的本构关系是不能用于连续介质力学分析的，因为在连续介质力学分析中，所有力学基本方程(包括平衡方程、本构方程、几何方程)都是用公称应力和应变来建立的(即基于连续体假定而非损伤连续体假定)。因此，把式(1.18)用于计算分析时，能够使用的本构关系仍然只是 $\sigma = E\varepsilon$ ，这与损伤无关。要考虑损伤的影响，只能在求得公称应力后再考虑具体损伤，来得到有效应力，然后才能以有效应力进行强度和寿命的评价。

损伤的概念在应用时还涉及另一个关键问题，即损伤的相对性，或者说损伤零点的定义。我们知道，现实材料总是含有各种微观缺陷的，因此现实材料强度只有理想强度的数千分之一。如果把损伤零点定义在无任何微观缺陷的理想材料上，意味着现实材料的初始状态损伤就已基本接近 1，这是非常不利于损伤概念的应用的。因此，损伤的零点不能以理想材料来定义，而必须以现实材料来另行定义零点才有可用性。当现实材料受外部均匀公称应力 σ 作用时，如图 1.10(a)所示，微观缺陷附近总会有应力集中。设最危险点的微观缺陷附近的应力集中系数为 K ，则破坏条件为 $K\sigma = \sigma_{\rm f}$ ($\sigma_{\rm f}$ ：理想强度)。但实际上我们无须具体确定各微观缺陷的应力集中及理想强度，而可简单地以公称应力 σ 作为材料受力的表征，把破坏条件改写成 $\sigma = \sigma_{\rm b} (= \sigma_{\rm f} / K)$ ，即把代表性微观缺陷(及其对应的损伤)的影

响归到实测的材料强度特性σ_b里。当然，由于微观缺陷在材料内是随机分布的，不同部位的取样试件因包含微观缺陷的应力集中系数不同，导致其拉伸极限σ_b也呈概率分布(图 1.9)。但通常我们是以拉伸极限的中值σ_{bav}作为材料的强度σ_b的，这样，与强度中值对应的微观缺陷状态就成为代表性缺陷状态，其对应的损伤就可定义为零。而实测不同试样的拉伸极限σ_b的离散性，是由各试样的微观缺陷状态不同造成的。由破坏条件$\sigma_{ef}=\sigma/(1-D_0)=\sigma_b$，如果规定(这是常规做法)拉伸极限中值为材料常数，则对应于强度中值的代表性微观缺陷状态时有$D_0=0$，这就是损伤零点的定义。而比中值弱的试样，意味着其损伤$D_0>0$，比中值强的试样，意味着$D_0<0$，这就是损伤的相对性。由损伤的相对性，可知损伤可以为零，甚至可以为负，但并不意味材料没有微观缺陷。

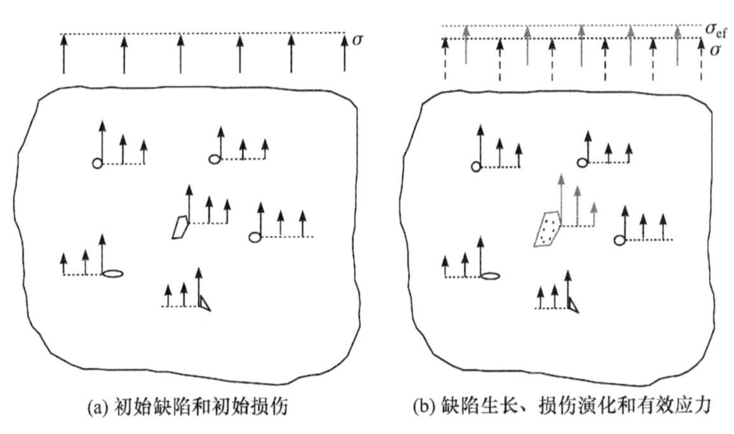

(a) 初始缺陷和初始损伤 (b) 缺陷生长、损伤演化和有效应力

图 1.10 微观缺陷和损伤

更进一步，在材料使用过程中，微观缺陷状态会发生变化，导致关键危险点的缺陷有所增大时，如图 1.10(b)所示，则该处的应力可表示为

$$\sigma_{weak}=K_{cur}\sigma=K_{av}\frac{\sigma}{1-D}=K_{av}\sigma_{ef} \tag{1.19}$$

其中，K_{cur}为缺陷增大后的应力集中系数；D为缺陷增大后的当前损伤；$\sigma_{ef}=\sigma/(1-D)$为当前有效应力。无论其初始损伤状态D_0如何，如果材料微观缺陷增大后的当前损伤增大即$D>D_0$，则随着缺陷的不断生长，损伤D也不断增加，这称为损伤的演化或累积。当然，也可以有微观组织结构变化后，其当前损伤$D<D_0$的情况，称为负损伤累积(如位错的适度堆积等)。引起损伤累积的机制可有多种，不同的损伤累积机制，其引起损伤累积的方式或损伤演化律是不同的。其中，能够引起负损伤累积的机制，因可以扼制或减缓材料强度特性的退化，是尤其值得关注的。但受传统的损伤即缺陷概念的误导，也不乏误把某些负损伤累积机制作为损伤累积演化主要机理的研究。

显然，不管损伤是如何累积的，一旦损伤增大到某个临界值 D_{C}，满足破坏条件

$$\sigma_{\mathrm{ef}}=\frac{\sigma}{1-D_{\mathrm{C}}}=\sigma_{\mathrm{bav}}=\sigma_f/K_{\mathrm{av}},\quad D_{\mathrm{C}}=1-\frac{\sigma}{\sigma_{\mathrm{bav}}} \tag{1.20}$$

就会发生破坏，D_{C} 称为临界损伤。必须注意它不是常数，临界是指应力状态临破坏条件的界，此时的损伤必然是与当前所作用的应力水平相关的。这与一些损伤力学教材中取 $D_{\mathrm{C}}=1$ 的临界损伤是不同的。从初始损伤发展到临界损伤所需的时间，就是寿命。

换一个角度看，在损伤增大的过程中，如果应力采用公称应力进行评价，则破坏条件为

$$\sigma_{\mathrm{ef}}=\frac{\sigma}{1-D}=\sigma_{\mathrm{bav}},\quad \sigma=\sigma_{\mathrm{bcur}}=(1-D)\sigma_{\mathrm{bav}} \tag{1.21}$$

即表现出来的当前材料强度 σ_{bcur} 是随着损伤增大而减小的，这就是材料强度特性的退化。必须强调，虽然以上我们采用应力集中现象进行了说明，但实际上对微观缺陷的种类及应力集中的具体方式并没有限定，只是借此说明了微观缺陷与损伤的关系。损伤实际上代表的是材料内所有微观缺陷(包括其相互影响)对材料强度行为综合效应的一种表征，而不特定于某类或某一个微观缺陷。实测的拉伸极限等强度特性也包含了所有微观缺陷的综合影响，与代表性微观缺陷状态的强度特性中值 σ_{bav} (通常被定义为材料强度 σ_{b})之间有明确对应关系 $\sigma_{\mathrm{bcur}}=(1-D)\sigma_{\mathrm{bav}}$，其中，$\sigma_{\mathrm{bcur}}$ 为实测强度(有离散性)，D 为当前损伤。因此，对于材料原有的微观缺陷状态，初始损伤的物理意义可以解释为 $D_0=1-\sigma_{\mathrm{bcur}}/\sigma_{\mathrm{b}}$。而当缺陷状态发生变化后，利用剩余强度，材料当前损伤为 $D=1-\sigma_{\mathrm{b剩余强度}}/\sigma_{\mathrm{b}}$。但是，初始状态时实测强度有离散性，故初始损伤也必然有离散性。这意味着同一材料的不同试件，可以有不同的初始损伤。同样演化后的损伤也必然会因初始损伤的不同而不同，故其寿命就会有较大的离散。另外，对于实际结构材料，我们无法知道最危险点(最弱点)的初始损伤如何(即使事先进行破坏性的取样试验也不行，因为由于微观缺陷的随机性，换个同种材料的同样结构件，各部位的初始损伤是不同的)，更难以知道其变化后如何。所以，用实测强度特性及其离散性来定义损伤，虽然物理意义明确，但应用起来却是不便的。为此，我们干脆可以把损伤归入有效应力，即 $\sigma_{\mathrm{ef}}=\sigma/(1-D)$，而保持材料强度特性为实测中值不变。这样损伤的意义可以解释为各种微观缺陷对有效应力的增大作用，这种解释虽然比较空洞、抽象，但却更便于应用。当然，实际上这种差别只是把微观缺陷的影响放在强度特性还是有效应力里考虑的问题，损伤概念本身其实还是相同的。因此，只要从上述正反两面，并结合微观缺陷的作用，是可以把握本质性的损伤概念的。简单地说，从有效应力角度看(材料强度性能保持不变)，损伤是各种微观缺陷对有效应力的

综合增幅作用，这是一个抽象的概念；而从材料强度行为来看(以公称应力作为评价参数)，损伤是各类微观缺陷对强度影响的综合表征，是有明确物理意义且可定量表征的。因此，损伤大小及其演化方式不是可以人为随意设定的，而必须根据材料的强度及寿命行为来确定。

以上关于损伤的概念是考虑微观缺陷状态对材料强度行为影响后的概念，与一些损伤力学教材中经典损伤概念(也是多数人现有的理解)有明显不同。只有正确理解了损伤的概念，才可以从损伤角度来考虑材料强度行为的变化。

思考题

1. 何谓连续体假定？连续体与实际材料有什么区别？为什么材料破坏机理必须考虑微观组织结构？
2. 在实际材料中，长度或面积趋于零时会发生什么情况？此时为什么应力应变的定义不再成立？试考虑确定应力应变定义成立的最小尺度的方法。
3. 应力是定义在连续体假定基础上的，它与材料内部实际内力分布是怎样对应起来的？
4. 结合某个工程实际问题，如发动机、桥梁等，分析力学建模、力学分析、失效评价三个环节中存在的问题和解决的方法。
5. 在微观缺陷附近，变形也会有局部增大效应。为什么材料的总变形可以不考虑这样的局部效应，而用总体平均来表征？
6. 材料强度特性有组织敏感性，而材料微观组织缺陷等的分布有随机性。为什么通常我们可以认为材料强度是特性常数呢？
7. 材料的强度特性为什么会有离散性？而变形特性如杨氏模量，却可以只取其平均值，而不必考虑其离散性，为什么？
8. 结构失效与材料失效是什么关系？
9. 什么是主观失效？为什么工程中需要主观失效准则。
10. 失效条件或准则可以单纯从力学理论分析得出吗？
11. 即使在均匀应力作用下，断面显微观察表明：破坏也是从某个点开始的，而不是整个截面同时断裂的。为什么？
12. 从最弱微观缺陷处开始的破坏，为什么可以用连续体假定基础上的应力来进行评价？
13. 在用小试样疲劳试验确定材料疲劳极限时，国家标准中规定用升降法。对于大构件不同部位的取样试件，升降法会存在什么问题？又该如何确定不同部位试样的疲劳极限呢？
14. 理想强度与现实材料的强度有什么区别？产生差别的原因是什么？
15. 在连续体中，可以考虑材料的微观失效机理吗？
16. 影响结构可靠性的有载荷随机性和材料离散性。如果聚焦于材料离散性引起的结构可靠性，请思考其事先预测的方法。
17. 损伤有多种定义。损伤力学中的损伤是指材料损伤，其定义是随损伤力学的发展而发展的。试说明损伤定义的发展过程，以及本书对材料损伤的定义。
18. 请思考损伤与微观缺陷的关系。初始损伤为零的材料是指没有微观缺陷的材料吗？
19. 如果把理想材料作为无损伤材料(损伤为零)，那么现实材料的损伤会在什么量级？
20. 何谓损伤的相对性？

第 2 章　材料失效机理与连续体失效假定

2.1　材料的变形机理

首先，变形机理不是失效机理。为避免混淆，我们先简单介绍一下金属材料的变形机理。晶格格点上的原子在外力作用下(图 1.7)，拉伸时原子间力增大间距也增大，这是拉伸变形的机理，而原子间力到最大值时发生断开则是拉断的微观机理。剪切时晶胞内晶格原子的相对滑移是剪切变形机理，其原子间力的大小呈周期性变化，其最大值对应屈服的微观机理。但屈服并不意味着原子间力结合的断开，当滑移量达到半个晶格的位置时，原子又将处于一个平衡态，形成位错。位错也不意味原子间力的断开，而可只是晶格结构形式的变化。但是当位错密度增大到一定程度时，进一步的滑移也会导致相对滑移原子间结合的断开，这是滑移开裂的机理。综上，变形机理是指材料原子间结合未发生断开情况下的原子间相对位置变化，而断裂机理则是原子间结合发生断开的方式与条件。从晶体结构来看，变形时晶胞变化可有两种形态：一是晶胞形式不变只是晶格几何形状发生变化(图 2.1(a))；二是晶胞结构形式发生变化(图 2.1(b))，原子间结合有变化但未断开。第一种情况下材料微结构保持不变，只是发生了变形，故此时变形特性是不会随变形而发生变化的。第二种情况下微结构形式发生了变化，故其变形特性是要随微结构变化程度而变化的(简单地说是塑性应变依存的)。因此，变形机理可以有微结构形状不发生变化与发生变化两种，不同情况下的变形机理和材料特性是不同的。从材料变形角度看，往往把开裂作为变形的终点，但实际上变形并不是开裂的机理。混淆变形与失效机理，是最常见的错误。必须指出，因为连续

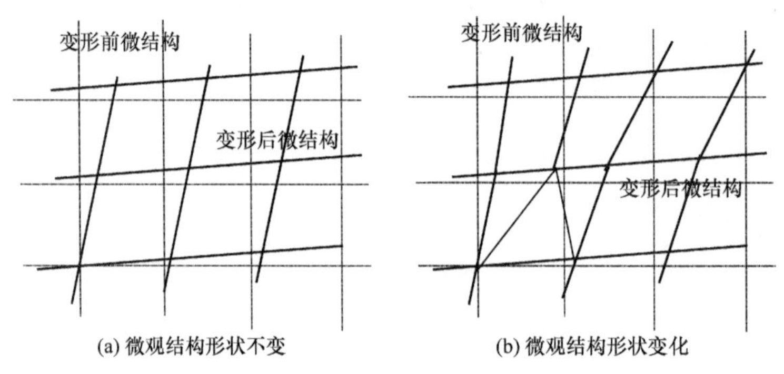

图 2.1　变形的微观机理及微观组织变化

体模型没有微观结构，故谈不上任何变形及断裂机理。反过来，这也说明了基于连续体假定的力学分析是不能用来研究失效机理的。

2.2　晶体材料破坏的微观机理

2.2.1　晶体结构

晶体是指材料原子排列呈严格的周期性分布的原子结构[18,19]，重复出现的最基本的排列单元称为晶胞，金属材料中常见的有体心立方、面心立方和密排六方等，如图 2.2 所示。体心立方晶胞(bcc)的原子排列在立方体的各顶点和中心处，如铬、钼、钨、钒等。这种晶胞具有较高的强度和熔点，是高强度、高温合金材料的基本结晶形式。面心立方晶胞(fcc)的原子排列在立方体的各顶点和各面的中心处，如铜、镍、金、银等。这种晶胞具有良好的塑性和韧性，没有冷脆性，是低温合金材料的基本结晶形式。密排六方晶胞(hcp)的原子排列在正六面柱体的各顶点和上下面的中心，在正六面柱体的中间还有 3 个原子，如镁、锌、铍、镉等。这种晶胞的塑性、韧性较差。金属材料的晶胞结构是三维的，可能的形式只能是立方体、正六边柱等能充满整个空间的几何形状，否则就不是连续材料了。晶胞的三维几何形状称为晶格，晶格内原子的排列点称为格点。同样排列且方向一致的晶胞集合称为晶粒。晶粒的材料特性包括变形和强度特性，一般是有方向性的。只由一个晶粒构成的材料(需要很严格的工艺才可以制造出来)称为单晶材料，一般是各向异性材料。多晶材料是指由很多晶粒组成的材料，各晶粒间的边界称为晶界。多晶材料在宏观上可以看成各向同性材料，因为各种取向的晶粒都有，且分布概率是相同的。非金属材料也可以是晶体材料，但其晶胞结构与金属有所不同。例如石墨类材料的晶胞为六边形，如图 2.3 所示。这类晶胞是二维的，重复排列只能得到层状材料，需要通过层的叠加(层与层之间有不同于晶格原子间作用力的结合力)来获得三维材料，因此层内与层外的宏观力学特性是完全不同的。二维材料可能的晶胞形式只能是正四边形、正六边形等能充满整个平面的几何形状。格点是原子的平衡点，理论上所有格点及其中心点都是平衡点，但平衡点不一定有原子(例如面心立方的中心点也是平衡位置却无原子)。平衡点上有无原子是由材料本身的结晶特性所决定的，不是仅由力的平衡关系可人为决定的。在应该有原子的格点上但实际上没有原子时，就是所谓的晶格缺陷。晶格缺陷不一定需要在结晶过程中产生，由于热扰动运动，它也可以是随生随灭的。不受力时，晶格原子逃逸产生空位的概率，大致上与被别处逃逸来的原子弥补的概率相同，而在受外力作用时，尤其当前者的概率大于后者时，就会引起缺陷的萌生或扩展，即损伤的累积。

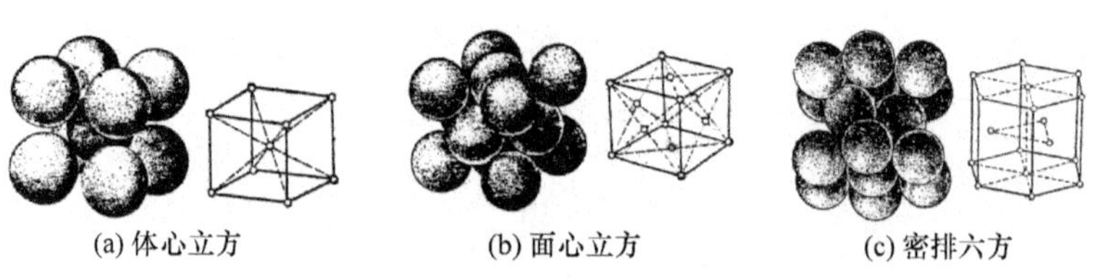

图 2.2　常见的金属晶胞形式

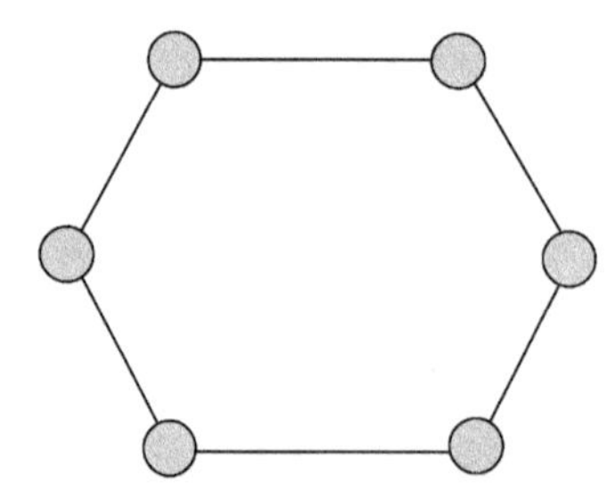

图 2.3　石墨类材料的晶胞

由于结晶总是从某些晶核沿一定的方向开始生长的，所以最终沿不同方向生长的晶体共同占据几何空间，形成不同的晶粒，如图 2.4 所示。一个晶粒包含几千个乃至数十万个晶胞，大小在数十、数百微米左右。值得指出的是，少量几个晶胞是构不成晶粒的，因为此时其多数原子的平衡位置是要受周边别的原子的影响而变成不规则排列的。各晶粒间的边界称为晶界。晶界处的原子排列是不规则的，并且由于排列的紊乱，易伴生空洞等缺陷。因此从晶粒角度看，无论是变形特性还是强度特性，在微观上是各向异性的。但当众多晶粒构成多晶材料时，变形特性由于是总体平均的结果，宏观上就变成了各向同性。这意味着在晶粒尺度上作各向同性处理已是不合适的了。强度特性则更特殊，当晶粒众多且结晶晶向随机时，也表现为各向同性，但当晶向不是随机而呈一定取向时，就表现为各向异性。通常，冷轧板的强度特性就是各向异性的。而当晶界处富含微观缺陷或杂质时，在受拉或受压时其强度特性是不同的(称为拉压异性)，如铸铁、岩石等。尤其必须注意的是，绝大多数工程金属材料都是多晶材料，其最弱点在晶界上。故所谓材料的宏观强度特性，对应于有众多晶粒时的危险点的统计描述。单个晶粒时的最弱点与多晶时的最弱点是不同的，故单个晶粒的强度特性并不代表材料的宏观强度特性。材料的宏观强度特性和变形特性的形成机理是不同的，前者代表的是众多晶粒结合在一起后的危险点破坏行为的统计表征，而后者则只是所有点的变形行为的简单算术平均。例如，无论晶粒大小如何，晶界原子所占的体积百分比总是可以忽略的，所以晶粒大小对材料的变形特性的影响很小。但是，晶界处的强度特性较低，危险点往往在晶界处，所以晶粒大小、晶界特性对材料的强度特性是有显著影响的。最简单的例子是各种牌号的钢材，其变形特性如杨氏模量、泊松比等，基本上是相同的，但其强度特性则可以有非常大的差别。晶胞上的原子并不是在晶格点上固定不动的(只有在绝对零度时才是固定不动的)，而是围绕格点在作高速振动的，如图 2.5 所示，这一现象称为热扰动运动[6]。原子振动动能的平均值就对应其温度。这一现象是微观世界的基本运动特征之一。必须注意的是，即使在同一温度下，各原子所具有的振动动能不仅是高低不一的，而且还可以是随机起伏的。习惯上把原子在某一时刻具有的动能称作活性能，则具有 Q 以上活性能的概率为

$$P = e^{-\frac{Q}{kT}} \tag{2.1}$$

其中，k 为玻尔兹曼常量。具体到某个原子，其活性能究竟是多少是无法确定的，能够确定的只是其概率。热扰动运动是一种基本物理现象，材料的很多宏观行为如扩散等的物理依据都是它。当然，为什么会有这样的运动，现在还说不清楚(虽然量子力学可以提供某种说明，但似也难以说明同一个原子的活性能的潮起潮落)。热扰动运动的基点是晶格格点，如果没有格点，就无所谓涨落了。所以，热扰动运动是针对大群具有晶体结构的原子的，与单个原子的量子行为可能是不一样的。另外，晶格的长度，通常称为晶格常数，如面心、体心立方体的边长，也是随温度变化的。而温度则是动能平均值的表征，因此晶格长度也是与格点上原子所具有的活性能有关的，把晶格长度作为常数，也只是一种统计表征，并且这种统计表征也仍是与平均温度有关的，宏观上就表现为热胀冷缩。

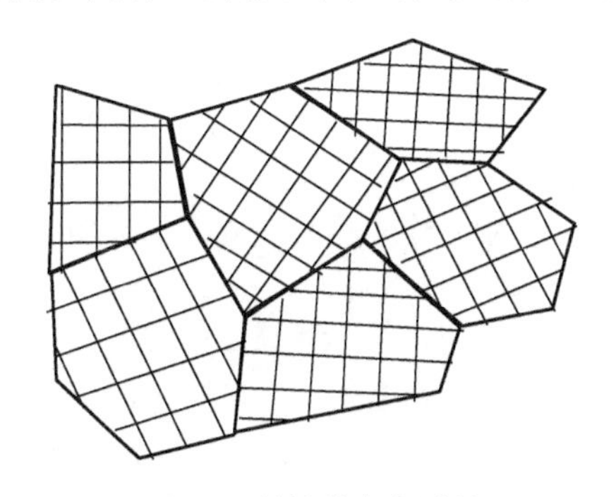

图 2.4　晶粒的各向异性

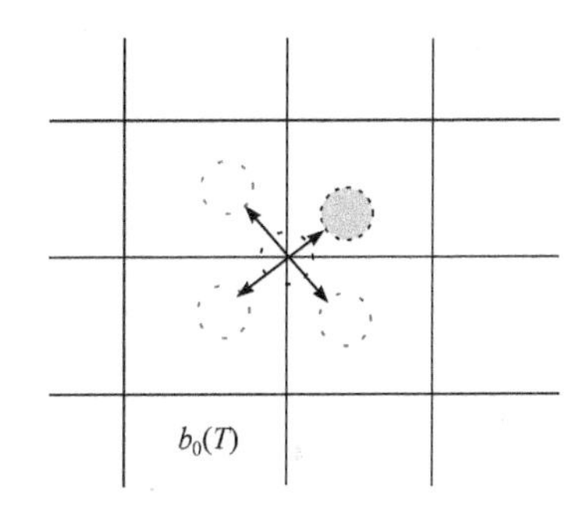

图 2.5　热扰动运动

2.2.2　多晶材料的失效形式与机理

多晶材料的典型微结构是晶粒。该微结构发生破坏的形式有三种可能[5]：一是晶内滑移开裂(指原子产生相对滑动而断开)，二是晶内劈开(指两个原子间结合力被拉开)，三是晶界开裂(包括滑移开裂、劈开及其混合)。最后一种在多晶材料中一般占支配地位，但可以看成是在晶界处前两者的复合，只是受各类晶界缺陷的影响而更为复杂而已。去掉晶胞滑移面、劈开面的限制，这种微观解释也常被应用于非晶体结构材料。其中滑移开裂又可分为两种：一是滑移倾向达到一定程

度即开裂，此时微结构没有发生变化，如铸铁的压裂等；二是滑移后发生位错，位错累积到一定程度后发生滑移开裂。而劈开则是晶粒劈开面两侧原子的结合被拉断的情况。需要注意的是，由于晶界体积率小，故塑性变形主要是由晶内滑移决定的，但强度特性则是由晶界处微观缺陷危险点决定的。因此，对于多晶材料以宏观塑性变形来考察其强度行为，虽然很常见但逻辑上是有漏洞的。

1. 晶内滑移

我们知道，晶胞内存在一个最容易发生原子间相对滑移的面，称为滑移面(如要进一步了解晶胞内的滑移系，参见材料学类书籍[20])。当此面上的滑移应力(剪应力)达到某个极限τ_s时，原子间就发生相对滑移，宏观上就表现为不可恢复的塑性变形，如图 2.6 所示。注意此时还没有原子间结合的断开，故不是断裂的机理。

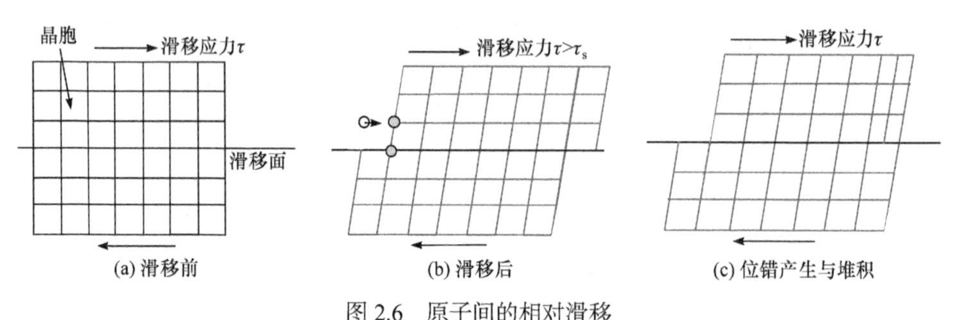

图 2.6 原子间的相对滑移

微观的开始滑移的准则(只对单个晶胞成立)为

$$\tau \geqslant \tau_s \tag{2.2}$$

这里的剪应力是滑移面内滑移方向上的应力，τ_s为该滑移面上的滑移临界值。对于表面晶粒或单晶，滑移后会出现滑移线。

原子发生滑移后有两种可能：一是位错与位错堆积不断增多但原子间结合没有发生断开，位错结构堆积导致滑移阻力增大，这就是塑性硬化的机理；二是在滑移方向上发生原子间结合的断开，如图 2.7 所示，称为滑移开裂，表现为在位错堆积最严重处形成微裂纹。滑移开裂的微观机理条件是

$$\tau \geqslant \tau_C \tag{2.3}$$

这里，τ_C是微观结构滑移开裂的强度。无论是一开始滑移就开裂，还是滑移到一定程度后开裂，都可使用这一微观机理条件。虽然这里τ_C与材料宏观滑移开裂强度在数值上是不同的，但在机理上可以理解，滑移开裂强度是一个材料常数，是一个既

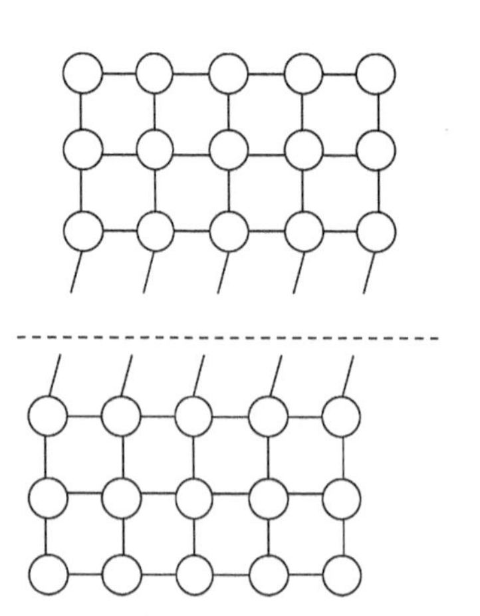

图 2.7 滑移开裂

不同于屈服强度，也不同于拉伸强度的材料特性。

2. 晶内劈开

在各类晶胞中，与存在滑移面(原子排列密度最大)一样的道理，也存在原子的配置最为稀疏(原子排列密度最小)的晶向，在此方向上原子间的结合最易被拉开，与之垂直的面就称为劈开面(cleavage plane)。劈开面在两个晶面之间，如密排六方晶体中即为平行于底面的平面。与滑移系的概念一样，劈开面只是原子排列特性的一种表述，在一种晶胞内，劈开面可有多个，但发生真实劈开是与最大主应力方向接近于垂直的面(因为此面上的拉应力最大)。微观上晶粒内的劈开条件是

$$\sigma \geqslant \sigma_{c} \tag{2.4}$$

这里的应力是劈开面上的拉应力，σ_c 是其微观结构的临界值(但不是宏观的拉伸极限)。注意，压应力时晶胞不可能发生劈开破坏，但却仍可能发生滑移或滑移开裂。

在多晶材料中，由于各晶粒劈开面的方向有所不同，断面整体上是由各晶粒的劈开面相交形成的。这些组成断面的晶粒劈开面被称为刻面(facet)。因此，多晶材料的脆断面严格地讲也并不是一个平面。通过对断面刻面的观察，是可以确认破坏是否是脆性(或占支配地位)的。劈开亦称裂开，简单地说是晶胞中各格点的拉开。图 2.8 示意性地表示了劈开破坏的形式。劈开可以发生在没有任何滑移位错时(如陶瓷、玻璃等)，此时是完全的脆性破坏；也可发生在位错堆积到一定程度后，此时借助了位错引起的局部应力，在发生劈开破坏前会有一定的塑性变形。当该塑性变形可以忽略时就体现为准脆性破坏。多数金属材料在高应力三轴度情况下，都会发生准脆性破坏，如平面应变条件下的裂尖处等。

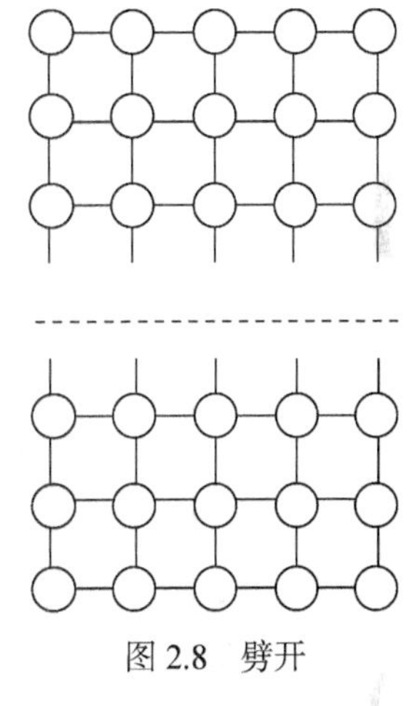

图 2.8　劈开

3. 晶界失效

除孪晶外，晶界处的原子排列不仅十分复杂，而且还会包含微空洞、杂质等，如图 2.9 所示。由于晶界的体积含量比晶粒要小得多，因此在考虑变形特性时可以忽略晶界的影响。但对于材料失效即强度特性，晶界往往就是危险点，所以晶界起着关键性的作用。单晶材料没有晶界(但晶内仍会有结晶缺陷)，故其强度特性只取决于晶内的滑移或劈开强度。而多晶材料的强度特性，则由于受晶界的影

响，与晶内滑移或劈开强度关系反而并不大，而主要受晶界缺陷、应力集中等的支配，故多晶材料的强度总是远小于其理想强度的。

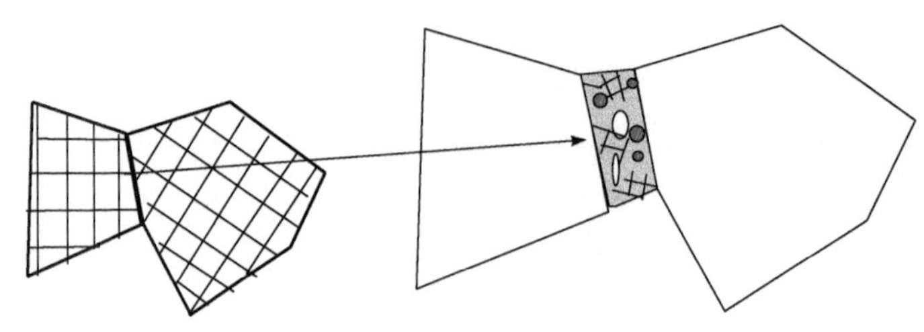

图 2.9　晶界示意图

晶界的微观失效机理仍不外乎滑移和劈开两种基本形式，只不过在晶界处，不仅晶胞形式是零散存在的，而且晶格原子可以是不同材料的。由于晶界处富含位错、微缺陷等，其强度特性与晶粒会有明显不同。值得注意的是，虽然晶界缺陷会导致局部应力集中，但其开始滑移的条件却并不一定先于晶粒，这是因为滑移会受到原始缺陷、位错等阻碍。因此，塑性变形主要还是来自晶粒，即宏观塑性变形量主要来自晶内的滑移。另外，晶界处的微缺陷会使劈开变得容易，原始位错等也会使得滑移开裂变得更容易。晶粒越大，晶界缺陷也就越大越多，所以粗晶材料往往会比较脆，拉伸极限较低；而晶粒较小时，晶界缺陷不仅较少也较小，一般拉伸强度和韧性都会变大。必须注意的是，虽然表面上这是晶粒大小的影响，但从机理上看实际上是晶界缺陷的影响。如果细晶粒的晶界缺陷仍然很多也较大，则细晶化是没有增强增韧效应的。晶界一旦开裂(无论是劈开还是滑移开裂)，就会引起更大的应力集中。根据晶界裂纹与外载荷方向的相对位置，以及其强度大小关系，宏观上可有沿晶界扩展(沿晶破坏)和向晶内曲折扩展(穿晶破坏)两种方式。向晶内曲折破坏时，又可以有两种扩展方式，即劈开和滑移开裂，劈开时晶粒断面表现为刻面，大致垂直于主应力方向，而滑移开裂时则大致在最大剪应力方向上。究竟发生何种形式的晶胞破坏，取决于劈开和滑移开裂的微观条件哪种先被满足。特别地，如果滑移不容易发生(如应力三轴度较高时)，则位错堆积就比较小，不容易发生滑移开裂，而容易直接发生劈开破坏，这就是准脆性穿晶破坏的微观机理。反之，如果容易发生滑移，则位错堆积可以比较大，等到堆积处的滑移应力达到滑移开裂极限时，就会发生滑移开裂。这就是裂纹韧性穿晶扩展的微观机理。而发生沿晶破坏时，则可以是晶界界面相内缺陷的连成、原子间结合的拉开或滑移开裂等。

4. 蠕变机理

变形随外力作用时间变化时称为蠕变。金属材料在温度较高时，热扰动运动加剧，晶体材料的原子动能变大，故而从晶格逃逸的概率增大。逃逸的原子在外力作用下会沿外力方向做较长距离的运动(可以沿晶界运动，也可在晶内运动)，称为扩散。众多原子的扩散引起宏观变形，这就是扩散蠕变，也就是线性蠕变。当长距离运动的不仅是原子，而且还有位错时，就是非线性蠕变。此外，晶界滑移也可以是线性蠕变的主要成因之一，非线性蠕变时一般也伴随晶内塑性变形。大量原子或位错做长距离运动时，就会导致材料内部微结构的显著变化，这种微结构变化不是瞬时完成的，如空位、位错等的长距离运动，都是随时间变化的。这就导致材料的变形特性也将随时间变化，因此与塑性变形不同，蠕变变形是随时间增大的。材料蠕变是个与微观组织结构密切相关的复杂现象，从应用角度，需要关心的主要是两个方面，一是变形与应力的关系，即蠕变本构关系；二是蠕变失效寿命的评估。一定量的蠕变在高温结构中是不可避免的，因此，必须规定一个可被允许的最大蠕变应变值。达到这个规定应变所需的时间称为蠕变寿命。但是，在蠕变变形增大的同时，蠕变引起的微结构、微缺陷变化也会导致材料的损伤累积。如果这种损伤累积使得快速断裂条件满足，那么即使蠕变变形量很小也会发生断裂。断裂前的寿命，称为蠕变持久寿命。因此蠕变失效有两种形式，一是蠕变(变形)寿命，二是蠕变持久寿命。前者是个与时间有关的变形问题，可根据蠕变本构关系对具体结构进行分析来评价。后者则是材料损伤累积使得快速失效条件满足的寿命问题。

2.3　韧性材料拉伸应力应变曲线的奥秘

任何事情、现象背后都是有它的道理的，但人们会习以为常而不予深究，拉伸应力应变曲线是韧性材料最基本的力学性能，就是一个典型的例子。对于多晶材料尤其是合金材料，如图 2.10 所示，很多人都会觉得此图很熟悉、很简单，但实际上该曲线包含了很多力学现象，是与材料的变形、失效机理密切相关的。原则上，任何失效评价方法都是必须要有微观机理依据的。

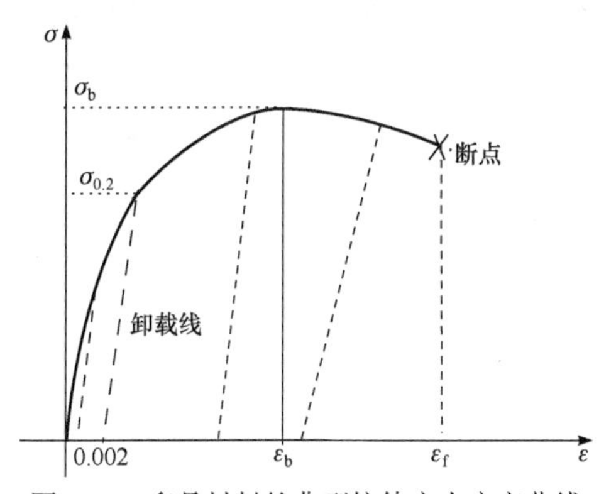

图 2.10　多晶材料的典型拉伸应力应变曲线

2.3.1　加、卸载曲线为什么会不同

许多韧性材料，在未经过预先的加工硬化时，首次加载时的应力应变曲线呈曲线形式，这表明材料的变形特性是随应力增加而变化的，也即意味着材料内部微观结构是在发生变化的。我们知道，现实材料中不可避免地会存在各种微观缺陷。一旦受力，微观缺陷就会引起局部的应力集中，在较低应力水平下就发生局部位错滑移，即发生局部的微观组织结构的变化。随着载荷的进一步增加，微观缺陷附近的位错滑移及堆积愈发明显，导致变形特性的变化愈加明显，故而加载曲线必然是上凸而不可能是下凹的。容易搞错的是：这种发生在微观缺陷附近的非常局部的位错滑移，是不能被看作塑性变形的。因为塑性变形实际上是宏观的概念，是较大尺度内众多位错结构的平均表征，而微观缺陷应力集中导致的位错滑移仅仅是微观的概念。另外，任一应力集中点附近的位错结构，其发生进一步滑移的阻力必然与该时刻外载引起的滑移应力相等。在某一应力水平卸载时，各微观缺陷附近的位错结构被保持下来，其抵抗滑移的能力也被一并保留了下来。由于微观组织结构在卸载过程中不再发生任何变化，故变形特性必保持为常数，亦即卸载线必然是直线，而不是循加载曲线原路返回。当载荷卸为零时，因各微观缺陷附近有保留下来的局部位错结构而导致产生残余应变。更为重要的是，这种局部位错滑移组织要与其他未发生变化部分的组织保持协调，即构成相互约束，故实际上还有残余应力发生。但这个残余应力从宏观上来看是没有的，因为它只存在于微观缺陷附近，并且有随机性(周围材料微观组织结构有随机性，导致相互约束也有随机性)，宏观上是可以被连续体假定覆盖掉的。但在进行多尺度研究时，必须注意在微观尺度上这种残余应力也是必须考虑的，否则微观组织结构的变形协调就不能保证。

而当再次加载时，已有微观缺陷附近的局部位错结构，在到达前面的卸载值前保持不变(虽仍有应力集中但未达滑移阻力)，故材料变形特性必为常数。这样，在到达卸载点前，再次加载直线与卸载线必然是重合的。而当再次加载到卸载点后，应力达到了卸载时位错结构的滑移阻力，再增加载荷就会进一步发生位错滑移和堆积，此时与单调拉伸时的位错结构变化完全相同，故再次加载过卸载点后，应力应变曲线必然与单调拉伸时重合。

这样，经过一次加卸载后，材料内各类应力集中源附近的微观组织结构(包括位错)，在卸载应力以下的任意应力作用下都不会再发生变化，故而材料必呈线弹性行为。换个角度，初次加卸载实际上是一种材料微观缺陷附近组织结构的稳态化过程，如未经过加卸载则是尚不稳定的，而一旦稳定，则在以后小于卸载应力的任意应力作用下，微观组织结构都是保持不变的。图 2.11 为某合金材料缺口试件的局部位错结构在对称循环载荷作用下的变化观察案例[21](颜色深浅表示位错

密度大小及区域，其最大应力远小于屈服极限)。由图可知，第一个加载循环时确实在微观缺陷附近出现了局部位错滑移与堆积(但整体上是没有明显塑性变形的)。在直至疲劳断裂前的后续循环中，第一个循环产生的位错滑移区域、密度是保持不变的。而在接近疲劳断裂前的几个循环，位错结构有明显变化，但这属于疲劳损伤累积的效应，是微观缺陷本身增大增多所致。若认为每个循环中仍都有位错结构在变化，实际上是违背塑性变形的微观机理的。

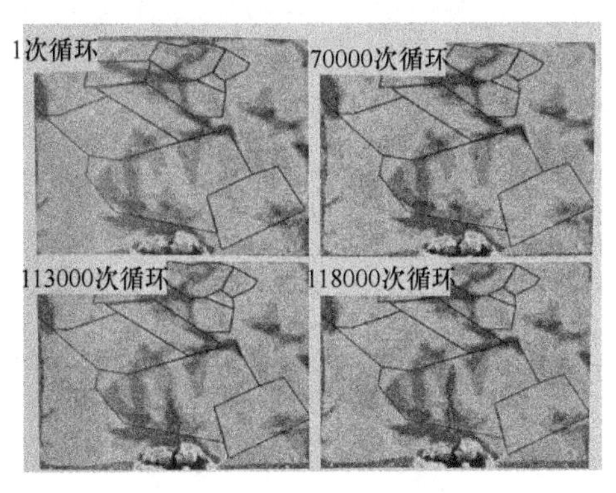

图 2.11　局部位错结构的变化

2.3.2　何谓屈服点

并不是一有局部位错滑移就是材料屈服。习惯上人们将发生卸载后产生 0.2% 的残余应变的应力规定为材料的屈服极限。但是，由前述的材料加卸载特性可知，卸载时的应力水平决定了再次加载时的屈服极限，那么为什么不规定得更高或更低一些呢？这涉及的实际上是何谓塑性变形的问题。如前所述，初次加载时，在很小的载荷下，微观缺陷附近就会发生位错滑移，这种滑移是一种材料微观组织的稳态化过程，不是塑性变形，故显然不能据此定义屈服点，只有当受力截面整体上开始位错滑移时，才可算是材料屈服。对于均匀应力状态下的多晶材料，受力截面整体开始有位错滑移(此前只有微观缺陷附近的位错)的应力，大致对应于有 0.2% 左右残余应变的状态(注意不同材料或者不同微观缺陷含量时是稍有差别的)。因此，为了简单实用，人们就约定正好存在 0.2% 残余应变的点为屈服点，其对应的应力称为材料屈服强度(这样的屈服强度有材料常数的意义)。超过屈服点后，随着应力的进一步增加，受力面全域发生的位错滑移及堆积越来越多，位错滑移阻力进一步增大，再次屈服的屈服极限变大，这就是所谓的(加工)硬化现象，硬化后的屈服极限对应的是当前位错结构(遍布在受力面)的滑移阻力。此时如果卸载到零，对于均匀应力状态(如光滑试件)，位错结构分布在滑移面上可视作均匀，相邻区域间的微观组织结构不构成相互约束，故没有残余应力。而对于非均匀应力状态，例如，结构中的宏观应力集中点等(注意与材料内微观缺陷的应力集中不同)，则因塑性屈服域内位错堆积密度(塑性应变梯度)的差别，以及位错滑移区与弹性区的变形协调，卸载后必然会产生残余应力。这一残余应力是宏观的，在失效评价中是必须考虑的。

另外，拉伸极限点前的所有卸载线必然都是相互平行的。将应变分为塑性与弹性两部分后，对弹性应变部分仍可用原来的弹性本构关系，依据的就是这一事实。之所以是相互平行的，是因为不同卸载点的差异只是位错组织结构的不同而已，而位错结构对材料的弹性变形特性没有影响(例如杨氏模量基本上不会因锻造工艺不同而发生变化)，影响的只是位错继续滑移的阻力即再次屈服的屈服强度。

2.3.3　塑性变形可以用局部位错结构表征吗

严密地，塑性变形是宏观的概念，是某一区域内位错滑移的平均表征，而局部位错结构只是个微观组织结构的概念，不具有某一区域平均的意义，因此两者之间本质上是无法对应起来的。但也有人认为微观缺陷附近的位错滑移就是局部的塑性变形，只是将宏观定义扩展应用到微观而已。然而，在实际材料内部，初始微观缺陷分布具有随机性，对于正常的工程材料来说，其体积率(即使包含其应力集中区域)占比总是非常小的。因此，如果只有微观缺陷附近有位错滑移，那么无论某一微观缺陷附近位错滑移多么严重，所形成的总体变形也只有 0.2%以下，塑性变形的支配部分是滑移面上的位错滑移(其平均量的表征)。也就是说，某一微观缺陷附近的微小局部区域的位错结构，既不代表总体的塑性变形，也不代表材料总体上或统计平均意义上的材料位错结构。某一微观缺陷附近的位错结构变化，只有在该微观区域才有意义，而微观缺陷的体积占比可以忽略，故它对材料塑性变形的影响也可以忽略。实际上决定塑性变形的是微观缺陷以外区域(体积比占绝对支配)的位错滑移。另外，位错结构变化对材料拉伸极限没有影响(除材料组分外，影响拉伸极限的是微观缺陷的大小与多寡)。实际上，因制造等原因，金属材料内本来就会存在大量分散的初始局部位错结构，这些位错结构显然不是塑性变形，而属于材料的初始微观组织结构，在连续体假定中被忽略，而在损伤连续体中则对应初始损伤。

2.3.4　拉伸极限处微观结构究竟发生了什么变化

首先拉伸应力应变曲线最高点(ε_b,σ_b)后的曲线只有在应变控制条件下才能获得，拉伸极限是指其顶点对应的应力。应力控制时，该顶点以前的应力应变曲线与应变控制时相同，但不能获取顶点以右的曲线，因为变形会瞬间增大并发生断裂。工程材料有稳定性要求，即如果应力不增加，则应变也不应增加。如果变形增大应力反而减小，就称为材料失稳(与压杆的几何失稳是两码事)。韧性材料的拉伸极限，宏观上对应的是材料失稳点，而不是断裂点。

材料为什么会失稳？位错是一种特殊的微观结构，其滑移堆积都不影响材料的变形特性常数，而只改变进一步发生位错滑移的阻力。但是，位错滑移和堆积不是可以一直发展下去的，滑移阻力大到某一临界值后，进一步的滑移就要伴随微裂纹的萌生。萌生机理可以是劈开，也可以是滑移开裂(参见 2.2.2 节微观机理)。因此，应变控制下超过曲线顶点(ε_b,σ_b)后，材料内就有了滑移过程中产生的微裂纹(进一步的位错滑移导致其发展为微空洞)，此时的卸载线斜率即杨氏模量必然是变小的，与拉伸极限前的卸载线不再平行。而在应力控制条件下，变形急速增大直至断裂，故没有稳定的应力应变关系。(ε_b,σ_b)以后的应力应变关系虽然在学术上可能有意义，但对于多数工程材料，这已在关心之外了(因为作为结构材料已经失效了)。材料失稳的原因是微观起裂，那么支配起裂的究竟是应力还是应变呢？所谓起裂，是原子间结合的断开，位错堆积导致进一步滑移的阻力不断增大，使得位错滑移时的应力达到了原子间结合力的极限，因此起裂极限要用应力极限来表示。材料不能承受应力极限以上的应力，但可以有比ε_b大的应变。因此，在韧性材料中，σ_b表征了萌生微裂纹、微空洞等的极限条件。应力在此以下只有位错结构变化(包括初始微观缺陷附近的位错)，但没有新的起裂，而应力一旦达到此极限材料就会起裂。材料拉伸极限是一个客观的强度特性，只与材料的原子间结合力以及微观缺陷形式有关，而与位错的滑移发展无关，即与所经历过的塑性变形历程无关。

在塑性成型加工时，要十分注意材料的失稳特性。因为一旦局部有失稳，即使成型了，在该处也已经包含了众多的微裂纹等，使得局部强度寿命特性大为降低，甚至会在该处形成较大的初始缺陷。回火等热处理可以消除位错堆积等，但难以消除微裂纹等缺陷。另外，同一牌号不同厂家的材料，即使断裂延伸率ε_f和拉伸极限σ_b基本相同，其单轴失稳应变ε_b也可以有很大不同，如图 2.12 所示。传统上认为断裂延伸率ε_f越大，韧性就越好，这是不严密的。严格地说只有ε_b

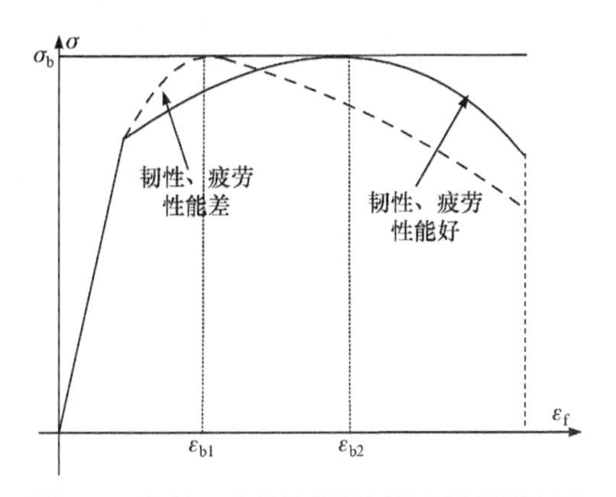

图 2.12　韧性、疲劳性能好坏的定性判别方法

越大，才能说材料韧性越好，疲劳性能越好。在对结构材料提品质技术要求时，这一点是必须高度注意的。

2.3.5 断裂应变ε_f是常数吗

虽然在单轴试验时会有一个相对稳定的断裂应变值，并被作为断裂延伸率而广泛应用，但它却不是一个常数，而是与应力状态(三轴度)密切相关的。宏观上，韧性材料在高三轴度下(如平面应变状态下的裂纹裂尖)可发生脆断，此时显然没有延伸率。单轴时应力三轴度最小，故在复杂应力状态下断裂应变是可以在$(0,\varepsilon_f)$间变化的。微观上，微裂纹、空洞等微观缺陷的生长方式是与应力状态相关的，故断裂时的应变不可能是常数。因此，断裂延伸率更多的是材料韧性的定性指标，是不能作为失效评价依据的。

另外，顶点(ε_b,σ_b)之后，虽然在应变控制条件下作为整体描述，可给出应力应变关系，并且也可分析获得结构的变形和应力。但是实际工程结构往往既不是应力控制也不是应变控制的，因此以应变控制做结构分析的工程应用意义是存疑的。实际上，顶点(ε_b,σ_b)后，虽然位移加载在继续，但应力已经在卸载了，并且该部分的应力应变曲线是高度依存于应变加载速率的，不同位移加载速率会有不同的曲线以及断裂应变。

2.4 其他材料失效机制简介

2.4.1 非晶材料

分子排列无规则可循的材料，统称为非晶体材料，常见的有玻璃、塑料、高分子材料等。这类材料没有晶体结构，分子结构排列处处不同。虽然非晶材料宏观上仍可作均匀连续体处理，但其均匀性假定显然只有在相当大的宏观尺度上才可以适用，细化到一定尺度后实际上是非均匀材料。换句话说，没有典型的分子结构可以作为代表性的材料微结构，这就给其微观失效机理的考察带来了巨大的困难。非晶材料在受力变形时，微观上也可有其杂乱排列的分子结构没有明显变化和有明显变化两种。前者如玻璃、硬塑料、非晶合金等，由于其微结构不发生变化，故其变形特性也是相对稳定的，因而可用与晶体材料类似的实验方法确定变形特性，进而利用连续介质力学进行其宏观变形分析。后者如软材料等，因分子结构排列等在变形过程中不断改变，其变形特性也是随受力状态和时间变化的，故其本构关系十分复杂。但是在宏观尺度上，通过引入一些假定，例如利用超弹、黏弹性等时间依存的复杂本构关系，进行应力应变等参数分析也已基本没有什么问题了(但所用的本构关系是否真实地反映了材料的应力应变关系，则容易成为被忽略的重大问题)。然而，如果要把非晶材料作为工程结构材料，显然还必须解决失效条件及其评价问题。非晶材料当然也会发生断裂等失效，但其微观机理却因原子排列的无序性而难以考察。一方面即使有了某种原子层次的失效机理，也难以保证其具有代表性(因排列无序)；另一方面，非晶材料有什么样的失效形式尚未十分清楚，故而有哪些与失效形式对应的强度特性也尚不明晰。关于非晶材料的失效机理，实际上一般需要从多尺度角度来解释。一些非晶合金材料的断面观察也已表明，其断裂过程本身确实也是个多尺度问题。但失效准则显然不能在多尺度里打转，必须有便于使用的形式。因此，从多尺度失效机理来建立评价准则非常困难，故常仅以一些宏观现象为依据，采用基于连续介质力学的失效假定来建立。例如，对于非晶材料的断裂，一般可由非晶材料中的微小空洞或空隙(微、细观层次，可以是原来就有的，也可以是变形过程中无序排列的分子结构发生改变时产生的)引起局部应力集中，导致局部起裂(可利用 Griffith 理论等在宏观层次进行说明，参见 2.5.3 节)。但是，此连续体非彼连续体，非晶材料的失效形式和机理都与晶体材料有很大的不同。尤其是受力变形时杂乱分子排列发生变化的材料，一般是不能直接套用晶体材料的宏观失效假定的。对于单轴应力状态，由于只有单参数，故没有多大问题。但对于复杂应力状态，引入宏观的失效条件假定时，必须十分注意非晶材料的特殊性。并不是在晶体材料中成立的失效假定，在非晶材料中也是必然成立的。另外，非晶材料尤其是微结构在变形过程中不断变化的材料，其本构关系往往比较复杂，一般会有速率依存、各向异性、黏弹性等现象，是不能简单地套用晶体材料本构关系形式的。单纯从应力应变分析的角度，假定一个本构关系就可得到分析结果，故而可以调整假定(或其中的参数)，使得变形结果看上去与实际差不多。但这实际上并不能保证应力结果也是正确的，故并不能说明所用本构关系是正确的。当本构关系错误时，即使变形正确(尤其对于位移控制)，应力结果也必然是错误的。而失效评价一般依据的是应力结果，故必须先确保本构关系正确，而不是力学分析可进行。这一点说起来简单，却很容易被忽略甚至被搞错。例如对于各类新材料，因为文献或研究者们都在用某种基于假定的本构关系，所以拿来就用，而不管它是不是材料真实的应力应变关系，这样往往导致似是而非的失效评价。

2.4.2　复合材料

复合(composite)材料的原来含义是指两种以上不同材料混合在一起的材料，但现在更多的是指在基体(均匀)材料中引入加强相而形成的材料(reinforced composite)，把不同材料连接(如焊接等)而成的材料称为结合材料或双材料(bonded materials，bimaterials)[22]。增强型复合材料主要有颗粒增强和纤维增强两类[23,24]。颗粒增强型的变形特性在宏观上是各向同性的，但根据基体材料的性质，其拉压强度则是可以异性的。增强相与基体的界面属于微观或细观尺度，界面上的微观缺陷往往是材料的薄弱点。纤维增强型复合材料(fiber reinforced composite material)的变形特性在宏观上就是各向异性的，强度特性也是各向异性的，这是因为界面相在一个方向上是宏观的，而在另两个方向上是微观或细观的。无论是复合材料还是结合材料，强度失效的关键部位是界面及其附近。即使宏观断面不是发生在界面，而是发生在基体或母材中，引起失效的主因也还是界面的影响。界面实际上是两种材料间的过渡层，称为界面相，其厚度可在数十纳米到数十微米范围。界面相内不但分子结构、材料组分等都很复杂，并且往往还富含杂质、空洞等缺陷，如图 2.13 所示。当界面相较厚时，其中心部位会有一层分子结构较为稳定的区域。由于界面相微观组织结构复杂，因此难以从分子结构层次分析其失效机理。目前是把界面相作为一种细观材料，从细观的角度来考察其机理，如图 2.14 所示。剥离是界面相材料被拉裂的情况，最终断面由界面相内不同剥离开裂连成。由于界面相内缺陷引起应力集中，界面连接的抗剥离能力必然相对较弱。剪开是界面相材料滑移开裂的情况，最终断面由界面相内不同剪开面连成。在剪切条件下，由于原始缺陷以及危险点在剪开后裂纹面接触，不会引起更严重的应力集中或使得应力集中层度减弱，因此界面的抗剪能力一般相对较大。碎裂是滑移开裂面与界面不平行时的情况，例如，在界面法向应力为压应力时的剪切破坏，剪开面与界面斜交，界面相内不同位置的剪开面连不起来，呈一个断面，故而成碎裂形式。复杂应力状态时，这三种机理可以是并存的。

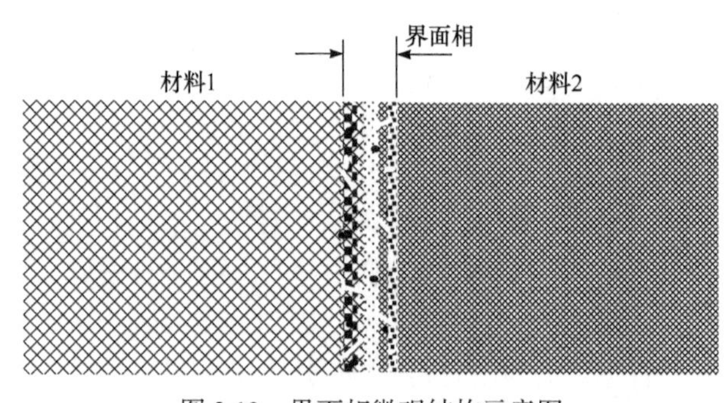

图 2.13　界面相微观结构示意图

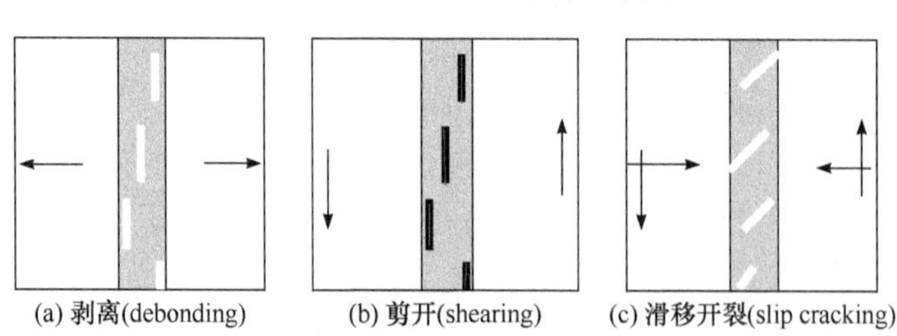

图 2.14　界面(相)失效的细观机理

值得指出的是，由于界面相富含缺陷，即使其成分是合金材料元素，一般也呈脆性或准脆性破坏行为。只有当界面相中心有可以进行塑性滑移的稳定层时，界面相才能承受有限的塑性变形。但从对整体塑性变形的贡献来看，仍是非常有限的。必须特别指出的是，由于界面相初始损伤大(微观缺陷多)，即使静态破坏不是从界面开始的(受残余应力等的影响)，但疲劳破坏则一般都是从界面(相)开始的。

2.5　微观失效机理的宏观表征和失效条件

微观或细观的失效与宏观失效还是有区别的。这是因为微观失效机制一般只关心支配性机理，并且在其临界条件中也不考虑复杂的真实微观结构对支配参数临界值的影响，而宏观失效必须包含其他非支配性机理以及复杂微观结构的影响。

要从微观机理建立宏观失效条件，首先要对微观机理进行宏观表征，引入关于某个支配性参数临界状态假定。当基于微观机理的支配参数及其临界状态被提炼出来后，实际上与具体的微观结构、微观机理已没有直接关系了，就可以只在连续体概念上建立失效准则。当然，虽然有机理依据，但其失效条件必须经过实验验证。另一种方法是不管什么微观机理，直接在连续体概念上引进失效假定来建立失效准则(如能量法)，但实际上宏观失效假定的引入往往是以微观机理为依据的。

2.5.1　主剪应力极限假定

与滑移相关的客观失效是滑移开裂，主观失效是开始发生滑移的条件，因此关于剪应力的宏观极限假定有两类。

1. 开始滑移条件(屈服条件)

工程中很多情况下认为有塑性变形即失效，显然这是一种主观失效条件。塑性变形的微观机理是滑移，由实验观察可以认为滑移沿最大剪应力方向发生，这是因为多晶材料中总会有一些晶粒的滑移面与其一致。这样当最大剪应力达到某个极限时就会发生屈服(即产生滑移)。这样，基于微观的滑移机理，宏观的屈服条件就可假定为

$$\tau_{\max} = \tau_{\mathrm{Y}} \tag{2.5a}$$

写成一般形式即为

$$\tau_{\max} = \frac{\sigma_1 - \sigma_3}{2} = \tau_{\mathrm{Y}} \tag{2.5b}$$

这里，τ_{Y} 为宏观的剪切屈服极限，不是晶内的滑移极限 τ_{s}，而是需要实测的一个

材料强度特性。这就是大家熟知的第三强度理论或最大剪应力理论，也称 Tresca 准则。必须注意，这只是原子开始滑移即开始发生塑性变形的条件，而不是滑移开裂的条件。把它作为失效条件，是包含视塑性变形为失效的人为因素的，故实际上属于主观失效准则。这一准则对应的微观机理是开始塑性变形的机理。

Tresca 准则因具有微观的滑移机理依据，并且可以确定产生塑性滑移的方向，故在工程中被广泛用作材料屈服的失效准则。但也有一些人认为，这一准则在宏观上没有考虑第二主应力的影响，所以可能只是近似的。然而，某个应力分量对失效有没有影响，只能由失效机理来判断。这一准则的近似性来自于建立宏观屈服准则时暗含的假定：微观结构和滑移的复杂性都可用实测的屈服极限 τ_Y 来表征这个假定，而这个假定只是近似成立的。另外，式(2.5a)是微观机理的宏观表征，在纯剪状态时是正确的。而在扩展改写成一般形式(2.5b)时，实际上还引入了一个假定，即剪应力最大面上的法向应力，对滑移条件没有影响。具体地说，单轴拉伸时，最大剪应力为 $\tau_{max}=\sigma/2$，但在这个剪切面上同时存在法向拉应力 $\sigma/2$。式(2.5b)是在忽略法向应力影响的基础上导出的，这样得出拉剪屈服极限关系 $\sigma_Y=2\tau_Y$，与实际情况稍有出入(但在工程误差允许范围内)。

2. 滑移开裂极限

无论是滑移开始前的开裂还是位错堆积后的滑移开裂，其宏观开裂条件都可表示成最大剪应力达到滑移开裂极限，即

$$\tau_{max}=\tau_C, \quad \tau_{max}=\frac{\sigma_1-\sigma_3}{2}=\tau_C \tag{2.6}$$

τ_C 为宏观的材料滑移开裂极限。显然，如果 $\tau_C<\tau_Y$，则式(2.6)将先于式(2.5)满足，就将直接发生滑移开裂(此时没有塑性滑移，故是脆性断裂)。例如，铸铁类材料的压裂就可用此准则。而当 $\tau_C>\tau_Y$ 时，则必将先发生滑移，然后滑移继续进行，导致位错堆积，滑移阻力增大到 τ_C 时发生滑移开裂。此时，式(2.6)可应用于经一定的塑性变形后开裂面在最大剪应力方向上的破坏。

2.5.2 最大主应力极限假定

在多晶材料中总会有一些晶粒的劈开面是与最大主应力垂直的，并且由实验观察知道，脆性断面都发生在垂直于最大主应力的截面上。这样，就可把微观的开裂机理式(2.4)扩展为宏观的断裂条件：

$$\sigma_1=\sigma_b \tag{2.7}$$

这里，σ_b 为拉伸极限，它包含了次要机理及复杂微观结构的影响，并不是单个晶粒的劈开应力极限。这就是大家熟知的第一强度理论，它的宏观假定是最大拉应

力达到某个临界值时发生断裂，因为总有一些晶粒的劈开面会在此方向上，显然这与微观的劈开机理是一致的。此准则主要用于脆性或准脆性断裂，也可用于塑性变形后的极限承载能力评价。注意，在应力三轴度较高时，韧性材料也会呈准脆性断裂的失效形式。在这一准则中，第二、第三主应力是根本没有影响的，但它却与实验结果符合得很好。所以，作失效条件的宏观假设时，各应力分量影响的完整性并不是必须的，重要的还是与失效微观机理的对应性。另外，无论用何种能量，都是难以导出这一脆断准则的。除非事先引入断裂面在垂直于最大主应力的方向，然后从起裂时主应力做功与表面能及能量耗散间的平衡，才可以导出最大主应力支配的脆断准则[2]。但是，实际上只要假定了起裂面在垂直于最大主应力的方向上(这是符合破坏机理的假定)，就只是最大主应力支配的单参数问题，根本无须考虑能量平衡，就可直接得出式(2.7)的破坏准则。反之，如果起裂面不是假定在垂直于最大主应力的方向上，则无论用什么能量平衡，都是导不出该准则的。换句话说，用能量平衡法来建立失效准则时，也还是需要结合实际破坏机理的。

顺便指出，单轴拉伸时的屈服条件常表示为 $\sigma = \sigma_{\mathrm{Y}}$，但必须注意其依据只是单参数达到极限这一唯象假定，并不是依据滑移的微观机理得出的，滑移方向不在拉应力方向。

2.5.3　晶体材料的三种失效机理、三种强度特性

由以上介绍的失效微观机理及其宏观失效准则可知，材料有三个强度特性：屈服强度 τ_{Y}、滑移开裂强度 τ_{C}、拉伸极限 σ_{b}，对应于屈服、滑移开裂、拉裂的微观机理。原则上它们是相互独立的材料特性，工程材料之所以会有不同的失效形式，就是因为具体材料的这三个强度特性的大小关系不同，导致最先满足的失效准则不同。对于韧性材料，屈服强度小于拉伸极限和滑移开裂极限，但并不意味着一定是先发生屈服。例如，在几乎近似于三向等拉伸的状态下，韧性材料也可以在没有塑性变形下而直接发生脆性断裂。

2.6　连续体失效假定和失效准则

由于应力应变本身是基于连续体假定的参数，故撇开材料微观结构，亦即撇开失效的微观机理，直接对连续体从宏观的物理原理(如能量守恒等)出发，或者主观设定一种连续体参数的临界状态，来建立失效条件，是更容易为人们所接受和理解的方法。这种基于宏观物理原理或主观失效假定的失效准则，往往被称为“理论”，如大家熟知的断裂力学理论。一般来说，具有通用性的失效理论，其微观机理和宏观假定总是相一致的。必须指出，由于连续体失效假定原理上不涉及

微观结构和机理，原则上是可以大胆假设，但必须经过小心求证。想当然但与实际情况不一致的连续体失效假定，其实是很常见的。例如，早期人们在研究失效条件时，也有采用应变作为支配性评价参数的做法，即假定某个方向的应变达到某个极限值时发生失效，如材料力学中的第二强度理论(最大线应变理论)等，这个连续体失效假定与微观机理是不一致的，目前只在塑性断裂等问题中还有一些应用。

2.6.1　等倾面剪应力极限假定

等倾面是指与三个主应力成相同角度的面，在这个面上，法向应力正好为平均体积应力 $(\sigma_1+\sigma_2+\sigma_3)/3$ 。由宏观实验经验，三向均匀受力时不会发生屈服(但三向均匀拉伸时会被拉裂)，故体积应力与塑性变形无关。这样，在等倾面上就只有其剪应力与屈服有关，无论多复杂的应力状态，在此面上都只是一个单参数问题(这实际上也是等效应力的一种确定方法)。因此可假定：

$$\tau_{\text{oct}}=\frac{1}{3}\sqrt{(\sigma_1-\sigma_2)^2+(\sigma_2-\sigma_3)^2+(\sigma_3-\sigma_1)^2}=C \tag{2.8a}$$

即假定等倾面上的剪应力达到某个极限时发生屈服。必须注意，这只是一个宏观假定，等倾面上的剪应力只是给出了应力状态的一种描述，其临界值没有剪切极限的含义，即并不是 τ_{Y} (由后续推导可知，$C=\sqrt{2/3}\tau_{\text{Y}}$)，这是因为滑移方向并不被限定在等倾面上(连续体失效假定往往不规定失效方向，只规定失效条件)，并且等倾面上的剪应力也不是最大剪应力($\tau_{\text{oct}}=\sqrt{2/3}\tau_{\max}$)。在式(2.8a)中考虑单轴拉伸

$$\frac{\sqrt{2}}{3}\sigma_{\text{Y}}=C \tag{2.8b}$$

于是式(2.8a)可以改写成

$$\sigma_{\text{e}}=\frac{\sqrt{2}}{2}\sqrt{(\sigma_1-\sigma_2)^2+(\sigma_2-\sigma_3)^2+(\sigma_3-\sigma_1)^2}=\sqrt{I_1^2-3I_2}=\sigma_{\text{Y}} \tag{2.9}$$

这就是大家熟知的第四强度理论，也称 von-Mises 准则。其中，I_1 、I_2 为第一、第二应力不变量，σ_{e} 称为等效应力，起到了把复杂应力状态等效为单轴拉伸的作用，注意这里它是从屈服条件导出的。传统上认为，Mises 应力都是正的，但从等效为单轴的角度，它可以是负的(即压缩应力状态)。可以通过式(2.10)来引入压缩应力状态的负等效应力：

$$\begin{aligned}\sigma_{\text{e}}&=\sqrt{I_1^2-3I_2},\quad I_1\geqslant 0\\ \sigma_{\text{e}}&=-\sqrt{I_1^2-3I_2},\quad I_1<0\end{aligned} \tag{2.10}$$

我们知道，由于加工硬化的原因，材料塑性变形后的拉压强度行为是不同的。因此，对于复杂应力状态的 Mises 应力，其实区别其正负也是有必要的，否则就不能处理拉压强度异性行为。

在式(2.9)中考虑纯剪，则有 $\sigma_{\mathrm{Y}}=\sqrt{3}\tau_{\mathrm{Y}}$，与根据 Tresca 条件的 $\sigma_{\mathrm{Y}}=2\tau_{\mathrm{Y}}$ 略有不同，实验关系在这两者之间(但稍偏于 von-Mises 准则侧)。这一等倾面剪应力准则并不对应滑移的微观机理，只是一种宏观假定。实际的滑移方向并不发生在等倾面上，而基本上是在最大剪应力方向。那么，为什么这种与微观机理没有对应性的宏观假定反而会与实验结果更吻合一些呢？这是因为所谓的滑移微观机理，实际上只考虑了其支配性机理，没有考虑晶粒内多个滑移系的交叉滑移，以及位错堆积、微缺陷的影响，而连续体失效假定可以说本身就是一种对实验结果“拟合”的结果。

2.6.2　畸变能极限假定

从能量角度考虑宏观失效机理，受断裂力学发展的影响，是目前最常用的方法。但必须注意，往往需要根据具体的微观失效机理，对能量做相应的分解，用其支配该失效形式部分的能量来建立失效准则。应变能可表示成

$$W=W_{\mathrm{V}}+W_{\mathrm{S}}=\frac{1}{2E}\left[\sigma_1^2+\sigma_2^2+\sigma_3^2-2\nu\left(\sigma_1\sigma_2+\sigma_2\sigma_3+\sigma_1\sigma_3\right)\right] \tag{2.11}$$

直接以此应变能达到某个极限作为材料失效的宏观假定，意味着认为要处理的失效方式是应变能驱动型的(后面我们会介绍，这类失效也是有的，如蠕变变形失效)。但是塑性滑移比较特殊，它不是由全部应变能而是仅由其中一部分所驱动的。应变能可分成体积变化应变能和畸变能两部分：

$$W_{\mathrm{V}}=\frac{\sigma_V^2}{2K},\quad \sigma_V=\frac{\sigma_1+\sigma_2+\sigma_3}{3},\quad K=\frac{E}{3(1-2\nu)} \tag{2.12}$$

$$W_{\mathrm{S}}=\frac{1+\nu}{6E}\left[\left(\sigma_1-\sigma_2\right)^2+\left(\sigma_2-\sigma_3\right)^2+\left(\sigma_1-\sigma_3\right)^2\right] \tag{2.13}$$

前者只是体积变形，与滑移没有关系，故可假定屈服只与畸变能有关。注意这样的假定实际上与关于等倾面剪应力的支配性假定的依据是相同的，即体积变形或三向均匀应力不会引起塑性变形。在此假定下，假定畸变能达到某个极限时发生屈服失效，即 $W_{\mathrm{S}}=W_{\mathrm{C}}$，就可得到与式(2.9)完全相同的失效准则，即 von-Mises 屈服准则。

注意，虽然上述两种推导方式都可得出 von-Mises 准则，但它们并不构成相互证明，因为它们依据的基本假定是同一个东西，即体积应力或体积应变能不影

响屈服，所以当然会得到相同的结论。

Tresca 和 von-Mises 准则都与拉扭或拉剪试验结果符合得很好，但后者被许多人认为是更准确的，因而是目前最常用的屈服失效准则。但它也有缺点，例如，它不能确定产生塑性滑移的方向，还需要另行用最大剪应力去把握滑移方向等。实际上严格地说，由于晶粒内的交叉滑移、初始缺陷等的影响不可能在连续体参数里体现，故不存在严密的屈服准则。工程应用中 Tresca 和 von-Mises 准则都是可用的，评价结果并不会产生明显的差别。

必须指出，无论采用何种导出方式，von-Mises 准则都包含了体积应力不影响屈服的假定。这是正确的，但体积应力大到一定程度，却是可以引发拉开破坏的。例如，齿根或螺根处，三个主方向应力相差较小(应力三轴度高)，不发生塑性变形但却会起裂。因此，失效评价的关键是要考虑各种可能的失效形式，是不能靠连续体失效假定解决的。

2.6.3　裂纹断裂的连续体失效假定

实际结构的危险点往往是应力集中点，其应力分布不均匀且处于多轴应力状态，传统上对其直接进行强度寿命评价一般需要采用集中应力和应力梯度两个参数，且只能通过实验对某种应力集中状态进行经验总结。考虑到瞬断或延时断裂都是先起裂然后裂纹扩展至最终断裂的，故干脆直接考虑有裂纹时的断裂或扩展条件，反而会使得失效评价变得简单。任意裂纹裂尖(图 2.15(a))的弹性应力场全场可表示为[25]

$$\sigma_{ij}(r,\theta)=\frac{K_i f_{ij}(\theta)}{\sqrt{2\pi r}}+T_{ij}+g_{ij}(\theta)\sqrt{r}+h_{ij}(\theta)\sqrt[3]{r}+\cdots=\frac{K_i f_{ij}(\theta)}{\sqrt{2\pi r}}+T_{ij}+O(\sqrt{r}) \tag{2.14}$$

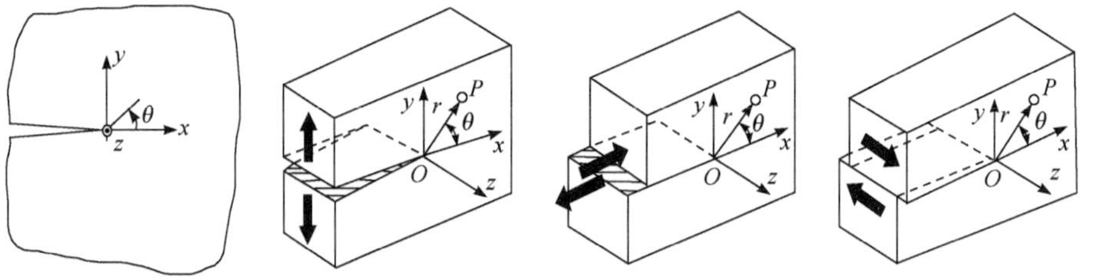

(a) 裂尖模型　(b) Ⅰ型模态　(c) Ⅱ型模态　(d) Ⅲ型模态

图 2.15　裂尖模型及其模态

其中，第一项为奇异项，即趋近裂尖时，应力趋于无穷大。显然这是一种非常严重的应力集中状态。奇异项可以分为图 2.15(b)～(d)所示的三种模态。因此，如果认为奇异项占支配地位(这是有条件的)，那么无论多么复杂的应力场，就都可以只用 K_{I}、K_{II}、K_{III} 三个参数来表示。尤其是在各向同性材料中，裂纹扩展一般都沿只有Ⅰ型模态即只有 K_{I} 的方向，变成单参数问题，评价准则就可以用单参数唯象的方法来建立，即：

$$K_{\mathrm{I}} = K_{\mathrm{IC}} \tag{2.15}$$

这里，K_{IC} 称为断裂韧性，它对应于裂纹的脆性断裂，对于韧性材料是在平面应变条件下被定义的。表象上是当裂尖屈服域很小时，可用裂尖弹性应力场进行失效评价(这称为小规模屈服条件)，实际上则是裂尖应力三轴度大于材料的临界三轴度导致拉裂先于屈服条件被满足。这种基于裂尖弹性奇异应力场的失效评价方法称为线性断裂力学理论。

当裂尖屈服域很大时，裂尖弹塑性应力场全场应表示为[26,27]

$$\sigma_{ij} = \left(\frac{J}{\alpha\varepsilon_{\mathrm{Y}}\sigma_{\mathrm{Y}}Ir}\right)^{\frac{1}{m+1}} \tilde{\sigma}_{ij}(\theta) + T_{ij} + O(r^{m/(m+1)}) \tag{2.16}$$

$$J = -\frac{\mathrm{d}\Pi}{\mathrm{d}a} = \int_{\Gamma}\left(W\mathrm{d}y - p_j\frac{\partial u_j}{\partial x_1}\mathrm{d}\Gamma\right) \tag{2.17a}$$

$$W = \int_0^{\varepsilon_{ij}} \sigma_{mn}\mathrm{d}\varepsilon_{mn} \tag{2.17b}$$

其中，Γ 为任意的围绕裂尖的逆时针封闭曲线，J 积分是与路径无关的。注意，这样的弹塑性应力场奇异项，是在弹塑性本构关系服从 Ramberg-Osgood 规则关系的前提下获得的

$$\frac{\varepsilon}{\varepsilon_{\mathrm{Y}}} = \frac{\sigma}{\sigma_{\mathrm{Y}}} + \alpha\left(\frac{\sigma}{\sigma_{\mathrm{Y}}}\right)^m \tag{2.17c}$$

如果认为弹塑性奇异项占支配地位，因其可只用一个参数即 J 积分来表示，因此原理上就是个单参数临界状态的唯象问题，失效准则可表示为

$$J = J_k \tag{2.18}$$

其中，J 积分临界值 J_k 也被称作弹塑性断裂韧性，根据不同的弹塑性失效形式，断裂韧性也有多种。这种基于弹塑性奇异场的失效评价方法称为弹塑性断裂力学理论。

必须指出，无论是线性断裂力学还是弹塑性断裂力学，都是有一个前提假定的，即裂尖奇异场对破坏起支配作用。表象上，只要无限趋近于裂尖，这个假定总是成立的，但实际上材料是有微观组织的，连续体假定在距离小到一定程度时是不成立的。换个角度看，破坏不是一个点或一个晶格的行为，而必定是某个具有特定大小区域的行为。所谓奇异项占支配地位，显然是指奇异项支配区必须大于这个被认为发生破坏的特定区域尺寸。当裂纹长度很小，或者裂尖接近自由表面时，奇异项占支配地位的假定是不成立的。此时，无论是线性还是弹塑性断裂

力学理论都是不可用的，常见的做法是考虑常数项应力，即利用奇异项的应力强度因子或 J 积分，以及常数应力，建立双参数的经验准则(可以认为是断裂力学方法的扩展)。严密地说，断裂力学理论的这种经验扩展也是有假定的，即奇异项加常数项两项之和要占支配地位。

2.6.4 Griffith 假定

与前述的单参数唯象方法不同，Griffith 试图从能量平衡理论来为式(2.15)提供一种理论依据。Griffith 假定通常被描述为裂纹扩展或萌生一个单位长度所释放出的能量，等于形成新裂纹面所需的表面能。这也是基于连续体假定基础上的一个假定，与断裂的微观机理无关，只能针对某种断裂形式，而不能应对不同的失效形式。由于其只涉及弹性能变化和表面能的平衡，故常被称为 Griffith 脆性断裂理论。变形体的系统势能为

$$\Pi = E + W - A$$

这里，E 为系统的动能，W 为系统内能，对于无能量源点的变形体，即变形能(包括弹性和塑性)，A 为外力功。系统能量平衡的条件是 $\delta\Pi = 0$ 。系统发生突变或能量耗散时(如裂纹扩展)，能量平衡关系变为

$$-\Delta\Pi = \Delta S$$

即系统势能的减小量(故称为释放)等于系统的耗散能 ΔS 。对于弹性裂纹体，忽略其他能量耗散机制，仅考虑新增表面能密度 γ ，即得

$$\Delta S = 2\gamma\Delta a, \quad G = -\frac{\partial\Pi}{\partial a} = 2\gamma$$

Griffith 脆性断裂理论虽然本意是从裂纹扩展一个单位长度所释放初的能量与扩展所需能量间的平衡出发的。但实际上扩展所需的能量会因失效机理的差别、能量耗散有无、微观结构差异等，有较大的不确定性。因此，实际上只有裂纹扩展一个单位长度的势能释放率是确定的(这是可仅在连续体假定基础上确定的)，认为势能释放率是支配裂纹扩展的参数(这才是 Griffith 假定的本质)后，单参数失效准则必然只能是

$$G = -\frac{\partial\Pi}{\partial a} = G_C \tag{2.19}$$

而这实际上与式(2.15)的导出本质上是一样的。临界释放率 G_C 并不一定只是产生裂纹所需的能量，还可能包含其他能量耗散，是必须经过实验确定的。并且必须高度注意：当将其应用到混合模态或其他复杂裂纹问题时，G_C 也不一定为常数，而可能是模态比或其他参数依存的变量(取决于势能释放率是支配裂纹扩展的假定成立与否)。实际上，裂纹扩展可以有不同的机理和形式，它们对应的失效准则也是不同的。

2.6.5　经验失效准则

最早的经验失效准则，不管微观机理，也不管宏观原理，而是根据失效试验结果直接总结经验公式。例如，岩石类材料的失效准则——莫尔-库仑准则，就是通过双轴拉压试验总结出来的。很多行业设计规范中有许多这种内容。疲劳领域中的一些寿命公式，也大多属于此类。建立经验失效准则时，最常用的方法是采用椭圆函数，如果涉及的参数为 n 个 X_i，认为其各自存在临界值 X_{iC}，则经验失效准则就表示为

$$\left(\frac{X_1}{X_{1C}}\right)^2+\left(\frac{X_2}{X_{2C}}\right)^2+\cdots+\left(\frac{X_n}{X_{nC}}\right)^2=1 \tag{2.20}$$

例如，对于拉剪，就用 $(\sigma/\sigma_C)^2+(\tau/\tau_C)^2=1$；对于裂纹，就用 $(K_{\mathrm{I}}/K_{\mathrm{I\,C}})^2+(K_{\mathrm{II}}/K_{\mathrm{II\,C}})^2=1$ 等。至于各 X_{iC} 之间是否独立或相互关系如何，须再另行总结经验关系。顺便指出，把式(2.20)中平方改成非整数次，也是常用的经验假定。对各向同性材料，也常用不变量法(源于评价结果必须与坐标轴取法无关的材料强度学要求)。因为应力或应变不变量只有三个，因此可以根据失效试验结果，拟合出形如

$$f(I_1,I_2,I_3)=0,\quad f(J_1,J_2,J_3)=0 \tag{2.21}$$

的失效准则。

2.7　延时失效及其损伤机理、演化律

2.7.1　延时断裂机理

延时失效断面一般具有准脆性特征，即使失效前有明显的变形量(如蠕变疲劳、低周疲劳)，但断面中的绝大部分仍是较为光滑平整的。这是因为延时失效是材料性能退化到一定程度后，瞬时或快速断裂条件被满足。延时失效过程可分为材料损伤累积、材料起裂及裂纹扩展至断裂三个阶段[28]，如图 2.16 所示。为了便于说明，我们先来解释起裂和裂纹扩展断裂的机理。材料起裂于危险点(光滑试件时最弱点，结构疲劳时应力集中点)，起裂机理是危险点附近材料损伤累积使得有效应力增加(反过来说就是材料强度特性退化)，一旦断裂条件在危险点附近成立，就会发生瞬时断裂，这就是起裂。在结构中，危险点是应力集中点，以集中应力评价的设计寿命对应于起裂寿命。但是起裂后的裂纹扩展仍有一定寿命。如果把裂纹裂尖看作危险点，那么裂纹扩展的机理与应力集中点起裂机理实际上是同一回事。当裂纹扩展到一定长度(临界长度 a_C)时，裂尖材料无须经过损伤累积就已

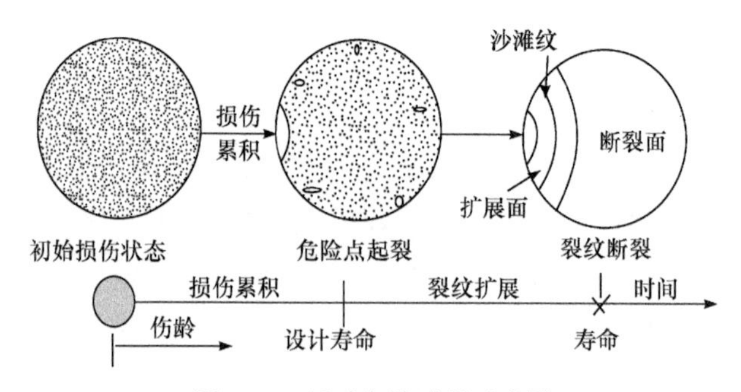

图 2.16　延时失效过程示意图

经直接满足了瞬断条件，故而将直接发生全面断裂，达到寿命的终点。由此可知，起裂、裂尖扩展、裂纹瞬断的断面，都对应于瞬断，但达到瞬断条件前，需要经过损伤累积。损伤累积的机理显然不能是断裂机理，它必须是一种保持材料完整性前提下的材料性能退化机理。在光滑小试件试验中，起裂寿命占总寿命的 90%以上，往往也无须区分起裂寿命、扩展寿命。但对于实际工程结构，危险点起裂后，一般还不至于全面断裂，形式上还是可以有一定的裂纹扩展寿命的。一些理论分析或模拟工作中，常通过引入微小裂纹然后扩展至临界状态 $K_{\mathrm{Imax}} = K_{\mathrm{IC}}$ (对应的裂纹长度就是 a_{C})，来计算结构寿命。但这是不对的，因为工程结构寿命必须分成有效寿命和无效寿命两部分。显然没有起裂或裂纹很小乃至于难以观察到时，结构是处于正常的工作状态的，故可称为有效寿命。反之，可以明显观察到裂纹时，即使远未达到临界裂纹长度 a_{C} ，主观上说它已经失效了，也是完全正常甚至是必要的。所以说长裂纹的扩展寿命，对实际结构来说，属于无效寿命。进一步就有效寿命来看，因为工程结构的应力集中点的应力集中程度远小于裂纹裂尖，所以起裂寿命一般远大于裂纹扩展寿命。通常把发生全面断裂的时间称为总寿命，而设计时一般以结构应力集中点的应力来进行寿命评价，即设计寿命一般为结构起裂寿命。

由图 2.16 的延时破坏机理可知，其评价参数除应力状态参数外，还有已经历过的寿命即当前损伤状态，也对当前剩余寿命有巨大影响。临界状态是瞬时断裂的条件(在延时失效中该条件是经过损伤累积后才达到的)，但要评价的寿命却是达到该条件所需的受载时间，导致其评价方法与断裂或失效的评价有本质上的不同。需要首先建立一个损伤演化律：

$$\frac{\mathrm{d}D}{\mathrm{d}t} = f(D, \sigma(t)) \tag{2.22a}$$

这一损伤累积过程由初始损伤 D_0 (材料初始损伤)进行到 D_{C}

$$\frac{\max \sigma_1(t)}{1 - D_{\mathrm{C}}} = \sigma_{\mathrm{b}}, \quad D_{\mathrm{C}} = 1 - \frac{\max \sigma_1(t)}{\sigma_{\mathrm{b}}} \tag{2.22b}$$

其所需的时间就是寿命。而如果按传统的断裂或失效条件建立方法，则为

$$f(\sigma_{\mathrm{p}}|_{\sigma(t)},t_{\mathrm{f}})=C \tag{2.23a}$$

需要先对交变应力 $\sigma(t)$ 进行与时间无关的表征(如 σ_{p})，并引入一个寿命的表征(时间或循环数)，然后建立一个寿命与参数 σ_{p} 的关系式。这就是常见的损伤演化律：

$$\frac{\mathrm{d}D}{\mathrm{d}N}=f(D,\sigma_a,\sigma_m) \tag{2.23b}$$

式(2.23)虽然直观且常用，但却是只局限于单轴单频载荷的表征方法，显然有明显的逻辑缺陷。正是这一寿命表征方面的逻辑缺陷，导致疲劳寿命的评价迄今未有可靠的理论。而式(2.22)对于任意载荷都可适用，对于单轴单频正弦载荷，只需关于一个周期积分即可得式(2.23b)。这意味着我们可以用单轴单频试验来获取材料的疲劳特性常数(式(2.22)包含的系数)。

2.7.2　损伤累积机理及损伤演化律

所谓损伤累积是微观缺陷增多增大，必然是一个微观组织结构发生缓慢变化的过程。那么究竟是什么机理才导致损伤累积呢？最常见的微观组织变化是位错滑移，但这实际上只是塑性变形机理，并不导致材料强度性能的退化。损伤累积是否受位错结构变化支配呢？这是目前关于损伤累积机理的一个根本性的争议点。实际上，位错滑移这种微结构的结构变化，在发生滑移开裂前，只会导致塑性变形，并不导致分子间结合的断开，故并不会使材料强度特性发生退化。能够使得材料强度特性退化的微观结构变化，必然是伴随着分子间结合断开或微观缺陷增多(其附近必有分子间结合力断开才能增大增多)的形式。另外，所谓损伤是指材料微结构(包括微缺陷、位错等)变化对强度行为综合效应的度量。任何微结构变化一方面会改变局部的应力集中(增大或减小)，另一方面也会改变(增大或减小)材料本身的局部强度特性，两者综合使得微结构附近局部材料承载能力降低的，称为损伤，也可能有使得承载能力提高的，则称为“负损伤”。塑性变形的微观机理是位错运动，位错应力确实会使得局部应力增大，但位错本身对材料强度性能的影响却并不一定是弱化，反而可能是起强化作用的。因此两者综合，从承载能力角度，位错结构在某些情况下反而是一种强化结构，是起“负损伤”的作用的。从损伤力学的角度，如 1.11 节所述，损伤是所有微结构变化综合效应的表征，既不特指某种微结构，也无须区分微结构应力集中和材料局部强度特性变化的贡献，而统一以有效应力的形式来表示，即 $\sigma_{\mathrm{ef}}=\sigma_{\mathrm{nominal}}/(1-D)$ 。只把位错作为支配损伤的微观缺陷形式，是把损伤概念过于简单化了。损伤是各种微结构及其变化对强度性能影响的总体表征，并且与某种具体微结构的面积或体积占比不是一个概念(虽然早期的损伤是以面积比定义的)。损伤累积的规律称为损伤演化

律，它表示的是在某种应力形式或环境下，材料内部各种微结构变化对强度行为影响的变化规律。

损伤累积的微观机理可用热扰动运动来解释，原子在晶格格点的平衡位置附近高速振动，如图 2.17 所示，其平均动能对应于温度。每个原子具有的动能大小是有随机性的，如式(2.1)所示。当活性能大于某个临界值时，原子就会发生逃逸，即离开原来的晶格格点，发生空位缺陷，移动到能量水平相当的其他格点空位或平衡位置，正巧填补其他格点空位的情况，称为空位的湮灭。材料不受外力作用时，如图 2.17(a)所示，产生空位与湮灭的概率相当，故没有损伤累积(但因材料总是有微观缺陷的，两者还是有微小差别的，只是实用中可以忽略而已)。而在受外力作用时，产生空位的概率增大，但湮灭的概率会变小，导致缺陷的增大增多，其原因如下。

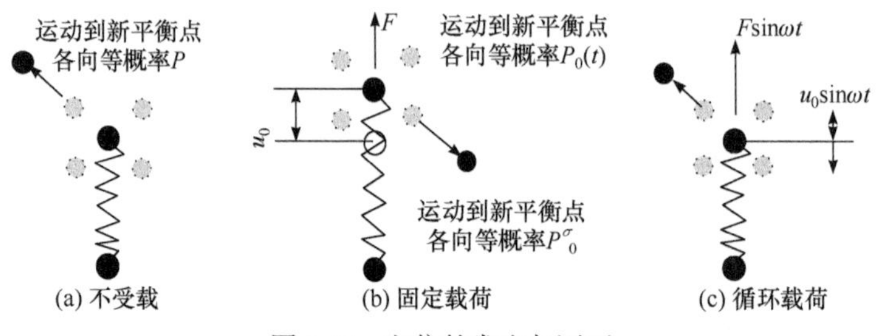

图 2.17　空位的发生与湮灭

(1) 在恒定应力作用下，晶格格点在平衡位置做定量移动，在此平衡位置附近的逃逸能级与别处逃逸来弥补的原子能级基本相同，即基本会全部湮灭，不产生损伤累积。但是，如果材料富含微观缺陷，显然缺陷内表面因受表面能影响，能级较高，不但容易逃逸，而且其不利于其他地方逃逸来的原子弥补，是会产生损伤累积的。又譬如蠕变，大量原子沿受力方向逃逸，其空位不易被湮灭，也是要引起损伤累积的。此类损伤累积称为静态损伤机理，发生在载荷恒定，但初始微观组织结构仍会持续缓慢发生变化的情况下。位能差别与位移有关，故其损伤演化律为

$$\frac{\mathrm{d}D}{\mathrm{d}t}=\begin{cases}c|u|^m\left[1-\left(\dfrac{u_\mathrm{c}}{|u|}\right)^{\alpha}\right]\mathrm{e}^{-\frac{Q_\mathrm{C}}{kT}}, & |u|>u_\mathrm{c}\\ 0, & |u|\leqslant u_\mathrm{c}\end{cases}\tag{2.24}$$

改写成应力形式：

$$\frac{\mathrm{d}D}{\mathrm{d}t}=\begin{cases}c\left(\dfrac{\sigma}{1-D}\right)^m\left[1-\left(\dfrac{(1-D)\sigma_\mathrm{C}}{\sigma}\right)^{\alpha}\right], & \dfrac{\sigma}{1-D}>\sigma_\mathrm{C}\\ 0, & \dfrac{\sigma}{1-D}\leqslant\sigma_\mathrm{C}\end{cases}\tag{2.25}$$

其中，σ_C 称为静态疲劳极限。顺便指出，$dD/dt = c\sigma^m$ 是最早被提出的静态损伤演化规律，式(2.25)也可以看作其扩展完善。

(2) 在交变载荷作用下，晶格空位的位置和位能不断在变化，难以被别处逃逸来的原子弥补，这是由晶格格点位置变化造成的，用宏观位移来表征这种变化，损伤演化律为

$$\frac{dD}{dt} = \begin{cases} c|\dot{u}||u|^{\beta}\left[1-\left(\dfrac{u_f}{|u|}\right)^{\gamma}\right]e^{-\frac{Q_C}{kT}}, & |u| > u_f \\ 0, & |u| \leqslant u_f \end{cases} \tag{2.26}$$

其中，$u = u_m + u(t)$，平衡位置围绕 u_m 做周期性变化，比例系数 c、临界值 u_f 与平均位置 u_m 相关。改用应力表示，有

$$u = \frac{b_0(1+2\nu^2)}{E}\sqrt{I_1^2 - \frac{2(1+\nu)^2}{(1+2\nu^2)}I_2}$$

其中，b_0 为晶格常数。定义等效平均应力和交变应力分别为

$$\sigma_{mef} = \sqrt{I_{1m}^2 - \frac{2(1+\nu)^2}{1+2\nu^2}I_{2m}}, \quad \sigma_{ef}(t) = \sqrt{I_{1t}^2 - \frac{2(1+\nu)^2}{1+2\nu^2}I_{2t}}$$

即可把任意复杂应力等效为 $\sigma = \sigma_{mef} + \sigma_{ef}(t)$，这是与单轴单频时的 $\sigma = \sigma_m + \sigma_a \sin \omega t$ 表征方法相连续的。损伤演化律可改写为

$$\frac{dD}{dt} = c_f \frac{\dot{\sigma}_{ef}(t)}{1-D}\left(\frac{\sigma_{ef}(t)}{1-D}\right)^{\beta+1} H \tag{2.27}$$

$$H = \begin{cases} 1-\left(\dfrac{(1-D)\sigma_f}{\sigma_{ef}(t)}\right)^{\gamma}, & \dfrac{\sigma_{ef}(t)}{1-D} > \sigma_f \\ 0, & \dfrac{\sigma_{ef}(t)}{1-D} \leqslant \sigma_f \end{cases}$$

其中，σ_f 为疲劳极限，c_f 为损伤系数，它们是平均应力 σ_m 的函数。

2.8　应力三轴度及其对材料失效形式的影响

由于存在多种失效机理，在不同的应力状态下，即使对于同一种材料，根据先被达到的失效机理的不同，也可以有不同的失效方式(对于金属材料，主要是屈服和起裂两种，起裂则包括劈开和滑移开裂)，不同的失效方式需要采用不同的失效准则。因此，评价模型的第一个关键问题其实是失效形式的评价问题。

2.8.1 应力三轴度与失效形式

韧性材料在某些复杂应力状态下，可以在没有明显塑性变形的情况下发生脆性或准脆性断裂。应力三轴度的概念，就是为描述应力状态对失效形式的影响而引入的。设想三向均匀受拉，等效 Mises 应力为零，不会发生屈服，但当均匀拉应力达到拉伸极限时，显然会被拉裂或拉断。因此所谓三轴度就是一个三个方向上应力均匀度及其对失效形式影响的参数。传统的应力三轴度着重于均匀度，其定义为[29,30]

$$\eta = \frac{\sigma_{\mathrm{V}}}{\sigma_{\mathrm{e}}} \tag{2.28a}$$

其中，σ_{e} 为 Mises 等效应力，σ_{V} 为体积平均应力，即

$$\sigma_{\mathrm{V}} = \frac{\sigma_1 + \sigma_2 + \sigma_3}{3} \tag{2.28b}$$

定性地，人们已发现，三轴度高则易发生准脆性断裂，而三轴度低则易发生塑性变形。这是因为三轴度高时，任意面上的滑移应力都很小，不会发生滑移。但当主应力为拉应力时，虽然滑移机理不会被触发，但劈开机理仍然存在。故当最大主应力达到拉伸极限时，仍会发生拉开破坏；而当应力为压应力时，劈开机理不存在，如果三轴度较高，滑移机理也不会被触发，故既不会破坏也不会发生塑性滑移。所以，三向均匀受压时，不会发生任何形式的破坏(例如，深海底的岩石并不会被压裂。当然，这限定于常规压力环境，不包括物理学中的黑洞坍缩)。

然而，按传统的三轴度定义，它是难以用来区分屈服与开裂的失效形式的。因为在它的定义中，虽然包含了描述屈服的等效应力参数 σ_{e}，但却不包含描述准脆性断裂的评价参数即最大主应力(体积应力不是描述断裂的参数)。由于发生拉开断裂的条件是 $\sigma_1 = \sigma_{\mathrm{b}}$，而发生屈服的条件是 $\sigma_{\mathrm{e}} = \sigma_{\mathrm{Y}}$，三轴度要表征的是何者容易或最先达到，所以我们这里重新定义一个三轴度指标如下[31]

$$\eta = \frac{\sigma_1 - \sigma_{\mathrm{e}}}{\sigma_1} = 1 - \frac{\sigma_{\mathrm{e}}}{\sigma_1} \tag{2.29}$$

在此新定义下，单轴拉伸时 $\eta = 0$，三向均匀拉伸时 $\eta = 1$，三轴度的物理意义变得非常明确，即接近零时应力状态接近单轴，接近 1 时应力状态接近三向均匀拉压。不仅如此，利用该三轴度，还可方便地判别最先达到的失效形式。由应力三轴度定义可导出材料的临界三轴度(也是一种固有的材料特性)：

$$\eta_{\mathrm{C}} = \frac{\sigma_{\mathrm{b}} - \sigma_{\mathrm{Y}}}{\sigma_{\mathrm{b}}} = 1 - \frac{\sigma_{\mathrm{Y}}}{\sigma_{\mathrm{b}}} \tag{2.30}$$

显然这是一个材料常数，与常用的屈强比互为补数。失效形式判断准则为

$$\begin{cases} \text{当}\eta < \eta_C\text{时，塑性屈服先于准脆性断裂，}\sigma_e = \sigma_Y \\ \text{当}\eta > \eta_C\text{时，准脆性断裂先于塑性屈服，}\sigma_1 = \sigma_b \end{cases} \tag{2.31}$$

即当实际应力三轴度小于材料临界值时必定先发生屈服，而当大于该临界值时则必定先发生准脆性断裂。这一失效形式的判别准则是很容易证明的。例如，要使屈服先于准脆性断裂发生，必须满足

$\sigma_e / \sigma_Y > \sigma_1 / \sigma_b$，即 $\sigma_e / \sigma_1 > \sigma_Y / \sigma_b$ 可改写为 $1-\sigma_e / \sigma_1 < 1-\sigma_Y / \sigma_b$，

改写后的形式即 $\eta < \eta_C$。同理，要使准脆性断裂先于屈服发生，可推得必须 $\eta > \eta_C$。因此，实际结构是发生屈服还是准脆性破坏，取决于实际应力状态的三轴度与材料临界三轴度的大小关系，并不因为是韧性材料而必定先发生塑性变形(发生准脆性断裂时往往伴随一些塑性变形的机理，在后面说明)。

显然，如果材料的临界三轴度 $\eta_C = 0$，则无论在何种应力状态下，都必然发生脆性断裂，故是完全的脆性材料。η_C 越小，材料越脆(越容易发生准脆性断裂)。塑性理论中的完全弹塑性模型，表面上临界三轴度为零，但却可以塑性变形，似乎与上述准则矛盾，但如果考虑真应力真应变关系，实际上临界三轴度并不为零，也仍是符合上述失效形式判别准则的，问题只是出在完全弹塑性模型只是一种假想的理论模型，该模型是没有拉伸极限概念的。另外，在塑性变形过程中，不仅应力三轴度会发生变化，而且材料的临界三轴度也会因加工硬化而发生变化。一旦满足准脆性断裂条件，就会发生准脆性断裂。所以，有塑性变形的断面并不一定就是韧性断面，而是可以有部分准脆性断裂面的。

尤其必须注意的是，由式(2.25)的判别准则可知，对于 $\eta > \eta_C$ 的应力状态，再进行塑性分析其实是没有必要的，因为在塑性变形发生前，就早已发生准脆性断裂了。反之，对于 $\eta < \eta_C$ 的应力状态，采用准脆性断裂的评价方法(即使是裂纹)也是不正确的。常见的一些材料的临界三轴度如表 2.1 所示。

表 2.1　常见材料的临界三轴度

	材料							
	S45C	Q345	ZG30Mn	ZG20Cr13	20Mn2	1Cr18Ni9	1Cr17	1Cr12Mo
σ_Y / MPa	355	345	300	400	590	205	245	550
σ_b / MPa	600	550	558	600	785	520	410	685
η_C	0.408	0.373	0.462	0.333	0.248	0.592	0.402	0.197

注：热处理或预加工状态不同，三轴度数据会有一些变化。

显然，采用加工硬化等方法增强屈服强度后的材料，因屈强比提高，其临界三轴度会降低，故而变得容易发生准脆性断裂。屈服强度一旦增大到拉伸极限时，

临界三轴度降低为零，材料就必然先起裂(但受应力分布或集中等的影响，起裂可以只是局部的)。

式(2.31)是关于失效形式的评价准则，也是评价模型的一部分，但具体评价还需结合各自形式的失效准则才能进行完整的评价。实际结构中也存在 Mises 应力不大但却直接起裂的情况，如螺纹根部、齿根、裂尖等，这就是由三轴度对失效形式的影响造成的。

2.8.2　椭圆孔的三轴度

如图 2.18(a)所示，考虑无限体中远场均匀受拉的椭圆孔孔边附近应力，由弹性理论可知：

$$\frac{\sigma_\theta|_{\theta=0}}{\sigma_0}=\sqrt{\frac{a}{2r+\rho}}\left(1+\frac{\rho}{2r+\rho}\right)+\frac{\rho}{2r+\rho},\quad \frac{\sigma_r|_{\theta=0}}{\sigma_0}=\sqrt{\frac{a}{2r+\rho}}\left(1-\frac{\rho}{2r+\rho}\right) \tag{2.32}$$

其中，$\rho=b^2/a$ 为曲率半径。显然，当 $\rho\to 0$ 时为裂纹问题。

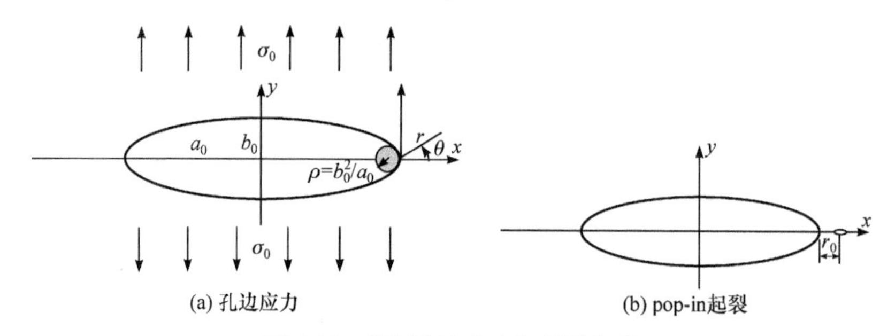

图 2.18　椭圆孔边应力与起裂方式

在平面应力状态下，应力三轴度为

$$\eta=1-\frac{\sigma_e}{\sigma_1}=1-\sqrt{1-\frac{p(1-p^2)(2p+\sqrt{\rho/a})}{\left(1+p^2+\sqrt{\dfrac{\rho}{a}}p\right)^2}} \tag{2.33a}$$

$$p=\sqrt{\frac{\rho}{2r+\rho}}=\sqrt{\frac{\rho/a}{2r/a+\rho/a}} \tag{2.33b}$$

其分布如图 2.19 所示，是一个先从零增大，达到最大值后又减小的过程。最大三轴度并不发生在孔边，而是离开孔边一个距离，该距离与曲率半径有关。曲率半径越小，越靠近孔边。在平面应力条件下，最大三轴度是一个趋于 0.134 左右的定值(但孔边始终为零)。一旦该最大值超过临界三轴度(注意，随着屈服的进行，屈服极限提高，临界三轴度会减小)，就将在离开孔边一定距离处开裂，虽然应力不是在该处最大，但该处最先开裂，而别处则表现为塑性变形，如图 2.18(b)所示。

尤其当曲率半径很小时，起裂处接近孔边。所以即使在平面应力状态下，细长椭圆孔的起裂方向也总是在轴向，而不是在最大塑性应变的方向上。由式(2.33)，可数值求解发生最大三轴度的位置，可以发现，当 $\rho/a \leqslant 0.001$ 时，$r_0/a \approx \rho/a$，而最大三轴度则都是 0.134。所以，当材料临界三轴度小于 0.134 时，即使是平面应力状态，也将发生局部的准脆性断裂(孔边到最大三轴度点之间有塑性变形，但屈服区域很小)。换句话说，细长椭圆孔的裂纹生成和扩展过程，严格地说不是从孔边，而是从孔边附近三轴度最大处萌生起裂，然后连成导致的。而当材料临界三轴度大于 0.134 时，即使在最大三轴度发生处，也将先发生塑性变形，故会有较大的塑性屈服域，应按屈服域大小来进行主观失效判别，同时，也应通过弹塑性分析求得最大等效应力，进行塑性失稳的判别。特别有意思的是，如果韧性材料经塑性加工硬化使得其临界三轴度小于 0.134，那么一旦发生裂纹，都将呈现准脆性破坏形式。

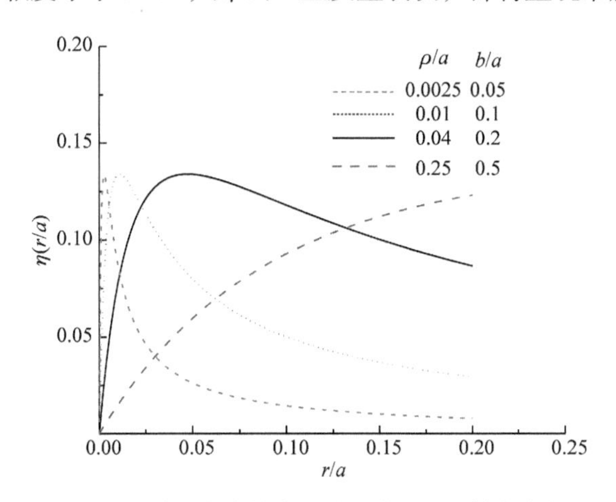

图 2.19　平面应力状态下椭圆孔边的三轴度变化

在平面应变状态下，应力三轴度为

$$\eta = 1 - \frac{\sigma_e}{\sigma_1} = 1 - \sqrt{1 - \frac{p(1-p^2)\left(2p + \sqrt{\dfrac{\rho}{a}}\right) + \nu(1-\nu)\left(2 + p\sqrt{\dfrac{\rho}{a}}\right)^2}{\left(1 + p^2 + \sqrt{\dfrac{\rho}{a}}\right)^2}} \tag{2.34}$$

其分布如图 2.20 所示。孔边的三轴度为 $\eta = 1 - \sqrt{1 - \nu + \nu^2}$，但最大三轴度不发生在孔边，而发生在距离孔边一个距离。随着曲率半径的减小，最大三轴度发生点急速向孔边靠近，其值也趋于一个定数 2ν。但过了最大值点后，其值又减小。对于泊松比 0.3 的材料，细长椭圆孔(如 $b/a < 0.05$)的孔边附近的应力三轴度甚至会略大于 0.6，对于多数金属材料，这是远大于其临界三轴度的，表明此时必将先发

生准脆性断裂，实际上与裂纹没有什么区别。通过对式(2.34)进行数值求解，细长椭圆孔边的最大三轴度如图2.21所示，此最大三轴度实际上与曲率半径基本无关，可统一表示为

$$\eta_{\max}=0.134+1.329\nu+0.856\nu^2 \tag{2.35}$$

曲率半径影响的只是其发生的位置，大致发生在 $r_0/a=\lambda\rho/a$ 处，曲率半径较小时，λ 与泊松比的关系可近似表示成图 2.21(b)所示的形式。

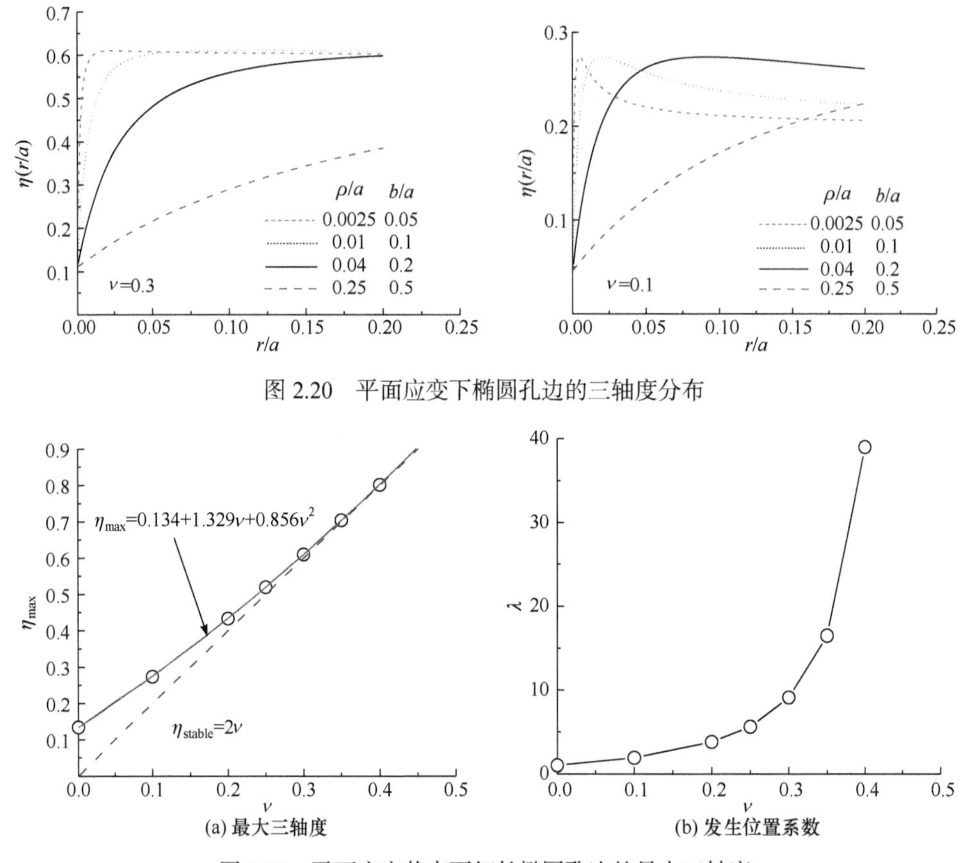

图 2.20 平面应变下椭圆孔边的三轴度分布

图 2.21 平面应变状态下细长椭圆孔边的最大三轴度

对于有限板厚的细长椭圆孔(对应于考虑裂尖钝化后裂纹模型，常用来说明裂纹的破坏)，面外应力为 $\varsigma(\sigma_x+\sigma_y),0\leqslant\varsigma\leqslant\nu$，例如取 $\varsigma=0.1$，此时 $\eta_{\max}$ 发生在离开孔边某一距离处，一旦 $\eta_{\max}$ 大于临界三轴度，在该处就会先起裂，无论起裂前其他地方有无塑性变形，这个起裂都不是从孔边发生的(虽然起裂发生后会与孔边快速合成)。这种起裂发生时，会发出 pop-in 的声音，故习惯上就称为 pop-in 失效，其原因是应力三轴度分布不均匀，且最大处不在孔边。因此，当板厚很薄时，

发生广域的塑性变形；很厚时，发生准脆性破坏；在两者之间时，发生 pop-in 失效。

2.8.3　裂尖的三轴度

在 I 型模态下，裂尖应力为

$$\sigma_x = \sigma_y = \frac{K_{\mathrm{I}}}{\sqrt{2\pi r}}, \quad \sigma_{\mathrm{e}} = \begin{cases} (1-2\nu)K_{\mathrm{I}} / \sqrt{2\pi r} & \text{平面应变} \\ K_{\mathrm{I}} / \sqrt{2\pi r} & \text{平面应力} \end{cases} \tag{2.36a}$$

裂纹面张开位移

$$v = \frac{K_{\mathrm{I}}}{2G}\sqrt{\frac{r}{2\pi}}(\kappa+1) \tag{2.36b}$$

按新三轴度定义，三轴度指标为：平面应变 $\eta = 2\nu$，平面应力 $\eta = 0$。这与椭圆孔中 $\rho \to 0$ 时的结果一致。对于钢铁材料 $\nu = 0.3$，平面应变时应力状态的裂尖三轴度高达 0.6，一般都大于材料的临界三轴度。这意味着必定先发生脆性断裂。故平面应变条件下，裂尖必然先发生准脆性破坏，不必考虑裂尖的塑性变形。反之，在平面应力条件下，应力三轴度为零，小于材料的临界三轴度，故必然先发生塑性变形。特别指出，先发生脆性破坏并不要求严格的平面应变状态，而只需其最大应力三轴度达到 $\eta \geqslant \eta_{\mathrm{C}}$ 即可(参见危险点理论)。

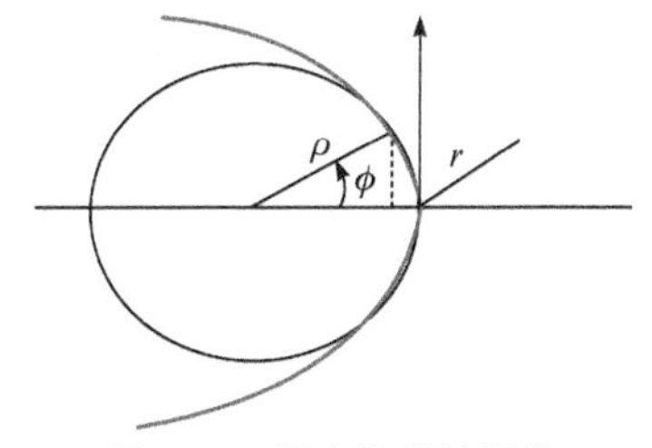

图 2.22　裂尖的弹性钝化

需要说明的是，从处于平面应变状态下的裂纹破坏，也总可以观察到一些位错滑移的迹象。这是因为弹性或塑性变形都将引起裂尖钝化，如图 2.22 所示。裂尖的曲率半径可表示为

$$\begin{gathered} \rho\sin\phi \approx \frac{K_{\mathrm{I}}}{2G}\sqrt{\frac{\rho-\rho\cos\phi}{2\pi}}(\kappa+1), \quad \sqrt{\rho}\cos\frac{\phi}{2} \approx \frac{K_{\mathrm{I}}(\kappa+1)}{4G}\sqrt{\frac{1}{\pi}} \\ \rho = \left[\frac{K_{\mathrm{I}}(\kappa+1)}{4G}\sqrt{\frac{1}{\pi}}\right]^2, \quad \kappa = \begin{cases} 3-4\nu & \text{平面应变} \\ (3-\nu)/(1+\nu) & \text{平面应力} \end{cases} \end{gathered} \tag{2.37}$$

由前述椭圆孔的分析，可知钝化后的裂尖点的三轴度变小，导致因钝化而先发生塑性变形，塑性变形使得钝化曲率半径进一步增大。但最大三轴度发生在离开裂尖一定距离处，平面应力时其值为 0.134，平面应变时如式(2.35)。因此在平面应变条件下，塑性屈服区域会很小，可以认为将直接发生脆性断裂，但这是伴随有钝化裂尖到最大三轴度发生点的微小区域塑性变形的，故而称之为准脆性断裂。所观察到的位错滑移现象是裂尖到最大三轴度点之间的塑性变形。对最大三轴度处来说，塑性变形不是其起裂的机理。

平面应变和平面应力是两种极端的理想状态，实际问题中处于这两者之间。以

下我们通过如图 2.23 所示的有限板厚边缘裂纹问题进行说明。应力强度因子可用外插法求出，在板厚方向是呈分布形式的，如图 2.24 所示。这里弹性数值计算中采用杨氏模量 210GPa，泊松比 0.3。图中的应力强度因子进行了如下的无量纲化：

$$\bar{K}_{\mathrm{I}} = \frac{K_{\mathrm{I}}}{K_{\mathrm{I}t}}, \quad K_{\mathrm{I}t} = f\left(\frac{a}{W}\right)\sigma\sqrt{\pi a}$$

$$f\left(\frac{a}{W}\right) = 1.12 - 0.23\frac{a}{W} + 10.6\left(\frac{a}{W}\right)^2 - 21.7\left(\frac{a}{W}\right)^3 + 30.4\left(\frac{a}{W}\right)^4$$

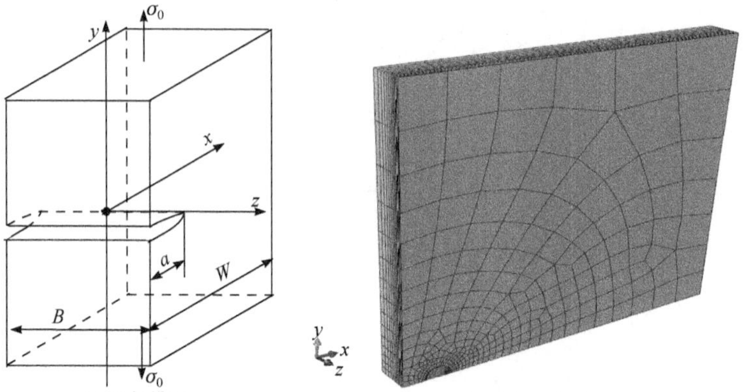

(a) 几何模型　　　　(b) 有限元模型

图 2.23　有限板厚边缘裂纹模型

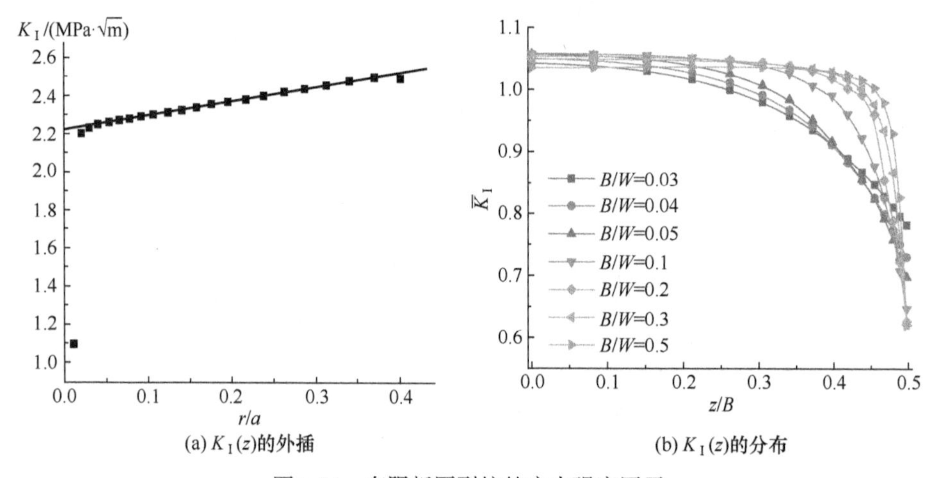

(a) $K_{\mathrm{I}}(z)$的外插　　　　(b) $K_{\mathrm{I}}(z)$的分布

图 2.24　有限板厚裂纹的应力强度因子

由图 2.24 可知，不同板厚的板中央的应力强度因子，随着板厚的减小，有一个先稍微增加然后又稍微减小的变化过程，但其变化范围较小，在 5%以内，可以忽略。板表面附近的应力强度因子，则随着板厚的减小而增大。板越厚，板厚度内维持基本恒定的应力强度因子的范围越大。但仅凭应力强度因子，是无法判断其先发生准脆性破坏还是先发生塑性屈服的，还需要裂尖三轴度在厚度方向的分布。然而，裂尖附近的三轴度在裂纹方向也不是恒定的，如图 2.25(a)所示。这与前述椭圆孔边的三轴度分布是一致的。但三轴度难以用外插法等来确定，因为原来平行于板中心面的平面，在变形后并不一定保持为平面(无论平面应力还是平面应变，都是假定其保持为平面的)，导致面外应力的分布非常复杂。这导致其三轴度既不是平面应力，也不是平面应变，而是在两者之间变化的。以 $r/a = 0.05$ 处的三轴度作为裂尖的三轴度，其板厚方向的分布如图 2.25(b)所示。板中心裂尖的三轴度，只有当板厚非常大时，才趋于平面应变的恒定的 $2\nu = 0.6$，有限板厚时总是呈分布型的。但重要的是裂尖附近的三轴度，当其大于临界三轴度时，板中央将先发生准脆性断裂，故可直接利用 $K_{\mathrm{I}} = K_{\mathrm{IC}}$ 进行评价。但当板较薄时，板中央的三轴度会小于临界三轴度，此时整个板厚方向都将先出现塑性变形，不能用 $K_{\mathrm{I}} = K_{\mathrm{IC}}$ 进行评价了。裂尖三轴度沿板厚方向的变化可表示为

$$\eta = \eta\left(\frac{B}{W}, \frac{z}{B}\right) = \frac{A_1 + A_2 \dfrac{z}{B}}{1 + A_3 \dfrac{z}{B} + A_4 \left(\dfrac{z}{B}\right)^2} \tag{2.38a}$$

其中，

$$\begin{cases} A_1 = 0.56125\mathrm{e}^{-0.02517\frac{W}{B}} \\ A_2 = -1.07901 + 2.12514\mathrm{e}^{-\frac{1}{0.01824}\frac{B}{W}} + 0.51214\mathrm{e}^{-\frac{1}{0.10478}\frac{B}{W}} \\ A_3 = 655.00156\mathrm{e}^{-\frac{1}{0.00396}\frac{B}{W}} + 0.23899\dfrac{B}{W} - 2.06914 \\ A_4 = 0.02063\left(\dfrac{B}{W}\right)^{-1.64565} \end{cases} \tag{2.38b}$$

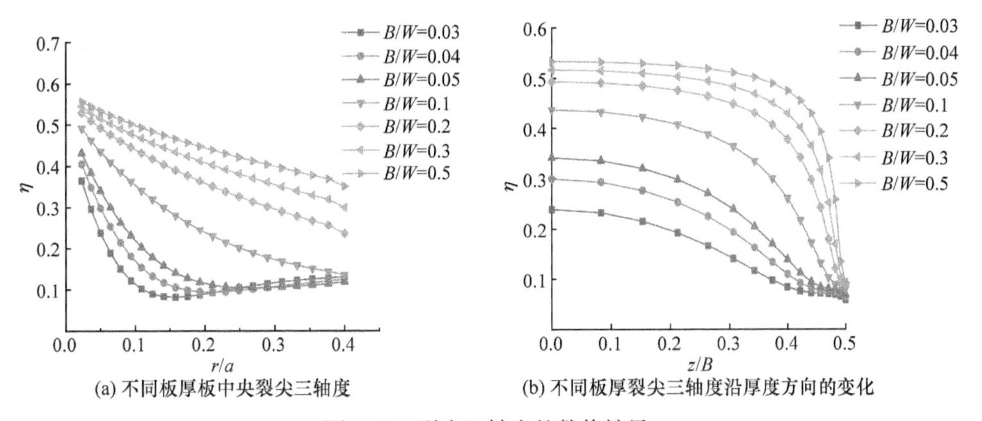

(a) 不同板厚板中央裂尖三轴度　　(b) 不同板厚裂尖三轴度沿厚度方向的变化

图 2.25　裂尖三轴度的数值结果

断裂力学中测量断裂韧性时，对板厚是有严格的要求的。一方面太薄的板显然是不行的，另一方面也不是只要中央部位出现准脆性断裂就可以的。试验标准中规定：

$$B,a \geqslant 2.5\left(\frac{K_{\mathrm{IC}}}{\sigma_{\mathrm{Y}}}\right)^2$$

才可以认为 K_{IC} 是已趋于稳定的。这是一种经验规定，韧性材料很难满足这一条件，故难以通过实验确定其断裂韧性。按平面应变条件，裂尖的塑性域大小可近似为

$$r_p \approx \frac{1}{6\pi}\left(\frac{K_{\mathrm{IC}}}{\sigma_{\mathrm{Y}}}\right)^2$$

但实际上，只要板的中央部位的三轴度大于材料的临界三轴度，该处就会发生准脆性破坏，这是发生在塑性变形之前的。中央部位扩展后，受两侧塑性域的约束，会停止下来(称为稳态扩展)，故要整体断裂，还需增大应力强度因子。因此，整体断裂时的应力强度因子是与板厚有关的，如图 2.26 所示。板厚足够大时，$K_{\mathrm{C}} \to K_{\mathrm{IC}}$，而板较薄时，发生 pop-in 局部起裂时的应力强度因子也接近于 K_{IC}，这是因为 pop-in 实际上就是脆性起裂条件。所以，在工程应用中，如果能记录 pop-in 发生的时刻(对应的应力强度因子可用声发生仪等记录)，较薄的试件也是可以近似地测定 K_{IC} 的。但如图 2.26 所示，准确确定裂尖附近最大三轴度是困难的。应用时可以 $r/a = 0.05$ 处的三轴度作为评价的依据(这相当于观察裂尖 $0.05a$ 内的断面形式)。

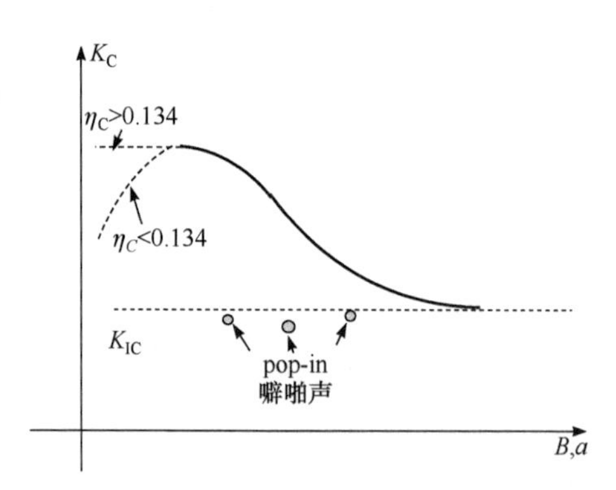

图 2.26　断裂韧性与板厚的关系

顺便指出，裂纹长度的影响主要被包含在应力强度因子里，而对三轴度的影响可以忽略，如图 2.27 所示。因此，板中央裂尖的三轴度主要取决于板厚，如图 2.28 所示。当板厚 $B/W < 0.1$ 时，三轴度急剧下降，可经验性地表示为

$$\eta_{\max} = 0.48(1-\mathrm{e}^{-22B/W})(1+0.15\sqrt{B/W}) \tag{2.39}$$

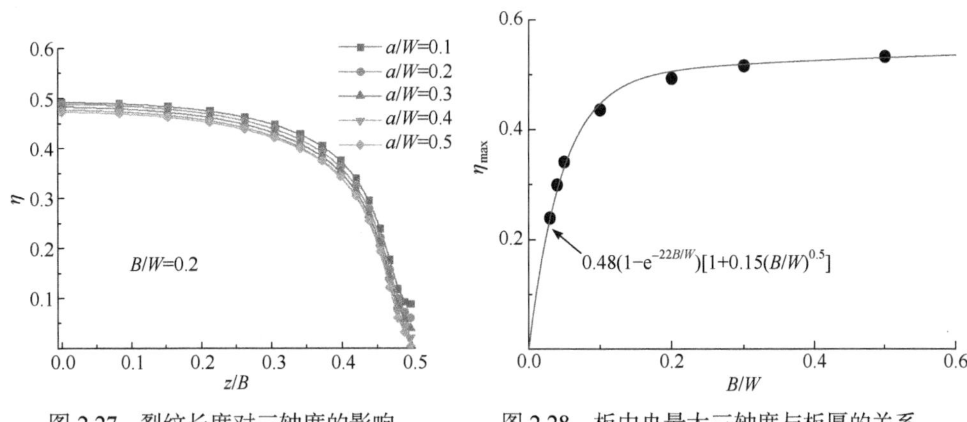

图 2.27　裂纹长度对三轴度的影响　　图 2.28　板中央最大三轴度与板厚的关系

如果$\eta_{\max}<\eta_{C}$，则裂纹不是先扩展，而是先塑性变形。塑性变形后，材料的临界三轴度以及裂尖的三轴度都将发生变化，直至$\eta_{\max}\geqslant\eta_{C}$发生准脆性断裂。塑性变形需要能量，故随着裂纹的扩展，表观上裂纹抵抗扩展的能力会增大(这是裂纹扩展阻力 R 曲线等的机理)。

由于钢材的杨氏模量和泊松比，不同型号间变化不大，故式(2.38)和式(2.39)可作为钢材在弹性范围内的通用公式使用，方便对其失效形式的判断。

2.9　特征长度的概念

在实际应用中由几何形状突变引起的应力集中点(包括裂纹)，一般就是强度寿命评价的关键危险点。除了相应的强度或寿命准则外，经验上往往还需要经另行实验来进行评价或设计。但是材料的强度和寿命特性本来必须是与材料的几何形状无关的，否则，对应于不同应力集中的结构几何形状，就需要另行实验测定其强度和寿命特性，不仅做不胜做，并且本身就是有逻辑问题的。

连续介质的假定使得我们可以把应力、应变定义在点上。然而，材料“破坏”的概念却是不能建立在“点”上的。因为结晶过程中不可避免地会发生空穴等缺陷，如果破坏是建立在“点”上的概念，那么不用受载，材料就已破坏了。又如裂纹，裂尖应力无穷大，但含裂纹材料仍是有一定承载能力的(主观失效判断除外)。从直观经验上来说，众所周知，小于一定尺度后，连续介质力学是不适用的，因此，破坏的概念也必然是有尺度概念在里面的。破坏实际上必须是一个区域上的概念。从原子结构层次上来看，某个原子对的结合力达到最大或滑移开裂极限后，可以保持在较高水平，相邻的原子对会来分担本应该由原子对承担的力，从而自动产生在某个区域内的平均效应。从宏观上来看，应力的定义本身就是有平均意义在里面的，只是因为连续介质力学分析的需要，把平均的区域尺寸取为趋于零而已。换句话说，定义在点(如应力集中点、裂尖等)上的应力，只是连续介质理论中的概念，而实际材料中的应力概念则必须是建立在某一特定区域面积上的。在进行破坏评价时，针对的是实际材料，不是理想化了的连续介质。因此，对于应力集中点(包括裂尖)，由连续介质力学得出的应力值，需要经过一定的处理，使其回复到某个特定区域内取平均的概念上来。显然，实际材料中这个取应力平均的某一特定区域内尺寸，是不能随便取的，它也是一种材料特性。这个区域的尺寸就是特征尺寸，那么它究竟是多大呢?

我们先来考虑如图 2.29 所示的裂纹问题，以下两个极端情况下的破坏条件是自明的：

$$\begin{aligned} &a \to 0, \quad \sigma_0 = \sigma_{\mathrm{b}} \\ &a\text{足够大}, \quad K_{\mathrm{I}} = \sigma_0\sqrt{\pi a} = K_{\mathrm{IC}} \end{aligned} \tag{2.40}$$

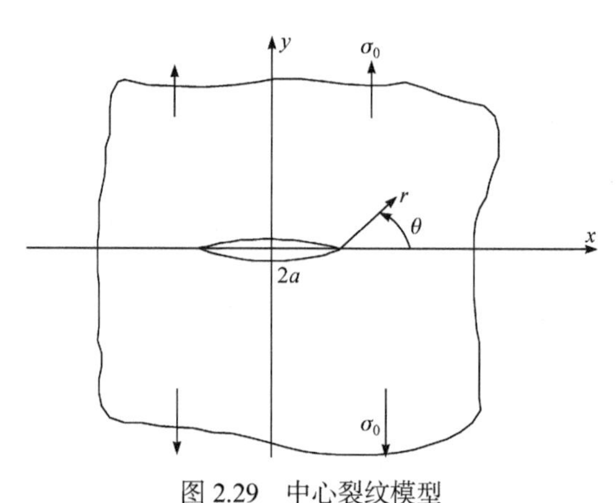

图 2.29　中心裂纹模型

对于任意大小的裂纹，在图示受力状态下的全场应力(不论裂纹长短都成立)为

$$\sigma_x = \sigma_y = \frac{\sigma_0(a+r)}{\sqrt{2ar+r^2}} \tag{2.41}$$

考虑其在某个长度内的平均值

$$\bar{\sigma} = \frac{1}{\ell}\int_0^{\ell} \frac{\sigma_0(a+r)}{\sqrt{2ar+r^2}}\mathrm{d}r = \frac{1}{2\ell}\int_0^{\ell} \frac{\sigma_0}{\sqrt{2ar+r^2}}\mathrm{d}(2ar+r^2) = \frac{\sigma_0}{\ell}\sqrt{2ar+r^2}\Big|_0^{\ell} = \frac{\sigma_0}{\sqrt{\ell}}\sqrt{2a+\ell}$$

显然，如果支配破坏的应力是该长度内的平均应力，那么破坏条件就只能是

$$\bar{\sigma} = \frac{\sigma_0}{\sqrt{\ell}}\sqrt{2a+\ell} = \sigma_{\mathrm{b}} \tag{2.42}$$

当 $a \to 0$ 时，式(2.42)就退化为式(2.40)的第一式。而当 a 足够大时，$2a \gg \ell$，故

应有

$$\bar{\sigma}=\frac{\sigma_0}{\sqrt{\ell}}\sqrt{2a}=\sqrt{\frac{2}{\pi}}\frac{K_{\mathrm{I}}}{\sqrt{\ell}}=\sigma_{\mathrm{b}}$$

而由断裂力学的断裂条件即式(2.40)的第二式，$K_{\mathrm{I}}=K_{\mathrm{IC}}$，由上式得

$$\ell=\frac{2}{\pi}\left(\frac{K_{\mathrm{IC}}}{\sigma_{\mathrm{b}}}\right)^2 \tag{2.43}$$

换句话说，即如果考虑长度 ℓ 内的平均应力，裂纹的两个极端情况的断裂条件就可统一到 $\bar{\sigma}=\sigma_{\mathrm{b}}$ 的形式。那么，在 a 从非常微小到足够大的区间内又如何呢？人们已经知道，小短裂纹的断裂韧性与大裂纹时是不同的，人们已经总结出经验公式如下

$$K_{\mathrm{IC}}(a)=\sqrt{\frac{a}{a_0+a}}K_{\mathrm{IC}},\quad a_0=\frac{1}{\pi}\left(\frac{K_{\mathrm{IC}}}{\sigma_{\mathrm{b}}}\right)^2 \tag{2.44}$$

其中，a_0 常被作为断裂力学能够适用的最小裂纹半长(但实际上断裂力学可以适用的裂纹长度必须远大于此 a_0)。把式(2.43)代入式(2.42)，与式(2.44)完全等价。这说明对于小短裂纹，考虑 ℓ 内的平均应力达到拉伸极限，也是与经验修正后的断裂力学的断裂准则完全一致的。故此，ℓ 就称为材料的断裂特征长度[32,33]。由以上特征长度的推导可知，对于任意长度的裂纹，只需计算裂尖特征长度内的平均应力，就可用 $\bar{\sigma}=\sigma_{\mathrm{b}}$ 进行强度评价，并且这种评价与断裂力学的评价是完全一致的，可以用于任意大小的裂纹。

由式(2.43)可知，断裂特征长度必然是个材料常数。在 $\ell,\sigma_{\mathrm{b}},K_{\mathrm{IC}}$ 中，只有两个是独立的。如果把 ℓ,σ_{b} 作为强度特性，则 K_{IC} 是不必要的。这就解决了一个严重的逻辑问题，即有无裂纹本来只是材料几何形状的差别，是不应该影响材料的强度特性和破坏准则的，但在断裂力学中，有裂纹时不仅强度特性变成了断裂韧性，而且断裂准则也发生了变化。另外，特征长度 ℓ 的确定，只能借助式(2.43)，换句话说，是断裂力学为确定特征长度提供了可靠的方法。当然，对于大裂纹问题，引入特征长度似乎没什么必要，断裂力学已有成熟的断裂准则。但是，对于非 $1/\sqrt{r}$ 的奇异性以及结构中的任意应力集中问题，引入断裂特征长度概念后，就可方便地进行统一的强度评价。就像强度特性是失效形式依存的一样，特征长度也是失效形式依存的，不同的失效形式有不同的特征长度。式(2.43)是瞬断或快速断裂的特征长度。疲劳时的特征长度就应表示为[35]

$$L_{\mathrm{f}}=\frac{1}{2\pi}\left(\frac{K_{\mathrm{th}}}{\sigma_{-1}}\right)^2 \tag{2.45}$$

其中，K_{th} 为裂纹扩展门槛值，σ_{-1} 为对称疲劳极限。小短裂纹的疲劳扩展门槛值，

也有与式(2.44)类似的经验公式形式：

$$K_{\mathrm{th}}(a\ \mathrm{small})=\sqrt{\frac{a}{a_0+a}}K_{\mathrm{th}},\quad a_0=\frac{1}{4\pi}\left(\frac{K_{\mathrm{IC}}}{\sigma_{\mathrm{b}}}\right)^2 \tag{2.46}$$

这是可以由疲劳特征长度内的几何平均应力幅达到疲劳极限导出的，也是与小短裂纹疲劳的实验经验公式一致的。这表明不管裂纹大小如何，都可用裂尖特征长度内的平均应力来进行疲劳评价，继而可以方便地扩展应用到任意应力集中点。顺便指出，以上断裂与疲劳特征长度表达式的形式上的差别，是因为裂纹扩展门槛值是由应力强度因子范围而非振幅所定义的。

我们再来考虑任意应力集中问题，对于如图 2.30 所示的椭圆孔洞，当孔洞足够大时，根据弹性力学的应力集中系数的解，可以方便地进行强度评价。但是，当孔洞较小时，利用集中应力进行强度评价就会导致很大的误差。而采用断裂特征长度后，不管孔洞大小，应都可进行统一的评价。根据弹性力学的知识[36]，在受远场拉应力的作用时 x 轴上的应力分布为

$$\sigma_y=\sigma\left[\frac{x}{\sqrt{x^2+b^2-a^2}}\frac{a(a-2b)}{(a-b)^2}+\frac{x}{(\sqrt{x^2+b^2-a^2})^3}\frac{ab^2}{(a-b)}+\frac{b^2}{(a-b)^2}\right],\quad a\neq b$$

$$\sigma_y=\frac{\sigma}{2}\left[2+\frac{a^2}{x^2}+3\frac{a^4}{x^4}\right],\quad a=b$$

最大应力发生在长轴端部，$\sigma_{y\max}=\sigma(1+2b/a)$。如果仅考虑最大应力，即使椭圆孔很小，其破坏应力也只有 $\sigma_{\mathrm{f}}=\sigma_{\mathrm{b}}/(1+2b/a)$，这与实际情况是不符合的。为此，考虑端部附近的特征长度内的平均应力

$$\bar{\sigma}=\frac{1}{\ell}\int_a^{a+\ell}\sigma_y\mathrm{d}x \tag{2.47}$$

为了方便，引入标记椭圆孔形状和大小的参数

$$\lambda=\frac{b}{a},\quad \rho=\frac{a}{\ell} \tag{2.48a}$$

由统一破坏条件 $\bar{\sigma}=\sigma_{\mathrm{b}}$，得

$$\begin{cases}\dfrac{\sigma}{1-\lambda}\left[\sqrt{(1+\rho)^2-\rho^2(1-\lambda^2)}-\lambda\rho\right]\left[\dfrac{1-2\lambda}{1-\lambda}+\dfrac{\rho\lambda}{\sqrt{(1+\rho)^2-\rho^2(1-\lambda^2)}}\right]+\dfrac{\lambda^2\sigma_0}{(1-\lambda)^2}=\sigma_{\mathrm{b}},\quad \lambda\neq 1\\ \dfrac{\sigma}{2}\left[2+\dfrac{4\rho^3+5\rho^2+2\rho}{(1+\rho)^3}\right]=\sigma_{\mathrm{b}},\quad \lambda=1\end{cases} \tag{2.48b}$$

显然，当 $\rho \to 0$(即椭圆孔退化为材料本身的微观缺陷)时，得 $\sigma = \sigma_b$，与无缺陷材料的破坏准则一致。而当 $\rho \to \infty$(宏观孔洞)时得 $(1+2/\lambda)\sigma = \sigma_b$，即与只考虑应力集中时的破坏条件一致。而对于任意小圆孔，我们也用带微小孔洞试件的拉断试验[32]，验证了式(2.48b)的正确性，如图 2.31 所示。由图可知，只有当圆孔尺寸数十倍于特征长度以上时，才可以用集中应力来评价其破坏条件。随着圆孔尺寸的减小，破坏应力是不断增大的，直至缺陷尺寸趋于零时增大为材料拉伸极限。

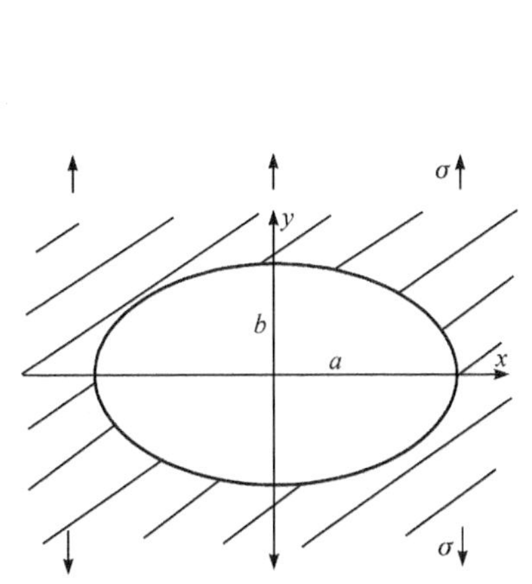

图 2.30　无限板中的椭圆孔

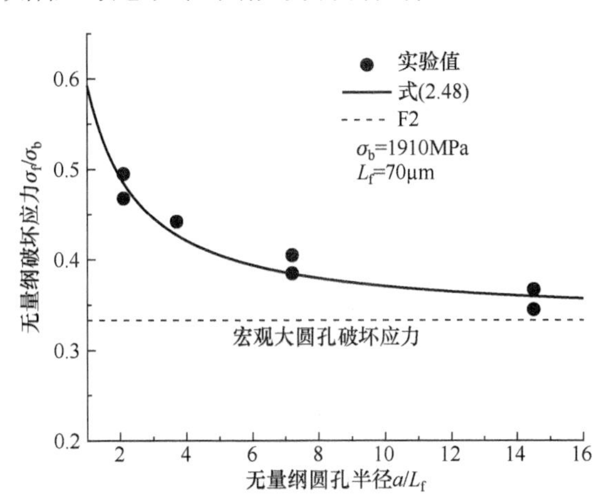

图 2.31　带微小圆孔试件的名义拉伸极限

引入特征长度的概念后，利用特征长度内的几何平均应力及相应的强度准则，任意非 $1/\sqrt{r}$ 奇异性问题、任意应力集中问题，甚至包括任意长度的裂纹或缺陷问题，都可进行统一的强度评价。这在对工程结构进行强度或寿命评价时非常重要，因为实际结构中会出现各种各样的应力集中方式。对一种集中方式去建立一套评价方法，是不现实的，也是不科学的。但是必须再次强调，不同的失效机理与方式，其对应的强度特性和特征长度是可以不同的。对于准静态破坏，应先计算应力集中点附近断裂特征长度内的各应力分量的平均应力(弹性即可)，然后计算其应力三轴度，如果应力三轴度大于材料的临界三轴度，则应进行准脆性破坏评价，反之，则应考虑塑性屈服失效评价，必要时需要进行弹塑性分析，以获得准确的塑性屈服失效评价参数。而对于疲劳问题，则要先确定应力集中点附近是否有循环塑性滞环，若有则是应变疲劳(俗称低周疲劳)，如无则为应力疲劳(俗称高周疲劳)，然后计算疲劳特征长度内的各应力分量的几何平均及等效疲劳应力，进行疲劳寿命等评价。

在做应力分析时，引入的特征长度必须在实际失效发生的方向上。例如，快速起裂必须在垂直于最大主应力的方向上，疲劳起裂或扩展则必须在实际起裂或扩展的方向上(根据起裂机理，有劈开和滑移开裂两种，前者在垂直于最大主应力方向上，后者在最大剪应力方向上)。当应力分布具有多种奇异性时(如 V 形切口)，奇点附近主应力方向会是距离依存的。此时仍可用特征长度的概念，只不过需要在不同的方向上分别计算代表应力，然后根据劈开或滑移开裂机理，判断哪个方向最危险，该方向就是实际的起裂面，以其代表应力进行强度评价。顺便指出，屈服是个宏观的变形概念，不是客观的破坏概念。对于应力集中点，它只是一个主观的失效概念。因此，对于屈服，不能按某一长度内发生屈服就认为整体发生屈服，即是没有特征长度的概念的。

思 考 题

1. 变形与失效的微观机理有什么异同？宏观行为又有什么区别？
2. 开裂对应于原子间结合断开，有哪几种基本形式？不同断开形式的强度特性相同吗？
3. 金属材料在结晶或加工过程中，内部不可避免地会存在一些位错结构。这些位错结构属于塑性变形吗？
4. 非晶体材料也可有不可恢复的变形(通常也称塑性变形)，它是由什么样的微观结构变化引起的？
5. 晶粒内的变形和强度行为是各向异性的，但为什么宏观上多晶的变形和强度特性会表现为各向同性？
6. 经过加工硬化的金属材料，其屈服强度还是各向同性的吗？
7. 高碳钢的屈服强度一般较高，为什么？
8. 为什么延时失效一般都表现为准脆性破坏？
9. 塑性滑移发生在最大主剪应力方向上，并不在等倾面方向。但为什么 von-Mises 准则能更好地表征屈服条件呢？
10. 应变能可区分为体积和畸变能，从畸变能极限可导出 von-Mises 准则。直接从应变能极限可导出什么样的准则？从体积能极限又可导出什么样的准则？它们在什么样的情况下可能会变得有意义？
11. 裂尖奇异应力是在裂尖保持尖锐的前提下导出的。但无论是弹性还是塑性变形都会使裂尖钝化，钝化后裂尖应力会有什么变化？
12. 为什么裂纹断裂可用奇异应力场来评价？有什么前提条件？
13. 疲劳失效最终会导致断裂，那么断裂机理就是疲劳机理吗？
14. 会引起材料性能退化的微组织结构变化才是损伤演化。有哪些微观组织结构的变化会导致材料性能退化呢？
15. 试利用新应力三轴度的定义，推导先出现准脆性起裂的条件。
16. 应力三轴度对金属材料的失效形式影响巨大。但为什么其准脆性断裂的评价参数，却仍只是最大主应力？
17. 平板中贯穿裂纹的裂尖，其三轴度在板厚方向是变化的。试从三轴度角度，分析平面应变和平面应力假设成立的条件。
18. 脆性材料中的裂纹，其断裂韧性与板厚有关吗？
19. 结构中的应力集中处一般处于多轴应力状态，使得应力三轴度增大，但应力梯度较大，应如何计算应力集中点处的应力三轴度？如何判别应力集中处是开裂还是屈服？
20. 试推导脆性材料拉剪滑移开裂破坏形式的特征长度(假定滑移开裂强度 τ_C 和断裂韧性 K_{IIC} 已知，对脆性材料破坏形式不熟悉的读者，可先参阅第 3 章)。

第 3 章　脆性材料的失效准则和寿命

3.1　内摩擦的概念

脆性材料内部一般都富含微观缺陷，尤其是微裂纹、空洞类缺陷，如图 3.1(a) 所示。连续体假定把这些微观缺陷的影响暂时都忽略了。当材料受拉剪作用时，这些微观缺陷开口，如图 3.1(b) 所示，有局部应力集中现象，其影响可被包含于强度特性之中，脆性材料的拉伸强度一般较低。但当受压剪作用时，一些微裂纹或缺陷面发生闭合，剪应力又使得其具有相对滑移的趋势，故在闭合面上必产生与剪应力方向相反的摩擦力，如图 3.1(c) 所示。这个摩擦力就称为内摩擦[36,37]。出现内摩擦是有条件的，不是所有材料及任意受力状态都有的。发生内摩擦的条件是：①材料富含微裂纹、空洞类微观缺陷；②受力状态中有滑移趋势，即受剪；③受剪面的法向必须受压。三者缺一就不会产生内摩擦。均匀韧性金属材料内部空洞类微观缺陷很少(但通过快速冷淬等可以产生此类缺陷而导致脆化)，故无须考虑内摩擦。这一内摩擦对强度行为的影响应如何表示呢？显然仍必须采用宏观的描述方法。内摩擦力是与剪应力反向的，故在宏观意义上，剪切面上的真实剪应力 τ_s 可表示为

$$\tau_s = \tau - \mu|\sigma_n| \tag{3.1}$$

这里，σ_n 为该剪切面上的法向压应力，μ 为内摩擦系数。为了便于区别，把在连续体假定的基础上由力学分析得到的 τ 称为名义剪应力，而把考虑内摩擦后的应力称为真实剪应力。

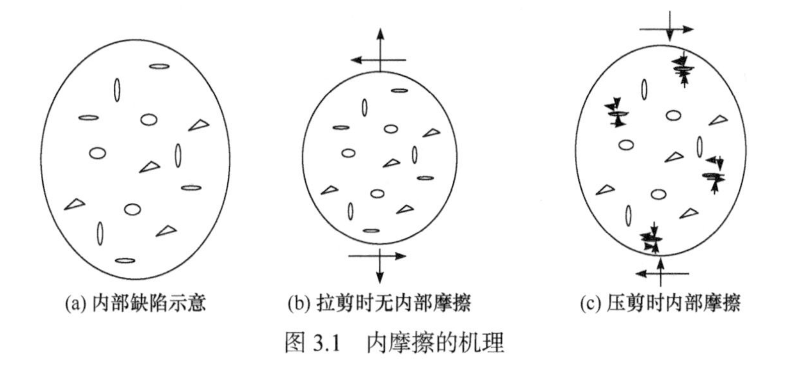

图 3.1　内摩擦的机理

显然，μ 是各类微观内部缺陷摩擦力的宏观表示，与材料表面的摩擦系数是不同的，且只具有统计平均的意义。虽然实际发生内摩擦的只是微观缺陷的闭合面，但由于黏合、咬合等作用，内摩擦系数甚至是可以比表面摩擦系数大的。必须强调的是，虽然内摩擦是由微观缺陷引起的，但内摩擦系数的测量表征却必须是宏观的，故只能通过其强度行为来间接测定，而不能通过表面摩擦实验来获得。

3.2 脆性破坏机理和失效准则

脆性材料无论在何种应力状态下都只发生脆性断裂，其临界三轴度为零。其开裂的微观机理有两类，即劈开和滑移面开裂，后一类根据滑移面法向应力是拉力还是压力，又可分为拉剪裂和压剪裂两种，故共有三种可能的破坏形式和机理，需要分别建立其失效准则。

脆性材料受拉时发生劈开破坏，其破坏准则就是

$$\sigma_1 = \sigma_{bt} \tag{3.2}$$

断面在垂直于最大主应力(拉应力)的截面上，σ_{bt} 为拉裂强度。从破坏机理来看，危险点(最弱点)处先达到劈开条件，起裂后引起更严重的应力集中，导致快速扩展和断裂。故这种破坏一般呈单一断面或一条主裂纹的形式，如铸铁的拉伸破坏。但当缺陷很多且较大时，因应力集中引起多个危险点(最弱点)共存，也会发生碎裂形式的拉坏。脆性材料的拉伸极限一般都比较小，任何应力状态下都没有屈服现象(材料的临界三轴度为零)。

脆性材料内受剪的面总是存在的，该面上会直接发生滑移开裂。有了内摩擦的概念后，很容易理解，如果发生滑移开裂，就会有拉剪裂和压剪裂两种形式，其宏观破坏条件可分别表示为[38]

$$\max \tau = \tau_C, \quad \sigma_n > 0 \quad \text{拉剪破坏} \tag{3.3a}$$

$$\max \tau_s = \max(\tau - \mu|\sigma_n|) = \tau_C, \quad \sigma_n < 0 \quad \text{压剪破坏} \tag{3.3b}$$

这里，σ_n 为法向应力；τ_C 为材料的剪切强度(由于机理不同，它与拉裂强度 σ_{bt} 是相互独立的材料特性)，无论压剪还是拉剪，剪切强度是相同的。式(3.3a)和式(3.3b)的区别是内摩擦影响的有无。法向应力为拉时称为拉剪破坏(但拉应力支配时也会发生拉裂，只有剪应力支配时才是拉剪滑移开裂)，此时没有内摩擦，剪开面就在名义剪应力最大的方向上。法向应力为压时称为压剪破坏，有内摩擦的影响，剪开面在真实剪应力 τ_s 最大的方向上(与名义最大剪应力方向有所不同，且形式上强度值会发生变化)。从破坏机理来看，拉剪与压剪都是滑移开裂(对于脆性材料，滑移一开始就发生开裂，故没有塑性变形)，但因内摩擦影响的有无，形式上有所差异。拉剪开时一般仍为单一断面，压剪开时则因为内摩擦系数的离散性(与微观

缺陷的均匀度有关)，可以有多个危险点，故可以是单一断面，也可以同时发生多个断面(即压裂或碎裂)。

式(3.2)和式(3.3)提供了完整的脆性材料破坏准则，不但给出了破坏条件，也同时给出了破坏方向的判断条件。复杂应力状态下实际发生何种破坏，是由何者先达到来确定的，不能把实验应力状态下的破坏形式当成普遍性的。以上破坏准则只涉及两个独立的材料强度特性：拉裂强度 σ_{bt} 和剪裂强度 τ_C，另有一个其他特性，即内摩擦系数 μ。有了这三个材料特性后，任意应力状态下的脆性材料破坏，都可进行统一的评价，是无须根据具体应力状态另行实验的。σ_{bt} 和 τ_C 的相对大小关系，对材料实际发生何种失效形式有很大的影响。

3.3　单轴拉伸、压缩试验综述

拉裂强度 σ_{bt} 和剪裂强度 τ_C，以及内摩擦系数 μ，都可仅由单轴试验获取。单轴试验一般采用圆棒试件，并且有试验标准。单轴拉伸时，记拉伸应力的临界极限为 σ_{cr}，如果断面在横截面上，则断裂机理是拉开，破坏条件就是式(3.2)，故可测得 $\sigma_{bt}=\sigma_{cr}$。但如果断面在 45°方向(注意大多数脆性材料在拉伸时一般不会发生此种形式的破坏，原因是脆性材料的拉裂强度一般较小，满足 $\tau_C>\sigma_{bt}/2$，导致式(3.2)先于式(3.3a)达到。只有当 $\tau_C<\sigma_{bt}/2$ 时才会发生此类破坏形式)，此时断裂机理是拉剪开裂，破坏条件就是式(3.3a)，故只能测得材料的剪裂强度 $\tau_C=\sigma_{cr}/2$。注意此时的 σ_{cr} 是轴向破坏载荷不是拉裂强度 σ_{bt}(因破坏形式不是拉裂)，此时拉伸极限是不能由单轴拉伸试验求得的，因为拉剪破坏会先于拉开破坏发生。

单轴压缩时，如图 3.2 所示，斜截面上的剪切和法向应力分别为

$$\tau=\sigma\sin\theta\cos\theta,\quad \sigma_n=\sigma\sin^2\theta \tag{3.4}$$

注意这里 θ 为截面(非其法线)与载荷方向的夹角。对于单轴应力状态，斜截面上要产生压应力，作用力 σ 必须是压应力。任意斜截面上的真实剪应力为

$$\tau_s=\sigma\sin\theta\cos\theta-\mu\sigma\sin^2\theta \tag{3.5}$$

注意，压缩时 σ 为负值。最大真实剪应力即压裂发生方向在 θ_f 处，由式(3.5)求导得

$$\cos 2\theta_f-\mu\sin 2\theta_f=0,\quad \tan 2\theta_f=1/\mu \tag{3.6a}$$

为了后面推导的方便，可以预先给出关于压剪开裂角度的一些三角函数值：

$$\begin{cases}2\theta_f=\arctan(1/\mu),\quad \sin 2\theta_f=\dfrac{1}{\sqrt{1+\mu^2}},\quad \cos 2\theta_f=\dfrac{\mu}{\sqrt{1+\mu^2}}\\[2ex] \cos^2\theta_f=\dfrac{1}{2}+\dfrac{\mu}{2\sqrt{1+\mu^2}},\quad \sin^2\theta_f=\dfrac{1}{2}-\dfrac{\mu}{2\sqrt{1+\mu^2}}\end{cases} \tag{3.6b}$$

由式(3.6a)，压裂方向与内摩擦系数的关系如图 3.3 所示。随着内摩擦系数的增大，压裂角 θ_{f} (与轴线的夹角)逐渐减小。而最大压裂角为 45°，只对应于内摩擦系数为 0 的情况。由于传统上认为破坏方向为最大名义剪应力即 45°的方向(而实际上破坏方向为真实剪应力最大的方向，传统观点是不准确的)，故此实际压裂角往往不被重视，甚至连标准实验法中对其也没有记录要求，而其与 45°的偏离往往仅被认为是实验误差而已。但实际上这不是实验误差，恰恰是内摩擦影响的体现。式(3.6)实际上也提供了利用单轴压裂角测定内摩擦系数的方法，即 $\mu = 1/\tan 2\theta_{\mathrm{f}}$。铸铁试件的压裂角的大致观察结果在 $\theta_{\mathrm{f}} = 35°\sim45°$，此观察结果已经包含了实验者希望其为 45° 的期望影响，故有可能是过大的。以压裂角确定内摩擦系数时，必须多做一些角度测量，然后取其平均值。但根据大致观察结果可定性地知道，铸铁的内摩擦系数为 0～0.364 (具体值与其所包含的微观缺陷有关，不同厂家的材料会因微观缺陷含有量的不同而有较大不同，不能一概而论)。

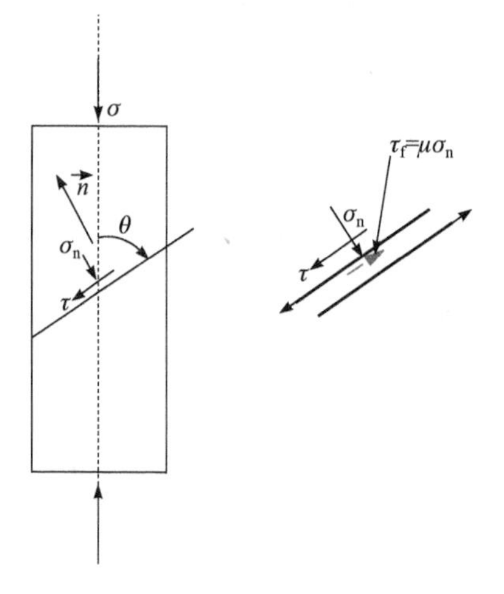

图 3.2　内摩擦应力对滑移应力的影响

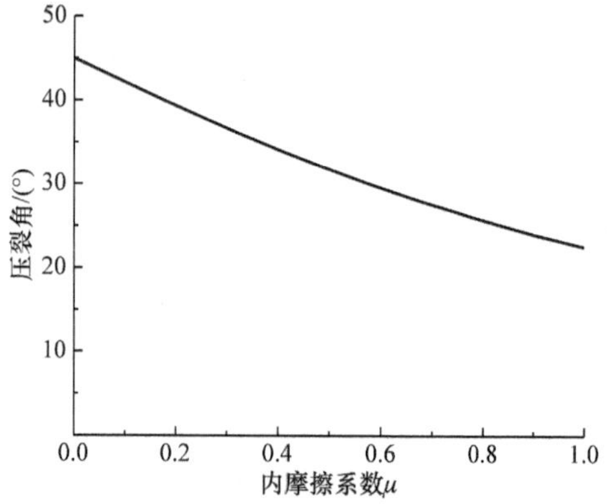

图 3.3　压裂角与内摩擦系数的关系

根据压裂条件式(3.3b)，得

$$\max \tau_{\mathrm{s}} = \frac{\sigma}{2\sqrt{1+\mu^2}} - \mu\sigma\left[\frac{1}{2} - \frac{\mu}{2\sqrt{1+\mu^2}}\right] = \frac{\sigma}{2}\left[\sqrt{1+\mu^2} - \mu\right] = \tau_{\mathrm{C}} \tag{3.7}$$

就可根据压裂时的应力 σ_{cr}，求得剪切强度 $\tau_{\mathrm{C}} = \left(\sqrt{1+\mu^2} - \mu\right)\sigma_{\mathrm{cr}}/2$。另外，单轴压缩的破坏条件又习惯性地被表示成

$$\sigma = \sigma_{\mathrm{bc}} = \sigma_{\mathrm{cr}} \tag{3.8}$$

这里，σ_{bc} 就是人们熟知的压缩强度，是脆性材料最重要的强度指标。但因断裂实际上并不发生在横截面上，而发生在式(3.6)的 θ_{f} 处，因此，所谓压缩极限 σ_{bc} 是

一个表观的材料压缩强度特性，并不是真实破坏面上的应力极限，而是横截面上名义压应力的极限。如果不注意这一点，很容易得出 $\tau_C = \sigma_{bc}/2$ 的错误结论。式(3.8)是典型的经验准则，不能预测压裂方向，但式(3.7)则是可预测压裂方向的，即考虑内摩擦后真实剪应力最大的方向。

名义压缩强度与材料的剪裂强度不是相互独立的，由式(3.7)和式(3.8)可得

$$\sigma_{bc} = \frac{2\tau_C}{\sqrt{1+\mu^2}-\mu} \tag{3.9}$$

故可以由名义压缩强度和内摩擦系数确定剪裂强度 τ_C，反之亦然。但内摩擦系数需要由压裂角来确定。必须注意：剪裂强度与拉裂强度是相互独立的，虽然一般脆性材料因有 $\tau_C > \sigma_{bt}/2$，故在拉伸时先发生拉裂破坏，但并不排除可以有 $\tau_C < \sigma_{bt}/2$ 的情况(后者对应于拉伸时断面在 45°方向的情况，此时可用拉伸试验确定 τ_C，但不能决定 σ_{bt})。

值得注意的是，脆性材料的剪切强度表面上似乎也可以用纯剪试验来求取，但实际上却往往是行不通的。这是因为纯剪状态实际上就是双向拉压状态，如图 3.4 所示。最大拉应力 $\sigma=\tau$，对于 $\tau_C > \sigma_{bt}$ 的材料，在发生剪切破坏之前，即在满足式(3.3a)之前，式(3.2)就已先被满足，即必将先发生拉开破坏。拉开断面与剪应力成 45°夹角，测得的实际上仍是拉裂强度 σ_{bt}，而不是剪裂强度 τ_C。只有对于 $\tau_C < \sigma_{bt}$ 的材料，才会在纯剪状态时发生剪切破坏，此时断面在剪切方向，才能测得 τ_C。所以，能否用纯剪试验测剪裂强度，与材料的拉裂和剪裂强度的大小关系有关，需要根据断面方向才能判断。而单轴压裂则总是可以测得 τ_C 的(并且同时还可测得内摩擦系数)。

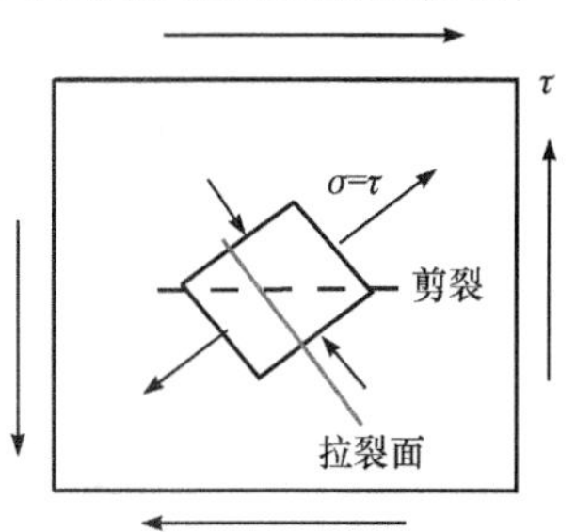

图 3.4　纯剪时的剪裂与拉裂

由以上分析可知，单轴拉伸试验可以确定拉伸极限 σ_{bt}(断面垂直于拉伸方向时)，或剪切强度 τ_C(断面在 45°方向时)。单轴压缩的压裂角可以确定内摩擦系数，$\mu = 1/\tan 2\theta_f$，利用名义压裂强度可以决定剪切强度 $2\tau_C = \left(\sqrt{1+\mu^2}-\mu\right)\sigma_{bc}$。任意复杂应力状态下，脆性材料都可仅用这三个材料特性进行强度评价并判断其破坏形式。

3.4　莫尔-库仑经验准则

与 3.2 节介绍的机理性失效准则的来历不同，莫尔-库仑通过从围压 σ_V 条件

下的剪切破坏实验以及拉压双轴破坏实验数据，经回归分析得出经验公式[39,40]：

$$\tau = C + \mu' \sigma_{\mathrm{V}} \tag{3.10}$$

这里，σ_{V} 是围压或设定面上的法向压应力。注意这里 C,μ' 都只是实验常数的概念。虽然从该经验准则与式(3.3b)的形式比较来看，C 应当是剪裂强度，μ' 的作用相当于内摩擦系数，但实际上却不是，而只是经验系数。这是因为在该经验准则中的评价参数剪应力 τ 往往被取为名义最大剪应力，这暗含了滑移开裂面就在名义最大剪应力的方向上的假定(而这个假定由单轴压缩试验的断面方向可知并不准确)。当然，如果事先知道了断面的位置，将式(3.10)直接应用到该断面上，则从破坏机理角度来看它也是准确的。但是作为破坏准则本身，式(3.10)本身却是无法确定破坏方向的，所以应用时是不能获知压裂方向的。这一经验准则在岩土工程中的应用极为广泛。把莫尔-库仑经验准则与式(3.3b)进行比较，可以发现它们其实很相似，只不过法向压应力的影响，一个是在强度特性的增加中考虑，另一个是在评价参数中考虑的区别而已。应当说，从实验数据中能总结出如此简洁的破坏准则，是非常厉害的。但这一法向应力考虑方法的不同，导致了破坏断面判据的不同。莫尔-库仑准则认为断面是在最大剪应力处的，对于单轴压缩，就是45°处。而 45°处的法向压应力和剪应力都为 $\sigma/2$，代入式(3.10)，得单轴压缩破坏时的关系式

$$\max \tau = \sigma_{\mathrm{bc}}/2 = C + \mu' \sigma_{\mathrm{bc}}/2\,,\quad \sigma_{\mathrm{bc}} = 2C/(1-\mu') \tag{a}$$

所以仅凭单轴压缩试验，是无法决定 C,μ' 两个特性的，而必须用多轴压应力状态的实验结果来进行拟合。而根据式(3.3b)，则是

$$\sigma_{\mathrm{bc}} = 2\tau_{\mathrm{C}}/(\sqrt{1+\mu^2}-\mu) \tag{b}$$

比较(a)、(b)两式可知，莫尔-库仑准则中的 μ' 并不对应于材料常数的内摩擦系数 μ (虽然习惯上被称为内摩擦系数)，C 也并不对应于剪切强度 τ_{C}，它们只是几种实验应力状态下的拟合系数而已，并不是任意应力状态下都可适用的材料常数。顺便指出，采用不同的应力状态进行实验，拟合得出的结果可以因实验状态不同而不同。故而对于同一材料，不同实验者会有不同的经验系数。然而，实际上并不需要这种经验拟合以及多轴试验，利用式(3.3b)足以进行统一评价，并且仅用单轴压缩试验就可以确定材料常数 τ_{C}、μ。

3.5 复杂应力状态下的破坏准则

3.5.1 经验准则

对于复杂应力状态，需要综合各种破坏形式，以先发生者作为评价的依据。

从经验的角度，更为关心的是破坏发生的条件，而对破坏形式及破坏方向不太重视。莫尔-库仑还通过双轴拉压试验(图 3.5)给出了平面应力状态(较薄的试件)下的试验准则[39,40]，如图 3.6 所示。通过试验数据拟合可以得出经验破坏曲线，如图 3.6 中实线所示。但更常用的则是其简化准则，如图中虚线所示。这一经验准则给出了平面应力条件下的脆断准则，是目前复杂应力状态(限定于平面应力)下脆性材料失效中最常用的准则，但不包括对失效形式(拉裂、拉剪裂、压剪裂)的区分。图 3.6 所示的简化或拟合破坏曲线，以及式(3.10)，通常称为莫尔-库仑经验准则。但实际上图 3.6 所包含的内容比式(3.10)要多，前者包含三种失效形式：拉开、拉剪开和压剪开(虽然不作区分)，后者则只对应压剪开裂。

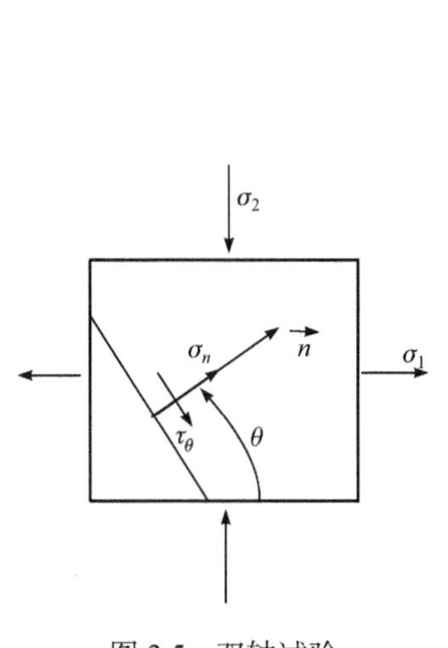

图 3.5　双轴试验

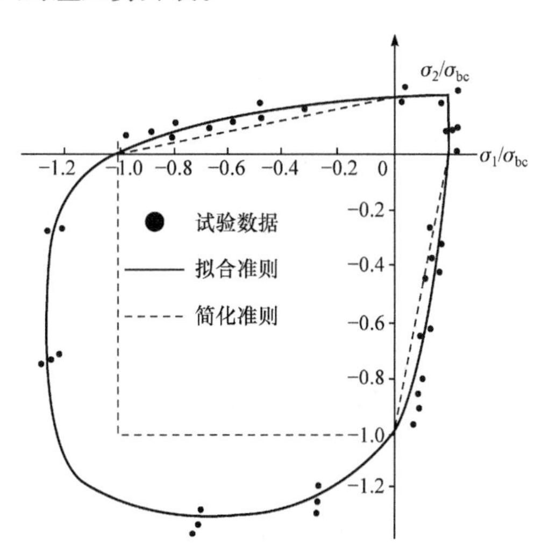

图 3.6　莫尔-库仑的薄板试件试验结果

3.5.2　唯象准则

引入一个宏观假定来建立任意复杂应力状态下的脆性材料失效准则，也是建立唯象失效准则的基本方法。因为拉剪或压剪开裂都与滑移趋势有关，而描述滑移趋势的参数是 Mises 等效应力，故唯象脆性破坏准则可以表示成 Mises 应力达到某个极限值的形式，只不过满足该条件时发生的不是塑性变形，而是滑移开裂而已。但这个极限值则需要根据应力状态(失效形式)的不同而取不同的值，不再是一个确定的唯一常数。假定[41]：

$$\sigma_{\mathrm{e}}=\frac{1}{\sqrt{2}}\sqrt{(\sigma_1-\sigma_2)^2+(\sigma_2-\sigma_3)^2+(\sigma_3-\sigma_1)^2}=\varsigma(\sigma_{\mathrm{m}})\tag{3.11}$$

其中

$$
\varsigma(\sigma_{\mathrm{m}})=\begin{cases}\sigma_{\mathrm{bc}}, & \sigma_{\mathrm{m}}\leqslant-\sigma_{\mathrm{bc}}/3\\ -\dfrac{3(\sigma_{\mathrm{bc}}-\sigma_{\mathrm{bt}})}{\sigma_{\mathrm{bc}}+\sigma_{\mathrm{bt}}}\sigma_{\mathrm{m}}+\dfrac{2\sigma_{\mathrm{bc}}\sigma_{\mathrm{bt}}}{\sigma_{\mathrm{bc}}+\sigma_{\mathrm{bt}}}, & -\sigma_{\mathrm{bc}}/3<\sigma_{\mathrm{m}}<\sigma_{\mathrm{bt}}/3\\ \dfrac{\sigma_{\mathrm{bt}}(\sigma_{\mathrm{bt}}-\sigma_{\mathrm{m}})}{\sigma_{\mathrm{bt}}-\sigma_{\mathrm{bt}}/3}, & \sigma_{\mathrm{m}}\geqslant\sigma_{\mathrm{bt}}/3\end{cases} \tag{3.12}
$$

这里，$\sigma_1,\sigma_2,\sigma_3$ 为主应力，σ_{e} 为等效应力，$\sigma_{\mathrm{m}}=(\sigma_1+\sigma_2+\sigma_3)/3$ 为体积应力。该唯象方法的关键是，认为失效时等效应力的临界值是与体积平均应力有关的，不再是一个常数。式(3.12)包含如下假定：体积应力大于拉伸极限的 1/3 时，临界值由拉伸极限支配，小于(绝对值大于)压缩极限的 1/3 时由压缩极限支配，两者之间线性插值。

式(3.11)和式(3.12)可以适用于任意应力状态。退化到平面应力和平面应变条件(三向应力状态处于两者之间)下的失效极限曲线如图 3.7 和图 3.8 所示，其中 ν 为材料的泊松比，平面应变中取 $\nu=0$ 可包含平面应力状态。取泊松比为 0～ν_{mat}(材料泊松比)之间的值，可以表征板厚对破坏临界曲线的影响，因为板厚会导致面外方向有应力存在，面外方向的应力在平面应力和平面应变状态之间。由于板厚的影响，所以不同实验者总结得出的临界曲线会有所不同。这一唯象准则的优点是只需要拉裂和压裂强度，就可对任意应力状态进行评价。尤其是考虑板厚影响后，可以很好地说明图 3.6 中试验数据的分布形式。缺点是不能判断压裂、拉剪破坏的方式与方向(一般唯象失效准则都有这样的缺点)。显然，前述的莫尔-库仑经验准则只是这一唯象准则的一个特例(限于平面应力状态)。这一唯象准则由于利用了 Mises 等效应力，总体上可近似表征滑移开裂(包括拉剪开与压剪开)，但不能表征劈开破坏，故在拉-拉应力状态时明显与图 3.6 的试验结果有些不同，但由图 3.6 和图 3.7 的比较可知，利用式(3.11)是属于安全侧评价的。

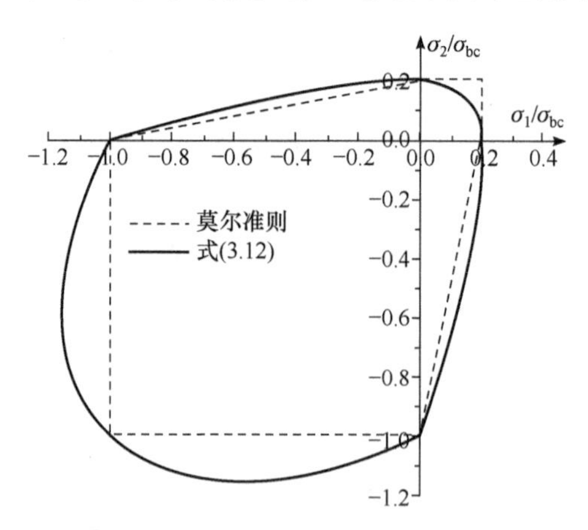

图 3.7　平面应力下的失效曲线

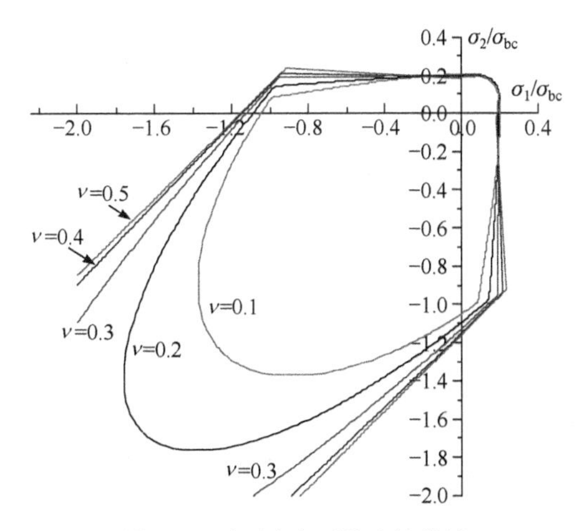

图 3.8　平面应变下的失效曲线

3.5.3　基于失效机理的一般性失效准则

式(3.2)和式(3.3)也是可以用于任意应力状态的，只需从相应的应力状态求取最大主应力和最大真实剪应力即可。为统一表示不同的应力状态，可直接以三个主应力来表示任意应力状态。这样，式(3.2)和式(3.3)的失效准则就可以用三个主应力来具体表示。按其大小，分别以σ_1、σ_2、σ_3 ($\sigma_1 \geqslant \sigma_2 \geqslant \sigma_3$)表示主应力(一般商用有限元程序可直接获得主应力)。针对式(3.2)的拉开准则，只需求得最大主应力即可应用(只适用于$\sigma_1 > 0$且占支配地位的情况)，但对于式(3.3)的剪开准则，则需求得三个主应力后才能表达。在主应力空间内($\sigma_1 \geqslant \sigma_2 \geqslant \sigma_3$)，考虑任一斜面，如图 3.9 所示，其外法向矢量为

$$\boldsymbol{n} = n_x i + n_y j + n_z k, \quad n_x^2 + n_y^2 + n_z^2 = 1 \tag{3.13a}$$

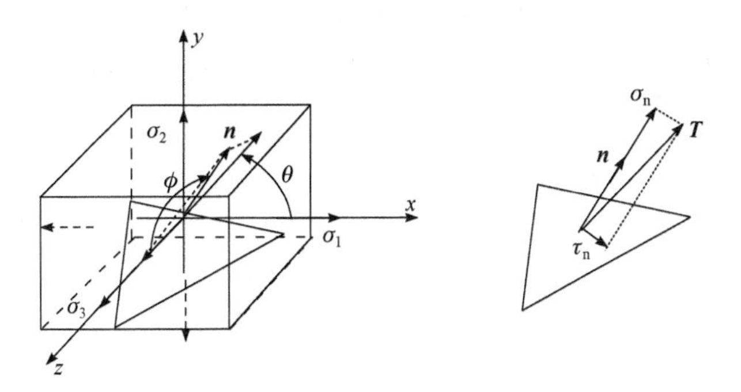

图 3.9　任意斜面上的应力

法向矢量的各方向余弦可以直观地表示为

$$n_x = \cos\theta \sin\phi, \quad n_y = \sin\theta \sin\phi, \quad n_z = \cos\phi \tag{3.13b}$$

其中，ϕ为斜面法向矢量与主应力σ_3的夹角，θ为法向矢量在$\sigma_1\sigma_2$面上的投影与主应力σ_1的夹角，斜面上的面力矢量为

$$\boldsymbol{T}=\sigma_1 n_x i+\sigma_2 n_y j+\sigma_3 n_z k \tag{3.14}$$

法向应力为

$$\begin{aligned}\sigma_{\mathrm{n}}&=\sigma_1 n_x^2+\sigma_2 n_y^2+\sigma_3 n_z^2\\&=\left(\sigma_1\cos^2\theta+\sigma_2\sin^2\theta\right)\sin^2\phi+\sigma_3\cos^2\phi\end{aligned} \tag{3.15}$$

故任意斜面上的名义剪应力为

$$\begin{aligned}\tau_{\mathrm{n}}^2&=\left(\sigma_1 n_x\right)^2+\left(\sigma_2 n_y\right)^2+\left(\sigma_3 n_z\right)^2-\left(\sigma_1 n_x^2+\sigma_2 n_y^2+\sigma_3 n_z^2\right)^2\\&=\frac{1}{4}\left[\left(\sigma_1-\sigma_2\right)^2\sin^2 2\theta\sin^4\phi+\left[\left(\sigma_2-\sigma_3\right)^2\sin^2\theta+\left(\sigma_1-\sigma_3\right)^2\cos^2\theta\right]\sin^2 2\phi\right]\\&=\tau_{12}^2\sin^2 2\theta\sin^4\phi+\left(\tau_{23}^2\sin^2\theta+\tau_{13}^2\cos^2\theta\right)\sin^2 2\phi\end{aligned} \tag{3.16}$$

考虑内摩擦后，任意截面上的真实剪应力可表示为

$$\tau_{\mathrm{s}}=\begin{cases}\tau_{\mathrm{n}}, & \sigma_{\mathrm{n}}>0\\ \tau_{\mathrm{n}}-\mu\left|\sigma_1 n_x^2+\sigma_2 n_y^2+\sigma_3 n_z^2\right|, & \sigma_{\mathrm{n}}<0\end{cases} \tag{3.17}$$

利用式(3.15)、式(3.16)和式(3.17)，式(3.2)和式(3.3)的一般性失效准则可统一改写成

$$\begin{cases}\sigma_1=\sigma_{\mathrm{bt}}, & \sigma_1>0\\ \max\tau_{\mathrm{s}}=\tau_{\mathrm{C}}\end{cases} \tag{3.18}$$

下面我们讨论式(3.18)的一些具体形式，以理解失效形式竞合对破坏准则的影响。

(1) 当$\sigma_1>0$时，如果达到$\sigma_1=\sigma_{\mathrm{bt}}$，就会发生拉裂破坏，断面在垂直于主应力的方向上(但不一定在一个严密的平面上，因为脆性材料微观缺陷多，危险点也多)。如果没达到$\sigma_1=\sigma_{\mathrm{bt}}$，则还有可能发生拉剪裂，当$\max\tau_{\mathrm{s}}=\max\tau_{\mathrm{n}}=\dfrac{\sigma_1-\sigma_3}{2}=\tau_{\mathrm{C}}$时，发生拉剪开裂。断面在第一和第三主应力所在平面内的45°方向。

(2) 当$\sigma_1<0$时，或者虽然$\sigma_1>0$但拉开、拉剪开条件均不满足时，可能会发生压剪开裂。任意斜面上的真实剪应力为(先假定$\sigma_{\mathrm{n}}<0$，去掉式(3.17)中的绝对值，然后再根据真实剪应力最大处的法向应力的正负确定$\sigma_{\mathrm{n}}<0$的成立区间)

$$\begin{aligned}\tau_{\mathrm{s}}=&\sqrt{\frac{1}{4}\left[\left(\sigma_1-\sigma_2\right)^2\sin^2 2\theta\sin^4\phi+\left[\left(\sigma_2-\sigma_3\right)^2\sin^2\theta+\left(\sigma_1-\sigma_3\right)^2\cos^2\theta\right]\sin^2 2\phi\right]}\\&+\mu\left[\left[(\sigma_1-\sigma_3)\cos^2\theta+(\sigma_2-\sigma_3)\sin^2\theta\right]\sin^2\phi+\sigma_3\right]\end{aligned} \tag{3.19}$$

其最大值的斜面方向可由下式决定

$$\frac{\partial \tau_s}{\partial \theta}=0,\quad \frac{\partial \tau_s}{\partial \phi}=0 \tag{3.20}$$

为了方便，引入记号

$$\Omega_{ij}=\sigma_i-\sigma_j \tag{3.21a}$$

$$\Omega_{ij}-\Omega_{jk}=\Omega_{ik} \tag{3.21b}$$

这样，式(3.20)可具体写为

$$\begin{gathered}\left[\Omega_{12}\cos 2\theta\sin^2\phi-\left(\Omega_{23}+\Omega_{13}\right)\cos^2\phi-2\tau_n\mu\right]\sin 2\theta\sin^2\phi=0\\ \left[\begin{aligned}&\Omega_{12}^2\sin^2 2\theta\sin^2\phi+2\left(\Omega_{23}^2\sin^2\theta+\Omega_{13}^2\cos^2\theta\right)\cos 2\phi\\&+4\tau_n\mu\left(\Omega_{13}\cos^2\theta+\Omega_{23}\sin^2\theta\right)\end{aligned}\right]\sin 2\phi=0\end{gathered} \tag{3.22}$$

由式(3.22)可知，如果 $\sin 2\theta\sin^2\phi\neq 0,\sin 2\phi\neq 0$ ，则必须

$$\begin{aligned}&\Omega_{12}\cos 2\theta\sin^2\phi-(\Omega_{23}+\Omega_{13})\cos^2\phi=2\tau_n\mu\\&\Omega_{12}^2\sin^2 2\theta\sin^2\phi+2\left(\Omega_{23}^2\sin^2\theta+\Omega_{13}^2\cos^2\theta\right)\cos 2\phi\\&+4\tau_n\mu\left(\Omega_{13}\cos^2\theta+\Omega_{23}\sin^2\theta\right)=0\end{aligned} \tag{3.23}$$

将式(3.23)第一式代入第二式后化简得

$$\begin{aligned}&\left[\Omega_{12}^2\sin^2 2\theta\sin^2\phi+2\left(\Omega_{23}^2\sin^2\theta+\Omega_{13}^2\cos^2\theta\right)\cos 2\phi\right]\\&+2\left(\Omega_{13}\cos^2\theta+\Omega_{23}\sin^2\theta\right)\left[\Omega_{12}\cos 2\theta\sin^2\phi-\left(\Omega_{13}+\Omega_{23}\right)\cos^2\phi\right]=0\end{aligned} \tag{A}$$

式(A)为恒等式，故式(3.22)的解只能为 $\sin 2\theta\sin^2\phi=0,\sin 2\phi=0$ 。这对应于三种可能性：① $\phi_f=\pi/2,n_z=0$ ，② $\theta_f=\pi/2,n_x=0$ ，③ $\theta_f=0,n_y=0$ ，对应于三个主平面，即破坏只可能发生在三个主平面之一内。具体出现何种形式，取决于三个主应力的大小关系。按惯例取为 $\sigma_1>\sigma_2>\sigma_3$ ，则压剪断面的法线矢量，在 $\sigma_1\sigma_3$ 面内。第二主应力对真实剪应力和断面上的法向应力都没有贡献，故对压剪破坏没有影响。这样，式 (3.15)简化为

$$\sigma_n=\sigma_1\sin^2\phi+\sigma_3\cos^2\phi \tag{3.24}$$

对于 $\sigma_n<0$ 的区间，式(3.17)变为(注意这里 ϕ 为截面法向矢量与 σ_3 的夹角，如图 3.10 所示)

$$\tau_s=\left(\sigma_1-\sigma_3\right)\sin\phi\cos\phi+\mu\left(\sigma_1\sin^2\phi+\sigma_3\cos^2\phi\right) \tag{3.25}$$

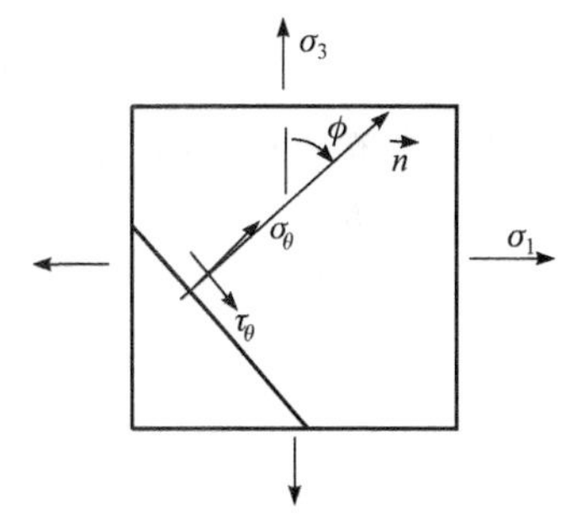

图 3.10　主应力空间平面 $\sigma_1\sigma_3$ 内的斜面应力

由式(3.20)得

$$2\phi_{\mathrm{f}} = \operatorname{arccot}(-\mu), \quad \sin 2\phi_{\mathrm{f}} = \frac{1}{\sqrt{1+\mu^2}}, \quad \cos 2\phi_{\mathrm{f}} = -\frac{\mu}{\sqrt{1+\mu^2}}$$
$$\sin^2\phi_{\mathrm{f}} = \frac{1}{2} + \frac{1}{2\sqrt{1+\mu^2}}, \quad \cos^2\phi_{\mathrm{f}} = \frac{1}{2} - \frac{1}{2\sqrt{1+\mu^2}} \tag{3.26}$$

故

$$\sigma_{\mathrm{n}} = \sigma_1\left(\frac{1}{2} + \frac{\mu}{2\sqrt{1+\mu^2}}\right) + \sigma_3\left(\frac{1}{2} - \frac{\mu}{2\sqrt{1+\mu^2}}\right) = \frac{\left(\sqrt{1+\mu^2}+\mu\right)\sigma_1}{2\sqrt{1+\mu^2}} + \frac{\left(\sqrt{1+\mu^2}-\mu\right)\sigma_3}{2\sqrt{1+\mu^2}} \tag{3.27a}$$

$$\tau_{\mathrm{smax}} = \frac{\sqrt{1+\mu^2}+\mu}{2}\sigma_1 - \frac{\sqrt{1+\mu^2}-\mu}{2}\sigma_3 \tag{3.27b}$$

由式(3.27a)可知，只有当$\sigma_1 < -(\sqrt{1+\mu^2}-\mu)\sigma_3/(\sqrt{1+\mu^2}+\mu)$时，最大真实剪应力处法向应力才是压应力，其压剪开裂条件为

$$\frac{\sqrt{1+\mu^2}+\mu}{2}\sigma_1 - \frac{\sqrt{1+\mu^2}-\mu}{2}\sigma_3 = \tau_{\mathrm{C}} \tag{3.28}$$

而当$\sigma_1 > -(\sqrt{1+\mu^2}-\mu)\sigma_3/(\sqrt{1+\mu^2}+\mu)$时，法向应力为拉应力，最大真实剪应力即最大剪应力不发生在式(3.26)处。由式(3.24)，法向应力为拉应力的条件是

$$\tan^2\phi \geqslant -\sigma_3/\sigma_1, \quad \phi \geqslant \arctan\sqrt{-\sigma_3/\sigma_1} = \phi_0 \tag{3.29a}$$

其中，$\phi_0 = \arctan\sqrt{-\sigma_3/\sigma_1}$为状态角。满足此条件时，真实剪应力为

$$\tau_s = |\tau_n| = (\sigma_1-\sigma_3)\sin\phi\cos\phi, \quad \frac{\partial\tau}{\partial\phi} = (\sigma_1-\sigma_3)\cos 2\phi \tag{3.29b}$$

由上式第二式可知，当$\phi < 45°$时，τ_{s}是关于ϕ的增函数，而当$\phi > 45°$时是减函数。因此，根据状态ϕ_0的大小，发生拉剪开裂时$(\sigma_1 > 0)$最大剪应力的位置不同。

(1) 如果$\phi_0 = \arctan\sqrt{-\sigma_3/\sigma_1} > 45°$，则最大剪应力发生在$\phi = 45°$处，拉剪破坏条件为

$$\tau_{\max} = \frac{\sigma_1-\sigma_3}{2} = \tau_{\mathrm{C}} \tag{3.30}$$

(2) 如果$\phi_0 = \arctan\sqrt{-\sigma_3/\sigma_1} < 45°$，则最大剪应力发生在$\phi = \phi_0$处($\phi = 45°$处是压剪状态，而压剪开裂要用式(3.28))。考虑到

$$\phi_0 = \arctan(\sqrt{-\sigma_3 / \sigma_1}), \quad \sin\phi_0 = \sqrt{\frac{-\sigma_3}{\sigma_1 - \sigma_3}}, \quad \cos\phi_0 = \sqrt{\frac{\sigma_1}{\sigma_1 - \sigma_3}} \tag{3.31}$$

故当 $\phi_0 = \arctan\sqrt{-\sigma_3 / \sigma_1} < 45°$ 时的拉剪失效准则为

$$\tau_{\text{smax}} = \tau_{\text{s}}\big|_{\phi_0} = (\sigma_1 - \sigma_3)\frac{\sqrt{-\sigma_1\sigma_3}}{\sigma_1 - \sigma_3} = \sqrt{-\sigma_1\sigma_3} = \tau_{\text{C}} \tag{3.32}$$

无论压剪还是拉剪，第二主应力都没有影响。实际发生的破坏到底是压剪还是拉剪破坏，则由式(3.28)和式(3.30)或式(3.32)的先达到者决定。而拉剪开裂发生在 $\phi = 45°$ 还是 $\phi = \phi_0$ 处，则由状态角 ϕ_0 的大小决定。当然，如果式(3.18)的第一式先满足，则会发生拉开破坏。

综合式(3.28)、式(3.30)和式(3.32)的压剪、拉剪破坏，在 $\sigma_1\sigma_3$ 平面内的临界曲线可表示成图 3.11 的形式。根据材料特性 σ_{bt}、τ_{C} 的大小关系，三种破坏形式的先达到者是不同的，导致临界曲线的形状有很大不同，如图 3.11 所示。临界曲线关于 $\sigma_1 = \sigma_3$ 是对称的，在压应力时 $\sigma_1 = \sigma_3$ 附近的较大一个区域(无需三向等压)，材料是压不坏的，并且第二主应力对破坏没有影响。

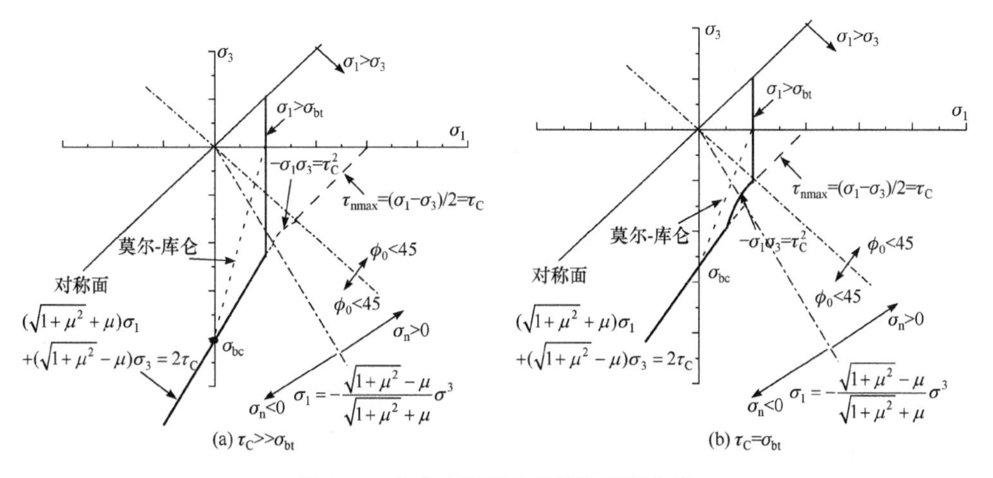

图 3.11　主应力平面内的断裂极限曲线

由图 3.11，可以得到以下重要结论。

(1) 双向拉压状态下，莫尔-库仑经验准则可认为是基于破坏机理失效准则的粗略近似，而且是一种安全侧近似。

(2) 双向拉压状态的断裂极限曲线形状，是与材料的拉裂、剪裂强度的大小关系相关的，故而是材料依存的，不能以一种材料的临界曲线形状，硬套到不同材料中去。

(3) 三向应力状态下，中间主应力对拉剪及压剪破坏都是没有影响的。

(4) 三向压缩状态下，当$(\sqrt{1+\mu^2}+\mu)\sigma_1-(\sqrt{1+\mu^2}-\mu)\sigma_3<2\tau_C$时(另一主应力符合第二主应力的大小排列)，则无论压缩载荷多大，都是不会发生破坏的。所以不只是三向均匀压缩状态不会导致开裂。但当$(\sqrt{1+\mu^2}+\mu)\sigma_1-(\sqrt{1+\mu^2}-\mu)\sigma_3>2\tau_C$时(三向不均匀压缩)，仍会发生压剪开裂。

下面我们再考虑两种特殊情况

1. 平面应力状态

这里指厚度方向应力分布均匀，在主应力空间内面外方向应力为零，即$\sigma_2=0$，而不管多厚的情况，即是指广义平面应力状态。将$\sigma_1\sigma_3$平面取在平面应力面，当$\sigma_1>0$时，仍符合$\sigma_1>\sigma_2>\sigma_3$，断面仍在$\sigma_1\sigma_3$平面内。但当$\sigma_1<0$时，$\sigma_2=0$变为第一主应力，交换$\sigma_1,\sigma_2$后，就仍可按3.4.1节的一般形式进行评价。但如果保持$\sigma_1,\sigma_2=0,\sigma_3$的记号不变，破坏将发生在$\sigma_2\sigma_3$，以$\sigma_1\sigma_3$面表示时，临界曲线要发生变化。由$\sigma_2\sigma_3$面内的压剪破坏条件：

$$\tau_{\text{smax}}=\frac{\sqrt{1+\mu^2}+\mu}{2}\times 0-\frac{\sqrt{1+\mu^2}-\mu}{2}\sigma_3=\tau_C$$

得

$$|\sigma_3|=\frac{2\tau_C}{\sqrt{1+\mu^2}-\mu}=\sigma_{bc} \tag{3.33}$$

临界曲线如图3.12所示。这是根据基于破坏机理的准则得出的，包含了对多种破坏形式的不同评价准则。与图3.6的试验结果比较，可知定性上是完全一致

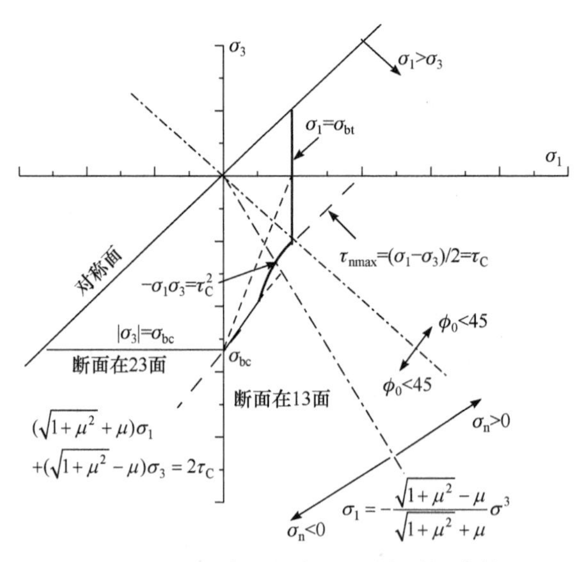

图 3.12　平面应力状态下的破坏临界曲线

的。但在定量上，在双向压缩时是有些出入的。这可以解释为是由于试件不是单纯的平面应力状态所造成的，薄板试件实际上处于平面应力和平面应变状态之间。在拉压区间，也有一定的差别，近似莫尔-库仑准则(直线近似，图中虚线)总是在安全侧，但实验结果显然更靠近机理准则。

2. 平面应变状态

平面应变状态时，如果将$\sigma_1\sigma_3$面取在平面上，则因面外应力$\sigma_2=\nu(\sigma_1+\sigma_3)$，当$\sigma_1<0$时，根据泊松比和$\sigma_1$、$\sigma_3$的大小关系，主应力的顺序要发生变化。即当$\sigma_3>(1-\nu)\sigma_1/\nu$时，$\sigma_2>\sigma_1$。意味着压剪破坏将发生在$\sigma_2\sigma_3$平面。以$\sigma_2=\nu(\sigma_1+\sigma_3)$取代式(3.28)中的$\sigma_1$得

$$\nu\left(\sqrt{1+\mu^2}+\mu\right)\sigma_1-\left((1-\nu)\sqrt{1+\mu^2}-(1+\nu)\mu\right)\sigma_3=2\tau_{\rm C} \tag{3.34}$$

临界曲线如图 3.13 所示。对于有限板厚的试件，在双向受压时，既非平面应力也非平面应变状态，就必须考虑其面外方向的压应力的影响。面外方向的压应力可用数值计算求取，最大的压缩应力一般出现在板的中心处。板较薄时，该最大值接近零，而板较厚时，接近$\nu(\sigma_1+\sigma_3)$。必须考虑面外应力的理由是，它会改变主应力σ_1、σ_2、σ_3的排列，使破坏面所在的空间位置发生变化。求得面外应力后，如果按$\sigma_1\geqslant\sigma_2\geqslant\sigma_3$重新进行排列，则可直接应用以式(3.18)的第一式、式(3.28)和式(3.30)或式(3.32)的先达到者决定破坏形式和破坏条件，即以图 3.10 和图 3.11 的临界曲线来判别。如果不考虑面外应力对主应力顺序的影响，则必须以图 3.13 的临界曲线来判别。

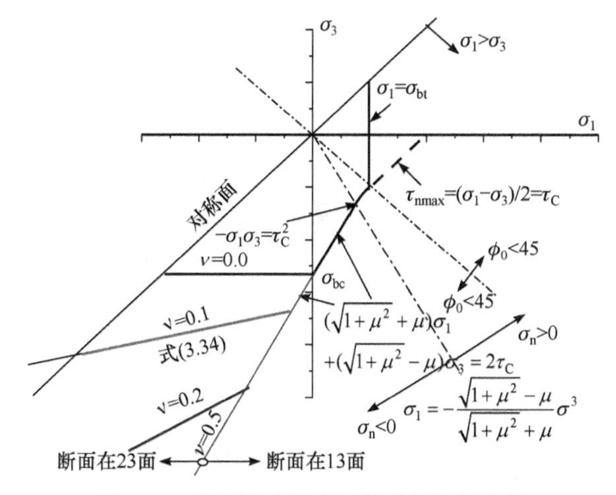

图 3.13　平面应变状态下的破坏临界曲线

对于任意板厚状态，既非平面应力，也非平面应变的状态。在板厚 z 方向上，将发生随位置变化的面外应力 $\sigma_2=\eta(z)(\sigma_1+\sigma_3),\ 0<\eta(z)<\nu$ ，在板中央处，$\eta_{\max}=\eta(0)$ ，其大小与试件板厚有关，对于薄板，一般远小于材料泊松比。根据危险点理论，以 $\eta_{\max}$ 取代图 3.13 或式(3.34)中的泊松比 ν ，即可得任意板厚的破坏临界曲线，也可以很好地解释图 3.6 的试验结果与平面应力状态的理论临界曲线的差异。

3.6 脆性材料中裂纹的断裂准则

普通断裂力学中的断裂准则，其理论依据来自 Griffith 理论，从微观机理上只对应于劈开，其失效形式上只对应于拉开破坏。由于脆性材料中的裂纹也有三种可能的破坏形式，简单地应用断裂力学准则是不能涵盖此三种破坏形式的。脆性材料中的裂纹在压剪状态下也会扩展断裂，即使在拉伸状态下，除了拉开，受材料强度特性 σ_{bt} 、τ_{C} 大小关系的影响，裂纹也可能以拉剪开裂的失效形式发生破坏。

对于单一的模态 I ，断裂力学中的裂纹断裂准则为 $K_{\text{I}}=K_{\text{IC}}$ (K_{IC} 称为材料的断裂韧性，对于脆性材料，没有平面应变条件限定，即使试件较薄，也可方便地实验求得断裂韧性)。故只要裂纹的应力强度因子小于 K_{IC} ，虽然裂尖应力无穷大，但仍不会导致整体破坏。其机理可以从应力概念的平均性来说。在特征长度 $L_{\text{f}}=2(K_{\text{IC}}/\sigma_{\text{b}})^2/\pi$ 内取平均应力，其达到拉裂强度的条件是与 $K_{\text{I}}=K_{\text{IC}}$ 是等价的。注意，即使是脆性材料，也是有断裂韧性的。所以，断裂韧性与常规的韧性概念(塑性变形能力)是不同的。

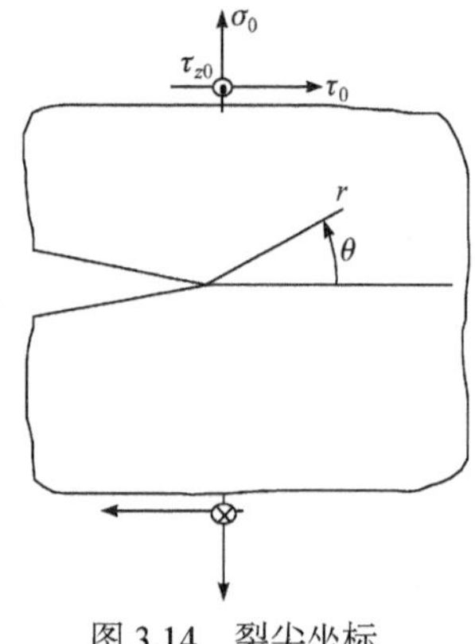

图 3.14　裂尖坐标

但是，对于混合模态下的脆性材料中的裂纹破坏，实际上仅有 $K_{\text{I}}=K_{\text{IC}}$ 的断裂准则是不够的。这是因为脆性材料的裂纹断裂，也有拉开、拉剪开和压剪开三种破坏形式，而 $K_{\text{I}}=K_{\text{IC}}$ 只对应于拉裂。如图 3.14 所示，当远场法向应力为拉应力时，裂尖前沿的应力场为[25]

$$\begin{Bmatrix}\sigma_r\\ \sigma_\theta\\ \tau_{r\theta}\end{Bmatrix}=\frac{K_{\text{I}}}{4\sqrt{2\pi r}}\begin{Bmatrix}5\cos\dfrac{\theta}{2}-\cos\dfrac{3}{2}\theta\\ 3\cos\dfrac{\theta}{2}+\cos\dfrac{3}{2}\theta\\ \sin\dfrac{\theta}{2}+\sin\dfrac{3}{2}\theta\end{Bmatrix}+\frac{K_{\text{II}}}{4\sqrt{2\pi r}}\begin{Bmatrix}-5\sin\dfrac{\theta}{2}+3\sin\dfrac{3}{2}\theta\\ -3\sin\dfrac{\theta}{2}-3\sin\dfrac{3}{2}\theta\\ \cos\dfrac{\theta}{2}+3\cos\dfrac{3}{2}\theta\end{Bmatrix}\tag{3.35a}$$

$$\begin{Bmatrix}\tau_{xz}\\ \tau_{yz}\end{Bmatrix}=\frac{K_{\mathrm{III}}}{\sqrt{2\pi r}}\begin{Bmatrix}-\sin\dfrac{\theta}{2}\\ \cos\dfrac{\theta}{2}\end{Bmatrix} \tag{3.35b}$$

Ⅰ、Ⅱ混合模态时，可有拉开与拉剪开两种失效形式，需采用两种破坏准则进行评价，以先达到者为准。

裂尖最大拉开应力发生在 θ_{f} 处，满足

$$K_{\mathrm{I}}\sin\theta_{\mathrm{f}}+K_{\mathrm{II}}\left(3\cos\theta_{\mathrm{f}}-1\right)=0 \tag{3.36}$$

其解如图 3.15 所示。最大拉开应力

$$\sigma_{\theta\max}=\frac{K_{\theta\max}}{\sqrt{2\pi r}},\quad K_{\theta\max}=\frac{K_{\mathrm{I}}}{4}\left[3\cos\frac{\theta_{\mathrm{f}}}{2}+\cos\frac{3\theta_{\mathrm{f}}}{2}\right]-\frac{3K_{\mathrm{II}}}{4}\left[\sin\frac{\theta_{\mathrm{f}}}{2}+\sin\frac{3\theta_{\mathrm{f}}}{2}\right] \tag{3.37}$$

$K_{\theta\max}$ 随模态比的变化如图 3.16 所示。拉开破坏条件[42]为

$$K_{\theta\max}=K_{\mathrm{IC}} \tag{3.38}$$

显然这一失效准则只对应于拉开的失效形式。

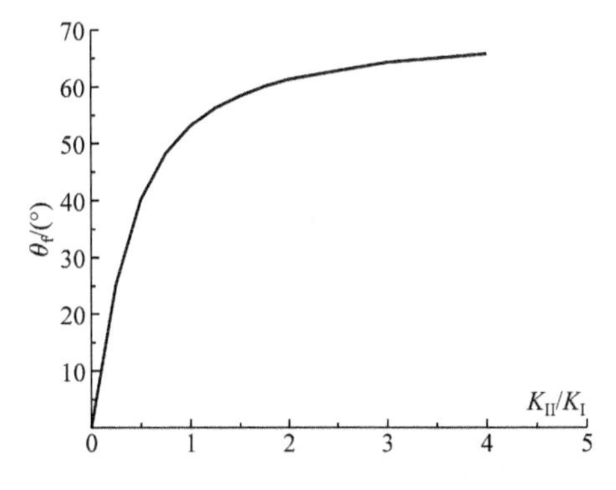

图 3.15　Ⅰ、Ⅱ混合模态下的拉开角

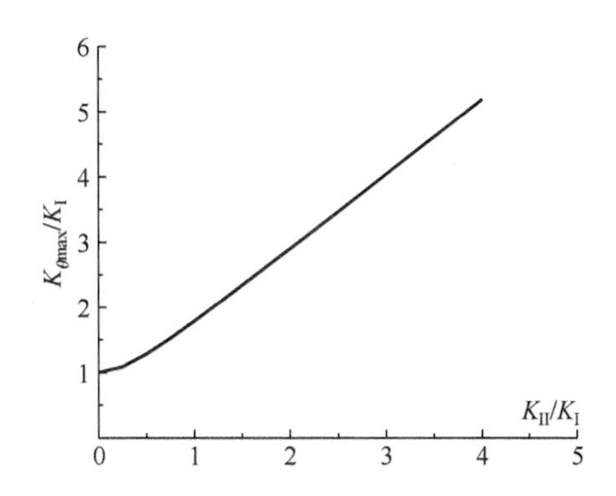

图 3.16　Ⅰ、Ⅱ混合模态下的断裂条件

对于脆性材料，即使裂纹面开口，也还必须考虑拉剪开裂，这是普通断裂力学教材中所没有的。最大剪应力 $\tau_{\theta\max}$ 发生在 $\theta_{\mathrm{f}\tau}$：

$$K_{\mathrm{I}}\left[\cos\frac{\theta_{\mathrm{f}\tau}}{2}+3\cos\frac{3\theta_{\mathrm{f}\tau}}{2}\right]-K_{\mathrm{II}}\left[\sin\frac{\theta_{\mathrm{f}\tau}}{2}+9\sin\frac{3\theta_{\mathrm{f}\tau}}{2}\right]=0 \tag{3.39}$$

式(3.39)有两个极大值点，如图 3.17 所示，剪应力的极大值：

$$\tau_{\theta\max}=\frac{K_{\mathrm{c}\max}}{\sqrt{2\pi r}},\quad K_{\mathrm{c}\max}=\frac{K_{\mathrm{I}}}{4}\left[\sin\frac{\theta_{\mathrm{f}\tau}}{2}+\sin\frac{3\theta_{\mathrm{f}\tau}}{2}\right]+\frac{K_{\mathrm{II}}}{4}\left[\cos\frac{\theta_{\mathrm{f}\tau}}{2}+3\cos\frac{3\theta_{\mathrm{f}\tau}}{2}\right] \tag{3.40}$$

$K_{\mathrm{c}\max}$ 随模态比的变化如图 3.18 所示。由于脆性材料强度特性的离散性比较大，

所以稍小一点的极值点并不是一定不会发生破坏，这也是脆性材料中容易出现多条裂纹或分歧的原因之一。拉剪破坏条件为

$$K_{\mathrm{cmax}} = K_{\mathrm{IIC}} \tag{3.41}$$

必须注意，对于脆性材料，K_{IC} 和 K_{IIC} 是两个相互独立的材料常数(两者都无需平面应变限定条件，而对于韧性材料则需要)，因为它们对应于不同的破坏机理，就像 σ_{bt} 和 τ_{C} 一样。以式(3.38)和式(3.41)的先达到者，来决定发生的是拉裂还是拉剪破坏，而不是只按常规的式(3.38)进行评价。根据材料特性的不同，断裂方向并不一定在 $\sigma_{\theta\max}$ 处，也可发生在 $\tau_{\theta\max}$ 处。值得指出的是，利用纯剪试验并不一定能够测得剪开断裂韧性 K_{IIC}，因为式(3.38)可能仍会先达到。裂纹在纯剪状态下，$K_{\theta\max} = 2K_{\mathrm{II}}/\sqrt{3}$，当 $K_{\mathrm{II}} \geqslant K_{\mathrm{IIf}} = 0.866K_{\mathrm{IC}}$ 时就会先发生拉开破坏。而发生沿裂纹面的剪开破坏的条件是 $K_{\mathrm{II}} = K_{\mathrm{IIC}}$，因此，只要 $0.866K_{\mathrm{IC}} < K_{\mathrm{IIC}}$，实际发生的将只是拉开破坏，反之才会发生剪开破坏。必须注意：如果纯剪试验时发生的是拉开(在 $\sigma_{\theta\max}$ 处)，则其临界值 K_{IIf} 并不对应于剪切破坏的韧性值 K_{IIC}。

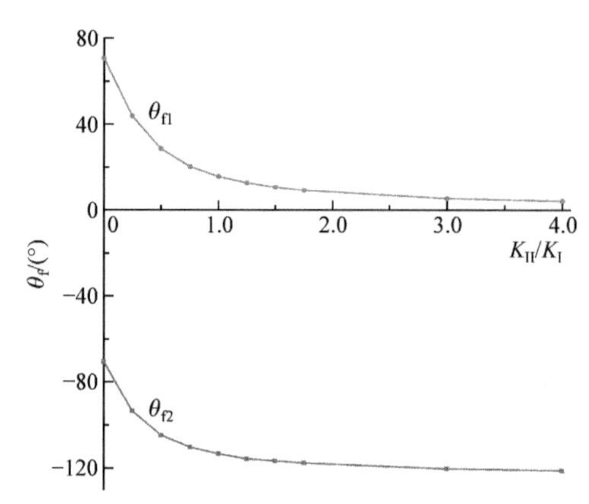

图 3.17　混合模态 Ⅰ、Ⅱ 下可能的拉剪开裂方向

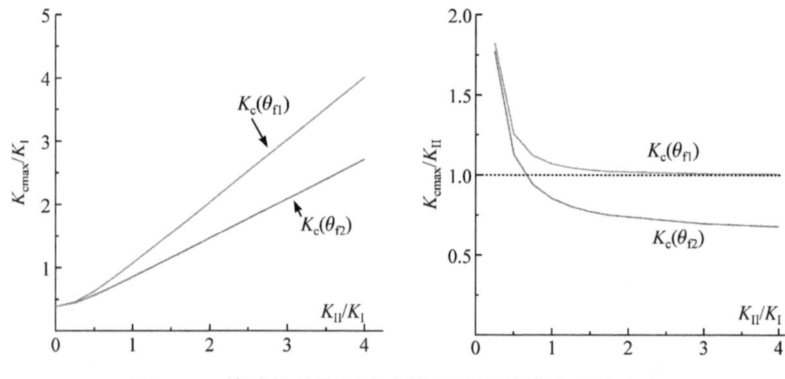

图 3.18　等效拉剪开裂应力强度因子随模态比的变化

对于纯Ⅲ型模态时，如图 3.19 所示，yz 面内的主应力可表示为

$$\sigma_1=\tau_{yz}=\frac{K_{\mathrm{III}}}{\sqrt{2\pi r}} \tag{3.42}$$

故发生拉开破坏的条件是 $K_{\mathrm{III}}=K_{\mathrm{IIIf}}=K_{\mathrm{IC}}$，断面与 z 轴成 45°的方向上，注意此时 K_{IIIf} 也不是 K_{IIIC}。而发生剪开破坏的条件则是 $K_{\mathrm{III}}=K_{\mathrm{IIC}}$，断面在裂纹面的延长线上。因此，如果 $K_{\mathrm{IC}}<K_{\mathrm{IIC}}$，发生的只能是拉开破坏。无论哪种破坏，$K_{\mathrm{IIIC}}$ 都不是独立的材料常数，剪开破坏时它与剪开破坏的韧性 K_{IIC} 是同一个东西，而拉开破坏时则与拉开韧性 K_{IC} 是同值的。

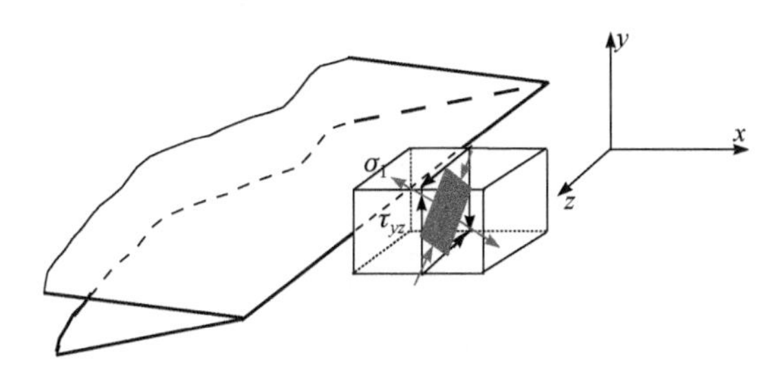

图 3.19　Ⅲ型裂纹的裂尖应力状态

三种模态并存时，从能量释放率的角度，可以得出一个唯象的拉开断裂准则。裂纹沿 θ 方向扩展一个微小长度时的释放率[42]为

$$G(\theta)=\frac{1+\nu}{E}\cos^2\frac{\theta}{2}\left[\frac{\kappa+1}{8}\begin{pmatrix}K_{\mathrm{I}}^2(1+\cos\theta)-4K_{\mathrm{I}}K_{\mathrm{II}}\sin\theta\\+K_{\mathrm{II}}^2(5-3\cos\theta)\end{pmatrix}+K_{\mathrm{III}}^2\right] \tag{3.43}$$

破坏方向 θ_{f} 满足

$$\frac{\kappa+1}{8}\begin{pmatrix}K_{\mathrm{I}}^2\left(\sin\dfrac{\theta_{\mathrm{f}}}{2}+\sin\dfrac{3\theta_{\mathrm{f}}}{2}\right)+4K_{\mathrm{I}}K_{\mathrm{II}}\cos\dfrac{3\theta_{\mathrm{f}}}{2}\\-K_{\mathrm{II}}^2\left(3\sin\dfrac{3\theta_{\mathrm{f}}}{2}-5\sin\dfrac{\theta_{\mathrm{f}}}{2}\right)\end{pmatrix}+K_{\mathrm{III}}^2\sin\frac{\theta_{\mathrm{f}}}{2}=0 \tag{3.44}$$

破坏条件为

$$\frac{1+\nu}{E}\cos^2\frac{\theta_{\mathrm{f}}}{2}\left[\frac{\kappa+1}{8}\begin{pmatrix}K_{\mathrm{I}}^2(1+\cos\theta_{\mathrm{f}})-4K_{\mathrm{I}}K_{\mathrm{II}}\sin\theta_{\mathrm{f}}\\+K_{\mathrm{II}}^2(5-3\cos\theta_{\mathrm{f}})\end{pmatrix}+K_{\mathrm{III}}^2\right]=\frac{(1+\nu)(\kappa+1)}{4E}K_{\mathrm{IC}}^2 \tag{3.45}$$

这一条件只与 K_{IC} 有关，所以本质上只对应于拉开破坏，而不包含剪开破坏，且此唯象准则没有考虑断面方向(会绕 z 轴的偏转)，故对于脆性材料的混合模态破坏是不全面的。全面的评价方法应是，先对图 3.20 的裂尖复杂应力状态，求出裂尖的三个主应力，将其表示成

$$\sigma_i(\theta) = \frac{K_{\mathrm{ef}i}(\theta)}{\sqrt{2\pi r}}, \quad i = 1,2,3 \tag{3.46}$$

则由主应力空间的破坏条件，得拉开破坏条件为

$$\max K_{\mathrm{ef1}}(\theta) = K_{\mathrm{IC}} \tag{3.47}$$

而拉剪破坏的条件为

$$\max\left(K_{\mathrm{ef1}}(\theta) - K_{\mathrm{ef3}}(\theta)\right) = 2K_{\mathrm{IIC}} \tag{3.48}$$

以式(3.47)和式(3.48)的先满足者，来决定是发生拉开破坏还是剪开破坏，断面方向也可随之确定。

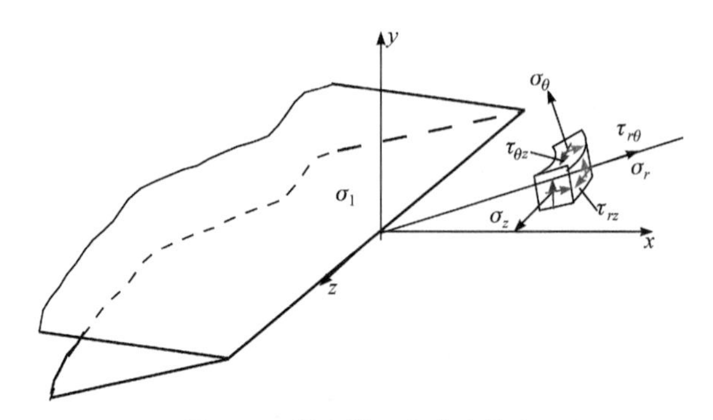

图 3.20　裂尖的三向应力状态

顺便指出，实际问题中的面外应力 σ_z ，一般是不能以平面应力或应变求得的，只能依靠数值方法求取。

必须注意的是：对于脆性材料，即使裂纹面法向受压，裂纹仍可能扩展。扩展方向及破坏条件与裂纹面摩擦系数、内摩擦系数有关。当远场应力 $\sigma_0 < 0$ 时，裂纹面闭合。如果 $\tau_0 < f\sigma_0$ (f 为裂纹面摩擦系数，注意它不是内摩擦系数)，裂尖无奇异性，应力分析时可忽略裂纹的存在。但当 $\tau_0 > f\sigma_0$ 时，裂纹面仍会发生相互滑动，此时裂尖的剪应力仍有奇异性，而正应力则没有奇异性，即 $K_{\mathrm{I}} = 0$ ，$K_{\mathrm{II}} \neq 0$ (证明见本章附录)。

根据Ⅱ型裂纹的裂尖场：

$$\begin{Bmatrix} \sigma_\theta \\ \tau_{r\theta} \end{Bmatrix} = \frac{K_{\mathrm{II}}}{4\sqrt{2\pi r}} \begin{Bmatrix} -3\sin\dfrac{\theta}{2} - 3\sin\dfrac{3}{2}\theta \\ \cos\dfrac{\theta}{2} + 3\cos\dfrac{3}{2}\theta \end{Bmatrix}$$

将在 $\theta_{\mathrm{f}} = -70.2°$ 引发最大拉应力

$$\sigma_{\theta\max} = \frac{K_{\theta\max}}{\sqrt{2\pi r}}, \quad \cos\theta_{\mathrm{f}} = \frac{1}{3}, \quad K_{\theta\max} = \frac{2K_{\mathrm{II}}}{\sqrt{3}}$$

故拉开断裂条件为(注意，虽然远场为压应力，但与奇异的拉开应力相比，常数的压缩应力可忽略)

$$K_{\mathrm{II}} = K_{\mathrm{IIf}} = \frac{\sqrt{3}}{2} K_{\mathrm{IC}} \tag{3.49}$$

另外，裂尖处于切向应力 σ_θ 为拉应力的区间为

$$-3\sin\frac{\theta}{2} - 3\sin\frac{3}{2}\theta > 0, \quad \theta < 0$$

在此区间内的最大剪应力发生在 $\theta_{\mathrm{f}} \to 0^-$，故拉剪开裂条件为

$$K_{\mathrm{II}} = K_{\mathrm{IIC}} \tag{3.50}$$

而裂尖处于切向应力 σ_θ 为压应力的区间为

$$-3\sin\frac{\theta}{2} - 3\sin\frac{3}{2}\theta < 0, \quad \theta > 0$$

在此区间内考虑内摩擦的真实剪应力为

$$\tau_{\mathrm{sr}\theta} = \frac{K_{\mathrm{II}}}{4\sqrt{2\pi r}} \left\{ \cos\frac{\theta}{2} + 3\cos\frac{3}{2}\theta + 3\mu\left(\sin\frac{\theta}{2} + \sin\frac{3}{2}\theta \right) \right\}$$

最大值发生在 θ_{f} 处，满足

$$\sin\frac{\theta_{\mathrm{f}}}{2} + 9\sin\frac{3}{2}\theta_{\mathrm{f}} - 3\mu\left(\cos\frac{\theta_{\mathrm{f}}}{2} + 3\cos\frac{3}{2}\theta_{\mathrm{f}} \right) = 0$$

此时压剪开裂的条件是

$$\tau_{\mathrm{smax}} = \max(\tau_\theta - \mu\sigma_{n\theta}) = \frac{K_{\mathrm{smax}}}{\sqrt{2\pi r}}$$

$$K_{\mathrm{smax}} = \frac{K_{\mathrm{II}}}{4} \left\{ \cos\frac{\theta_{\mathrm{f}}}{2} + 3\cos\frac{3}{2}\theta_{\mathrm{f}} + 3\mu\left(\sin\frac{\theta_{\mathrm{f}}}{2} + \sin\frac{3}{2}\theta_{\mathrm{f}} \right) \right\} = K_{\mathrm{IIC}} \tag{3.51}$$

因此，对于脆性材料中的裂纹，需分别校验三种开裂形式，以先达到者为准。

对于非裂纹型的应力奇异或集中点，可引入拉开和剪开特征长度如式(3.52)，分别计算该长度内的拉开应力 σ_θ 和剪开应力 $\tau_{r\theta}$ 的平均值 $\bar{\sigma}_\theta$ 和 $\bar{\tau}_{r\theta}$，如式(3.53)所示。

$$L_{\mathrm{fb}} = \frac{2}{\pi}\left(\frac{K_{\mathrm{IC}}}{\sigma_{\mathrm{bt}}} \right)^2, \quad L_{\mathrm{fc}} = \frac{2}{\pi}\left(\frac{K_{\mathrm{IIC}}}{\tau_{\mathrm{C}}} \right)^2 \tag{3.52}$$

$$\bar{\sigma}_\theta = \frac{1}{L_{\mathrm{fb}}} \int_0^{L_{\mathrm{fb}}} \sigma_\theta \mathrm{d}r, \quad \bar{\tau}_{r\theta} = \frac{1}{L_{\mathrm{fc}}} \int_0^{L_{\mathrm{fc}}} \tau_{r\theta} \mathrm{d}r, \quad \bar{\tau}_{\mathrm{s}\theta} = \bar{\tau}_{r\theta} - \mu\bar{\sigma}_\theta \tag{3.53}$$

破坏准则为

$$\begin{aligned}&\max\bar{\sigma}_\theta=\sigma_{\mathrm{bt}},\quad \max\bar{\tau}_{r\theta}=\tau_{\mathrm{C}},\quad \bar{\sigma}_\theta>0\\&\max\tau_{\mathrm{s}\theta}=\tau_{\mathrm{C}},\quad \bar{\sigma}_\theta<0\end{aligned}\tag{3.54}$$

以先满足者进行拉开、拉剪开或压剪开的评价(包括断裂方向和条件)。特别指出，对于裂纹问题，式(3.54)也是成立的，与前述基于应力强度因子的方法是等价的。

3.7 脆性材料的静态疲劳

脆性材料有一种非常特殊的延时失效形式——静态疲劳，即在小于瞬断破坏强度的恒定应力作用下，经过一定时间后发生准脆性破坏的现象[43]。早期人们试图以蠕变来说明这一现象，如对于岩石的延时破坏等，但实际上蠕变变形(即使有的话)微乎其微，且从机理上来看也与蠕变有明显的差别，故逻辑上或理论上有先天不足。现在则已改为从静态疲劳角度来说明(虽然两者的损伤演化律是相似的，但机理却绝然不同)。对于工作在高温状态下的陶瓷材料、烧结材料等，即使蠕变变形可以忽略，静态疲劳也是必须考虑的失效形式。

静态疲劳的机理是，因为脆性材料内部丰富的微观缺陷，其附近的热扰动运动不再是各向同性的，而具有方向性[28]。这使得脆性材料即使在恒力作用下，微观缺陷附近的损伤也会不断累积，导致局部有效应力增加(表面上也是应变有少量增加，使得名义杨氏模量有少量的降低)。但必须指出，变形的少量增加是由于微观缺陷附近损伤增大，导致有效应力增大，并不是由原子扩散即蠕变造成的。静态疲劳的损伤演化律为

$$\frac{\mathrm{d}D}{\mathrm{d}t}=c\left(\frac{\sigma}{1-D}\right)^{\xi}H\tag{3.55a}$$

$$H=\begin{cases}1-\left(\dfrac{(1-D)\sigma_{\mathrm{f0}}}{\sigma}\right)^{\zeta}, & \dfrac{\sigma}{1-D}>\sigma_{\mathrm{f0}}\\ 0, & \dfrac{\sigma}{1-D}\leqslant\sigma_{\mathrm{f0}}\end{cases}\tag{3.55b}$$

如果材料的初始损伤为 D_0 (根据损伤的相对性，本来也可取为零，但为了统一处理各种初始缺陷状态，例如，对于烧结材料取气孔率等为初始损伤较为方便)。σ_{f0} 称为名义静态疲劳极限，实际静态疲劳极限为

$$\sigma_{\mathrm{f}}=(1-D)\sigma_{\mathrm{f0}}\tag{3.56}$$

应力在静态疲劳极限以下时，其引起的损伤累积可以忽略。从寿命曲线上来看，对应于寿命曲线下部的平坦部位的应力(图 3.21)。名义疲劳极限是个常数，理论上对应于初始损伤 $D_0\to 0$ 时的静态疲劳极限。但静态疲劳只发生在初始缺陷

丰富的脆性材料中，实际初始损伤是不可以为零的(寿命计算中用的是相对损伤的概念，故可以取为零)。例如，对于烧结材料，其气孔率可以作为初始损伤的表征。不同气孔率(D_0)的静态疲劳极限符合 $\sigma_f=(1-D_0)\sigma_{f0}$ 的关系。换句话说，σ_{f0} 可以看作气孔率趋于零时的静态疲劳极限，虽然此时不一定会发生静态疲劳。

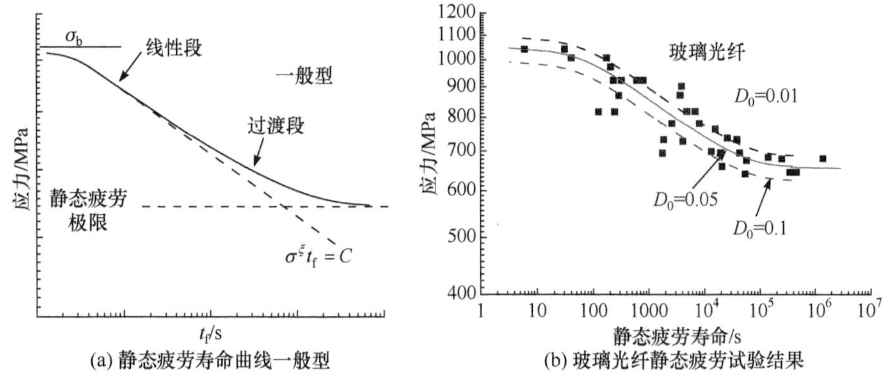

图 3.21 典型静态疲劳寿命(*S-t*)曲线

设发生断裂时的临界损伤为 D_C ，由式(3.55)可得

$$\sigma^{\xi}t_f=C\int_{D_0}^{D_C}\frac{(1-D)^{\xi}}{H}\mathrm{d}D=CI(\sigma) \tag{3.57}$$

这里，C 为寿命比例系数。这就是应力与破坏寿命 t_f 的理论关系，是 *S-t* 曲线的数学描述。可以简单地确认，它是可以表征整条 *S-t* 曲线行为的。其中

$$I(\sigma)=\int_{D_0}^{D_C}\frac{(1-D)^{\xi}}{H}\mathrm{d}D \tag{3.58}$$

是可以通过数值积分求取的，这里不再赘述。对于寿命要求较高的情况，应力需控制在静态疲劳极限式(3.56)以下，静态疲劳极限的设计准则为

$$\sigma_{sd}\leqslant\sigma_f \tag{3.59}$$

这里，σ_{sd} 为静态疲劳等效应力(见下述式(3.62))，如果只需有限寿命，则为

$$t_f\geqslant t_0 \tag{3.60}$$

但此时必须考虑初始损伤离散性对寿命的影响，如图 3.21(b)所示。因脆性材料的初始损伤离散性较大，中值寿命与设计寿命或某一可靠性下的寿命，差一个数量级以上也不稀奇。材料的静态疲劳特性，即式(3.55)中的常系数，都是可以通过对单轴静态疲劳试验结果，利用式(3.57)拟合得出。静态疲劳共有 4 个疲劳特性，即静态疲劳极限 σ_f 、寿命指数 ξ 和寿命系数 C ，以及一个材料状态参数 D_0 ，另外，确定临界损伤时，要用到瞬断强度 σ_b 。这些材料常数都是与温度有关的。拉伸应力下的静态疲劳临界损伤由下式确定

$$\frac{\sigma}{1-D_{\mathrm{C}}}=\sigma_{\mathrm{b}},\quad D_{\mathrm{C}}=1-\frac{\sigma}{\sigma_{\mathrm{b}}} \tag{3.61}$$

材料初始损伤的离散性，也是可以通过各个试验结果获得其初始损伤然后由其概率分布特征得出的。试验结果的中值寿命，也是可以通过 S-t 曲线的经验拟合得到。但由 S-t 曲线预测的寿命，因只具有 50%的可靠性，通常是不能作为设计寿命的。

对于复杂应力状态的工程应用，需要引入等效应力来处理。由于静态疲劳的机理是热扰动运动的定向性，本质上是能量波动，故可采用应变能等效应力(复杂应力状态的应变能等于单轴等效应力的应变能)：

$$\sigma_{\mathrm{sd}}=\sqrt{I_1^2-2(1+\nu)I_2},\quad I_1>0 \tag{3.62}$$

注意：对于第一不变量小于零 ($I_1<0$) 的情况，材料处于受压状态，其等效应力不能由式(3.62)决定。如图 3.22 所示为陶瓷材料 Si_3N_4 在 1000℃时，不同应力集中状态下的静态疲劳寿命曲线，其中 R 为应力集中处的圆角半径。与韧性材料的对称循环疲劳极限与拉伸极限的比值约在 0.5，脆性材料的静态疲劳极限与其脆断(拉伸)极限的比值远大于 0.5(多在 0.9 以上)，这是由两种损伤累积机制的强弱不同造成的。

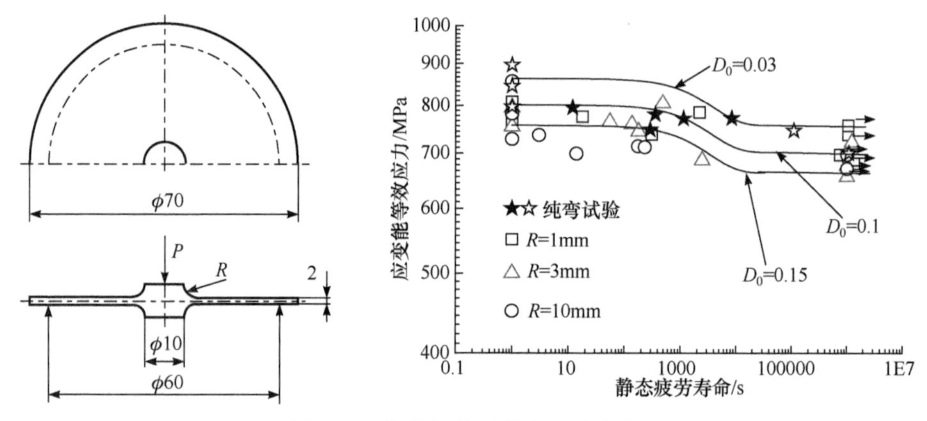

图 3.22　陶瓷结构的静态疲劳寿命

由于脆性材料还存在压剪开裂机理，所以在单轴或多轴压缩时，也会发生静态疲劳。此时损伤演化律形式不变，但应力参数需改为有效剪应力(式(3.1))，即：

$$\frac{\mathrm{d}D}{\mathrm{d}t}=c\left(\frac{\max\tau_{\mathrm{s}}}{1-D}\right)^{\xi}H \tag{3.63a}$$

$$H=\begin{cases}1-\left(\dfrac{(1-D)\tau_{\mathrm{f0}}}{\max\tau_{\mathrm{s}}}\right)^{\zeta}, & \dfrac{\max\tau_{\mathrm{s}}}{1-D}>\tau_{\mathrm{f0}}\\[2ex] 0, & \dfrac{\max\tau_{\mathrm{s}}}{1-D}\leqslant\tau_{\mathrm{f0}}\end{cases} \tag{3.63b}$$

损伤特性系数需要用压剪静态疲劳试验另行决定，临界损伤也要改用：

$$\frac{\max \tau_{\mathrm{s}}}{1-D_{\mathrm{C}}}=\tau_{\mathrm{C}}, \quad D_{\mathrm{C}}=1-\frac{\max \tau_{\mathrm{s}}}{\tau_{\mathrm{C}}} \tag{3.63c}$$

因为脆性材料一般用于受压状态，所以这一失效形式实际上才是必须特别加以注意的。

必须注意的是，虽然韧性材料在高应力三轴度下也会发生脆性破坏，但一般却不会发生静态疲劳，这是因为韧性材料微观缺陷不够丰富，静态疲劳机理不起作用。但对于一些粉末烧结合金，则由于内部微观缺陷较多，即使有一定的塑性变形能力，却是有可能发生静态疲劳的。换句话说，是否会发生静态疲劳，其决定因素是材料内部微观缺陷的多寡。

3.8　脆性材料的疲劳寿命评价

脆性材料一般不能用来承受循环载荷，这是由于其富含缺陷，疲劳性能较差。但是，脆性材料实际上是可以承受压-压(或微小拉-压)循环载荷的，而且在压-压循环载荷作用下也会有疲劳现象，其最终破坏形式呈压剪开裂形式。

脆性材料的压-压循环载荷下的损伤演化律，采用有效剪应力后，由式(2.25)得

$$\frac{\mathrm{d}D}{\mathrm{d}t}=c_{\mathrm{f}}\frac{\dot{\tau}_{\mathrm{s}}(t)}{1-D}\left(\frac{\tau_{\mathrm{s}}(t)}{1-D}\right)^{\beta+1}H \tag{3.64a}$$

$$H=\begin{cases}1-\left(\dfrac{(1-D)\tau_{\mathrm{f}}}{\tau_{\mathrm{s}}(t)}\right)^{\gamma}, & \dfrac{\tau_{\mathrm{s}}(t)}{1-D}>\tau_{\mathrm{f}}\\ 0, & \dfrac{\tau_{\mathrm{s}}(t)}{1-D}\leqslant\tau_{\mathrm{f}}\end{cases} \tag{3.64b}$$

而其静态疲劳损伤演化律如式(3.63)，实际损伤是耦合的，即

$$\frac{\mathrm{d}D}{\mathrm{d}t}=\left.\frac{\mathrm{d}D}{\mathrm{d}t}\right|_{\mathrm{cyc}}+\left.\frac{\mathrm{d}D}{\mathrm{d}t}\right|_{\mathrm{static}} \tag{3.65}$$

对于传统经验方法，交变应力波形仅限于正弦波，以循环数表示的损伤演化律为

$$\frac{\mathrm{d}D}{\mathrm{d}N}=\int_{0}^{T}\frac{\mathrm{d}D}{\mathrm{d}t}\mathrm{d}t=\int_{0}^{T}\left[\left.\frac{\mathrm{d}D}{\mathrm{d}t}\right|_{\mathrm{cyc}}+\left.\frac{\mathrm{d}D}{\mathrm{d}t}\right|_{\mathrm{static}}\right]\mathrm{d}t \tag{3.66a}$$

其中静态疲劳特性可由单轴静态疲劳试验获得，而疲劳特性则需由式(3.66a)拟合单轴压-压疲劳实验来确定。由式(3.66a)，疲劳寿命为

$$N_{\mathrm{f}}=\int_{D_0}^{D_{\mathrm{C}}}\frac{\mathrm{d}D}{\int_0^T\left[\left.\frac{\mathrm{d}D}{\mathrm{d}t}\right|_{\mathrm{cyc}}+\left.\frac{\mathrm{d}D}{\mathrm{d}t}\right|_{\mathrm{static}}\right]\mathrm{d}t} \tag{3.66b}$$

因此，其 S-N 曲线必是频率依存的，而且所谓寿命 N_{f} 是仅限于正弦波形的周期数的。正因如此，不同实验者往往会得出不同的 S-N 曲线，并且实际上也是难以应用于实际的复杂应力状态和复杂波形的。利用单轴正弦波形的压缩载荷进行试验只是为了确定材料的疲劳特性(即损伤演化律中的系数)。一旦疲劳特性系数得以确定，对于任意应力状态和载荷波形，都可直接由式(3.66)计算寿命 t_{f} (如果有载荷循环特征例如单频、工作周期等，可以简单换算成 N_{f})。

必须注意的是，如果脆性材料承受含拉伸的疲劳载荷，则最终的疲劳断裂形式有可能为拉开，此时的循环疲劳损伤演化律、静态疲劳损伤演化律都与上述不同，需要采用单轴单频拉应力试验重新确定寿命特性系数，而寿命计算的方法仍同式(3.66)。

附录　远场压剪应力时的Ⅱ型裂尖奇异性

取 Goursat 应力函数为

$$\varphi=Az^{\lambda}+Bz,\quad \psi=Cz^{\lambda}+Dz$$

$$\begin{aligned}\sigma_\theta+\mathrm{i}\tau_{r\theta}&=\varphi'+\overline{\varphi}'+\mathrm{e}^{2\mathrm{i}\theta}\left[\overline{z}\varphi''+\psi'\right]\\&=r^{\lambda-1}\left[A\lambda^2\mathrm{e}^{\mathrm{i}(\lambda-1)\theta}+\overline{A}\lambda\mathrm{e}^{-\mathrm{i}(\lambda-1)\theta}+C\lambda\mathrm{e}^{\mathrm{i}(\lambda+1)\theta}\right]+B+\overline{B}+D\mathrm{e}^{2\mathrm{i}\theta}\end{aligned} \tag{A}$$

利用 $\theta=\pm\pi,\sigma_\theta+\mathrm{i}\tau_{r\theta}=-\sigma_0+\mathrm{i}f\sigma_0$ (f 裂纹面摩擦系数)的裂纹面边界条件，得

$$B+\overline{B}+D=-\sigma_0+\mathrm{i}f\sigma_0,\quad 2B_R+D_R=-\sigma_0,\quad D_I=f\sigma_0\ \text{应力非奇异项} \tag{B}$$

$$\left.\begin{aligned}(A\lambda+C)\mathrm{e}^{\mathrm{i}\lambda\pi}+\overline{A}\mathrm{e}^{-\mathrm{i}\lambda\pi}=0\\(A\lambda+C)\mathrm{e}^{-\mathrm{i}\lambda\pi}+\overline{A}\mathrm{e}^{\mathrm{i}\lambda\pi}=0\end{aligned}\right\}\ \text{应力奇异项} \tag{C}$$

式(C)有非零解的条件是 $\sin 2\pi\lambda=0$ ，有奇异性的解即 $\lambda=1/2$ 。当 $\tau_0<f\sigma_0$ 时，式(B)的解既可满足边界条件，也可满足远场条件(因为静摩擦时的实际摩擦系数可在 0～f)，故奇异项的解必为零。因此，当剪应力较小时，闭合裂纹没有应力奇异性，可当作无裂纹处理。但当 $\tau_0>f\sigma_0$ (即裂纹面可以有相对滑移)时，式(B)的解只能满足裂纹面边界条件，不能满足远场条件 $-\sigma_0+\mathrm{i}\tau_0$ ，故必然存在包括奇异项在内的级数解。但远场不满足的只是式(B)的虚数部分，实数部分仍是满足的，

故只有 $\sigma_\theta + \mathrm{i}\tau_{r\theta}$ 的虚数部分即 $\tau_{r\theta}$ 有包括奇异性项在内的级数解。

思 考 题

1. 脆性材料的强度特性一般会有较大的离散性，为什么？
2. 内摩擦系数常用内摩擦角来表示，即 $\mu = \tan\alpha$ 。试考察内摩擦角与压裂方向的关系。
3. 脆性材料的拉伸极限与内摩擦系数无关，为什么？
4. 脆性材料有拉裂、拉剪裂、压剪裂的三种失效形式。它们在微观机理上有什么差别？宏观现象上又有什么不同？
5. 纯剪试验可以获得剪切开裂强度吗？
6. 脆性材料在拉剪应力状态下，一般发生的是拉裂，只与拉伸极限有关，为什么？
7. 基于破坏机理的失效准则，与经验准则相比，有什么优缺点？
8. 复杂应力状态下，脆性材料的破坏多呈碎裂或多条裂纹的形式，为什么？
9. 拉伸状态下，裂尖应力无穷大，但为什么含裂纹脆性材料仍有断裂韧性？
10. 脆性材料在拉伸和压剪状态下的断裂韧性是不同的，为什么？
11. 裂纹面上只有压应力时，含裂纹脆性材料会否发生脆性破坏？
12. 试从滑移开裂角度，说明脆性材料中的Ⅲ型裂纹的扩展或破坏方向。
13. 试考察静态疲劳与蠕变机理的差别。
14. 当循环与静态疲劳损伤耦合时，试考虑如何通过少量实验结果来决定各自的损伤累积特性常数。

第 4 章　韧性材料的失效准则

4.1　塑性变形的强化与弱化效应

屈服是指材料内大量的原子对，开始产生相对滑动的状态。由相对滑移产生的不可恢复的变形，称为塑性变形。因此严格地说，屈服与塑性变形是两个不同的概念，前者是因，后者是果。塑性变形导致位错及其堆积，使得滑移的阻力增大，因此，如果不继续增大载荷，相对滑移就会停止，塑性变形也跟着停止。如果卸载，则阻碍滑移的位错结构保留下来，但不会有新的塑性变形。因此，材料经塑性变形后卸载，会回复弹性。卸载后如继续反向加载，则其反向屈服强度不是正向加载时的 σ_{Y}，也不是卸载前的应力 σ_{R} (图 4.1(a))，而是绝对值比 σ_{Y} 要小的一个 σ_{Y2}。这一现象称为包辛格效应[44]，即正向增强则反向减弱。为什么会有这样的行为呢？从微观上来看，塑性变形使得位错增殖、堆积(也包括缺陷的演化)，如以单晶为例进行定性说明，则使位错密度为 ρ 的位错产生滑移运动的外部剪切应力(即屈服强度)为

$$\tau_{\mathrm{R}} = \alpha \mu b_0 \sqrt{\rho} \tag{4.1}$$

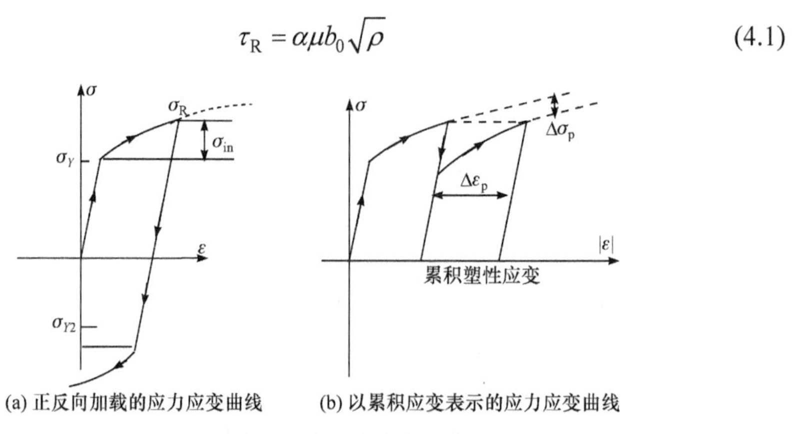

(a) 正反向加载的应力应变曲线　　(b) 以累积应变表示的应力应变曲线

图 4.1　包辛格效应的应力应变曲线

这里，μ 为剪切弹性模量，b_0 为包辛格矢量的模，α 为比例系数(约为 0.5)。式(4.1)称为 Nailey-Hirsch 关系，定量地给出了位错密度与滑移阻力即屈服强度之间的关系。对于多晶材料，由于位错堆积在材料内是不均匀的，故没有如式(4.1)所示的简单关系。但式(4.1)仍可作为理解硬化的依据。塑性变形越大，位错密度越高，

滑移阻力越大，卸载后再次加载时的屈服应力越大，这就是塑性变形的强化效应。与之相反，卸载并反向加载时的屈服强度则是变小的，这称为塑性滑移的反向弱化作用。我们先来考察卸载后(反向不加载)再次加载时，屈服强度为什么会增加到卸载前的应力呢？这是因为由于位错的堆积，在堆积处引发了内应力。这个内应力是位错运动的阻力，是由内部微观组织结构引起的，即使外载卸除后也仍然存在。但必须注意，内应力的概念是以原来的微观组织为出发点的，也就是说是以原来的屈服强度作为当前组织结构的屈服强度时才有的。故再次加载时的屈服条件为

$$\sigma_{\text{total}} = \sigma - \sigma_{\text{in}} = \sigma_{\text{Y}} \tag{4.2}$$

σ 为外部载荷引起的应力，σ_{in} 为位错结构引起的内应力。由于内应力是阻碍进一步滑移的，故与外部应力的方向相反，内应力与当前存在的塑性应变有关，即 $\sigma_{\text{in}} = c\left(\varepsilon^{p}\right)^{m}$。如果以当前的位错结构为出发点，卸载后继续正向加载的屈服极限变为 σ_{R}，则在 σ_{R} 中已包含了内应力的影响，不必也不能再考虑内应力的影响。这一点可以方便地从式(4.2)的如下改写来理解

$$\sigma = \sigma_{\text{R}} = \sigma_{\text{Y}} + \sigma_{\text{in}} \tag{4.3}$$

所以，使用内应力的概念必须十分小心，在已经考虑加工硬化对屈服强度的影响后，是不可再在应力中考虑内应力的。只有在维持材料屈服极限与塑性变形前的原始屈服极限一致时，才必须考虑材料内应力对总应力的影响。换句话说，内应力是材料微结构变化引起的，如果材料微结构的变化已被体现在连续介质模型的常数里了，就无须再考虑内应力了。顺便指出，内应力与残余应力是两个完全不同的概念。残余应力是由于结构或材料相互约束引起的应力，如果约束被消除，残余应力也随之消失。而内应力则是内部微观结构变化引起的，与外部约束没有关系，只与永久性的微观结构有关。故当永久性的微观结构已在材料物性中被考虑时，是没有必要再考虑内应力的。某种意义上，内应力不是真正的应力，只是人们为了方便引入的一个概念。

但内应力的概念可以很简单地说明包辛格效应。当拉伸引起的内应力存在于材料内，反向压缩时应力也为负值，也取绝对值表示，由式(4.2)得

$$\sigma_{\text{total}} = -(\sigma + \sigma_{\text{in}}) = -\sigma_{\text{Y}} \tag{4.4}$$

即

$$\sigma = \sigma_{\text{Y2}} = \sigma_{\text{Y}} - \sigma_{\text{in}} \tag{4.5}$$

因此，定性地，正向强化多少，反向就会有相应数量的弱化。但以上说明不能作为定量计算多晶材料反向屈服强度的依据。这是因为局部位错堆积是与局部应力集中源有关的，而内部微观缺陷引起的应力集中效果，在拉压时是不同的。

即使原材料的初始拉压屈服强度一样(实际上也会有所不同)，即假定内部微观缺陷引起的应力集中基本一样，但经过塑性变形后，拉压时应力集中效果就可能发生差异，导致实际的反向屈服强度与式(4.5)会有所不同，但作为定性的机理，是足以说明包辛格效应的。另外，如果考虑内应力，则材料的原始屈服强度是保持不变的，因此，虽然大家都知道塑性变形会使得实际的屈服强度发生变化，但原始屈服强度还是常被作为材料强度特性常数使用的。

包辛格效应的本质是位错堆积的强化与弱化效应，其机理是内应力方向随交变应力的变化。也有人受“塑性变形不可恢复”概念的影响，将正反两个方向的塑性变形不断叠加起来，如图 4.1(b)所示，建立一种类似于累积塑性应变的失效准则，即

$$\varepsilon^p = \sum \Delta\varepsilon^p \quad 或 \quad \max\varepsilon^p = \varepsilon_c^p \tag{4.6}$$

ε_c^p 常被取为断裂延伸率。但这种做法显然是缺少机理或实验依据的。实际上，对于稳定滞环，实际最大应变是稳定的且远小于延伸率的，故即使有滞环，也不会发生瞬断或快速断裂。

在拉压循环载荷作用下，正向和反向载荷都达到强化或弱化效果时，则经过少量几个循环(一般十几个甚至数个循环即可)后，应力应变曲线将形成如图 4.2 所示的稳定滞环(达到稳定滞环称为循环塑性饱和，而头数个循环则是不稳定的)[45,46]。滞环曲线是材料的循环塑性变形特性(而拉伸应力应变曲线则是单调载荷时的材料特性)，一般在塑性力学教程中往往只关注各种应力或应变幅滞环顶点的连线，称为循环应力应变关系(图中虚线)。因强化与弱化的交变关系，它一般处于单调拉伸曲线的下方，显然它不能完整地表征塑性滞环，故而并不是完整的循环塑性变形特性。

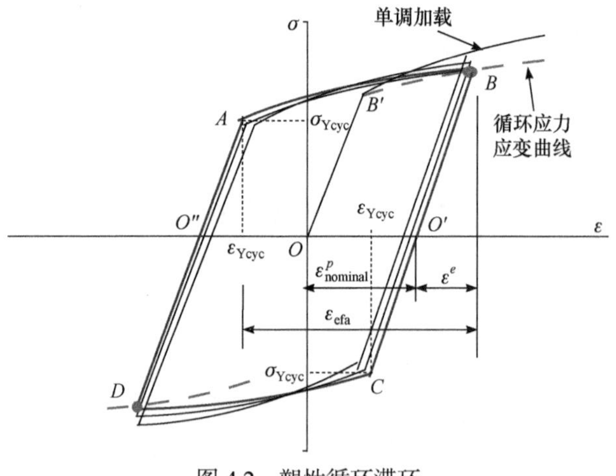

图 4.2　塑性循环滞环

在滞环循环的应力应变变化过程中，会发生损伤累积，其中其塑性变形阶段占主导地位，从而导致应变疲劳(俗称低周疲劳)。这里之所以称为应变疲劳，是因为这种疲劳是在有应变滞环情况下发生的疲劳，而与试验频率高低、寿命长短等，都没有本质性的关系。与之相反，如果除第一个循环外，循环中的变形是弹性的，没有滞环，就称为应力疲劳。

我们知道，塑性变形有路径依存性，因此，塑性变形交变过程中产生的应变疲劳损伤累积也必然有路径依存性。实际的循环塑性变形路径是 *AB*，*CD*，不是 *B′B*。饱和后每个循环内的屈服点是 *A* 点而不再是 *B′*点，循环屈服应力是 σ_{Ycyc}，不是 σ_{Y}。传统表征参数是名义应变幅 $\varepsilon_{\mathrm{nominal}}$、名义塑性应变幅 $\varepsilon_{\mathrm{nominal}}^{p}$ 或名义弹性应变幅 ε^{e}，如图 4.2 所示，但它们实际上是与滞环无关而只是单调加载时的表征。在一个滞环中的塑性应变是 $\varepsilon_{\mathrm{efa}}$，且是正反两个加载方向上的塑性变形，要远大于名义应变幅 ε_{a}。换句话说，名义应变幅并不能代表实际发生的两个塑性变形阶段的塑性应变，故而作为循环塑性滞环的表征参数是没有任何机理或理论依据的。

由图 4.2 的饱和循环滞环可知，*BC*、*DA* 段为弹性(如果是非完全直线时，利用 0.2%应变的偏移线，可模型化为线弹性)，意味着在该变形阶段，材料的内部位错结构基本不发生变化。而屈服强度是与内部位错结构相关的。滞环能够饱和，表明在各个循环中 *A* 处的屈服强度不再变，因此，其位错结构必须保持基本不变，*C* 处也是一样的道理。由此可以推断：滞环饱和后材料内部的位错结构是在两种状态间来回变化的，如图 4.3 所示[46]。因此，所谓的累积塑性应变(有棘轮效应时另当别论)，在循环载荷作用下且有循环饱和现象时，是一个实际中并不存在的概念，只有在无循环饱和时才会有累积。但即使在有累积时，循环载荷作用下的失效条件，也是不能用式(4.6)的。循环塑性变形时，不管有无饱和滞环，都因发热而发生能量耗散。之所以会发热，是因为在相对滑移过程中，会因晶界或其他缺陷产生内部摩擦，并不是位错结构变化本身所导致的。位错运动本身确实也需要

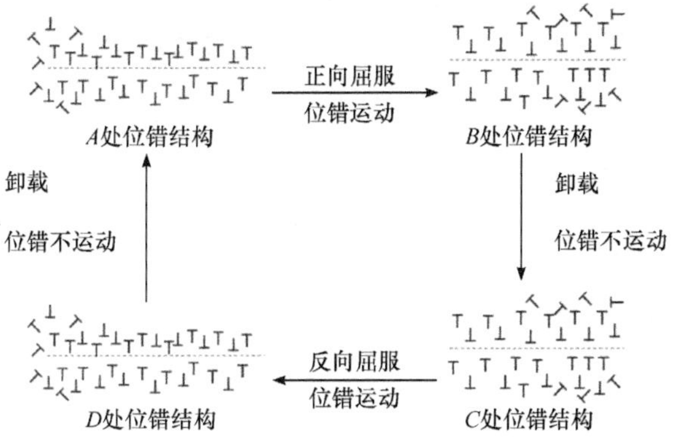

图 4.3 塑性滞环循环过程中的位错结构变化

能量，但该能量是以微结构变化的形式被保留下来的，并没有被耗散掉，在单调加载时表现为硬化。在有饱和滞环时，因有反向滑移，位错结构在两个状态间来回变化，并不需要额外的能量，滞环面积对应的全部是耗散能。该能量来自外力做功，主要用于热量耗散。从逻辑上看，微结构变化过程中的内部摩擦是滞环能量耗散的“因”，不能反过来简单地认为能量耗散是微结构变化的“因”。在有饱和滞环的循环疲劳载荷下，要十分注意热量耗散和温升，如果热量发散不了，试件温度就会有明显升高，这相当于循环载荷之外另加了一种热载荷。低周疲劳试验中之所以要求试验频率足够小，就是为了使耗散发热可以忽略。

4.2　韧性材料的失效形式

根据具体的应力状态，韧性材料的失效可有滑移、滑移开裂和拉裂几种形式。韧性材料开始塑性滑移即屈服的准则是

$$\sigma_e = \sigma_Y, \quad \eta < \eta_C$$

其中，σ_e 为 Mises 等效应力。但这是一种主观失效准则，在实际结构中应用时，一般还需要结合其他的失效判断方法。

另外，韧性材料在应力三轴度大于材料的临界三轴度时，将直接发生准脆性起裂。也就是说，韧性材料也并不一定是先发生塑性变形的，在螺纹牙根、齿轮齿根等应力集中处，由于应力三轴度较大，是会在没有明显塑性变形的情况下直接发生准脆性起裂的。准脆性破坏准则为

$$\sigma_1 = \sigma_b, \quad \eta \geqslant \eta_C \tag{4.7a}$$

这一准则可以在弹性变形过程中被满足(临界三轴度为常数)，也可以是在塑性变形过程中被满足(临界三轴度随塑性变形而变小)，后者对应于塑性变形进行到该准则被满足后的脆性断裂。在应力集中处，应力分布不均匀，需要利用准脆性断裂特征长度内的几何平均应力来进行评价，发生准脆性起裂的条件为

$$\bar{\sigma}_1 = \frac{1}{L_C}\int_0^{L_C} \sigma_1 \mathrm{d}r = \sigma_b, \quad \eta \geqslant \eta_C \tag{4.7b}$$

这里，L_C 为准脆断裂特征长度，是材料常数。式(4.7b)意味着并不是应力集中点处的应力(实际上有奇异性时是无穷大的)，而是其附近一个特征长度内的平均应力在支配着脆性破坏。韧性材料的准脆性断裂特征长度为

$$L_C = \frac{2}{\pi}\left(\frac{K_{IC}}{\sigma_b}\right)^2 \tag{4.7c}$$

当应力三轴度小于临界三轴度时，则将先发生屈服和塑性变形，可以由弹塑性应

力分析进一步获得应力和塑性应变，由于加工硬化，材料临界三轴度会随塑性变形而不断降低，一旦式(4.7a)满足，就发生快速断裂。

在断裂力学中，平面应变状态下对于Ⅰ、Ⅱ混合型裂纹的断裂准则为

$$K_{\theta\max} = K_{\mathrm{IC}} \tag{4.8a}$$

其中，$K_{\theta\max}$ 为最大切向应力(对应于最大主应力)方向上的等效应力强度因子，即

$$\sigma_{\theta\max} = \frac{K_{\theta\max}}{\sqrt{2\pi r}}, \quad K_{\theta\max} = \frac{K_{\mathrm{I}}}{4}\left(3\cos\frac{\theta_{\mathrm{f}}}{2} + \cos\frac{3\theta_{\mathrm{f}}}{2}\right) - \frac{3K_{\mathrm{II}}}{4}\left(\sin\frac{\theta_{\mathrm{f}}}{2} + \sin\frac{3\theta_{\mathrm{f}}}{2}\right) \tag{4.8b}$$

而最大切向应力即断裂的方向由下式决定：

$$K_{\mathrm{I}}\sin\theta_{\mathrm{f}} + K_{\mathrm{II}}(3\cos\theta_{\mathrm{f}} - 1) = 0 \tag{4.8c}$$

可以简单验证，利用式(4.7c)的特征长度，按式(4.7b)计算其内的几何平均主应力，则式(4.7b)与式(4.8a)是完全等价的。这是因为在平面应变状态下裂尖的三轴度为 2 倍泊松比，总是大于金属材料的临界三轴度。

但对于实际结构中的裂纹，既不是平面应变也不是平面应力状态，其三轴度并不一定大于材料的临界三轴度，只有当 $\eta_{\theta_{\mathrm{f}}} \geqslant \eta_{\mathrm{C}}$ 时，才会发生准脆性断裂，如式(4.9)所示。否则将先发生塑性变形，必须在进行弹塑性分析后，按下节的塑性失效评价方法进行失效判断。

$$K_{\theta\max} = K_{\mathrm{IC}}\text{，}\quad \bar{\sigma}_{\theta\max} = \sigma_{\mathrm{b}}\text{，}\quad \eta_{\theta_{\mathrm{f}}} \geqslant \eta_{\mathrm{C}} \tag{4.9}$$

其中，$\eta_{\theta_{\mathrm{f}}}$ 是 $\sigma_{\theta\max}$ 方向上的应力三轴度。不管裂尖三轴度，直接用应力强度因子对裂纹进行断裂评价是错误的。

另外，对于韧性结构材料中的裂纹，是否需要考虑滑移开裂的破坏形式呢？裂尖的最大剪应力可表示为

$$\tau_{r\theta\max} = \frac{K_{\tau\theta\max}}{\sqrt{2\pi r}}, \quad K_{\tau\theta\max} = \frac{K_{\mathrm{I}}}{4}\left(\sin\frac{\theta_{\tau}}{2} + \sin\frac{3\theta_{\tau}}{2}\right) - \frac{K_{\mathrm{II}}}{4}\left(\cos\frac{\theta_{\tau}}{2} + 3\cos\frac{3\theta_{\tau}}{2}\right)$$

其中，剪应力最大的方向由下式决定

$$K_{\mathrm{I}}\left(\cos\frac{\theta_{\tau}}{2} + 3\cos\frac{3\theta_{\tau}}{2}\right) + K_{\mathrm{II}}\left(\sin\frac{\theta_{\tau}}{2} + 9\sin\frac{3\theta_{\tau}}{2}\right) = 0$$

位错滑移发生在该方向上，滑移开裂的失效条件是

$$K_{\tau\theta\max} = K_{\mathrm{II\,C}} \quad \text{或} \quad \bar{\tau} = \tau_{\mathrm{C}} \tag{4.10}$$

这是滑移开裂条件，滑移开裂可以发生在位错滑移前，也可以发生在滑移后，故式(4.10)的失效条件是无须考虑应力三轴度的，是否发生只取决于 K_{IIC}、τ_{C} 与 K_{IC}、σ_{b} 的大小，即式(4.8)与式(4.10)哪个先满足的问题。一般性地，由于韧性材料的滑移开裂强度 τ_{C} (注意不是开始滑移的 τ_{Y})远大于 $\sigma_{\mathrm{b}}/2$，故对于Ⅰ、Ⅱ型混

合模态，$\overline{\sigma}_{\theta\max}=\sigma_{b}$ 总是先于 $\overline{\tau}_{r\theta\max}=\tau_{C}$ 达到，所以一般只会发生拉开型破坏，而不会发生剪开型破坏。但在拉开破坏发生前，由于在剪应力最大方向上 $\overline{\tau}_{r\theta\max}=\tau_{Y}$ 已然被满足，故会有较多的位错堆积与位错运动。这些位错运动与拉开或劈开机理是完全没有关系的。有人把最大剪应力方向上的位错滑移作为拉开型裂纹扩展的因，是混淆了两种不同的微观机理。最大剪应力方向上的位错滑移只与该方向上滑移开裂有关，与主应力方向上的脆性开裂无关。

特别指出，对于多数金属材料，以纯剪试验获得 $K_{\mathrm{II}C}$ 、τ_{C} 的想法往往是行不通的，因为纯剪状态下发生的也不是最大剪应力面上的滑移开裂，而仍是最大切向应力方向上的拉开破坏。如果断面在 $\sigma_{\theta\max}$ 方向上，则此时以纯剪试验获得的表观特性 $K_{\mathrm{II}f}$ 、τ_{f} 实际上是可由 $K_{\mathrm{I}C}$、σ_{b} 确定的。只有断面在最大剪应力 $\tau_{r\theta\max}$ 方向上时，才可由纯剪试验求得滑移开裂的 $K_{\mathrm{II}C}$ 、τ_{C} 。

顺便指出，对于结构内弹性应力三轴度大于材料临界三轴度的点，是用不着进行弹塑性分析的。例如，钢材中的裂尖在平面应变条件下，其裂尖应力三轴度是 0.6，一般是远大于材料临界三轴度的(参见表 2.1)，必然呈准脆性破坏形式(之所以仍可观察到一些塑性变形痕迹，是由裂尖弹性变形变钝后最大三轴度不在原裂尖处造成的)，实际上也没有人会去做平面应变状态下裂纹的弹塑性分析。同样，对于结构中的应力集中点，如果应力三轴度大于临界三轴度，也只需进行弹性分析即可。对于这样的应力集中点，一旦满足式(4.7)，应引入裂纹而不是屈服域来进行后续分析。只有对弹性的应力三轴度小于材料的临界三轴度的应力集中点，才需要进行弹塑性分析。一旦在塑性变形过程中达到了准脆性断裂条件(包括拉开、滑移开裂)，就会发生一定塑性变形后的瞬时破坏。另一个需要注意的问题是，理论上弹塑性分析只需针对 $\sigma_{e}<\sigma_{b}$ 进行，但多数有限元程序没有此限定。因此，除了上述准脆性起裂条件，还必须考虑塑性变形本身的失效条件。

4.3 屈服准则

实际工程结构一般不允许有明显的整体塑性变形，因此，对于无明显应力集中点的结构，当 von-Mises 等效应力达到屈服极限时就开始整体的塑性变形，故其失效准则可表示为

$$\sigma_{e\max}=\max\sqrt{I_{1}^{2}-3I_{2}}=\sigma_{Y} \tag{4.11a}$$

这里，I_{1} 、I_{2} 为第一、第二应力不变量，σ_{Y} 为屈服强度或弹性极限。在应用这一准则时，不仅要注意上述包辛格效应对屈服强度的影响，如果反向已在结构制备过程中屈服过，则正向的屈服强度就会降低，而不再是材料初始的屈服极限。

工程应用中也常用屈服准则(Tresca 准则)：

$$\tau_{\max} = (\sigma_1 - \sigma_3)/2 = \tau_Y \tag{4.11b}$$

其中，τ_Y 为剪切屈服极限。采用此准则时，$\sigma_Y = 2\tau_Y$。与式(4.11a)的失效准则一样，这也是一个屈服准则。顺便指出，应用式(4.11)的失效准则时，并不需要进行弹塑性分析，只要有弹性分析结果即可，故实际上是一种弹性极限准则。

对于有较强应力集中或应力集中源尺寸很小时，式(4.11)作为失效准则是过于安全甚至是无法应用的。例如，夹杂物的角点处，弹性应力有奇异性，无论多小的外部载荷，在角点处都会导致局部的屈服，但这一局部的塑性变形在宏观变形中是反映不出来的，或者反过来说，在宏观上并不是塑性变形。又例如结构中较小尺寸的圆孔，如果按孔边点屈服为失效条件，由于孔边屈服域微小，实际宏观变形中也是反映不出来的。工程应用中也很少按小孔边屈服为失效条件，只有当圆孔尺寸较大时，才按孔边屈服来判断屈服失效。

4.4　塑性失效准则

4.4.1　塑性屈服域失效准则

对于有明显应力集中点的情况，如果屈服域被局限于集中点附近一个足够小的范围内，则构件不但在强度上不会发生断裂，而且在变形上也不会超出设计精度要求。故习惯上常通过规定一个可以容许的屈服域尺寸 r_0，最大屈服域尺寸：

$$r_{\mathrm{p}\max} \leqslant r_0 \tag{4.12}$$

以其作为塑性主观失效的设计准则。其中，最大塑性屈服域尺寸 $r_{\mathrm{p}\max}$ 本应由弹塑性分析得到，但实际上应用中往往以弹性应力达到屈服强度的点来确定。两者之间当然有较大的差别，而且后者一般小于前者(也有假定屈服域内应力不变，对基于弹性屈服域进行修正的，修正后因不考虑硬化效应，一般就会大于弹塑性分析得出的屈服域)，但因为其极限值 r_0 也没有严密的依据，故也没必要去精确确定屈服域。这反过来说明屈服域大小这种塑性失效的判据本身就是主观的。这一失效条件相当于关于应力集中点的小规模屈服条件，屈服域极限尺寸 r_0 究竟取多少，是需要经验的。在结构经历某种形式的卸载后，应力集中点附近的材料，会因已有加工硬化效应而处于弹性应力状态(只是有残余应变而已)。

4.4.2　应力集中点的塑性失效条件

虽然大多数结构的应力集中点一般发生疲劳开裂，无须检验其静态塑性失效条件，但对于承受静态载荷的结构，显然还必须判别其是否会引起塑性失效。塑性失效只发生在应力集中点附近的应力三轴度小于材料的临界三轴度时(大规模屈服)，此时必须进行弹塑性分析，获得屈服域内的弹塑性应力分布。对于工程结构的弹塑性分析一般采用增量法。应力集中点附近的应力三轴度，不但在各增量步中会发生变化，而且材料的临界三轴度也会发生变化(变小为$\eta_C = 1 - \sigma_e / \sigma_b$)。一旦满足$\eta \geqslant \eta_C$，则在该增量步中就将发生准脆性起裂(但起裂处已经过一定的塑性变形)，其失效条件与式(4.7b)式相同，只不过应力需要采用弹塑性应力而已。断裂延伸率较小的材料的最终断面(表面附近的滑移区除外)一般不呈韧性而是呈准脆性的形式，就是这个道理。只有应力集中点附近的弹塑性应力状态始终有$\eta < \eta_C$时，塑性变形才会一直进行下去，直至失稳(滑移开裂)。那么如何根据弹塑性应力来进行失效判断呢？首先必须注意的是，弹塑性本构关系实际上都只是针对$\sigma_e < \sigma_b$来建立的。但人们在进行弹塑性应力分析时往往没有对本构关系进行失稳限定，导致在分析结果中会出现局部$\sigma_e > \sigma_b$的情况。而从物理意义上看，一旦$\sigma_e > \sigma_b$，则该处材料本身已不满足稳定性要求(在位错堆积处已有大量微裂纹、微空洞等[20])，发生塑性失稳。其次，很小的塑性失稳区域在宏观上当然并不表现为失效，而可视作材料的微观缺陷。结合这两点，考虑到在应力集中点附近弹塑性应力呈分布形式，塑性失稳条件可表示为

$$\bar{\sigma}_e = \frac{1}{L_s}\int_0^{L_s} \sigma_e(r)\mathrm{d}r, \quad \bar{\sigma}_e = \sigma_b, \quad \eta < \eta_C \tag{4.13}$$

严格地说，L_s是材料失稳特征长度，难以准确确定。但对于结构中的应力集中点，可以取$L_s = L_C$(准脆性断裂特征长度，见式(4.7c))。这是因为结构中关心的是破坏，把失稳区域看成裂纹是安全侧(裂纹面不承载，但失稳面却仍有一定的承载能力)。采用式(4.13)后，数值计算结果中在远小于特征长度区域内出现$\sigma_e > \sigma_b$的情况是可以被容许的，一旦式(4.13)被满足，则材料失稳导致客观失效。特别地，如果应力集中点是裂尖，这个失效准则就对应于弹塑性断裂力学中的稳态扩展条件$J = J_{in}$(参见 4.5 节)，要使塑性失稳域进一步增大还必须继续增加外载。非常有意思的是，此种失效从局部来看是塑性失稳行为，而从整体上来看却表现为稳态的裂纹扩展行为。这一失效准则可应用于任意形式的应力集中点附近有较大规模屈服的情况，是以开始局部材料失稳、宏观上发生稳态裂纹扩展作为失效条件的。当然，因为裂纹扩展是稳态的，其扩展阻力必然随扩展量增大，称为裂纹扩展阻抗或 R 曲线，但作为结构失效条件，通常稳态扩展就是失效。

综上所述，关于应力集中点的弹塑性失效，除了式(4.12)的主观失效条件外，还必须根据屈服域内弹塑性应力的应力三轴度判断可能的客观失效形式，进行相应的静强度评价。如果先达到式(4.7b)，则意味着在塑性变形过程中将发生拉开起裂，如果先达到式(4.13)则发生塑性失稳失效。

4.4.3 弹塑性静强度校核方法

受实际结构应力三轴度的影响，即使在无明显应力集中处，也经常会出现最大主应力很大但等效应力较小(三轴度大)，或者主应力不大但等效应力较大的情况。尤其是前者，用等效应力云图是显示不出来的。因此，完整的静强度校核方法是

$$\sigma_e < \sigma_b, \quad \sigma_1 < \sigma_b \tag{4.14}$$

其中，σ_e、σ_1 分别为等效应力、最大主应力。前者对应于滑移开裂(材料失稳)，后者对应于劈开开裂，两者缺一不可，都必须校核。

对于应力集中点，如果在断裂特征长度内超出式(4.14)，则意味着发生瞬间破坏。对于交变载荷下的应力集中点，一般需要采用疲劳特征长度 L_f 内的代表应力。这是因为如果代表应力超过拉伸极限，意味着在第一个工作周期中就会发生疲劳初始裂纹，虽不至于马上整体断裂，但疲劳寿命很短，是不能满足工程结构的疲劳强度或寿命要求的。

4.4.4 塑性极限准则

这是一类经验性的极限准则，只作参考用，不能作为结构材料失效准则使用。主要如下。

1. 延伸率极限准则

等效应变达到断裂延伸率，材料达到塑性极限，即

$$\varepsilon_{\text{emax}} = \varepsilon_f \tag{4.15a}$$

此时认为发生韧性断裂。这里，ε_f 为材料的断裂延伸率(由单轴试验得到)。因为塑性变形较大，$\varepsilon_{\text{emax}}$ 可不区分弹性与塑性部分，用总应变即可。对于应力集中点，可以用某一特征长度内的平均值进行评价，即

$$\bar{\varepsilon}_{\text{emax}} = \frac{1}{L_s}\int_0^{L_s} \varepsilon_e \mathrm{d}r = \varepsilon_f \tag{4.15b}$$

同样，对于结构中的应力集中点，可以取 $L_s = L_C$ 作为安全侧评价。如果应力集中点是裂尖，这一准则就对应于弹塑性断裂力学中的失稳断裂条件 $J = J_C$。必须注意，实际结构的失效总是发生在此之前的。

2. 韧性断裂条件

材料屈服后，多个滑移系被激活，出现交叉滑移。对于细长结构，交叉滑移在表面就表现为颈缩即局部截面变细的现象。随着塑性变形的进一步发展，内部

缺陷间的材料继而发生内部颈缩，最终发生韧性断裂，故韧性断面一般呈蜂窝状(也称纤维状)。韧性断裂的机理主要是内部颈缩导致微空洞的连成。微空洞可以是原有的缺陷在滑移过程中发展而来，也可以是位错塞积处的滑移开裂发展而来。由于微观缺陷在宏观分析中难以把握，造成空洞连成的机理及临界条件又难以用应力表征，即使采用真应力的概念，也难以考虑蜂窝状的内部空洞的影响等原因，故目前尚没有可普遍适用的韧性断裂准则。但对于细长杆件，经验上可仿照单轴试验，采用 $\varepsilon_{\mathrm{e}}=\varepsilon_{\mathrm{f}}$ 即可。实际韧性断裂的微观机理比较复杂，学术上常引入裂纹，然后按裂纹扩展阻抗或 R 曲线进行评价。

3. 颈缩条件

然而，对于工程中的拉伸细长结构，韧性断裂前会发生颈缩伸长，结构失去稳定的承载能力。颈缩的机理也是塑性滑移，但与屈服不同，不是一个主滑移系发生滑移就会发生颈缩的，而是要多个主滑移系被激活，出现交叉滑移时才发生颈缩(而屈服只需一个滑移系激活就发生)。因有产生交叉滑移的随机性，从机理上建立颈缩条件是很困难的。在应用中，常用塑性应变达到某个值(远小于延伸率)时发生颈缩来近似，即

$$\varepsilon_{\mathrm{emax}}=\varepsilon_{\mathrm{V}} \tag{4.16}$$

此时认为发生颈缩。这里，ε_{V} 为材料的颈缩应变(原理上可由单轴试验得到)。颈缩一般只发生在细长杆件的拉伸状态下，压缩状态时的细长杆件发生的是几何失稳失效。

4.5 韧性材料中的裂纹断裂准则

当韧性材料中的裂尖的应力三轴度大于临界三轴度时，即使有小规模屈服，仍可用准脆性断裂准则进行失效评价。但当裂尖的应力三轴度小于材料的临界三轴度时，例如薄板中的裂尖，裂尖将先发生塑性变形，裂尖附近就会出现弹塑性奇异场，即 HRR 场[26,27](注意，该场的推导过程假定了裂尖不因塑性变形而钝化，并且载荷是单调的)。这是一个以 J 积分表示的奇异场，具体请参见书末附录。奇异场强度 J 积分一旦满足

$$J=J_{\mathrm{in}} \tag{4.17}$$

则裂尖材料就会发生韧性起裂[47,48](即裂尖材料发生失稳破坏)，表现为裂纹扩展。扩展后的新裂尖要继续发生失稳破坏，一般需要继续增加载荷，因此，从裂纹扩展角度来看是稳态的，故称为稳态扩展，J_{in} 称为稳态扩展极限，如图 4.4(a)所示(注意它不是一个材料常数，而是随扩展量和试件板厚变化的)。从裂尖前沿断面

来看，断裂前有较大塑性变形，但不一定就是韧性断面。这是因为在塑性变形过程中应力三轴度增大、临界三轴度降低，导致失效形式发生变化。必须注意，裂纹稳态扩展的方向并不在塑性滑移的方向上，因为扩展的机理是局部塑性失稳(韧性断裂)而不是滑移。因此，裂纹弹塑性稳态扩展的机理是，先要达到裂尖材料的塑性失稳，产生微小但众多的滑移开裂，起到微空洞的作用，然后在后续塑性变形作用下继续变大、合体直到韧性断裂。即从局部塑性失稳到空洞合体，还需要外部提供能量，故而 J_{in} 远比裂尖材料失稳前的应变能要大。注意这并不是裂纹稳态扩展独有的机理，而只是塑性断裂失效在裂尖的体现而已。从材料抵抗裂纹扩展的能力来看，意味着随着裂纹的扩展，抵抗能力会有所增加，这称为稳态扩展抵抗曲线(常简称为 R 曲线)。

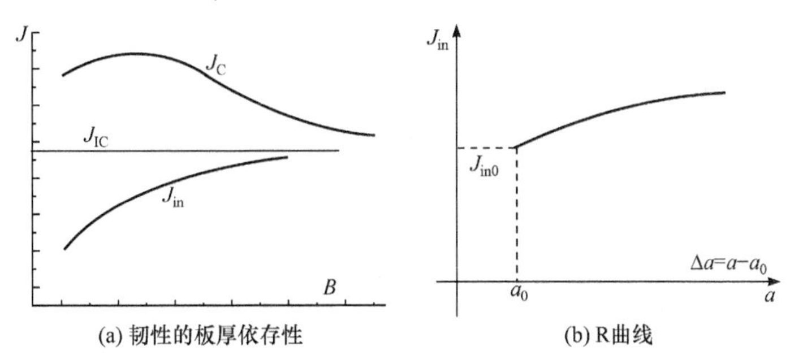

图 4.4　裂纹的韧性扩展和断裂行为

而一旦奇异场强度 J 积分满足

$$J = J_{\mathrm{C}} \tag{4.18}$$

则裂尖材料就会发生快速塑性断裂，这里，J_{C} 称为失稳扩展极限(注意也不是一个材料常数，而是与板厚有关的)。所谓失稳扩展是指一旦满足此条件，无须增加外载，裂纹就急速扩展的情况。必须注意，J_{C} 作为一种极限状态的韧性特性，在评价极限承载能力时是有用的，但 $J = J_{\mathrm{C}}$ 却一般不能用作结构材料的失效准则，因为在此之前，由于裂纹稳态及韧性起裂等，材料实际上是已失效了的。另外，$J_{\mathrm{in}}, J_{\mathrm{C}}$ 都是板厚依存的，因此，并不是材料常数(但在弹塑性断裂力学中仍被称为材料特性)。但当板厚很大时，两者趋于同一个值 J_{IC} (材料常数)，如图 4.4(a)所示。显然 J_{in} 要比 J_{C} 在更薄的板厚下更快地趋于 J_{IC} 。所以常采用测量稳态扩展极限 J_{in} ，以其趋于恒定来测取 J_{IC} ，可以有效减薄试件厚度。

$$J_{\mathrm{IC}} = \frac{\kappa + 1}{8G} K_{\mathrm{IC}}^2 \tag{4.19}$$

利用式(4.19)的关系来计算材料的准脆性断裂韧性 K_{IC} ，来降低断裂韧性标准试验法中对试件厚度的要求。这可以说是弹塑性断裂力学最重要的实际应用之一。

式(4.17)和式(4.18)的失效准则，是基于连续体假定的宏观准则，只可适用于大裂纹裂尖。对应于裂尖局部塑性失稳、塑性断裂两种失效形式。裂尖材料失稳后，周围材料对其构成约束，相当于位移控制，故而裂尖材料失稳后不是马上发生塑性断裂，而可继续变形。这类失效准则虽然理论研究中常用，但实际工程应用很少，因为 J_{in} 、J_C 都不是材料常数，并且它们被用作评价参数的依据只是 HRR 场(假定裂尖发生塑性变形后仍是尖锐的)，实际上对于高韧性材料，裂尖发生较大的塑性变形后钝化严重，一般不再可以当作裂纹，最多只是一种应力集中点而已。此时，可以方便地根据大变形后的集中应力分布，采用前述应力集中点的塑性失效评价方法进行静强度评价。

工程应用探讨——韧性材料薄板的破坏韧性

平面应力和平面应变是两种理想的极限状态，韧性材料中的裂纹，在平面应变状态下发生准脆性断裂，其应力强度因子极限 K_{IC} 称为断裂韧性。K_{IC} 是一个在平面应变状态下被定义的材料特性，对于韧性薄板，它是没有意义的。实际结构薄板中的裂纹，笼统地可认为接近平面应力状态，屈服域大，裂尖应力状态(限于长裂纹)可用 HRR 场亦即 J 积分表征，发生稳态扩展或失稳断裂时的 J 积分临界值 J_{in},J_C 常被称为破坏韧性。在一些蒙皮结构中(如汽车车壳等)，往往对薄板的失稳断裂韧性 J_C 会有特定的要求(因为这与发生瞬时破坏所需的能量相关)。但实际上要实测薄板的 J_C 是十分困难的，因为即使引入预裂纹，试验中常常也只有塑性大变形而根本不发生快速韧性断裂或裂纹稳态扩展现象。为了使其发生，有人采用叠层的办法，但那样测得的实际上是叠层厚度板的 J_C (厚到一定程度就接近 J_{IC})，而非该薄板的 J_C 了。

如何才能获得某一厚度薄板韧性材料的破坏韧性 J_C 呢？引入裂纹后，薄板中央最大三轴度可按式(2.39)估算，一般仍较小，韧性材料的临界三轴度 η_C 相对较大。故一般难以满足 $\eta_{max} > \eta_C$ 的条件。这表明不仅失稳断裂，连稳态扩展都很难达到，而只是发生塑性变形而已。这就给薄板破坏韧性的标定带来了巨大的困难。要克服这一困难，就要求裂纹稳态扩展状态必须能达到。这就要求试件裂尖要符合韧性起裂条件，使板中央首先韧性起裂(特征长度内 $\sigma_e = \sigma_b$)，以获得稳态扩展和失稳断裂的实验数据。为保证板中央裂尖发生韧性起裂，可以采用以下步骤。

(1) 针对所要处理的薄板厚度，利用式(2.39)计算最大三轴度 η_{max} (通常采用预制裂纹试件作为分析和测试的对象)。其中，试件宽度 W 系指引入裂纹后试件的宽度。如果满足 $\eta_{max} > \eta_C$ ，可直接进行稳态扩展试验。

(2) 对于 $\eta_{max} < \eta_C$ 的情况(一般高韧性薄板都在此列)，先对无裂纹的薄板进行预拉然后卸载，形成 3 种以上的残余塑性应变状态 ε_{p1} 、ε_{p2} 、ε_{p3} ，如图 4.5(a)所示，后续韧性试验试件(一般可选用 CT 试件)从这些经过预拉的材料中制备。

(3) 试件制备前，先计算经过预拉后的 CT 试件裂尖的三轴度，注意此时材料的临界三轴度已变为：$\eta_{\mathrm{C}}(\varepsilon_{\mathrm{p}k})=1-\sigma_{\mathrm{Y}}(\varepsilon_{\mathrm{p}k})/\sigma_{\mathrm{b}}$，其中$\sigma_{\mathrm{Y}\varepsilon k}>\sigma_{\mathrm{Y}}$是由于材料的硬化特性引起的，这使得$\eta_{\mathrm{C}}(\varepsilon_{\mathrm{p}k})<\eta_{\mathrm{C}}$，如果 CT 试件的形状使得$\eta_{\max}>\eta_{\mathrm{C}}(\varepsilon_{\mathrm{p}k})$，就可进行后续的稳态扩展试验。否则预拉量不足，不会发生裂纹稳态扩展。

(4) 在预拉后的材料中引入裂纹制作韧性试验试件，快速拉伸至裂纹稳态扩展或失稳断裂，获得$J_{\mathrm{in}}(\varepsilon_{\mathrm{p}k})$、$J_{\mathrm{C}}(\varepsilon_{\mathrm{p}k})$(采用标准试件时可用经验公式，非标试件需数值计算 J 积分)。

(5) 以实验数据外推$\varepsilon_{\mathrm{p}}=0$时的$J_{\mathrm{in}}$，$J_{\mathrm{C}}$，如图 4.5(b)所示。显然，数据点$\varepsilon_{\mathrm{p}k}$越多，外推结果会越准确。

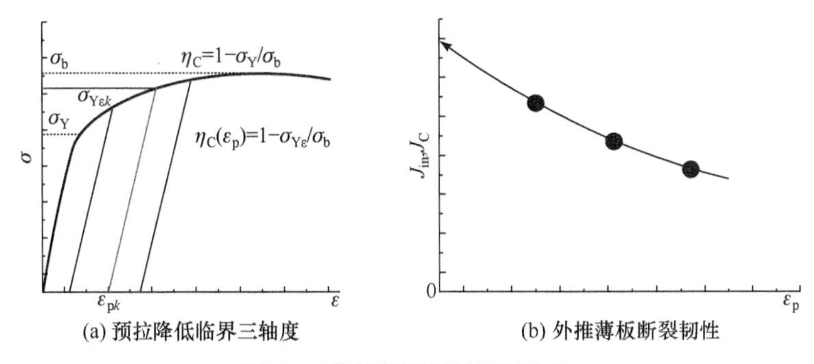

图 4.5　薄板断裂韧性测试方法

采用这一方法后，仍有可能测不到非常薄的薄板裂纹试件的J_{C}，但必定能测得J_{in}。由于采用外插法决定韧性，所以仍有不够精确的嫌疑。但作为薄板材料破坏韧性的工程标定，其精度应该是足够的。

4.6　应力疲劳失效准则

韧性结构材料的最常见失效形式是疲劳失效，所以结构设计中并不是只要达到静强度要求就可以，多数情况下是要以其疲劳强度或寿命失效条件为准。结构疲劳有多种形式，需要根据具体可能发生的疲劳失效进行其强度寿命评价。应力疲劳，俗称高周疲劳，是指除第一个循环外，在后续循环中没有新的塑性变形发生(无循环滞环)的疲劳。即使循环中的最大应力大于材料的原始屈服极限，由于循环中必然伴随卸载，只要反向不屈服，后续循环就不会有循环塑性发生。应力疲劳的定义与循环载荷的频率无关，与寿命的长短也无关，但高周疲劳往往有载荷频率较大的含义，所以本书采用应力疲劳的名称，来涵盖实际疲劳的高低频载荷影响。韧性材料在循环载荷作用下，不管应力三轴度如何，也不管最大应力是否超出屈服极限，只要没有塑性滞环，其疲劳破坏最终都表现为准脆性破坏形式，断裂前没有明显的宏观塑性变形。这是因为疲劳是循环载荷引起材料损伤，导致材料不断脆化直至达到准脆性断裂条件。而所谓寿命仅仅是达到该条件所需的时间(常以循环数来表示)而已。

4.6.1　交变应力的正确表征方法

任意的复杂交变应力状态，利用傅里叶变换，各分量总可表示为

$$\sigma_{ijt}=\sigma_{ijm}+\sum_k \sigma_{ijak}\sin(\omega_{ijk}t+\varphi_{ijk})=\sigma_{ijm}+\sigma_{ij}(t) \tag{4.20}$$

实际结构中的交变载荷，且不说是多轴的，每个应力分量一般也都是多频的(称为应力谱，经傅里叶变换就可获得其主要频率成分)。退化为单轴应力时为

$$\sigma_t=\sigma_{\mathrm{m}}+\sigma_{a1}\sin(\omega_1 t+\varphi_1)+\sigma_{a2}\sin(\omega_2 t+\varphi_2)+\cdots=\sigma_{\mathrm{m}}+\sigma(t) \tag{4.21}$$

对此交变应力的表征只能是平均应力 σ_{m} 和交变应力 $\sigma(t)$ 。因此，从材料强度学角度，必须以 σ_{m} 和 $\sigma(t)$ 为评价参数，来建立评价准则。

传统的经验疲劳寿命评价方法的评价参数是什么呢？单轴单频应力疲劳，是迄今研究最多的，因此，传统的交变应力评价参数是针对单轴单频定义的。单轴单频应力(材料疲劳试验时的应力状态)可表示为

$$\sigma=\sigma_{\mathrm{m}}+\sigma_{\mathrm{a}}\sin\omega t \tag{4.22a}$$

其中，σ_{m} 称为平均应力，σ_{a} 称为应力振幅。特别地，定义应力比为

$$R=(\sigma_{\mathrm{m}}-\sigma_{\mathrm{a}})/(\sigma_{\mathrm{m}}+\sigma_{\mathrm{a}}) \tag{4.22b}$$

应力比为−1(平均应力 0)的疲劳称为对称疲劳，其他统称非对称疲劳。传统经验疲劳寿命评价是以振幅和应力比(σ_{a},R)或振幅和平均应力($\sigma_{\mathrm{a}},\sigma_{\mathrm{m}}$)为评价参数的。以应力振幅为第一参数 σ_{a} 建立评价准则，然后将其中的系数视作第二参数 R 或 σ_{m} 的函数。如图 4.6 所示，应力振幅与寿命的关系曲线，称为 S-N 曲线。不同应力比下和不同平均应力下的 S-N 曲线是大不相同的，固定应力比下与固定平均应力下的 S-N 曲线也是大不相同的。其中，寿命趋于无穷大的应力振幅(对于金属

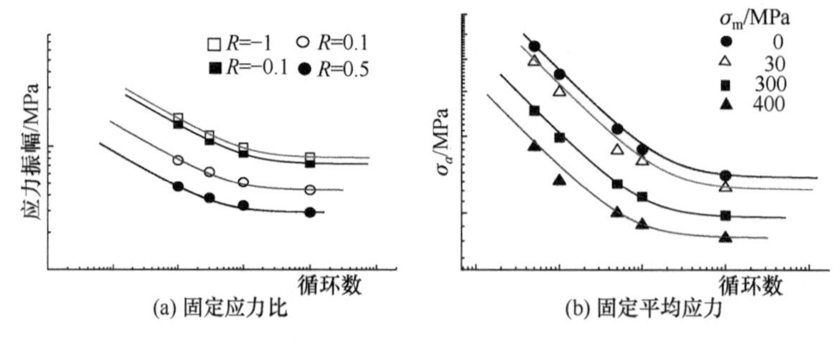

图 4.6　S-N 曲线示意图

材料，一般规定为10^7个循环对应的应力幅)称为疲劳极限。应力振幅在疲劳极限以下时，认为不会发生疲劳。

固定应力比下的疲劳极限记为σ_{R}，例如对称疲劳极限为σ_{-1}，脉动疲劳极限为σ_0。但疲劳极限本质上是平均应力依存的，对于固定应力比的试验，有

$$R=\frac{\sigma_{\mathrm{m}}-\sigma_{\mathrm{a}}}{\sigma_{\mathrm{m}}+\sigma_{\mathrm{a}}},\quad \sigma_{\mathrm{m}}=\frac{1+R}{1-R}\sigma_{\mathrm{a}}$$

因此，表面上是不同应力比下有不同的疲劳极限σ_{R}，但实际上σ_{R}只对应于特定的平均应力$(1+R)\sigma_{\mathrm{R}}/(1-R)$。据此疲劳极限$\sigma_{\mathrm{R}}(R)$是可以重新整理成平均应力依存的疲劳极限$\sigma_{\mathrm{f}}(\sigma_{\mathrm{m}})$，但寿命曲线却是不能转换的。固定应力比下的平均应力$(1+R)\sigma_{\mathrm{a}}/(1-R)$是随应力幅变化的，是处处不同的。同样地，固定平均应力下的 *S-N* 曲线，应力比也是处处不同的。那么，究竟应该用应力比还是平均应力作为评价参数来评价寿命呢？不妨考虑有两种频率时的应力$\sigma=\sigma_{\mathrm{m}}+\sigma_{\mathrm{a1}}\sin\omega_1 t+\sigma_{\mathrm{a2}}\sin(\omega_2 t+\varphi)$，显然应力振幅、应力比根本无法定义，连循环数按何种频率来定义都是有困难的。这意味着，常用的疲劳载荷表征方法，实际上只是针对单轴单频应力的。对于任意交变应力状态，需要采用式(4.20)的表征方法，即平均应力和交变应力两部分。

4.6.2　疲劳寿命计算方法

以此为评价参数的损伤演化律可表示为[28,49]

$$\frac{\mathrm{d}D}{\mathrm{d}t}=c_{\mathrm{f}}\frac{\dot{\sigma}(t)}{1-D}\left(\frac{\sigma(t)}{1-D}\right)^{\beta}H \tag{4.23a}$$

$$H=\begin{cases}1-\left(\dfrac{(1-D)\sigma_{\mathrm{f}}}{\sigma(t)}\right)^{\gamma}, & \dfrac{\sigma}{1-D}>\sigma_{\mathrm{f}}\\[2ex] 0, & \dfrac{\sigma}{1-D}\leqslant\sigma_{\mathrm{f}}\end{cases} \tag{4.23b}$$

其中，损伤累积系数c_{f}、疲劳极限σ_{f}是平均应力σ_{m}的函数(在固定平均应力时为常数，而固定应力比时不是常数，故固定平均应力的疲劳试验易于获得材料疲劳特性)，寿命指数和曲度因子β,γ是材料常数。对于最简单的单轴单频试验载荷$\sigma=\sigma_{\mathrm{m}}+\sigma_{\mathrm{a}}\sin\omega t$，式(4.23a)可改写为

$$\begin{aligned}\frac{\mathrm{d}D}{\mathrm{d}N}&=\int_0^P\frac{\mathrm{d}D}{\mathrm{d}t}\mathrm{d}t=\int_0^P c_{\mathrm{f}}\frac{\omega\sigma_{\mathrm{a}}\left|\cos\omega t\right|}{1-D}\left(\frac{\sigma_{\mathrm{a}}\left|\sin\omega t\right|}{1-D}\right)^{\beta}H\mathrm{d}t\\&=c_{\mathrm{f}}\left(\frac{\sigma_{\mathrm{a}}}{1-D}\right)^{\beta+1}\int_0^P\left|\cos\omega t\right|\left|\sin\omega t\right|^{\beta}H\mathrm{d}t\end{aligned} \tag{4.24a}$$

$$H=\begin{cases}1-\left(\dfrac{(1-D)\sigma_{\mathrm{f}}}{\sigma_{\mathrm{a}}|\sin\omega t|}\right)^{\gamma}, & \dfrac{\sigma_{\mathrm{a}}|\sin\omega t|}{1-D}>\sigma_{\mathrm{f}}\\ 0, & \dfrac{\sigma_{\mathrm{a}}|\sin\omega t|}{1-D}\leqslant\sigma_{\mathrm{f}}\end{cases}\tag{4.24b}$$

顺便指出，也有直接设定循环速率 $\mathrm{d}D/\mathrm{d}N=f(D,\sigma_{\mathrm{m}},\sigma_{\mathrm{a}})$ 来表征损伤累积的，但这样的设定已经假定了载荷为单轴单频，难以扩展应用到复杂交变应力。这里式(4.24)是从任意载荷任意时刻的损伤速率式(4.23)导出的，从而保证了由单轴单频试验获得的材料疲劳特性，可以应用到任意复杂的应力状态。积分式(4.24a)就得平均应力固定条件下 S-N 曲线的一般形式

$$\sigma_{\mathrm{a}}^{\beta+1}N_{\mathrm{f}}=C_{\mathrm{f}}I(\sigma_{\mathrm{a}})\tag{4.25a}$$

其中，$C_{\mathrm{f}}=1/c_{\mathrm{f}}$ 为寿命系数，

$$I(\sigma_{\mathrm{a}})=\int_{D_0}^{D_{\mathrm{C}}}\frac{(1-D)^{\beta+1}\mathrm{d}D}{t_1},\quad t_1=\int_0^{2\pi}H|\sin\theta|^{\beta}|\cos\theta|\mathrm{d}\theta,\quad C_{\mathrm{f}}=1/c_{\mathrm{f}}\tag{4.25b}$$

$$H=\begin{cases}1-\left[\dfrac{(1-D)\sigma_{\mathrm{f}}}{\sigma_{\mathrm{a}}|\sin\theta|}\right]^{\gamma}, & \dfrac{\sigma_{\mathrm{a}}|\sin\theta|}{1-D}>\sigma_{\mathrm{f}}\\ 0, & \dfrac{\sigma_{\mathrm{a}}|\sin\theta|}{1-D}\leqslant\sigma_{\mathrm{f}}\end{cases}\tag{4.25c}$$

当对疲劳试验数据的中值进行拟合时，可取初始损伤 $D_0=0$，临界损伤 $D_{\mathrm{C}}=1-(\sigma_{\mathrm{m}}+\sigma_{\mathrm{a}})/\sigma_{\mathrm{b}}$。这里 σ_{b} 为拉伸极限。利用式(4.25)对单轴单频疲劳试验结果进行拟合，就可确定材料的疲劳特性 β、γ 以及 $\sigma_{\mathrm{f}}(\sigma_{\mathrm{m}})$ 和损伤系数 $c_{\mathrm{f}}(\sigma_{\mathrm{m}})$。一般只需要对称疲劳(平均应力 0)与平均应力较小和较大两种非对称疲劳的 S-N 曲线，就可完全确定疲劳特性。如果要利用固定应力比下的疲劳试验结果来确定材料疲劳特性常数，需要采用以下统一评价方法，引入等效应力振幅和等效循环寿命(将非对称疲劳等效为对称疲劳)：

$$\sigma_{\mathrm{ae}}=\frac{\sigma_{-1}}{\sigma_{\mathrm{f}}}\sigma_{\mathrm{a}},\quad N_{\mathrm{ef}}=\left(\frac{\sigma_{-1}}{\sigma_{\mathrm{f}}}\right)^{\kappa}N_{\mathrm{f}}\tag{4.26a}$$

其中，κ 为等效寿命折算指数。式(4.25a)可改写为

$$\sigma_{\mathrm{ae}}^{\beta+1}N_{\mathrm{ef}}=C_{-1}I(\sigma_{\mathrm{ae}})\tag{4.26b}$$

其中，$I(\sigma_{\mathrm{ae}})=I(\sigma_{\mathrm{a}})$。式(4.26b)可适用于平均应力固定或应力比固定的情况，如图 4.7 所示。

金属材料疲劳极限与平均应力的一般性关系[50,51]为

$$\sigma_{\mathrm{f}}(\sigma_{\mathrm{m}})=\frac{S_{\mathrm{m}}\sigma_{-1}-\sigma_{\mathrm{m}}+\sqrt{\{S_{\mathrm{m}}\sigma_{-1}-\sigma_{\mathrm{m}}\}^2+4\eta S_{\mathrm{m}}\sigma_{-1}\sigma_{\mathrm{m}}}}{2},\quad S_{\mathrm{m}}=1-\left(\frac{\sigma_{\mathrm{m}}}{\sigma_{\mathrm{b}}}\right)^{\alpha}\tag{4.27}$$

常用的古德曼近似、椭圆近似只是其特例。不同平均应力下的寿命系数之间的关系为

$$C_{\mathrm{f}}=C_0\sigma_{\mathrm{f}}^{\kappa'}=C_{-1}\left(\frac{\sigma_{\mathrm{f}}}{\sigma_{-1}}\right)^{\kappa'},\quad \kappa'=\kappa+\beta+1,\quad c_{-1}=1/C_{-1},\quad c_{\mathrm{f}}=1/C_{\mathrm{f}}\tag{4.28}$$

其中，κ 为等效寿命折算指数可利用非对称疲劳的寿命数据，经式(4.26a)的换算后，落在对称疲劳的平均值 S-N 曲线附近来确定，如图 4.7 所示。

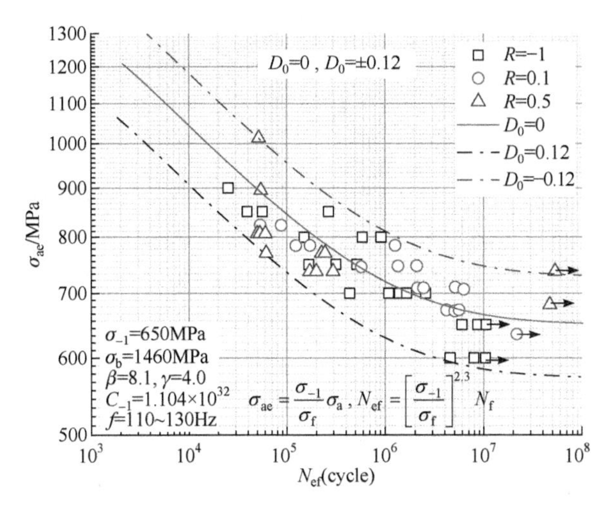

图 4.7　统一寿命评价方法及材料疲劳特性确定方法
材料：16Cr3NiWMoVNbE

式(4.27)和式(4.28)所示的平均应力依存性形式是针对常温金属材料的，对非金属材料或非常温不一定成立，但可以直接由三组以上不同平均应力的实验结果，拟合获得 $\sigma_{\mathrm{f}}(\sigma_{\mathrm{m}}),c_{\mathrm{f}}(\sigma_{\mathrm{m}})$ 的实验关系。这样，由式(4.23)就可评价任意平均应力、任意交变应力下的寿命。

对于复杂的多轴疲劳，一些传统(如临界平面法等)的方法往往只能针对单频及特定的多轴状态[52]。从一般性的理论方法看，需要引入等效疲劳应力[28,49]，将其等效为单轴应力状态，即

$$\sigma_{\mathrm{mef}}=\sqrt{I_{1\mathrm{m}}^2-\frac{2(1+\nu)^2}{1+2\nu^2}I_{2\mathrm{m}}}\quad(I_{1\mathrm{m}}<0,\quad \sigma_{\mathrm{mef}}=-\sigma_{\mathrm{mef}})$$

$$\sigma_{\mathrm{ef}}(t)=\sqrt{I_{1t}^2-\frac{2(1+\nu)^2}{1+2\nu^2}I_{2t}}\tag{4.29}$$

其中，各应力不变量如下

$$I_{1\mathrm{m}}=\sigma_{x\mathrm{m}}+\sigma_{y\mathrm{m}}+\sigma_{z\mathrm{m}}$$

$$I_{2\mathrm{m}}=\sigma_{x\mathrm{m}}\sigma_{y\mathrm{m}}+\sigma_{y\mathrm{m}}\sigma_{z\mathrm{m}}+\sigma_{z\mathrm{m}}\sigma_{x\mathrm{m}}-\tau_{xy\mathrm{m}}^2-\tau_{yz\mathrm{m}}^2-\tau_{xz\mathrm{m}}^2$$

$$I_{1\mathrm{t}}=\sigma_x(t)+\sigma_y(t)+\sigma_z(t)$$

$$I_{2\mathrm{t}}=\sigma_x(t)\sigma_y(t)+\sigma_y(t)\sigma_z(t)+\sigma_z(t)\sigma_x(t)-\tau_{xy}^2(t)-\tau_{yz}^2(t)-\tau_{xz}^2(t)$$

把式(4.29)的等效应力，代入式(4.23)，就可按以下步骤计算任意复杂应力状态的寿命。

(1) 设定时间增量Δt(需要足够小，大致应取载荷谱中各频率分量中最小周期的1/20以下)，计算时刻$t_i=t_{i-1}+\Delta t$增量步内的损伤增量$\Delta D=(\mathrm{d}D/\mathrm{d}t)\Delta t$。其中，当前步的等效应力可用$t=t_{i-1}$时刻的各应力分量按式(4.29)计算。

(2) 计算累积$D_i=D_{i-1}+\Delta D$。重复计算直至$D_i=D_\mathrm{C}$，其中临界损伤$D_\mathrm{C}=1-\max\sigma_1/\sigma_\mathrm{b}$，而$\max\sigma_1$为最大主应力。$D_0$为初始损伤，取零时对应于寿命中值。

(3) 寿命即为$t_\mathrm{f}=\sum\Delta t$，有公周期或工作周期的，可简单换算成公周期的循环数寿命。

在工程实际中也常有无穷寿命的设计要求，即要求结构不会发生疲劳失效(亦即无穷寿命)。从单轴单频应力状态的角度，这就是要求应力振幅在疲劳极限以下。但结构中的危险点一般处于多轴应力状态，需要可适用于任意应力状态的疲劳失效准则。习惯上，把不发生疲劳的条件称为疲劳准则或条件，而把用来判断何时发生疲劳断裂的方法，称为疲劳寿命评价方法或寿命公式。

对于结构中的应力集中点，只需计算其疲劳特征长度内的代表应力

$$\bar{\sigma}_{ijm}=\frac{1}{L_\mathrm{f}}\int_0^{L_\mathrm{f}}\sigma_{ijm}\mathrm{d}r,\quad \bar{\sigma}_{ij}(t)=\frac{1}{L_\mathrm{f}}\int_0^{L_\mathrm{f}}\sigma_{ij}(t)\mathrm{d}r$$

然后按式(4.29)计算等效应力即可。

4.6.3 疲劳准则

最常见的工程经验疲劳准则是针对拉剪耦合疲劳的，如下式

$$\left(\frac{\sigma_\mathrm{a}}{\sigma_\mathrm{f}(\sigma_\mathrm{m})}\right)^2+\left(\frac{\tau_\mathrm{a}}{\tau_\mathrm{f}(\tau_\mathrm{m})}\right)^2=1 \tag{4.30a}$$

一般需要拉剪两种平均应力依存的疲劳极限，但也有仿照屈服极限$\sigma_\mathrm{Y}=\sqrt{3}\tau_\mathrm{Y}$的关系，假定$\sigma_\mathrm{f}=\sqrt{3}\tau_\mathrm{f}$，则式(4.30a)简化为

$$\sigma_\mathrm{a}^2+3\tau_\mathrm{a}^2=\sigma_\mathrm{f}^2 \tag{4.30b}$$

显然这种经验准则即使不管其正确性，也是只适用于单频同相的拉剪双轴循环疲

劳。而实际结构的疲劳，一般发生在应力集中点，即使外载只是单频的拉扭，在应力集中点附近也不是简单的拉剪而是多轴的，并且还有拉剪不同步的情况。所以，套用拉扭经验疲劳准则，是没有办法的办法，即使它是手册或规范所推荐的。可以适用于任意多轴多频应力状态的疲劳准则，其实可从式(4.23)的损伤演化律得出。所谓不发生疲劳，就是始终没有损伤累积。而没有损伤累积的条件，由式(4.23)，可简单地表示为

$$\max\sigma_{\mathrm{ef}}(t)\leqslant(1-D_0)\sigma_{\mathrm{f}}(\sigma_{\mathrm{mef}}) \tag{4.31a}$$

其中，D_0 为初始损伤(注意取零时对应于疲劳极限的中值，结构材料的疲劳极限离散性不可忽略)，需要根据设计的可靠度要求确定(参见 4.10 节)。在结构的无限寿命设计中，一般须以式(4.31a)作为设计依据。但必须注意，疲劳极限是平均应力依存的，实际结构中平均应力多是处处不同的，意味着各处的疲劳极限也是不同的。因此，实际结构中的疲劳发生点(危险点)，并不一定是交变应力最大处。为判断疲劳危险点，需要引入疲劳危险度参数：

$$\eta=\frac{\max\sigma_{\mathrm{ef}}(t)}{\sigma_{\mathrm{f}}(\sigma_{\mathrm{mef}})} \tag{4.31b}$$

显然该疲劳参数越大，就越容易发生疲劳。利用此疲劳参数的分布，可以准确地确定结构中的疲劳最危险点。

4.6.4　压缩平均应力下的疲劳

在实际应用中，工程师们经常引入压缩残余应力，来大幅改善材料的疲劳性能。对于复杂结构的多轴应力状态，其等效压缩应力如式(4.29)所示，同样可以通过压缩等效应力来改善结构的疲劳性能。压缩平均应力下的疲劳极限可表示为[53]

$$\sigma_{\mathrm{f}}(\sigma_{\mathrm{m}})=\frac{S_{\mathrm{m}}\sigma_{-1}+0.8|\sigma_{\mathrm{m}}|+\sqrt{\{S_{\mathrm{m}}\sigma_{-1}+0.8|\sigma_{\mathrm{m}}|\}^2-4\eta S_{\mathrm{m}}\sigma_{-1}\times0.8|\sigma_{\mathrm{m}}|}}{2},\quad S_{\mathrm{m}}=1-\left(\frac{|\sigma_{\mathrm{m}}|}{\sigma_{\mathrm{b}}}\right)^{\alpha}\ (\sigma_{\mathrm{m}}<0)$$

其中，平均应力的影响系数由拉伸时的 1 变成了压缩时的 0.8，这是因为拉伸平均应力时微观缺陷开口，有局部应力集中(但根据连续体假定，该影响是被反映在名义的平均应力里的)，而压缩平均应力时微观缺陷闭口，局部应力集中现象消失或减小，在以有局部应力集中的名义应力考虑平均应力对疲劳极限的影响时，压缩平均应力的实际效果就会比名义应力要小。当然，即使直接采用式(4.27)来预测压缩平均应力时的疲劳极限，趋势上很好一致，数值上误差也不是太大的。上述修正不仅仅是提高疲劳极限预测精度，更重要的是为了疲劳寿命的预测。疲劳极限确定之后，寿命系数或损伤系数仍可采用式(4.28)决定[53]。因此，压缩平均应力时的疲劳寿命评价方法与拉伸时完全相同，只是其疲劳极限需要采用上述修正而已。

4.7　应变疲劳失效准则

应变疲劳俗称低周疲劳，是指在载荷循环过程中有如图 4.2 所示的饱和循环塑性滞环的疲劳。如果没有塑性滞环，即使最大应力大于材料的原始屈服极限，由于卸载并反向加载后不屈服，后续循环是弹性的，如图 4.8 中的载荷 1 的情况，仍为应力疲劳。只有循环过程中反向也屈服，形成塑性滞环，如图 4.8 中的载荷 2，才会引起应变疲劳。如果滞环不饱和稳定(如棘轮效应)，一般意味着还耦合有其他损伤累积机理(如蠕变)，也不是单纯的应变疲劳。由于塑性变形也被认为是瞬时完成的，所以应变疲劳与载荷频率也没有关系，高、低频时都会发生。但应变疲劳通常寿命较短，且因存在塑性滞环使得发热厉害，故实验时往往需要采用较低的频率来遏制温升。

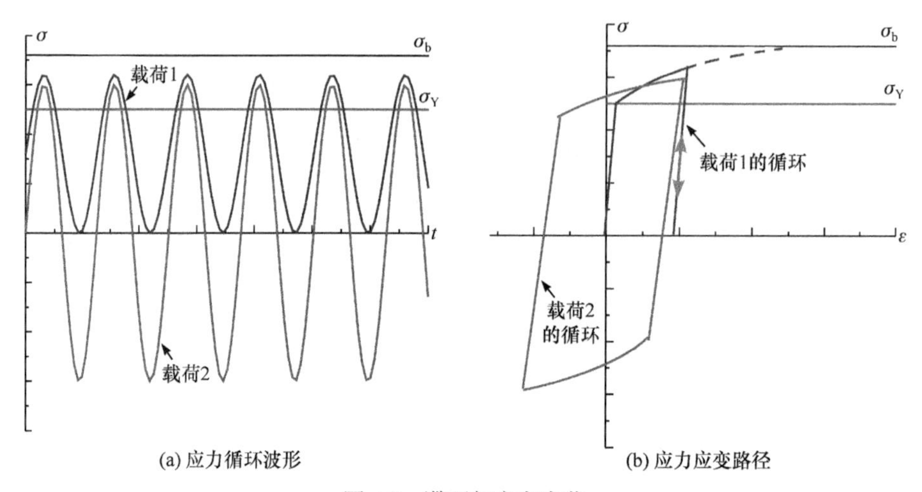

(a) 应力循环波形　　(b) 应力应变路径

图 4.8　滞环与应变疲劳

应变疲劳虽有循环塑性变形，但其疲劳断面却并不呈韧性断裂形式，也还是比较齐整的断面(更接近于准脆性)。这是因为应变疲劳仍然是损伤累积使得瞬断条件满足的过程。对于单轴低周疲劳，有一个著名的实验经验公式即 Coffin-Manson 规律[54]

$$\left(\varepsilon_{\mathrm{a}}^{p}\right)^{m} N_{\mathrm{f}} = C \tag{4.32a}$$

也有用总应变或弹性应变作为评价参数的，其效果和形式是一样的，但实验常数会有所不同(这是在应用此类经验关系时必须十分注意的)。为了更好地拟合实验结果，式(4.32a)常被扩展为

$$\frac{\Delta\varepsilon}{2} = \varepsilon_{\mathrm{e}}'(2N_{\mathrm{f}})^{b} + \varepsilon_{\mathrm{p}}'(2N_{\mathrm{f}})^{c} \tag{4.32b}$$

ε_e'、ε_p'、b、c 都只是实验系数。式(4.32b)扩展的本意是想考虑滞环中弹性和循环塑性变形导致的损伤累积影响，但实际上循环塑性变形阶段的损伤累积占主导地位，弹性变形阶段的损伤累积是可以忽略的，所以增加拟合实验系数并没有明确的物理意义。但由于拟合实验系数增多，显然比式(4.32a)会有更大的适应性，所以已被许多手册或规范所采用。但这并不说明这类经验公式可以适用于实际工程结构，因为实际的应变波形(涉及塑性变形路径)不一定是单频正弦的，并且从评价参数看，该经验公式用的是名义应变，而不是滞环中的真实的循环塑性应变振幅，在评价参数选择方面也不尽合理。

作为一般性的评价方法，必须以循环塑性变形中的交变应力或应变作为评价参数。对于应变疲劳，循环损伤主要来自循环滞环中的塑性变形阶段，与之相比，滞环中卸载弹性段的损伤可以忽略。应变控制和应力控制的区别在于，循环塑性变形路径的不同。单频应变控制时，循环屈服后的应力波形可表示成[46]

$$\sigma(t)=\sigma_{\mathrm{Ycyc}}+h\left(\varepsilon(t)+\varepsilon_{\mathrm{Ycyc}}\right)^n=\sigma_{\mathrm{Ycyc}}+h\left(\varepsilon_{\mathrm{ef}}(t)\right)^n \tag{4.33}$$

实际发生循环塑性变形波形 $\varepsilon_{\mathrm{ef}}(t)$ (参见图 4.2，循环塑性变形是指相对于循环屈服点的应变)，如图 4.9(a)所示，远大于名义应变振幅，而应力波形根本不再是正弦，而是如图 4.9(b)所示。这种波形的变化是由塑性滞环的形状决定的。应变疲劳因涉及塑性变形，而塑性变形是有变形路径依存性的，这种波形变化实际上就是变形路径的变化，是与滞环有关的。而式(4.32)显然没有计及滞环的影响，不能反映实际的变形路径。

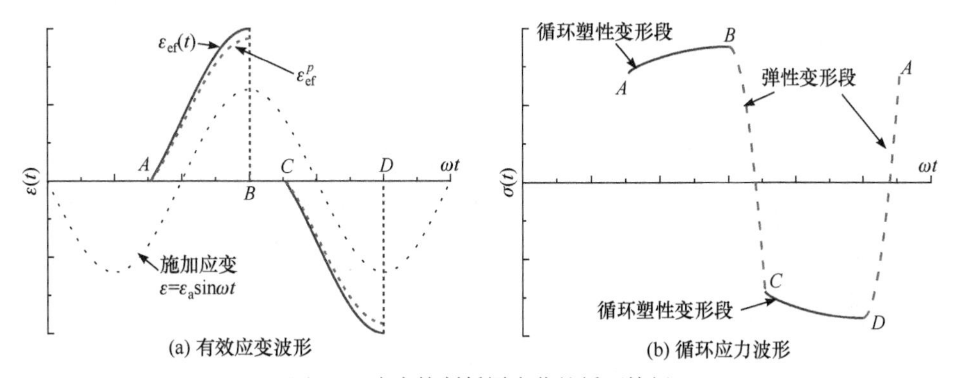

图 4.9　应变控制低周疲劳的循环特征

另外，在应力控制加载时，循环屈服后的(循环塑性)应变波形为

$$\varepsilon_{\mathrm{ef}}(t)=\left[\frac{\sigma(t)-\sigma_{\mathrm{Ycyc}}}{h}\right]^{1/n} \tag{4.34}$$

即使加载应力为正弦(图 4.10(a))，有效应变(指循环塑性变形，忽略弹性变形)的波形也不再是正弦，而是如图 4.10(b)所示。

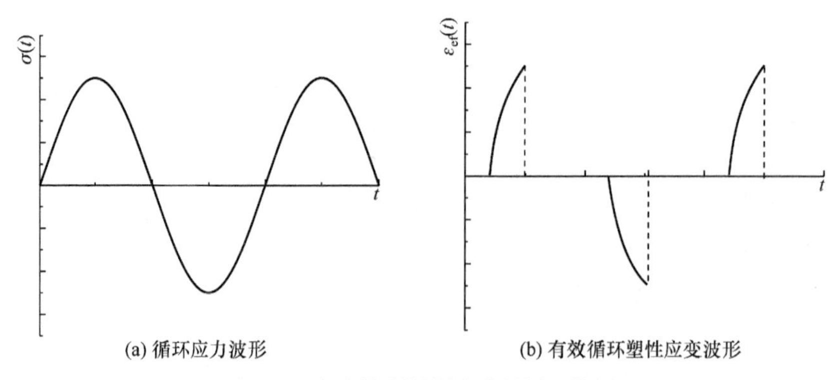

(a) 循环应力波形　　(b) 有效循环塑性应变波形

图 4.10　应力控制低周疲劳的循环特征

显然，应变控制与应力控制条件下，无论是应力的波形还是应变的波形，都存在巨大的差别。正是由于两种控制方式下应力应变波形的差别，即使根据循环应力应变关系做到应力或应变的幅值在两种情况下相同，两种控制方式下的应变疲劳试验寿命仍是不一样的。理由很简单，因为损伤累积主要发生在循环塑性变形部分，而塑性变形是有路径依存性的，路径不同，寿命必然不同。

但作为可应用于工程结构的应变疲劳寿命评价方法，显然应该可以适用于任意的加载方式或路径(实际结构既不是应变也不是应力控制的)，不能一种加载方式或塑性变形路径，就需要去事先总结一个经验公式。从评价参数选择的角度，为了考虑路径的影响，必须选用$\varepsilon(t)$或$\sigma(t)$，而对于循环滞环，两者间是有对应关系的。因此，从损伤演化的角度，可以用$\sigma(t)$作为评价参数来建立统一的应变疲劳寿命评价方法。其损伤演化律为

$$\frac{\mathrm{d}D}{\mathrm{d}t}=\begin{cases} c\dfrac{\dot{\sigma}(t)}{1-D}\left(\dfrac{\sigma(t)}{1-D}\right)^{\beta}\left(1-\left(\dfrac{(1-D)\sigma_{\mathrm{fY}}}{\sigma(t)}\right)^{\gamma}\right), & \dfrac{\sigma(t)}{1-D}>\sigma_{\mathrm{fY}} \\ 0, & \dfrac{\sigma(t)}{1-D}<\sigma_{\mathrm{fY}} \end{cases} \tag{4.35}$$

形式上与应力疲劳相同，但其中的疲劳特性完全不同。其中，σ_{fY}为名义低周疲劳极限，用来表示应变损伤累积机制被激活的条件，显然$\sigma_{\mathrm{fY}}\geqslant\sigma_{\mathrm{Ycyc}}$。$\sigma(t)$则只是对应于循环塑性变形部分，即假定应变疲劳的损伤累积主要发生在循环塑性变形阶段，滞环中的弹性部分可以忽略。应力控制与应变控制的差别，源于$\sigma(t)$的波形不同。应力控制时，从式(4.35)推导得到的寿命计算方法与应力疲劳时的形式相同，但疲劳特性是不同的(因为疲劳的机理不同)。

在应变控制时，将式(4.35)改写成循环速率形式并代入式(4.33)的应力波形

$$\frac{\mathrm{d}D}{\mathrm{d}N}=\frac{c'}{(1-D)^{\beta+1}}\left\{\begin{aligned}&\left[\sigma_{\mathrm{Ycyc}}+h(\varepsilon_{\mathrm{a}}+\varepsilon_{\mathrm{Ycyc}})^{n}\right]^{\beta+1}\left[1-\frac{\beta+1}{\beta-\gamma+1}\left(\frac{(1-D)\sigma_{\mathrm{fY}}}{\sigma_{\mathrm{Ycyc}}+h(\varepsilon_{\mathrm{a}}+\varepsilon_{\mathrm{Ycyc}})^{n}}\right)^{\gamma}\right]\\&-\sigma_{0}^{\beta+1}\left[1-\frac{\beta+1}{\beta-\gamma+1}\left(\frac{(1-D)\sigma_{\mathrm{fY}}}{\sigma_{0}}\right)^{\gamma}\right]\end{aligned}\right\}$$

(4.36a)

$$\sigma_0=\begin{cases}\sigma_{\mathrm{Ycyc}}, & \sigma_{\mathrm{fY}}\leqslant\sigma_{\mathrm{Ycyc}}\\(1-D)\sigma_{\mathrm{fY}}, & \sigma_{\mathrm{fY}}>\sigma_{\mathrm{Ycyc}}\end{cases}\tag{4.36b}$$

对于 $\varepsilon(t)=\varepsilon_{\mathrm{a}}\sin\omega t$ 的加载方式，对式(4.36b)积分可得寿命公式为

$$\left[\sigma_{\mathrm{Ycyc}}+h(\varepsilon_{\mathrm{a}}+\varepsilon_{\mathrm{Ycyc}})^{n}\right]^{\beta+1}N_{\mathrm{f}}=CI(\varepsilon_{\mathrm{a}})\tag{4.37}$$

$$I(\varepsilon_{\mathrm{a}})=\int_{D_0}^{D_{\mathrm{C}}}\frac{(1-D)^{\beta+1}}{\left[1-\frac{\beta+1}{\beta-\gamma+1}\left(\frac{(1-D)\sigma_{\mathrm{fY}}}{\sigma_{\mathrm{a}}}\right)^{\gamma}\right]-\left(\frac{\sigma_0}{\sigma_{\mathrm{a}}}\right)^{\beta+1}\left[1-\frac{\beta+1}{\beta-\gamma+1}\left(\frac{(1-D)\sigma_{\mathrm{fY}}}{\sigma_0}\right)^{\gamma}\right]}\mathrm{d}D$$

(4.38a)

$$\sigma_{\mathrm{a}}=\sigma_{\mathrm{Ycyc}}+h(\varepsilon_{\mathrm{a}}+\varepsilon_{\mathrm{Ycyc}})^{n}\tag{4.38b}$$

对于某一限定的应变幅范围，式(4.37)是可近似成式(4.32)的形式的。原理上，只需采用单轴单频载荷(应力控制、应变控制均可)，确定式(4.35)中的应变疲劳特性，就可计算任意应力或应变波形(需要根据滞环换算成应力波形)下的应变疲劳寿命，也可计算多轴应变疲劳的寿命。

非对称循环疲劳时，如果有饱和滞环出现，以上方法仍可应用，只需注意名义疲劳极限 σ_{fY} 和寿命比例系数都是平均应变依存的即可。多轴时，则只需用 Mises 应力(因进入塑性后，泊松比 $\nu=0.5$，疲劳等效应力与 Mises 应力相同)作为等效应力代入即可。但如果没有饱和滞环出现(例如棘轮效应)，塑性应变会累积，就不属于应变疲劳，以上方法不能应用。

4.8　高低频混合疲劳寿命评价方法

工程结构中常见的循环载荷往往是高低频混合的，如图 4.11 所示。例如，机器的启停构成一个 T 形波，其加卸载构成低频的循环载荷。工作阶段在某一载荷水平下承受高频循环载荷(可以是多频)，不管什么样的载荷谱，应力谱总是可用傅里叶展开表示成式(4.20)的形式，但其中的平均应力部分，在启停阶段是不同的。换句话说，工作阶段的平均应力，从整个寿命过程来看，也是交变的，只是其交

变方式是 T 形波而已。对此种循环载荷的错误处理，是工程结构寿命评估错误的常见因素，常见错误主要有如下几方面。

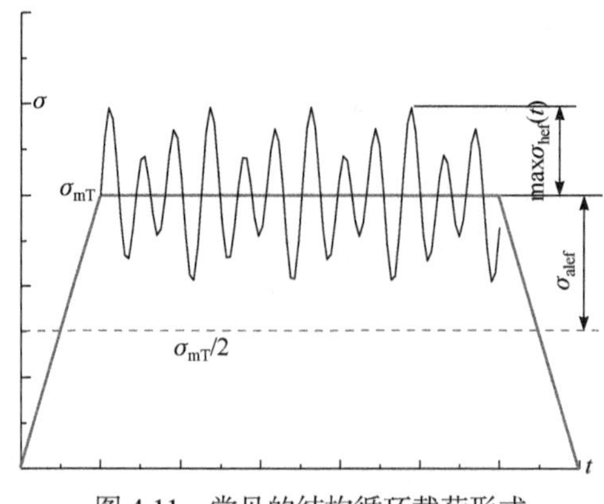

图 4.11 常见的结构循环载荷形式

(1) 只考虑高频疲劳部分。如果高频载荷的最大应力振幅小于疲劳极限(由 T 形波的最大应力作为平均应力来决定)，就会得出寿命无穷的结论。但实际上低频的 T 形波也是循环载荷，也会引起损伤累积。如果低频应力振幅 $\sigma_{\mathrm{alef}}=\sigma_{\mathrm{mT}}/2>\sigma_{\mathrm{f}}(\sigma_{\mathrm{mT}}/2)$ (低频循环载荷对应的疲劳极限，应力的标记见图 4.11)，即使 $\max\sigma_{\mathrm{hef}}<\sigma_{\mathrm{f}}(\sigma_{\mathrm{mT}})$，也会发生疲劳。并且寿命也不只是由低频载荷决定的。因为低频循环载荷引起的损伤累积，总可以使得 $\max\sigma_{\mathrm{hef}}/(1-D)>\sigma_{\mathrm{f}}(\sigma_{\mathrm{mT}})$，从而使得高频载荷在此之后也会引起损伤累积。只有当 $\sigma_{\mathrm{alef}}=\sigma_{\mathrm{mT}}/2<\sigma_{\mathrm{f}}(\sigma_{\mathrm{mT}}/2)$，$\max\sigma_{\mathrm{hef}}<\sigma_{\mathrm{f}}(\sigma_{\mathrm{mT}})$ 时，才会是无穷寿命。

(2) 高低频载荷引起的损伤分开处理，用线性累加规律 $N_{\mathrm{low}}/N_{\mathrm{lowf}}+N_{\mathrm{high}}/N_{\mathrm{highf}}=1$ 评估寿命。从上述 $\sigma_{\mathrm{alef}}=\sigma_{\mathrm{mT}}/2>\sigma_{\mathrm{f}}(\sigma_{\mathrm{mT}}/2)$，$\max\sigma_{\mathrm{hef}}<\sigma_{\mathrm{f}}(\sigma_{\mathrm{mT}})$ 的情况，就可以判断这也是错误的，是把高低频耦合损伤演化强行解耦了，与实际寿命有非常大的差别。

(3) 更有甚者，是把低频循环载荷作低周疲劳处理，那就属于基本概念错误了。低周疲劳是必须要有循环塑性滞环的，而实际结构中往往连塑性变形都是不允许出现的。

对于此类 T 形波高低频混合载荷，正确的寿命评估方法是直接从式(4.23)出发，直接按时间段分别计算低频、高频载荷的损伤增量，然后进行累加，直至临界损伤来计算寿命(需要编程计算)。

4.9 裂纹的疲劳扩展准则

光滑材料在均匀分布的交变应力作用下，疲劳起裂寿命占总寿命的90%以上。

因此，在材料级的疲劳试验时，可以不区分起裂与整体断裂的寿命，而直接以整体断裂寿命作为疲劳寿命。但在实际结构中，受应力集中或应力分布的影响，萌生疲劳裂纹后扩展至整体断裂，尚有较长的寿命；在结构的应力奇点处(如微动疲劳接触面端部)，疲劳裂纹甚至会萌生在寿命的极早期，如图 4.12 所示。对于结构中的应力集中点，按光滑材料的疲劳理论计算得出的寿命，仅对应于起裂寿命。因此，对于结构寿命，有时还需要考虑裂纹疲劳扩展部分的寿命。需要指出的是，作为结构的失效条件，通常不能以整体断裂作为有效寿命的终点，而是事先规定某个临界长度，将其作为扩展寿命的终点，该临界长度到整体断裂的寿命，属于无效寿命。对于绝大部分的工程结构，起裂即认为失效。故有效寿命一般就只是结构中应力最大处的疲劳起裂寿命。能否把此后的裂纹扩展寿命作为结构寿命的一部分，需要具体情况具体分析，一般只用在发现并修补疲劳裂纹后，假定裂纹仍在预测剩余寿命的场合。顺便指出，所谓损伤容限，一般是指小于初期疲劳裂纹尺寸(特征长度)的微小缺陷，考虑损伤容限的寿命，实际上是特征长度内有初始损伤的起裂寿命，而不是裂纹扩展寿命。

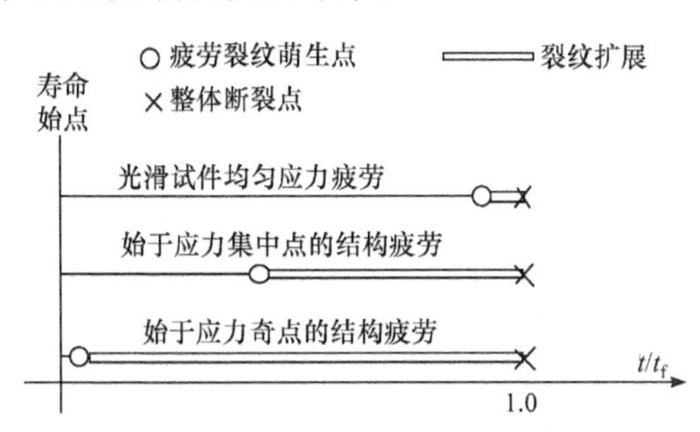

图 4.12　结构疲劳与试件疲劳的区别

疲劳裂纹的扩展面，实际上就是裂尖材料的疲劳断面，所以多呈准脆性断裂形式的。记应力强度因子范围 ΔK 如下

$$\Delta K = K_{\max} - K_{\min} \tag{4.39}$$

裂纹扩展速率与 ΔK 的关系如图 4.13 所示。其中 ΔK_{th} 称为裂纹扩展门槛值，对应于裂尖特征长度内的疲劳极限。直线部分即为著名的 Paris 规律[55]：

$$\frac{\mathrm{d}a}{\mathrm{d}N} = c\left(\Delta K\right)^m \tag{4.40}$$

裂纹扩展寿命可由式(4.40)积分至临界裂纹长度获得(也有积分至 $K_{\max}(a) = K_{IC}$ 的，对应于整体断裂，是极限寿命)。需要注意的是，Paris 规律只能适用于直线段，对于工程中常见的略大于裂纹扩展门槛值的情况，是不能用的。Erdogan 和 Ratwani[56]也提出了一个可以适用于整个应力强度因子范围的经验公式：

$$\frac{\mathrm{d}a}{\mathrm{d}N}=\frac{c(1+\beta)^m\left(\Delta K-K_{\mathrm{th}}\right)^n}{K_{\mathrm{cf}}-(1+\beta)\Delta \mathrm{K}},\quad \beta=\frac{K_{\max}+K_{\min}}{K_{\max}-K_{\min}}$$

其中，K_{cf} 为扩展时发生瞬断的断裂韧性，一般比 K_{IC} 略小，c,m,n 为实验系数。从总结经验公式角度是合理的，但在实际应用中因有多个实验系数，实用性并不是太强。

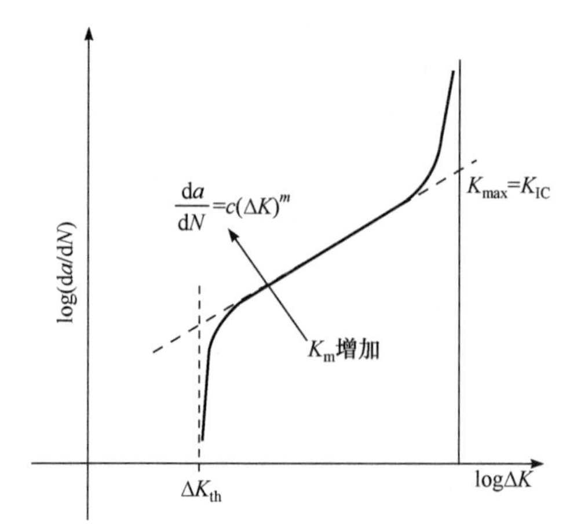

图 4.13　裂纹扩展速率曲线

考虑裂纹面的闭口，也可以采用有效应力强度因子范围

$$\Delta K_{\mathrm{ef}}=K_{\max}-K_{\mathrm{op}} \tag{4.41}$$

其中，K_{op} 为裂尖闭口时的名义应力强度因子。以有效应力强度因子范围取代式(4.40)中的 ΔK 进行寿命计算。但必须注意，两种取法下的实验常数 c,m 是不同的。利用 ΔK_{ef} 的方法，常用于裂尖在循环变形过程中有闭口的情况，应当说只是一种经验方法，其结果具有强烈的试验工况依存性。

工程结构中一般不允许有裂纹(主观失效条件限制)，但当 $\Delta K\leqslant\Delta K_{\mathrm{th}}$ 时，显然裂纹不会发生疲劳扩展，意味着即使存在裂纹，也并不影响结构的安全性。因此，裂纹扩展门槛值是一个很有用的材料特性，它总体上是随着平均应力的提高而减小的，即裂纹扩展速率曲线会随着平均应力强度因子的增加而向图 4.13 的左上方移动。它与平均应力强度因子间的关系，实际上与疲劳极限和平均应力的关系是类似的，只是在平均应力强度因子很大时，需要考虑裂尖的塑性硬化，做些修正而已。其关系可表示为[57]

$$\Delta K_{\mathrm{th}}(K_{\mathrm{Im}})=\begin{cases}\dfrac{\sigma_f(\bar{\sigma}_{\mathrm{m1}})}{\sigma_{-1}}\Delta K_{\mathrm{th}}(0), & K_{\mathrm{Im}}\leqslant K_{\mathrm{ImC}}\\[2ex] \left(1-D_{\mathrm{p}}(K_{\mathrm{Im}})\right)\dfrac{\sigma_f(\bar{\sigma}_{\mathrm{m1p}})}{\sigma_{-1}}\Delta K_{\mathrm{th}}(0), & K_{\mathrm{Im}}>K_{\mathrm{ImC}}\end{cases} \tag{4.42}$$

其中，$\Delta K_{\text{th}}(0)$为平均应力强度因子为零(即对称循环)时的门槛值。K_{ImC}是平均应力强度因子的一个临界值，大于它时，裂尖的硬化效应不可忽略，可用下式表示

$$1-D_{\text{p}}(K_{\text{Im}})=1+c\left(K_{\text{Im}}-K_{\text{ImC}}\right)^{\xi}$$
$$\bar{\sigma}_{\text{m1p}}=bK_{\text{Im}}^{d}$$
$$d=\frac{\log\left(\dfrac{2K_{\text{ImC}}\sigma_{-1}}{\sigma_{\text{b}}\Delta K_{\text{th}}(0)}\right)}{\log(K_{\text{ImC}}/K_{\text{IC}})},\quad b=\frac{\sigma_{\text{b}}}{K_{\text{IC}}^{d}} \tag{4.43}$$

其中，$\bar{\sigma}_{\text{m1p}}$是考虑塑性变形后的裂尖等效平均应力。式(4.43)与实验结果的比较如图 4.14 所示。在已知光滑材料的疲劳极限与平均应力的关系时，多数情况下，可直接应用式(4.42)的第一式，求得各种平均应力强度因子下的门槛值(但需对称循环时的门槛值)，而不必另行实验。对于大平均应力强度因子，这样的简单计算是安全侧的。换句话说，大平均应力引起的裂尖塑性域的影响，是使裂纹扩展门槛值增大的。在裂纹的疲劳扩展问题中，常有在循环过程中瞬间加个过载，来降低裂纹扩展速率，其原因正是由于裂尖塑性域使得扩展门槛值提高从而使得扩展速率变小。从疲劳机理上看，是塑性滑移使得裂尖空穴类损伤得到一定程度缓和。显然，当裂纹扩展超过了瞬间过载所产生的塑性域后，这种降低效应就不复存在。因此，利用瞬间过载来增寿的方法，并不是一个长效的方法。

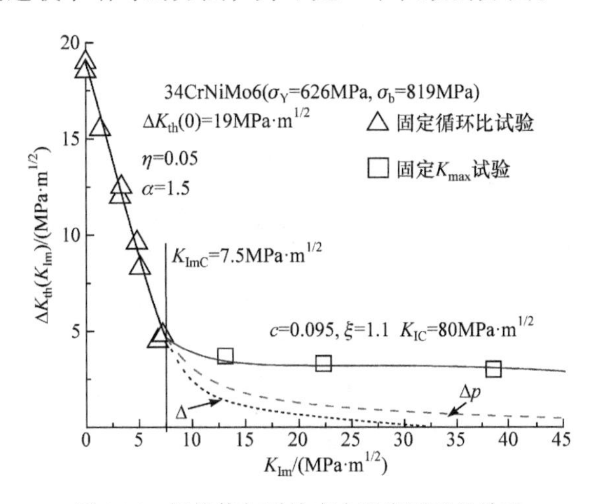

图 4.14　门槛值与平均应力强度因子的关系

Δ：平均应力按弹性应力计算时的门槛值；Δ*p*：平均应力按塑性变形修正后的门槛值

对于裂尖存在较大塑性屈服域的裂纹扩展，也常采用弹塑性断裂力学的方法，其扩展速率经验公式为[58,59]

$$\frac{\mathrm{d}a}{\mathrm{d}N}=c(\Delta J)^m \tag{4.44}$$

这里 ΔJ 成为 J 积分范围。严格地说，在循环载荷作用下，HRR 场以及 J 积分都是不成立的，但实际应用中往往直接采用最大和最小载荷所对应的 J 积分之差即 ΔJ，来总结经验公式。考虑裂尖的闭口效应，也常用有效 J 积分范围 $\Delta J = J_{\max} - J_{\mathrm{op}}$。

由于 J 积分概念本身对于线弹性材料的弹性奇异场也成立，如果裂尖卸载后在后续循环中恢复弹性，显然 ΔJ 与 ΔK 是对应的，但无论是 ΔJ 还是 ΔK，都需要用至少经过一个加卸载后的应力场来计算，只用第一个加载循环的最大应力状态计算，是不能表征后续循环中应力场变化的。由于裂纹面的闭口效应，裂尖出现饱和循环滞环的情况很少见，所以原则上式(4.44)与 Paris 规律是同一个东西，所不同的只是拟合参数而已。

裂纹的疲劳扩展，实际上是裂尖材料的逐次的疲劳起裂。在疲劳断面上经常可以观察到“沙滩纹”或“贝纹”，就是逐次起裂的证据。因此，可以逐个考虑裂尖各个特征长度内的疲劳[60]，如图 4.15(a)所示，来获得裂纹扩展速率曲线。需要注意的是裂尖处于多轴应力状态，如图 4.15(b)所示，需要用多轴疲劳的评价方法。由于多轴疲劳以及应力三轴度等的影响(直观地说，就是近乎平面应变还是平面应力的影响)，“沙滩纹”或“贝纹”的间隔，在椭圆形表面疲劳裂纹扩展中是不均匀的。

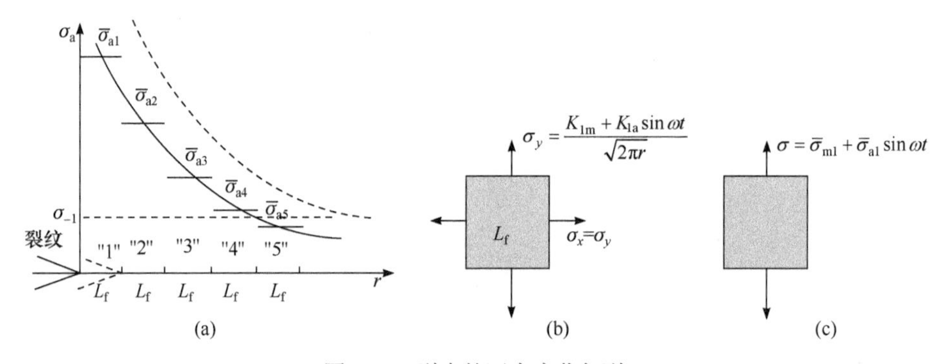

图 4.15 裂尖的逐次疲劳起裂

裂尖第一个特征长度内的等效疲劳应力，需要根据裂纹面闭口条件分段表示

$$\sigma=\overline{\sigma}_{\mathrm{mef}}+\overline{\sigma}_{\mathrm{ef}}(t) \tag{4.45a}$$

$$\overline{\sigma}_{\mathrm{mef}}=\begin{cases}\dfrac{\sqrt{2}FK_{\mathrm{m}}}{\sqrt{\pi L_{\mathrm{f}}}}, & K_{\mathrm{m}}>K_{\mathrm{op}}\\ \sigma_{0\mathrm{m}}, & K_{\mathrm{m}}<K_{\mathrm{op}}\end{cases} \tag{4.45b}$$

$$\bar{\sigma}_{\text{ef}} = \bar{\sigma}_{\text{efa}} \sin \omega t = \begin{cases} \dfrac{F\Delta K}{\sqrt{2\pi L_{\text{f}}}} \sin \omega t, & K_{\text{m}} + K_{\text{a}} \sin \omega t > K_{\text{op}} \\ f\sigma_{0\text{a}} \sin \omega t, & K_{\text{m}} + K_{\text{a}} \sin \omega t < K_{\text{op}} \end{cases} \tag{4.45c}$$

$$F = \begin{cases} \sqrt{2(1-2\nu+3\nu^2)/(1+2\nu^2)}, & \text{平面应力} \\ (1+\nu)(1-2\nu)\sqrt{2/(1+2\nu^2)}, & \text{平面应变} \end{cases} \tag{4.45d}$$

$$f = \begin{cases} 1, & \text{平面应力} \\ (1+\nu)\sqrt{(1+2\nu^2-2\nu)/(1+2\nu^2)}, & \text{平面应变} \end{cases} \tag{4.45e}$$

其中，$\sigma_{0\text{m}},\sigma_{0\text{a}}$ 为远场循环应力的平均应力和应力振幅。其起裂寿命可表示成

$$N_{\text{f}} = C_{\text{f}}(\bar{\sigma}_{\text{mef}}) \int_{D_{\text{c0}}}^{D_{\text{C}}} \frac{(1-D)^{\beta+1}}{Y} \text{d}D \tag{4.46a}$$

$$Y = \int_0^{2\pi} \bar{\sigma}_{\text{efa}}^{\beta+1} |\sin\theta|^{\beta} |\cos\theta| H \text{d}\theta \tag{4.46b}$$

$$H = \begin{cases} 1 - \left[\dfrac{(1-D)\sigma_{-1}}{\bar{\sigma}_{\text{efa}} |\sin\theta|} \right]^{\gamma}, & \dfrac{\bar{\sigma}_{\text{efa}} |\sin\theta|}{1-D} > \sigma_f(\bar{\sigma}_{\text{mef}}) \\ 0, & \dfrac{\bar{\sigma}_{\text{efa}} |\sin\theta|}{1-D} \leqslant \sigma_f(\bar{\sigma}_{\text{mef}}) \end{cases} \tag{4.46c}$$

裂纹扩展速率为

$$\frac{\text{d}a}{\text{d}N} = \frac{L_{\text{f}}}{N_{\text{f}}} \tag{4.47}$$

在以上计算中，除了材料的疲劳特性常数外，只有裂尖的初始和临界损伤须另行确定。临界损伤对应于瞬断条件，故

$$\frac{K_{\text{I}}}{1-D_{\text{C}}} = K_{\text{IC}}, \quad D_{\text{C}} = 1 - \frac{K_{\text{m}} + K_{\text{a}}}{K_{\text{IC}}} \tag{4.48}$$

但裂尖初始损伤却难以确定。这是因为在第一个特征长度疲劳损伤累积到起裂时，第二个特征长度内也有疲劳损伤在累积，并且第一个特征长度起裂后第二个特征长度变为裂尖，应力有个突加过程，还会伴随塑性变形变化等引起的损伤。但新裂尖的损伤在裂纹扩展趋于平稳状态时，必定是某个定值。为此我们可以先强行将裂尖初始 D_{c0} 取为零来计算式(4.46)和式(4.47)，然后利用 S-N 曲线关于初始损伤可以近似为平移的特性[8]，将计算得到的裂纹扩展速率曲线在双对数图上平移即可。这是因为 S-N 曲线中初始损伤的影响，反映在寿命中就是

$$\log N_{\text{factual}} = \log N_{\text{f}}(D_0 = 0) - \Delta_{D_0}$$

故实际速率曲线应为

$$\lg\left(\frac{\mathrm{d}a}{\mathrm{d}N}\right)=\lg\left(\frac{L_{\mathrm{f}}}{N_{\mathrm{factual}}}\right)=\lg\left[\frac{L_{\mathrm{f}}}{10^{-\Delta_{D_{c0}}}N_{\mathrm{f}}(D_{c0}=0)}\right]=\lg\left[\frac{L_{\mathrm{f}}}{N_{\mathrm{f}}(D_{c0}=0)}\right]+\Delta_{D_{c0}} \tag{4.49}$$

但平移多少，则是与 D_{c0} 的大小有关的。为了避开 D_{c0} 难以确定的困难，可以作极少量的裂纹扩展速率实验，如图 4.16(a)所示，直接确定平移量(这里所谓平移，是指在计算得到的 $\lg(\mathrm{d}a/\mathrm{d}N)$ 中，统一加上一个 Δ)。这样平移后的裂纹扩展速率曲线，是与大量实验的速率曲线一致的，如图 4.16(b)所示。虽然只利用了铝合金 LY12CZ 的疲劳特性和裂纹扩展实验结果来说明，但结论是有普遍性意义的。

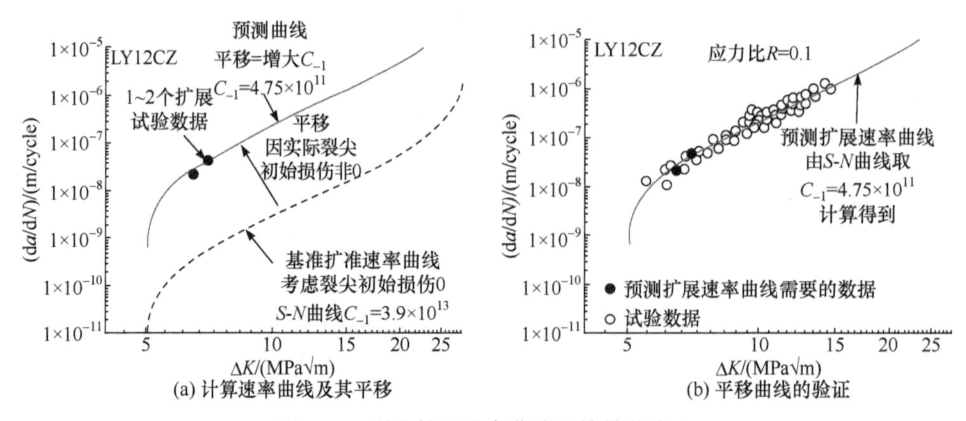

图 4.16　裂纹扩展速率曲线的简单获取法

因此，裂纹扩展曲线实际上反映的是与 *S-N* 曲线相同的材料疲劳特性，所不同的只是裂尖初始损伤与光滑材料的初始损伤不同而已。为了确定平移量即裂尖初始损伤的影响，才需要进行少量的裂纹扩展试验。利用这一方法，还可以避开裂纹扩展门槛值附近，非常耗时的裂纹扩展速率实验，获得门槛值附近的裂纹扩展速率(无须将其经验公式化)，进而可以计算其扩展寿命。

在工程结构的有效寿命预测中，实际上重要的是门槛值附近的扩展。利用上述方法的便利之处就是，利用少量稳态扩展试验结果，经计算和拟合得出门槛值附近的扩展速率。

4.10　结构疲劳寿命的可靠性设计方法及损伤容限

疲劳寿命的离散性是不可避免的，经验的疲劳寿命评价方法给出的是寿命中值。均匀棒材或板材中取样的小试样的离散性较小，常以计算评价寿命(即中值)

除 2 作为下限(其来历是一些研究者在进行试件疲劳研究时，提出了寿命评价方法要使试验结果在 2 倍范围内的观点，但这一观点实际上是缺乏事实和理论依据的)。对于大尺寸或复杂构件，其疲劳寿命的离散性远比光滑小试件大，从结构中取样的小试件，其疲劳寿命离散性就会远超 2 倍范围，更不要说实际结构寿命的离散性了。另外，计算疲劳寿命时涉及的材料疲劳特性有多个，考虑各个参数的离散来计算结构疲劳寿命及其可靠性，是非常繁杂和困难的，甚至是不现实的。所以，目前涉及疲劳寿命可靠度时，往往只能基于大量结构疲劳的事后统计，或者某种事先设定的假想概率影响模型。因此，对于实际工程来说，大多数所谓可靠性评价都还是不可靠的。一种解释是影响可靠性的因素太多，如载荷随机性、几何尺寸误差、材料离散性等，需要建立更复杂的可靠性预测模型。从失效准则形式的角度来看，结构的可靠性是由评价参数和材料特性的可靠性两部分组成的，两者的形成机理显然不同，分别考虑其可靠性模型或评价方法才是合理的。实际上对于确定性受载的结构疲劳寿命来讲，载荷波动、几何尺寸误差等的影响，是通过在设计中放大载荷来考虑的(意味着在设计时已保证载荷等引起的可靠度是 100%)，故而其可靠性评价实际上可只主要着眼于材料的离散性。

前述的基于损伤演化的疲劳寿命评价方法有一个巨大的优势，就是可用初始损伤的离散性来表征疲劳寿命(计算方法参见 4.6 节)的离散性，而材料疲劳特性常数则保持不变。这样，我们就可以用初始损伤的离散性，来方便地获得疲劳寿命的可靠度。

4.10.1　结构材料疲劳特性及初始损伤的获取

在结构材料的各个代表性部位取样，尤其是复杂构件如发动机曲轴、盘锻件等，进行疲劳寿命试验，如图 4.17 所示。实际结构材料的取样试验结果离散性比板材或棒材的小试样的离散性一般要大很多，往往连疲劳极限都无法利用升降法来获得。但我们可以用初始损伤零对应于试验结果中值，以初始损伤 $D_0=\pm\delta$ (如 $\delta=0.1$)来拟合试验数据。以 $D_0=0$ 拟合中值，可确定材料的各个疲劳特性常数(如图 4.17 中实线，拟合方法参见文献[28])，以同样的材料疲劳特性，仅改变初始损伤 $D_0=\pm\delta$ 得出的拟合曲线可以大致框定试验数据的离散性，如图 4.17 中虚线所示。每个数据点与中值的差别都是由初始损伤的离散性导致的，故都对应于一个特定的损伤，如图 4.17 中的 $D_0=0.11$、-0.05 等。利用 $D_0=\pm\delta$ 的拟合曲线框定试验结果，可以为各试验点的初始损伤确定提供便利，不必对每个点都通过取不同的 D_0 去拟合确定。

4.10.2　结构材料离散性的确定

为了确定结构材料的疲劳特性，总是要进行一些不同应力比或平均应力的

S-N 曲线试验的。对各 S-N 曲线的数据点都进行图 4.17 的初始损伤处理，就能获得关于初始损伤的足够多的样本，进行如图 4.18 所示的正态分布[61]处理，获得其正态分布函数

$$f\left(D_0\right)=\frac{1}{\sqrt{2\pi s}}\mathrm{e}^{-\frac{\left(D_0-\mu\right)^2}{2s^2}} \tag{4.50}$$

其中，s 为方差，μ 为数据处理中出现的初始损伤均值，一般接近于零，其之所以出现，是因为试验结果在中值拟合时，并不一定是严密地在其中值位置上。

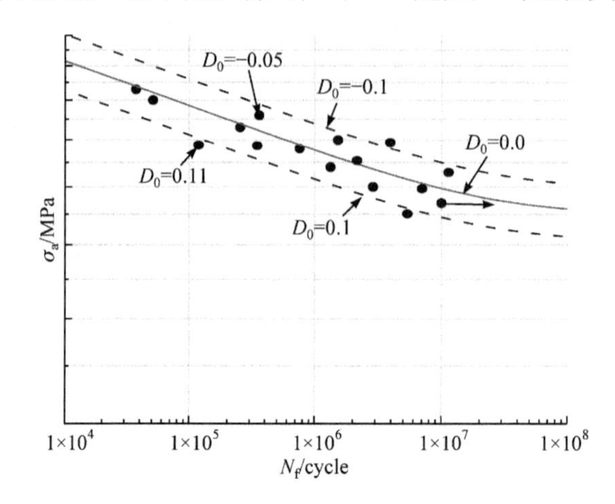

图 4.17　构件材料取样试验疲劳寿命的离散性

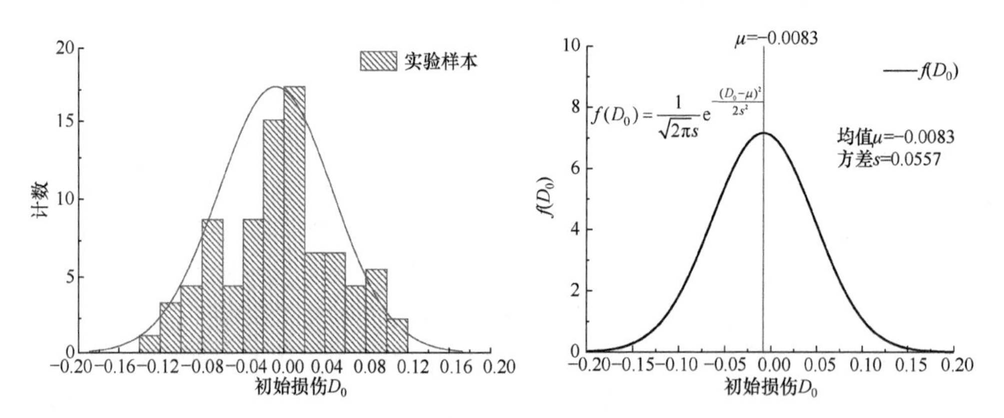

图 4.18　初始损伤离散性的正态分布处理

4.10.3　规定可靠度要求下的初始损伤确定

出现小于某一初始损伤 D_{0i} 的总概率可由式(4.50)积分得到

$$P\left(D_{0i}\right)=\int_{-\infty}^{D_{0i}}\frac{1}{\sqrt{2\pi s}}\mathrm{e}^{-\frac{\left(D_0-\mu\right)}{2s^2}}\mathrm{d}D_0 \tag{4.51}$$

取标准正态分布变量

$$x=(D_0-\mu)/s$$

可改写为

$$P\left(x\right)=\int_{-\infty}^{x}\frac{1}{\sqrt{2\pi x}}\mathrm{e}^{-\frac{x^2}{2}}\mathrm{d}x \tag{4.52}$$

该积分已是前人准备好的，如书末附录 4 所示。根据具体设计的可靠度要求，如 99.87%(3 西格玛可靠度要求，因 $x = 3$ 而得名)，查得 $x = 3$，则对应于该可靠度要求的初始损伤 D_{0i} 必须取为

$$x=3=\frac{D_{0i}-\mu}{s},\quad D_{0i}=3s+\mu$$

又如可靠度要求为 99.99%(俗称 4 个 9，万无一失)，由该表查得 $x = 3.62$，即在该可靠度要求时，初始损伤要取为

$$x=3.62=\frac{D_{0i}-\mu}{s},\quad D_{0i}=3.62s+\mu$$

显然可靠度要求越高，初始损伤必须取得越大。

4.10.4 计算规定可靠度下的疲劳寿命

以规定的可靠度确定初始损伤，以该初始损伤来计算疲劳寿命，就可得到具有规定可靠度下的结构疲劳寿命。反过来说，所预测的寿命是与可靠度相关的。一般的寿命预测是按中值进行的，其可靠度只有 50%。

另外，如果设计时故意取更大的安全系数，或者实际材料的离散性比安全系数规定的还要小，则实际可靠度会大于设计要求的可靠度。此时，即使材料中包含一些微小缺陷，疲劳失效或寿命仍可满足可靠性的设计要求。这个可允许微小缺陷的最大尺寸，就是所谓损伤容限。由于疲劳寿命特性对微观缺陷更敏感，损伤容限一般总是由疲劳寿命评价来决定的。必须注意的是，损伤容限指的缺陷必须是微小的，本质上是指那些在材料检验时因微小而较难发现的缺陷，对于金属材料一般在数十微米量级。更大尺寸的缺陷，因不难在检查时发现，与其在设计中允许其存在(将导致结构尺寸的不必要增大)，不如将其作为废料排除来得经济实用并可确保可靠性。另一方面，也有在役结构中出现宏观缺陷仍可继续使用的情况，那属于剩余强度或剩余寿命的问题，不属于损伤容限概念范畴。其实，损伤容限的名词本身就意味着该微小尺寸的缺陷可以被当作损伤，从而可以用损伤

力学的方法进行处理，而不包括必须用断裂力学方法才能处理的宏观裂纹问题。用损伤力学的方法进行处理的好处是,在应力分析时可以不考虑微小缺陷的影响,而只需在应力分析结果中考虑损伤引起的有效应力增大，进而直接利用失效准则进行失效和可靠度的评价即可。因为评价是针对危险点进行的，故而与损伤容限对应的微小缺陷，虽然实际出现处可能并不一定在结构的危险点，但在设计时则必须考虑出现在最危险点处的。简单地说，将损伤容限 D_{0d} 作为初始损伤的一部分，加上对应于可靠度要求的初始损伤极限 D_{0i} ，即以

$$D_0 = D_{0d} + D_{0i} \tag{4.53}$$

计算疲劳寿命，如果与设计寿命要求一致，则该 D_{0d} 就是该结构在规定的设计寿命和可靠度下的损伤容限。在具体应用中，常常需要把损伤容限改写成微观缺陷的尺寸。可利用疲劳特征长度和损伤有效应力的概念来给出其关系。记疲劳特征长度为 L_f ，微观缺陷表面尺寸 a_L ，深度方向尺寸 a_h ，根据损伤有效应力的概念，考虑表面及深度方向 $L_f \times L_f$ 面积上的内力 F_{nom} ，有

$$\sigma_{nom} = \frac{F_{nom}}{L_f \times L_f}, \quad \sigma_{ef} = \frac{F_{nom}}{(L_f - a_L)\times(L_f - a_h)} = \frac{\sigma_{nom}}{(1-d_L)(1-d_h)} \approx \frac{\sigma_{nom}}{1-d_L-d_h} \tag{4.54a}$$

其中，

$$d_L = \frac{a_L}{L_f}, \quad d_h = \frac{a_h}{L_f}, \quad \sigma_{ef} = \frac{\sigma_{nom}}{1-d_L-d_h} = \frac{\sigma_{nom}}{1-D_{0d}} \tag{4.54b}$$

可方便地得出

$$D_{0d} = d_L + d_h = \frac{a_L + a_h}{L_f}, \quad a_L + a_h = L_f D_{0d} \tag{4.55}$$

即可获得表面与深度方向缺陷长度之和。由以上推导过程可知：

(1) 可作为损伤容限的缺陷尺寸，必须小于疲劳特征长度，否则损伤的概念不成立，应作为宏观缺陷处理。

(2) 从损伤容限 D_{0d} 决定出的只是表面和深度方向的尺寸之和,与微观缺陷的几何形状(椭圆、矩形还是其他复杂形状)无关。一定要给出具体值时，需假定一个缺陷的长细比。

由以上说明还可知，离开设计寿命和可靠度要求的损伤容限是不存在的，并且损伤容限总是针对具体结构的。

顺便指出，对于复合材料，所谓损伤容限往往可达数毫米，但那实际上应该被称作缺陷容限，因为这已经是不能用损伤力学方法处理的(但对于小短裂纹，断裂力学的方法实际上还尚未成熟)。这一方面受制于复合材料的探伤技术(目前尚

只能检测出毫米级的缺陷)，另外也是因为复合材料的失效形式往往被限于准静态破坏(复合材料的疲劳性能离散性很大，目前尚较少用于主要承受疲劳载荷的构件)。

4.11　结构危险点应力谱的循环稳定行为

当结构危险点处有一定的塑性变形时，在同种外载荷谱作用下，危险点的应力谱都会有循环稳定行为。图 4.19 为某榫槽榫头结构危险点在工作外载谱下的应力谱循环稳定过程。在第一个工作循环的加载过程中，危险点附近发生塑性变形，当第一个工作循环(卸载)结束时，因残余塑性变形，在危险点处会产生压缩残余应力。该残余应力会抵消部分第二个工作循环中的加载应力，使得应力减小，同时因为加工硬化，第二个循环中就不会再有屈服发生。这样，危险点应力谱就变为完全的弹性循环。一般在数值计算中，计算 3～4 个工作循环，就会完全稳定(第二循环可能会有某些单元的应力还不够稳定)下来。必须指出的是，第一个工作循环中虽有塑性变形，但却并不意味着疲劳是低周疲劳(应变疲劳)，因为在后续循环中实际上没有塑性滞环，只是弹性应力循环，即还是应力疲劳(高周疲劳)。但是，第一循环和稳定后的应力谱是很不一样的，强度校核应按第一循环的应力谱进行，因为其没有压缩残余应力的贡献，应力最大。而疲劳寿命评价则必须按稳定的应力谱计算，因为疲劳损伤累积主要发生在稳定循环中，头一两个循环的损伤累积可以忽略。搞混这两种应力谱，也是乱用千奇百怪的寿命评价方法的原因之一。工程结构是否处于低周疲劳状态，只能由稳定循环中有无塑性变形滞环来决定。绝大多数结构，要么是处于完全弹性状态(第一个循环也不出现局部塑性变形)，要么是因加工硬化和压缩残余应力的影响，处于弹性的循环稳定状态。只有卸载后压缩残余应力达到材料发生压缩屈服的情况，才有可能在后续循环中产生塑性滞环(注意，也只是可能而已，因为拉伸方向应力被压缩残余应力抵消后难

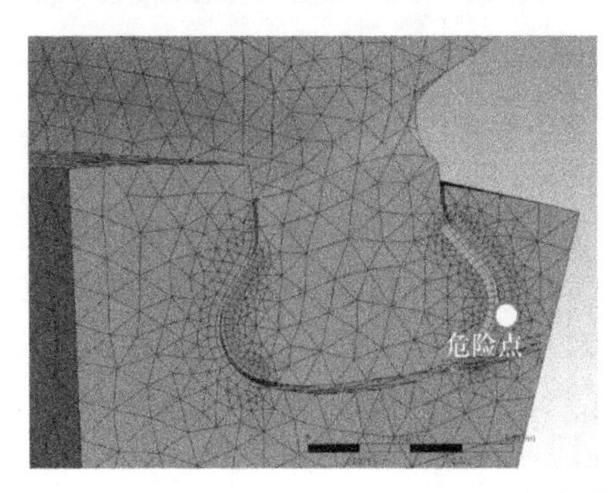

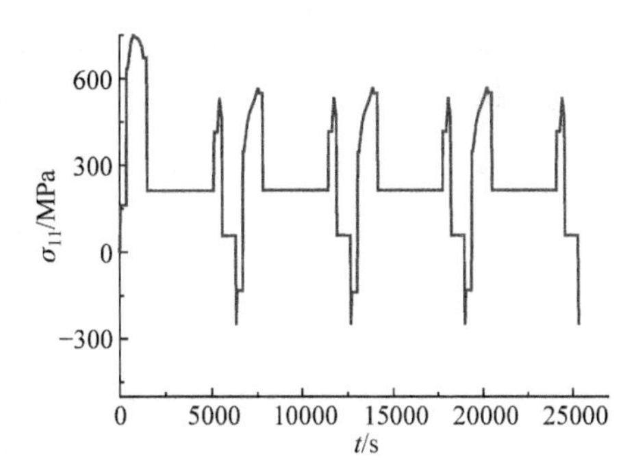

图 4.19　应力谱循环稳定过程示例

以再达到屈服)。工程应用中确实也有人因第一个循环有塑性变形而用低周疲劳的评价方法，但这其实只是误解而已。

当然，关于低周疲劳的研究非常多见。为了保证有塑性滞环，一般都采用对称循环形式进行单轴试验。但实际工程机械的疲劳一般是从 0 应力状态的起动—工作状态—卸载停止状态—从卸载状态的起动—工作状态—卸载停止状态的循环形式，总体上不是对称疲劳。这种非对称疲劳，如果有塑性滞环出现，就很容易出现图 4.20 所示的棘轮效应[62]，应力应变曲线形不成一个稳定的滞环，而始终有塑性应变在累积。显然这也与普通的所谓低周疲劳是两回事。

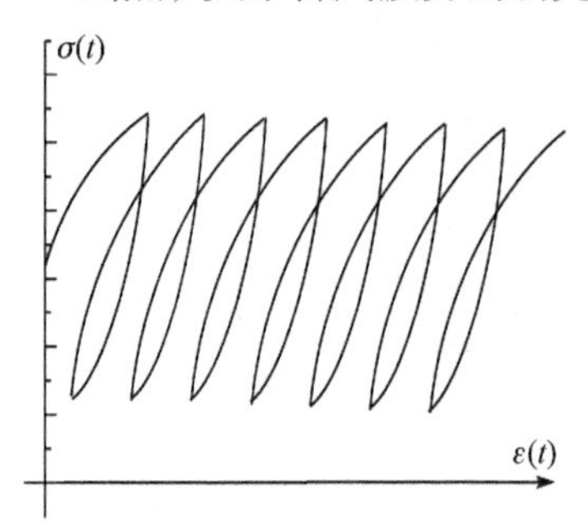

图 4.20 非对称应力控制的棘轮效应

对于有棘轮效应的循环疲劳破坏，显然，除了低周疲劳引起的客观破断外，累积塑性应变极限规定的主观失效条件，也是必须考虑的。因此，此时的寿命预测，必须包含主观寿命和客观寿命，以先达到者为准。主观寿命以累积应变为评价依据，理论上可以应用材料的随动硬化塑性本构模型等计算累积塑性应变，直至临界应变即可获得寿命。工程估算时，可以用前几个循环得出的每个循环的平均累积应变速率 $\dot{\varepsilon}_{\text{cu}}$ (1/cycle)，来计算主观寿命 $N_f = \varepsilon_{\text{cu}} / \dot{\varepsilon}_{\text{cu}}$。关于客观寿命的计算，理论上可以通过设定与棘轮效应相应的损伤演化律，另行建立一套疲劳理论，但这是一项非常繁复的工作，已有一些理论研究[28]，但目前还没有有效的工程寿命估算方法(实际工程结构允许不允许出现棘轮效应是另一回事)。

4.12 超长寿命时的损伤演化

金属材料的疲劳极限是以 *S-N* 曲线的下平台对应的振幅来定义的，意味着应力振幅小于该平台时寿命趋于无穷大，一般以经10^7个循环未发生疲劳的应力幅作为疲劳极限。关于疲劳极限的标准试验方法是升降法，即如果在10^7个循环未疲劳，则降低应力振幅，反之则增大应力振幅。如果把升降幅度控制在 5%，就可获得误差在 5%以内的疲劳极限值。显然，升降法暗含的假定是疲劳极限基本上是常数。因此，对于大尺寸或复杂结构件，疲劳极限的离散性本身就可能超过试验中的升降幅度，从而导致试验方法本身不收敛。另外，10^7个循环未必一定对应于 *S-N* 曲线的下平台。实际上许多合金材料，其下平台对应的循环数会在10^7个循环数以上。但是，此循环数以上的疲劳实验非常耗时，提高试验频率虽可节省试验时间，但也会带来某些材料(尤其是合金材料)的试件发热(意味着引起了其他损伤机制)，影响试验结果的可靠性，并不是总可以采用的。所以，工程中仍多以10^7个循环数对应的应力幅来决定疲劳极限(也可以适当减小来估计疲劳极限，来满足工程应用需求)。

但是，在实际应用中，也有要求寿命远大于10^7个循环数的情况。通常，人们把寿命大于10^8个循环数时，称为超长寿命。超长寿命问题的存在本身就说明了所谓疲劳极限，只是人们为了方便而引入的一个“名义性”的材料特性。一些超长寿命的试验表明，疲劳极限以下的应力幅，仍会在更长的寿命时发生疲劳破坏，其 *S-N* 曲线可示意性地表示成如图 4.21 所示的形式，即经过一段近似平台型的应力幅-寿命关系后，寿命曲线又会开始下行，其下行方式是与高应力振幅时不同的。在超长寿命时是否会再出现第二个平台，目前尚未有任何证据。从疲劳裂纹萌生位置看，平台之前从表面开始，而超长寿命时则萌生在表面以下(俗称次表面)的夹杂等微观缺陷处。这意味着超长寿命疲劳的损伤累积机理与平台以前的疲劳是不同的。它在平台及平台以前的疲劳中也是存在的，只不过其损伤累积是小到可以忽略的，而在超长寿命时，应力疲劳的损伤累积机理消失，它变成了主要的损伤累积机理。至于超长寿命的损伤累积机理到底是什么？除了裂纹萌生位置外，目前并不十分清楚。但从损伤累积的角度，可以认为另有一种损伤累积非常缓慢的演化律，在超长循环数时累积到一定程度，使得损伤有效应力大于疲劳极限，最终引发应力疲劳。当损伤有效应力在疲劳极限附近时，该损伤机制与应力疲劳机制共存，当损伤有效应力远在疲劳极限以上时，该损伤机制的累积量可以忽略，而当损伤有效应力在疲劳极限以下时，应力疲劳机制消失(严密地说应是可以忽略)。这样，我们就可以耦合损伤演化的方法，来唯象地建立超长寿命的疲劳损伤演化律：

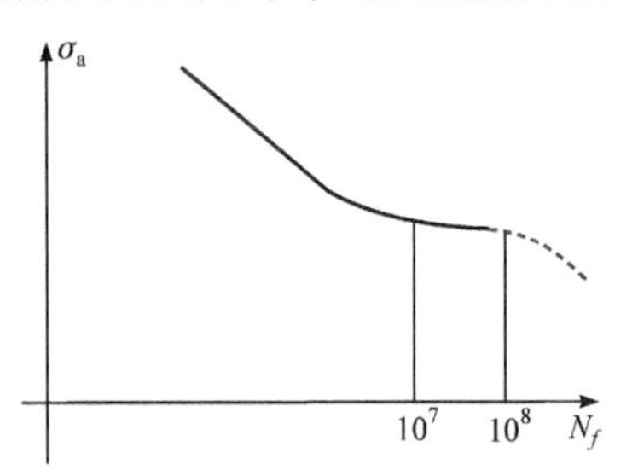

图 4.21　超长寿命的 *S-N* 曲线形态

$$\frac{\mathrm{d}D}{\mathrm{d}t}=\left.\frac{\mathrm{d}D}{\mathrm{d}t}\right|_{\text{应力疲劳}}+\left.\frac{\mathrm{d}D}{\mathrm{d}t}\right|_{\text{超长}} \tag{4.56}$$

其中，$\mathrm{d}D/\mathrm{d}t|_{\text{应力疲劳}}$已由式(4.20)给出，$\mathrm{d}D/\mathrm{d}t|_{\text{超长}}$则具有在应力幅大于疲劳极限时，远小于$\mathrm{d}D/\mathrm{d}t|_{\text{应力疲劳}}$的性质。原则上只要有超长寿命的试验数据，用式(4.56)拟合(随着损伤累积，有效应力增大，最终会激发应力疲劳损伤累积机理，故拟合时第一项不能忽略)，总是可以得出$\mathrm{d}D/\mathrm{d}t|_{\text{超长}}$的经验形式的。

值得注意的是，超长寿命的疲劳试验，一般要用非常高的试验频率。而高频时，交变载荷会引起微观缺陷表面的内部摩擦发热。摩擦发热属于另一种损伤累积机理，试验过程中会有温升现象。这与循环塑性变形发热现象类似，但引发损伤累积的机理则完全不同。超长寿命超高频率疲劳起点的“鱼眼”，从摩擦发热的角度是可以说明的。因此，在疲劳试验中，是不能把非常高频与普通频率(如 20Hz)的试验结果混为一谈的。无论是普通寿命疲劳还是超长寿命疲劳，如果试件存在发热现象，超高频与普通频率下的疲劳试验寿命是不同的。对于合金材料，此点必须高度注意(有些合金材料的疲劳试验数据，离散得无规律可循，其原因就是试验频率范围往往非常大)。

思　考　题

1. 位错为什么能增大滑移阻力?
2. 滑移阻力与位错密度有关系式，塑性变形与位错密度之间可以建立关系式吗?
3. 通常说塑性变形是不可恢复的，是指塑性变形后位错结构会被保留下来。从宏观变形角度，塑性变形借助外力是可以恢复的，但位错结构是否也可恢复呢?
4. 拉伸极限前后，都有塑性变形发生，两者有什么差别?
5. 采用位移控制加载，过最大拉伸极限后卸载，再次用力控制加载时会发生什么现象?
6. 塑性成型加工后，一般都要经过回火或时效处理。从微观组织结构来看，这是出于什么目的?
7. 锻造等塑性成型即使经回火或时效处理，其强度特性仍会呈各向异性(如圆盘锻件的弦向和径向)的性质。为什么?
8. 如果在韧性材料中有裂纹，但法向受压裂纹面闭合，在压剪状态下会发生哪种失效形式? 并考虑其失效条件。
9. 在韧性材料的含裂纹薄板试件拉伸试验中，经常会碰到“pop-in”失效形式，即裂纹不是从裂尖连续地扩展，而在间隙性扩展中伴随“pop-in”的声音。试解释此现象。
10. 为什么平面应变与平面应力条件下，含裂纹构件的失效形式有很大不同?
11. 为什么韧性材料的疲劳断面(包括起裂处)呈准脆性破坏的形态?
12. 交变应力可看成是平均应力与循环部分应力的叠加，疲劳现象可不可以用这两部分各自效应的叠加来考虑?
13. 当结构中有应力集中点时，如螺牙根部，失效往往表现为该处的起裂而不是塑性变形，为什么?
14. 发动机等在正常工作时承受交变载荷，是否只需使该交变载荷在疲劳极限以下就不会发生疲劳?
15. 低周疲劳与低频疲劳有什么区别?
16. 在应力疲劳过程中，在寿命早期，通常瞬时过载(产生塑性变形)可增长疲劳寿命。如果在寿命后期瞬时过载会怎样?
17. 喷丸表面处理常用来表面改性，但对增长疲劳寿命效果也十分明显。为什么?
18. 裂纹扩展速率曲线与光滑材料疲劳 *S-N* 曲线是相互独立的材料疲劳特性吗?
19. 疲劳寿命的离散性是不可避免的。那么如何保证结构疲劳寿命的可靠性呢?

第 5 章　界面失效机理与准则

5.1　界面与界面相

严格地说，界面只是一个宏观概念，不同材料的结合面统称为界面，同一种材料，以非冶金的方法结合在一起时，也属于界面。晶界属于微观界面，但在宏观分析时是不考虑的(已被包含在材料强度特性之内)，也就是说，微观界面的处理是被包含在连续体假定和材料的宏观强度特性中考虑的。这是因为微观界面随机分布，犹如微观缺陷，只能用统计的方法处理，而宏观强度特性直接体现了它的统计特性。所以，一般意义上，界面是指宏观意义上的材料结合面。但是，界面处的微观组织结构变化却是宏观界面失效的机理，所以在结合界面性能评价时必须关注。从微观的角度看，宏观的界面模型[63,64]实际上对应于一层界面相，如图 5.1(a)所示。因其厚度很小，宏观处理时将其理想化为一个面，如图 5.1(b)所示。界面相两侧为被连接的两种材料，而界面相是一个过渡层(并不一定是材料组分或力学特性的连续过渡层)，从一种材料过渡到另一种材料。即使对于黏结界面，那些黏附在其他材料表面的分子，也会呈现与黏结剂本身不同的力学行为。界面相不是一种均匀材料，材料组分和原子结构排列都是不规则的，并且往往富含微观缺陷。界面相的厚度依据结合方法，会有几个数量级的差异。例如，焊接时可以为毫米级，而在涂层覆膜时只有纳米级。如果界面相内有一层物性稳定的材料，则是一种复合界面相，由两个界面相及中间的稳定材料构成，例如，以铜作为中间层的金属/陶瓷接头、金属焊接等。复合界面相可以有一定的塑性变形，

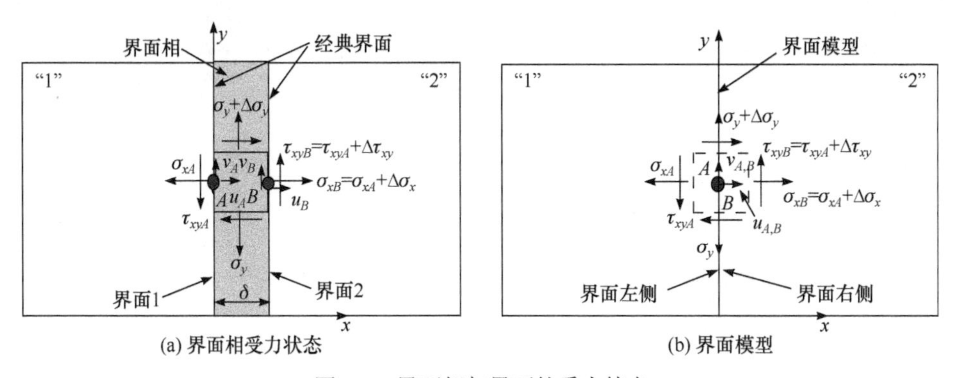

图 5.1　界面相与界面的受力特点

其塑性变形能力主要来自其中心稳定层。原理上，复合界面相可以细化为数个不同的界面相和中心稳定材料，所以本书只考虑不包括中心稳定层的界面。

为了今后叙述方便，我们把界面相的厚度方向称为界面相的面外方向，而把界面相的延展面称为界面相的面内方向。这与结合平板的面内面外的意义有所不同，必须区分清楚。

由于界面相极薄，应力分析时往往作无厚度化处理，其塑性变形行为既无法考虑，也难以实测，并且即使有局部的塑性变形，宏观上也是可以忽略的。因此，在作应力分析时，只需以界面条件保证界面相两侧力的平衡和变形的连续条件即可，如图 5.1(b)所示，而无须具体考虑界面相内的变形行为(但对于复合界面相，则当另论)。考虑界面相后，界面条件为

$$
\begin{aligned}
&u_i^{(1)} = u_i^{(2)} + \Delta u_i \\
&p_i^{(1)} = \sigma_{ij}^{(1)} n_j^{(1)} = -p_i^{(2)} = -\sigma_{ij}^{(2)} n_j^{(2)} = -(\sigma_{ij}^{(1)} + \Delta\sigma_{ij}) n_j^{(2)}
\end{aligned}
\tag{5.1}
$$

其中，上缀(1)，(2)表示两侧材料，$\boldsymbol{n}$ 是两侧材料在界面处的外法线矢量，$\Delta u_i, \Delta\sigma_{ij}$ 为界面两侧的位移和应力跳跃，这个跳跃量，显然是由界面相材料决定的。在对界面相作无厚度处理时，对这个跳跃量的处理方法，就构成了不同的界面模型。因此，所谓界面模型，本质上是界面相材料本构关系在无厚度化时的体现。引入界面模型的目的，是要准确地确定界面应力，为界面的失效评价提供参数依据。但界面的失效条件本身，则不是界面模型所能解决的，需要根据具体界面相材料破坏机理，建立相应的失效准则。当然，对于特定的界面，其失效形式唯一或失效准则已被确立时，对应失效条件也可被称为界面的强度模型，但显然只适用于特定的界面。

虽然也有一些只关注位移连续的界面近似处理方法(例如，在以材料力学方法处理叠层梁时)，但在一般性的界面应力分析中(包括数值和理论分析)，必须采用以下界面模型之一。

5.1.1 经典界面模型

忽略式(5.1)中的 Δu_i 、$\Delta\sigma_{ij}$ ，即把界面作为连续体中的一个间断面。这样，式(5.1)就退化为均匀连续体中假想面上的连续条件[22]

$$
u_i^{(1)} = u_i^{(2)}, \quad p_i^{(1)} = \sigma_{ij}^{(1)} n_j^{(1)} = -p_i^{(2)} = -\sigma_{ij}^{(2)} n_j^{(2)}
$$

这一连续条件本来只是关于均匀连续体中的假想面的，但把它扩展应用到了两侧材料不同时的界面，因此，经典界面模型是一种把界面相缩减近似为间断面的模型。此时，除位移、面力连续外，其他应力或应变分量可以是间断的。

5.1.2 黏聚力模型(弹簧模型)

黏聚力模型也称内聚力模型，即在式(5.1)中忽略 $\Delta\sigma_{ij}$ ，但考虑有 Δu_i 的存在，

引入面力弹簧 $p_i = k_i \Delta u_i$ (也可以是非线性的)来补充方程，其中 k_i 为面力弹簧系数。这一模型是不能应用到连续体中的假想面的，因为连续体内假想面上位移必须是连续的(否则就是开裂)。当然也可以考虑是把连续体的某一微小厚度缩减为假想面而产生位移跳跃，但用弹簧近似连续体只在少量特殊情况下成立(否则就无需连续介质力学了)，故弹簧模型不是可以普遍适用的。把内聚力模型应用于界面时，相当于把界面相缩减为面，把界面相材料近似成了弹簧。显然这必然是有适用性限制的[65,66]。内聚力模型最早来自断裂力学中有狭长塑性屈服域的裂尖，是把狭长塑性域作无厚度处理，以屈服应力作为作用面力的裂尖模型。后来被忽略适用限制条件，扩展应用到任意假想面或间断面，但实际上这一模型只适用于界面相很“软”(直观地说弹性模量远比母材小，各向应力应变的耦合可以忽略)的情况。

5.1.3　完全界面模型

保留 Δu_i 、$\Delta \sigma_{ij}$，根据界面相材料的具体变形特性，另行补充关于 Δu_i 、$\Delta \sigma_{ij}$ 的方程。此时式(5.1)本身是严密的界面条件形式，但关于 Δu_i 、$\Delta \sigma_{ij}$ 的补充方程往往只能近似得出(补充方程可由界面相本构关系导出，但界面相本构关系往往难以确定)。假定界面相为某种线弹性材料，对于图 5.1 所示的平面问题，可得到如下补充方程[63,64]

$$u_B = u_A + \Delta u, \quad v_B = v_A + \Delta v$$

$$\sigma_{xB} = k_1 \Delta u + k_{12} \frac{\partial (v_A + \Delta v)}{\partial y} = \sigma_{xA} + k_{12} \frac{\partial \Delta v}{\partial y}, \quad \sigma_{xA} = k_1 \Delta u + k_{12} \frac{\partial v_A}{\partial y}$$

$$\tau_{xyB} = k_2 \Delta v + k_{21} \frac{\partial (u_A + \Delta u)}{\partial y} = \tau_{xyA} + k_{21} \frac{\partial \Delta u}{\partial y}, \quad \tau_{xyA} = k_2 \Delta v + k_{21} \frac{\partial u_A}{\partial y} \tag{5.2}$$

其中，下标 A、B 表示界面两侧的物理量(差一个跳跃)，

$$k_1 = \frac{G(\kappa + 1)}{(\kappa - 1)\delta}, \quad k_{12} = \frac{G(3 - \kappa)}{\kappa - 1}, \quad k_2 = \frac{G}{\delta}, \quad k_{21} = G$$

$$G = E / (1 + 2\nu), \quad \kappa = 3 - 4\nu(\text{平面应变}); \quad \frac{3 - \nu}{1 + \nu}(\text{平面应力})$$

E, ν 为界面相材料的等效弹性模量和泊松比，δ 为界面相厚度。利用式(5.2)，就可进行把界面相缩减为界面的应力分析，并且还可求得界面相的面内应力如下

$$\sigma_y = \frac{k_1 \delta}{2} \left(2 \cdot \frac{\partial v_A}{\partial y} + \frac{\partial \Delta v}{\partial y} \right) + \frac{k_{12}}{\delta} \Delta u$$

然而，应力分析的目的是失效评价。所谓界面失效，实际上是界面相材料的失效。根据界面相材料的组分、微结构形式等，界面可区分为脆性和韧性界面两种。无论哪种，都首先必须弄清界面相的真实受力状态。由图 5.1(a),(b)可知，在

把界面相作无厚度化处理时，界面相内平行于界面的应力消失了，所以在考虑界面失效即界面相失效时，必须先把它找回来。在采用完全界面模型时，这个应力是可以按界面相的等效本构关系直接得到的。但在采用黏聚力模型时，因已用弹簧取代了连续体的界面相，是再也找不回来的。而在采用经典模型时，则可以通过以下方法近似地找回来。

以平面应力问题为例，如图 5.2 所示，σ_x、σ_{y1}、σ_{y2} 是可以由数值计算得到的。必须注意，由于界面上只有面力和位移是连续的，所以只有部分应力、应变分量是连续的，而另一些在界面两侧是跳跃的。对于图 5.2 所示的界面，应力连续的是 σ_x、τ_{xy}、τ_{xz}，跳跃的是 σ_y、σ_z、τ_{yz}，应变连续的是 ε_y、ε_z、ε_{yz}，跳跃的是 ε_x、ε_{xy}、ε_{xz}，而位移则都是连续的。连续的部分，统称为界面的连续性条件。对于应力应变的跳跃分量，在进行有限元分析时，必须通过界面两侧的单元高斯点来逼近，而不能直接从界面节点得到，这是必须高度注意的。

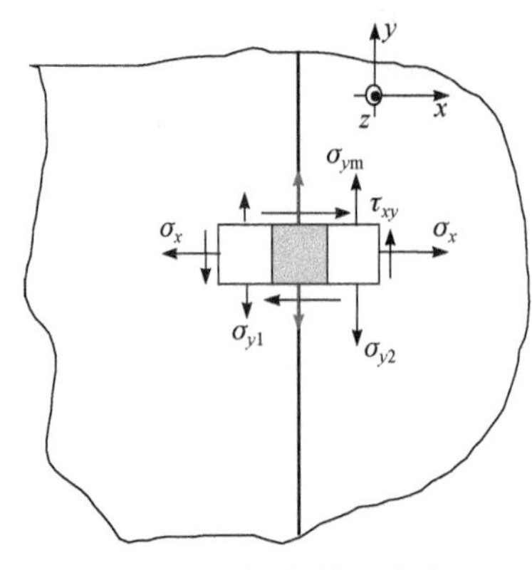

图 5.2　界面相内的应力

根据界面连续条件 $\varepsilon_{y1}=\varepsilon_{y2}=\varepsilon_{ym}$ (下标 1,2,m 分别表示母材及界面相)，由胡克定律：

$$\varepsilon_{y1}=\frac{\sigma_{y1}}{E_1}-\frac{\nu_1\sigma_x}{E_1},\quad \varepsilon_{y2}=\frac{\sigma_{y2}}{E_2}-\frac{\nu_2\sigma_x}{E_2},\quad \varepsilon_{ym}=\frac{\sigma_{ym}}{E_m}-\frac{\nu_m\sigma_x}{E_m}$$

这里，E_m,ν_m 为界面相的等效杨氏模量和泊松比。因此，σ_{y1}、σ_{y2} 不是相互独立的，其关系由 $\varepsilon_{y1}=\varepsilon_{y2}$ 决定。同理，σ_{ym} 也不是可以随意变化的，而必须满足

$$\frac{\sigma_{ym}}{E_m}=\frac{\sigma_{y1}-\nu_1\sigma_x}{E_1}+\frac{\nu_m\sigma_x}{E_m} \tag{5.3}$$

注意界面相内应力 σ_{ym} 不是 σ_{y1}、σ_{y2} 的平均，而必须经式(5.3)求得，否则会破坏界面的连续性条件。对于任意三维问题，σ_x、σ_{y1}、σ_{y2}、σ_{z1}、σ_{z2} 也是可以由数值计算得到的，而界面连续条件则有两个，即 $\varepsilon_{y1}=\varepsilon_{y2}=\varepsilon_{ym}$ 和 $\varepsilon_{z1}=\varepsilon_{z2}=\varepsilon_{zm}$，由胡克定律可从下式求得 σ_{ym}、σ_{zm}

$$\begin{aligned}\frac{(1-\nu_m^2)\sigma_{ym}}{E_m}&=\frac{(1-\nu_1\nu_m)\sigma_{y1}-(\nu_1-\nu_m)\sigma_{z1}}{E_1}+(1+\nu_m)\sigma_x\left[\frac{\nu_m}{E_m}-\frac{\nu_1}{E_1}\right]\\ \frac{(1-\nu_m^2)\sigma_{zm}}{E_m}&=\frac{(1-\nu_1\nu_m)\sigma_{z1}-(\nu_1-\nu_m)\sigma_{y1}}{E_1}+(1+\nu_m)\sigma_x\left[\frac{\nu_m}{E_m}-\frac{\nu_1}{E_1}\right]\end{aligned} \tag{5.4}$$

所以，采用经典界面模型时，只需引入界面相材料的等效杨氏模量和泊松比，无须另行分析，即可近似地求得界面相内平行于界面方向的正应力。上述计算界面相内应力的关键是，要事先确定界面相的等效杨氏模量和泊松比。考虑到它们只是等效的变形特性，不涉及破坏，且是组织钝感的，故可以用下述三种方法来确定。

1. 混合律法

由界面相各组分的变形特性，按复合材料的混合律进行估算。这需要事先知道界面相成分的构成比例，以及各组分的变形特性。这实际上是把复杂的不均匀的界面相材料，当作一种均匀的复合材料处理。适用于形成界面相时无化学反应和扩散的情况，如黏结界面等。在可以得到界面相块体材料时，可以实测(仅限于等效变形特性，但不包括强度特性)。这与按混合律计算复合材料变形特性是一样的道理。

2. 简易估算法

考虑到界面相是从一种材料过渡到另一种，假定界面相内的变形特性变化为线性分布(适用于有化学反应或扩散结合的界面)，如图 5.3(a)所示，然后估算其平均值。考虑垂直于界面方向的界面相总变形 Δu ，由广义胡克定律得

$$\Delta u = \frac{\sigma_x - \nu_{\rm m}\sigma_{y\rm m}}{E_{\rm m}}\delta = \int_0^\delta \frac{\sigma}{E(\xi)}{\rm d}\xi = \int_0^\delta \frac{\sigma_x - \nu_{\rm m}\sigma_{y\rm m}}{E_1 + \dfrac{E_2 - E_1}{\delta}\xi}{\rm d}\xi = \frac{(\sigma_x - \nu_{\rm m}\sigma_{y\rm m})\delta}{E_2 - E_1}\ln\frac{E_2}{E_1}$$

得界面相等效弹性模量为

$$\begin{aligned} E_{\rm m} &= \frac{E_2 - E_1}{\ln(E_2 / E_1)}, \quad E_2 \neq E_1 \\ E_{\rm m} &= E_1 = E_2, \qquad E_2 = E_1 \end{aligned} \tag{5.5a}$$

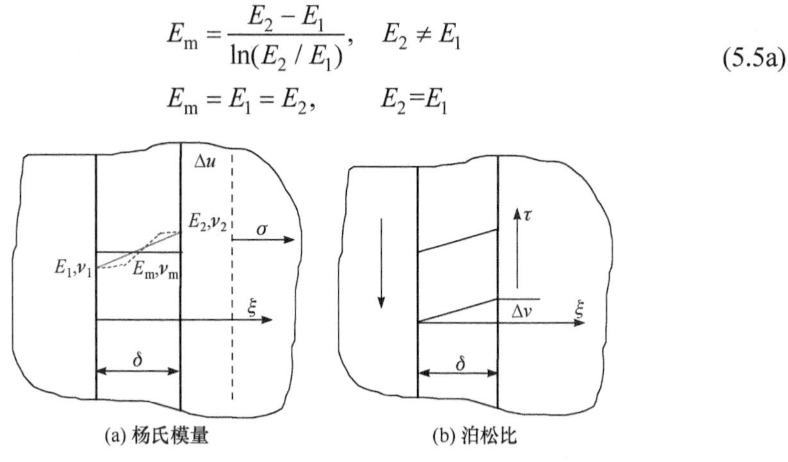

(a) 杨氏模量　　(b) 泊松比

图 5.3　等效弹性常数的估算

再考虑界面相的总剪切变形 Δv，如图 5.3(b)所示，得

$$\Delta v=\frac{\tau}{2G_{\mathrm{m}}}\delta=\frac{(1+\nu_{\mathrm{m}})\tau}{E_{\mathrm{m}}}\delta=\int_0^{\delta}\frac{\tau}{2G(\xi)}\mathrm{d}\xi=\frac{1}{2}\int_0^{\delta}\frac{\tau}{G_1+\dfrac{G_2-G_1}{\delta}\xi}\mathrm{d}\xi=\frac{\delta\tau}{2(G_2-G_1)}\ln\frac{G_2}{G_1}$$

可以确定等效泊松比如下

$$\begin{aligned}&2(1+\nu_{\mathrm{m}})=\frac{E_{\mathrm{m}}}{G_2-G_1}\ln\frac{G_2}{G_1},\quad G_1\neq G_2,\\&1+\nu_{\mathrm{m}}=\frac{E_{\mathrm{m}}}{G_1}=\frac{(1+\nu_1)E_{\mathrm{m}}}{E_1},\quad G_1=G_2,\end{aligned}\qquad G_k=\frac{E_k}{2(1+\nu_k)}\tag{5.5b}$$

以上估算法中假定了物性的线性分布，实际要复杂得多。但因为等效的弹性特性是一种平均值，因此，作为近似估算，其分布形式的影响可以忽略。必须注意，这种近似估算方法只适用于没有中间稳定层的界面相。如果有稳定层，其两侧的界面相需分开考虑，不能作为一个总的界面相考虑。故这种处理适用于结合时有化学反应、扩散的界面，而不宜用于有插入材料的连接(但在插入材料的两侧是可用的)。

3. 实验测量法

先利用电镜等，确定界面相厚度 δ (一般也只能是均值)，然后选定不同的测量标距 $(2n+1)\delta$ (取不同的 n)，如图 5.4 所示。加载 σ 测得标距点间的位移差 Δu，则

$$\Delta u=\frac{\sigma}{E_1}n\delta+\frac{\sigma}{E_{\mathrm{m}}}\delta+\frac{\sigma}{E_2}n\delta,\quad\frac{1}{E_{\mathrm{m}}}=\frac{\Delta u}{\sigma\delta}-\frac{n}{E_1}-\frac{n}{E_2}\tag{5.6a}$$

这里忽略了由单向 σ 的作用引起的其他方向上的正应力(由于存在界面约束，通常一向拉伸时在其他方向上会有较小的正应力，但考虑到泊松比效应，其在拉伸方向上引起的应变就更小，故可忽略)。同理，加载 τ 测得标距位移差 Δv，则

$$\Delta v=\frac{\tau}{2G_1}n\delta+\frac{\tau}{2G_{\mathrm{m}}}\delta+\frac{\tau}{2G_2}n\delta,\quad\frac{2(1+\nu_{\mathrm{m}})}{E_{\mathrm{m}}}=\frac{2\Delta v}{\tau\delta}-\frac{n}{G_1}-\frac{n}{G_2}\tag{5.6b}$$

得等效的杨氏模量和泊松比。显然，n 取得越小，测量越精确，但实验要求高，

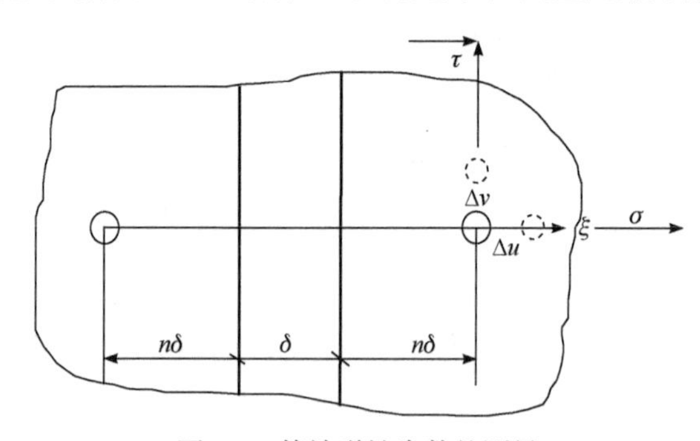

图 5.4　等效弹性常数的测量

反之，n 越大，实验容易但精度差。实际测量时，可以取几组不同的标距，然后对求得的等效杨氏模量和泊松比按 n 的大小做外插处理。

5.2　结合残余应力

界面的结合残余应力(焊接残余应力只是其一种)，是一个令人头疼的问题。因为它基本上是测也测不准，算也算不准的。这是因为它是由界面相对两侧材料的约束引起的，与其局部微观结构相关，原则上是不均匀局部应力，只能以某种近似形式来宏观表征。另外，既然界面相是一种过渡层，是从一种材料过渡到另一种，为什么还会有残余应力呢？这是因为结合工艺实施时的温度，与材料工作时的温度不同。当温度不同时，界面相对两侧材料都产生约束作用，这种约束作用就会在界面附近的母体材料内引起内部应力即残余应力，反过来在界面相内也会引起内部应力。但是，根据力的平衡原理，界面相对两侧材料的约束作用，必然是大小相等、方向相反的。而约束的程度，则是由界面相材料决定的。

在把界面相作无厚度化处理时，结合残余应力可以用两母材的相互约束来粗略计算。如图 5.5(a)所示，在结合工况的温度下，两者没有几何上的相互约束，不会有残余应力。但当温度下降 ΔT 时，连接后的两母材就产生了相互约束，来抵消热胀冷缩的影响，见图 5.5(b)。另外，图 5.5(b)的状态，也可以由图 5.5(c)的自由伸缩后的母材，通过人为施加如下约束(只需想象，并不需要实际结合)得到[67,68]

$$\left.\begin{aligned} u_i^{(1)} + \alpha_1 \Delta T x_i = u_i^{(2)} + \alpha_2 \Delta T x_i, \\ p_i^{(1)} = \sigma_{ij}^{(1)} n_j^{(1)} = -p_i^{(2)} = -\sigma_{ij}^{(2)} n_j^{(2)}, \end{aligned}\right\} \quad i = 1,2,3 \tag{5.7}$$

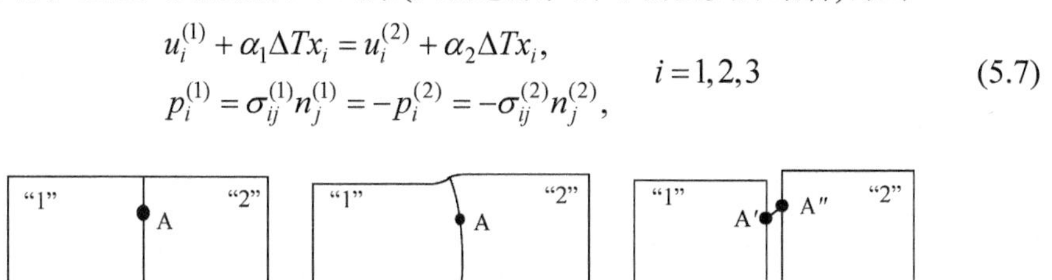

图 5.5　结合残余应力的数值算法

这里，α_k 为两种材料的线膨胀系数，上缀(1)、(2)表示对应的材料，$n_j^{(k)}$ 表示从材料 k 侧看时界面的外法向矢量的分量，两者方向相反，注意 ΔT 的正负。依据式(5.7)，利用两母材的变形约束，可由数值计算得两母材结合时的残余应力。但这样的算法忽略了界面相材料变形的影响，往往是过大评价的。由于界面相的存在，相互约束比式(5.7)要弱，但只是改变相互约束的程度，而并不改变大小相等、方向相反的约束方式。故按式(5.7)计算的残余应力，其分布是正确的，只是其大小有差别。而在式(5.7)中，反映约束程度的是 ΔT，故可引入有效温差 ΔT_{ef} 取代实际温差ΔT，来考虑界面相的影响。由于残余应力的分布形式不变，可用母材中界面附近某点的残余应力(如果可以实测的话)来决定ΔT_{ef}。但必须注意，残余应力是可以通过时效、振动等方法来缓和的(其机理是缓和相互约束的程度)，故ΔT_{ef}的确定，必须根据作缓和处理后的母材中某点的残余应力来进行。界面受循环载荷作用时，相当于在作残余应力的缓和，故结合残余应力的大小也是会发生一定程度的变化的。但是，对于已经做过缓和处理的结合材料，这种变化一般可以忽略。因为任何缓和手段，缓和到一定程度，其效果就不明显了。在实际应用中，所有形式的结合材料，都是需要经过时效或人工时效(振动)处理的。一方面当然是为了缓和结合残余应力，另一方面也是为了使应力状态更加稳定，甚至将残余应力的影响归入强度特性(一般界面强度特性都必须另行实测)中去，来避开结合残余应力分析的困难。

界面相内的残余应力，除了面力以外，也还有平行于界面方向的正应力(图 5.1(a))，但该残余应力分量可由式(5.4)求得，无须另行分析。板状结合材料的残余应力分布，如图 5.6 所示，在界面端有很强的应力集中(奇异)，甚至会直接引起被结合材料的起裂。界面端破坏有三种主要形式，如图 5.6 所示。在界面端处，结合残余应力的剪应力一般大于拉应力，故最大拉应力方向发生在母体材料内。如果基体材料起裂，就会发生在此方向(因为基体材料的强度特性已知，所以在进行基体起裂评价时，必须把残余应力考虑在内)。顺便指出，由两侧材料失配引起的这种残余应力的应力集中，即使切去界面端附近一层材料也是不能消除的，而会在新的界面端形成应力集中(称为残余应力的再分布)。另外，当界面起裂时，裂尖就是界面端，无裂纹时的残余应力也会发生再分布[69,70]，在裂尖会形成严重的残余应力集中。

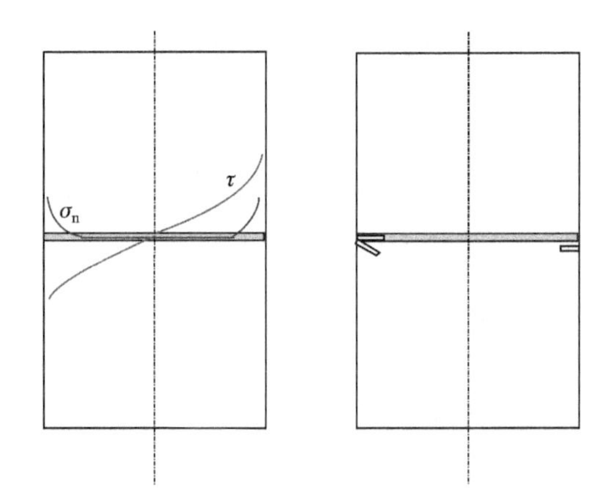

图 5.6 结合残余应力的分布形式及典型破坏形式

结合残余应力是由于被结合材料的相互约束引发的，故可采用合理的结合工艺来缓和。例如，利用线膨胀系数的差异，预先对某侧材料预加热、预拉紧等，减小结合后的相互约束，就可有效地降低结合残余应力。当界面相或某侧材料在高温有蠕变特性时，也可通过保温蠕变来缓和相互约束从而缓和结合残余应力。自然或人工时效也是常用的缓和方法。

5.3　界面静态破坏的经验和唯象失效准则

在考虑界面失效时，由于韧性和脆性材料的失效形式和准则不同，必须对韧性和脆性界面分别处理。多数情况下，由于界面相富含各类微观缺陷，即使其组分材料本身有较好的韧性，也会因微观缺陷阻碍滑移，屈服强度提高但也因此变脆。尤其是脆性材料与韧性材料的结合界面，往往都可作为脆性界面处理。但在高韧性材料的结合界面，或者金属材料的焊缝处，虽然界面相的屈服强度会稍高，但也可能仍会呈现韧性或塑性失效的形式。

受界面端奇异性的影响，界面破坏一般从界面端开始，从而变成一个界面断裂力学问题。而在实际工程应用中，则往往由于受载方式或应力集中的影响，界面失效并非始于界面端。因此，当进行界面强度特性测定时，需要通过在母材中引入应力集中源，从而在界面上引起较大的应力，使得该处先于界面端发生破坏，来避开界面端的影响。关于界面端破坏准则，将在 5.6 节中介绍，本节仅限于无界面奇点的问题(但可以有应力集中)。

5.3.1　经验准则

经验准则认为只有面力分量与界面的破坏条件有关，根据实验条件，不同的实验者会得出不同的经验准则(这是因为界面相实际上并不只承受面力)。当垂直于界面的正应力为拉时，发生剥离破坏，经验准则[71,72]为

$$\left(\sigma/\sigma_{\mathrm{C}}\right)^{n}+\left(\tau/\tau_{\mathrm{f}}\right)^{n}=1 \tag{5.8}$$

这里，σ_{C}、τ_{f} 为界面的抗剥离和抗剪强度，一般 $\sigma_{\mathrm{C}}<\tau_{\mathrm{f}}$，经验上被认为是两个相互独立的界面强度特性。注意，这里的 τ_{f} 并不一定是界面相材料的剪切强度 τ_{C}，因为纯剪时界面相的破坏不一定是剪切破坏，仍可能是拉开失效。σ 为垂直于界面的拉应力，称为剥离应力，τ 为界面上的剪应力，三维应力状态时取 $\tau=\sqrt{\tau_1^2+\tau_2^2}$ 即可。这一经验准则是有一定的实验依据的，往往采用椭圆形式，即取 $n=2$，但也有其他非整数形式的。不同加载方式下测得的 σ_{C}、τ_{f} 往往差别较大，因此，本质上只是试验常数，而不是界面强度特性常数。当垂直于界面的正应力为压时(在压痕或划痕试验中)，发生压剪裂破坏，经验准则[72,73]为

$$\tau = C + \mu'|\sigma| \tag{5.9}$$

此处的C、μ'也只是试验常数，并且一般$C \neq \tau_{\mathrm{f}}$。显然，这种经验准则是只能适用于准脆性界面或界面的准脆性破坏的。

5.3.2　唯象准脆性界面破坏准则

前述经验准则包含了一个不太合理的假定，即除面力外，其他应力分量对破坏没有影响。这一假定显然在其他应力分量可以忽略的情况下必定是成立的。但当其他分量不可忽略时，显然就会不准确。为了计入它们的影响，考虑包含界面在内的微元体，如图 5.7(a)所示，其中，平行于界面的应力分量σ_{y1}与σ_{y2}，σ_{z1}与σ_{z2}，τ_{yz1}与τ_{yz2}在界面上是不连续的，其关系可由界面连续条件$\varepsilon_{y1} = \varepsilon_{y2}$、$\varepsilon_{z1} = \varepsilon_{z2}$以及$\varepsilon_{yz1} = \varepsilon_{yz2}$得到，界面微元的应变能可以表示为[74]

$$W = \frac{1}{2}\left(\frac{1}{2E_1}\left[(I_1^{(1)})^2 - (1+2\nu_1)I_2^{(1)}\right] + \frac{1}{2E_2}\left[(I_1^{(2)})^2 - (1+2\nu_2)I_2^{(2)}\right]\right) \tag{5.10}$$

其中，I_1、I_2为第一、第二应力不变量，上缀(1)、(2)表示两侧材料。进一步可区分为体积应变和畸变两部分，如图 5.7(b)所示。

$$\begin{aligned} W_{\mathrm{V}} &= \frac{1}{2}\left[W_{\mathrm{V1}} + W_{\mathrm{V2}}\right] = \frac{1}{18}\left[\frac{3(1-2\nu_1)(I_1^{(1)})^2}{E_1} + \frac{3(1-2\nu_2)(I_1^{(2)})^2}{E_2}\right] \\ W_{\mathrm{S}} &= \frac{(1+\nu_1)}{6E_1}\left[(I_1^{(1)})^2 - 3I_2^{(1)}\right] + \frac{(1+\nu_2)}{6E_2}\left[(I_1^{(2)})^2 - 3I_2^{(2)}\right] \end{aligned} \tag{5.11}$$

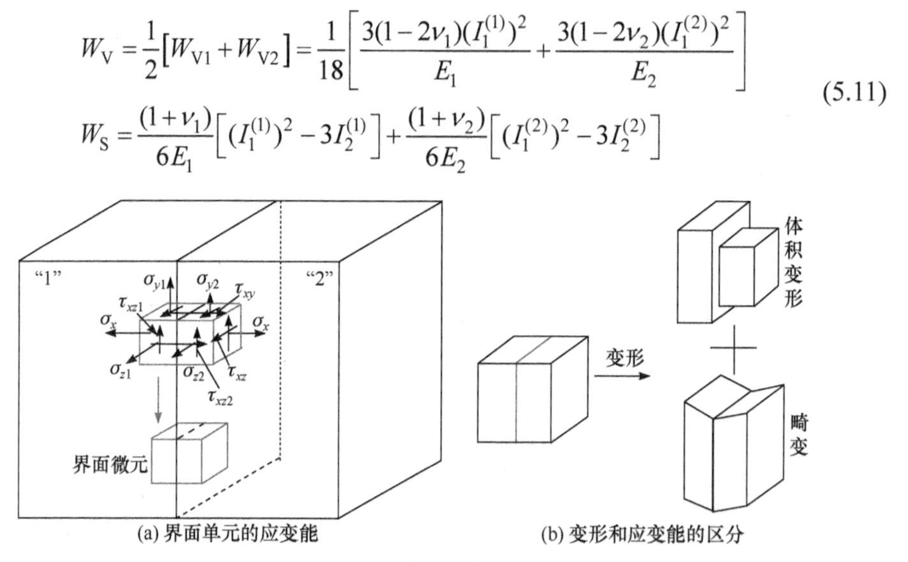

图 5.7　界面破坏的宏观假定

对于均匀材料，体积变形不影响材料屈服，按畸变能达到某个极限时发生屈服，就可推导出 von-Mises 屈服准则。但对于界面，两种变形模式对破坏都会有影响。假定两种变形模式对应的应变能都各自存在一个临界值，两种模式共存时符合线性累加规律，则破坏准则可表示成[74]

$$\frac{W_{\mathrm{V}}}{W_{\mathrm{VC}}}+\frac{W_{\mathrm{S}}}{W_{\mathrm{SC}}}=1 \tag{5.12}$$

其中，W_{VC} 为界面的抗体积变形能力，W_{SC} 为抗剪切变形能力，对应于剥离强度和界面相剪切强度。设想界面上只有剥离应力 σ_x 和只有剪应力 τ_{xy} 的情况，可得

$$W_{\mathrm{VC}}=\frac{1}{18}\left[\frac{3(1-2\nu_1)}{E_1}+\frac{3(1-2\nu_2)}{E_2}\right]\sigma_{\mathrm{C}}^2,\quad W_{\mathrm{S}}=\left[\frac{(1+\nu_1)}{2E_1}+\frac{(1+\nu_2)}{2E_2}\right]\tau_{\mathrm{C}}^2 \tag{5.13}$$

记

$$K_{\mathrm{V}}=\frac{E_1(1-2\nu_2)}{E_2(1-2\nu_1)},\quad \varGamma=\frac{E_1(1+\nu_2)}{E_2(1+\nu_1)} \tag{5.14}$$

显然它们只是材料常数,分别是体积弹性模量之比和剪切模量之比。利用式(5.13),式(5.12)可改写为

$$\frac{(I_1^{(1)})^2+K_{\mathrm{V}}(I_1^{(2)})^2}{(1+K_{\mathrm{V}})\sigma_{\mathrm{C}}^2}+\frac{(I_1^{(1)})^2-3I_2^{(1)}+\varGamma\left[(I_1^{(2)})^2-3I_2^{(2)}\right]}{3(1+\varGamma)\tau_{\mathrm{C}}^2}=1 \tag{5.15}$$

这是一个考虑了所有应力分量影响的一般性界面破坏准则，但仍不能区分界面相的具体破坏形式，并且因未考虑界面相的内摩擦，故只能适用于垂直于界面的应力为拉应力的情况。另外，如果平行于界面方向的各应力分量都很小，式(5.15)就可近似为式(5.8)。以下把式(5.12)或式(5.15)，称为能量失效准则，理论上它是可以适用于任意应力状态的，以下我们考虑两种特殊情况。

1. 平面应力状态

将 $\sigma_{zi}=\tau_{xzi}=\tau_{yzi}=0$ 代入式(5.15)，得平面应力条件下的破坏准则

$$\frac{\sigma_x^2}{\sigma_{\mathrm{C}}^2}+\frac{\tau_{xy}^2}{\tau_{\mathrm{C}}^2}+\frac{2\sigma_x(\sigma_{y1}+K_{\mathrm{V}}\sigma_{y2})+\sigma_{y1}^2+K_{\mathrm{V}}\sigma_{y2}^2}{(1+K_{\mathrm{V}})\sigma_{\mathrm{C}}^2}$$
$$+\frac{(1+\varGamma)\sigma_x^2+\sigma_{y1}(\sigma_{y1}-\sigma_x)+\varGamma\sigma_{y2}(\sigma_{y2}-\sigma_x)}{3(1+\varGamma)\tau_{\mathrm{C}}^2}=1$$

其他应力分量也是有影响的。当其他分量可以忽略时，近似简化为

$$\frac{\sigma_x^2}{\sigma_{\mathrm{C}}^2}+\frac{\tau_{xy}^2}{\tau_{\mathrm{C}}^2}+\frac{\sigma_x^2}{3\tau_{\mathrm{C}}^2}=1$$

2. 平面应变状态

将 $\sigma_{zi}=\nu_i(\sigma_x+\sigma_{yi}),\tau_{xzi}=\tau_{yzi}=0$ 代入式(5.15)，得平面应变条件下的破坏准则

$$\frac{(1+\nu_1)^2(\sigma_x+\sigma_{y1})^2+K_V(1+\nu_2)^2(\sigma_x+\sigma_{y2})^2}{(1+K_V)\sigma_C^2}+\frac{\tau_{xy}^2}{\tau_C^2}$$
$$+\frac{(1+\nu_1)^2(\sigma_x+\sigma_{y1})^2-3\sigma_x(\sigma_{y1}-\sigma_{y2})+\Gamma(1+\nu_2)^2(\sigma_x+\sigma_{y2})^2}{3(1+\Gamma)\tau_C^2}=1$$

假定除拉剪应力外其他应力分量可以忽略，简化为

$$\frac{[(1+\nu_1)^2+K_V(1+\nu_2)^2]\sigma_x^2}{(1+K_V)\sigma_C^2}+\frac{\tau_{xy}^2}{\tau_C^2}+\frac{[(1+\nu_1)^2+\Gamma(1+\nu_2)^2]\sigma_x^2}{3(1+\Gamma)\tau_C^2}=1$$

由上可知平面应力、应变条件下的失效条件是有所不同的，意味着利用不同结合板厚的破坏试验结果拟合得出的经验公式，会是板厚依存的。

对于光纤和树脂界面[75]($E_1=72\text{GPa},\nu_1=0.22,E_2=4.28\text{GPa},\nu_2=0.42$)，平面应变条件的失效准则可具体表示为

$$\frac{\sigma_x^2}{\sigma_C^2}+\frac{\tau_{xy}^2+0.7048\sigma_x^2}{\tau_C^2}=1$$

如图 5.8 所示为上式与实验结果[75]和经验准则的比较，必须注意，虽然此例经验和能量法都可以较好地描述实验结果，但一方面它们的强度特性值，因物理意义不同，其值是不同的，另一方面，式(5.15)是可应用于任意应力状态的，但经验准则只能适用于拉剪主导界面。

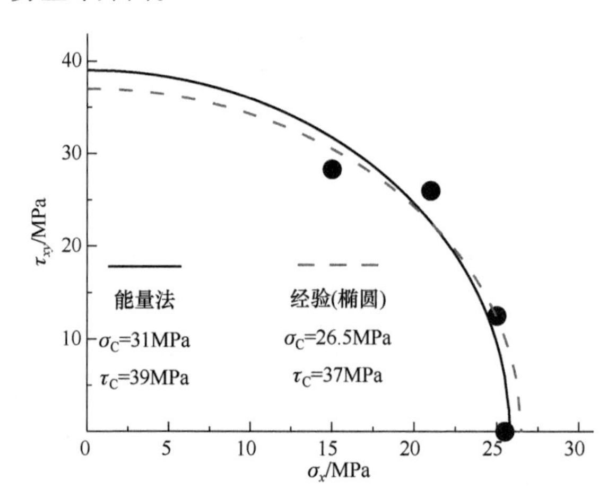

图 5.8　界面破坏的能量和经验准则

5.3.3　内聚力强度模型

界面的内聚力模型，既是本构关系模型，一般同时也是暗含失效条件的强度模型[76]。把界面相看作长度为零的弹簧，以界面相两侧的位移跳跃表示弹簧力：

$$\sigma_n = f_\sigma(\Delta u_n), \quad \tau = f_\tau(\Delta u_t)$$

在弹簧的应力-位移关系中，往往需要对应力设定极值点。该极值点实际上就是人为事先假定的界面内聚力强度。由于是人为设定的，所以与界面的具体失效形式(准脆性、韧性破坏，拉裂、剪裂)没有关系，看上去似乎可笼而统之地处理所有界面强度问题。但是，从界面相材料角度看，拉、剪应力对强度的影响不是可以分别独立地考虑其极限状态的，并且界面相内的应力对强度极限状态(失效形式)也是会有影响的，故从材料强度学角度看，这一强度模型是有明显缺陷的。然而，由于在各个方向上的应力-位移关系(线性、非线性)及强度极值可以随意调节，并且通过调节这些参数，总可得到与某些实验结果一致的模拟结果(尤其在仅关注变形的模拟时)，故而在界面破坏的模拟分析中被广泛采用。但必须指出的是，这种模拟分析，必然是个性案(case by case)的，需要根据模拟对象去调节内聚力模型参数。内聚力模型实际上假定了界面失效准则为

$$\sigma_n = \sigma_C \quad 或 \quad \tau = \tau_C$$

这是与 5.3.1 节的经验准则和实验结果完全不符的。但因为在内聚力模型中，σ_C、τ_C 实际上并不是界面强度特性常数，而只是可以人为调节的非线性弹簧模型参数，故总可通过调节模型参数来使得模拟与某些实验结果保持一致。

另外，从界面相破坏的机理来看(参见 5.4 节)，脆性界面可以有拉裂、拉剪裂和压剪裂三种失效形式。失效形式不同，失效条件就必然不同，显然在采用内聚力模型时，这是无法区分的。

5.4　基于破坏机理的界面失效准则

5.4.1　三种失效形式

需根据应力状态考虑三种形式，即拉裂、拉剪裂和压剪裂。界面失效评价之所以比较复杂，就在于它有不同的失效形式，需要采用不同的评价准则。根据界面连续条件，界面相材料内的应力(以下标 m 表示)为

$$\sigma_{x\mathrm{m}} = \sigma_x, \quad \tau_{xy\mathrm{m}} = \tau_{xy}, \quad \tau_{xz\mathrm{m}} = \tau_{x1}, \quad \frac{(1+\nu_\mathrm{m})\tau_{yz\mathrm{m}}}{E_\mathrm{m}} = \frac{(1+\nu_1)\tau_{yz1}}{E_1} = \frac{(1+\nu_2)\tau_{yz2}}{E_2} \tag{5.16}$$

另外，即使在应力分析时不考虑界面相(厚度视作零)，但其内的各应力分量 $\sigma_{ij\mathrm{m}}$ 也都是可由式(5.4)确定的。也就是说，总是可以确定界面相内的三个主应力 σ_1、σ_2、σ_3 及其主方向的。界面破坏本质上就是界面相的破坏，故可以用界面相内的应力及其破坏形式来建立界面破坏准则。

另外，脆性界面相的拉伸断裂强度，因为受缺陷分布密度的影响，在各个方

向上是可以不同的。在界面相厚度方向上，变形特性变化梯度最大，缺陷分布密度也最大，其拉伸极限最低。而在沿界面方向上，变形特性的变化梯度基本没有，故微观缺陷的影响小，其拉伸极限就最大。这种脆断强度特性的各向异性，即界面相强度特性在面内呈各向同性，具有较大的脆断拉伸极限，而在界面相厚度方向则只有较小的脆断强度，是脆性界面失效准则中必须考虑的特性。换句话说，界面相的拉裂极限是方向依存的，具体是与界面相材料组分、成型工艺等有关。但横向和纵向的拉伸极限σ_{b1}、σ_{b2}是一定的，为了不引入附加的材料特性，又不失一般性，不妨设为(也可作线性近似等，但差别不大，见图 5.9(b))

$$\sigma_{bt}(\theta)=\sigma_{b1}\cos^2\theta+\sigma_{b2}\sin^2\theta \tag{5.17}$$

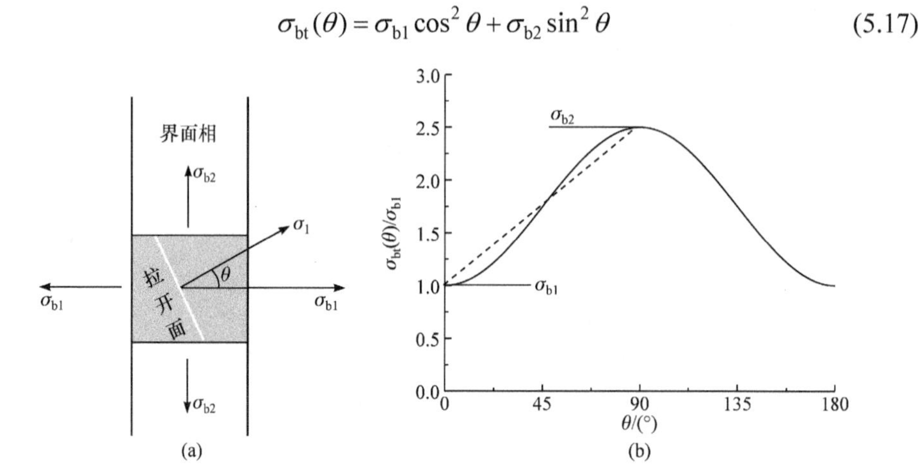

图 5.9　界面相的脆性拉裂强度及其方向依存性

严格地说，界面相材料的滑移开裂强度τ_C，也会有一定的方向依存性。但是，由于剪开面横跨界面相，界面相层内的微观缺陷都会涉及，故其随方向的变化较小，可近似地认为其是常数。利用界面相内的三个主应力，界面破坏形式与条件可根据脆性材料的失效准则得出。

$$\begin{aligned}
&\text{当}\sigma_1>0\text{时}\\
&\text{拉裂：}\ \sigma_1=\sigma_{bt}(\theta)\\
&\text{拉剪裂：}\ \sqrt{-\sigma_1\sigma_3}=\tau_C,\quad \phi_0=\arctan\sqrt{-\sigma_3/\sigma_1}>45^\circ\\
&\qquad\qquad (\sigma_1-\sigma_3)/2=\tau_C,\quad \phi_0=\arctan\sqrt{-\sigma_3/\sigma_1}<45^\circ\\
&\text{当}\sigma_1<-(\sqrt{1+\mu^2}-\mu)\sigma_3/(\sqrt{1+\mu^2}+\mu)\text{时}\\
&\quad\text{压剪裂：}\left(\sqrt{1+\mu^2}+\mu\right)\sigma_1-\left(\sqrt{1+\mu^2}-\mu\right)\sigma_3=2\tau_C
\end{aligned} \tag{5.18}$$

只是拉裂强度$\sigma_{bt}(\theta)$是方向依存的。其中，剪裂的两种方式，要根据σ_1、σ_3的大小关系，两者择一，而具体究竟是发生拉裂、拉剪裂还是压剪裂，则以先满足者为准。在式(5.18)中，只有界面相材料的脆性拉伸强度 σ_{b1}、σ_{b2}，剪切强度 τ_C 和内摩擦系数 μ 四个界面常数需要确定。任意应力状态下的界面破坏，都可用式(5.18)评价。顺便指出，这里的四个界面特性是常数，与前述经验准则中的强度值的意义是有所不同的。

5.4.2　拉剪界面

我们先来考虑只有界面法向拉应力和剪应力的情况(其他应力分量小到可以忽略，经验准则所对应的工况)，如图 5.10(a)所示。此时有拉裂和拉剪裂两种可能的破坏形式，如图 5.10(b)和(c)所示。

$$\sigma_n = \sigma_x \cos^2\theta + \tau_{xy}\sin 2\theta, \quad \tau_n = -\sigma_x \sin\theta\cos\theta + \tau_{xy}\cos 2\theta \tag{5.19}$$

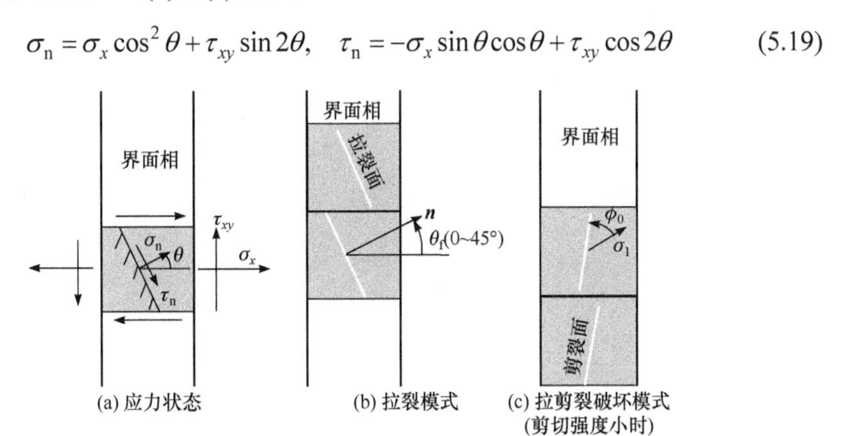

图 5.10　拉剪组合时的界面相破坏

最大拉应力发生在

$$2\theta_f = \arctan(2\tau_{xy}/\sigma_x), \quad \sin 2\theta_f = 2\tau_{xy}/\sqrt{\sigma_x^2+4\tau_{xy}^2}, \quad \cos 2\theta_f = \sigma_x/\sqrt{\sigma_x^2+4\tau_{xy}^2}$$

$$\cos^2\theta_f = \frac{\sigma_x+\sqrt{\sigma_x^2+4\tau_{xy}^2}}{2\sqrt{\sigma_x^2+4\tau_{xy}^2}}, \quad \sin^2\theta_f = \frac{-\sigma_x+\sqrt{\sigma_x^2+4\tau_{xy}^2}}{2\sqrt{\sigma_x^2+4\tau_{xy}^2}} \tag{5.20a}$$

其断面位置与水平轴(界面法向)的角度，根据拉剪应力的相对大小，在 0°～45°。纯拉时平行于界面，纯剪时在 45°方向(必须注意这里考虑的失效形式是拉裂而不是剪裂)。

$$\sigma_1 = \max\sigma_n = \frac{\sigma_x+\sqrt{\sigma_x^2+4\tau_{xy}^2}}{2}$$

$$\sigma_{bt}(\theta_f) = \frac{\sigma_{b1}+\sigma_{b2}}{2} - \frac{(\sigma_{b2}-\sigma_{b1})\sigma_x}{2\sqrt{\sigma_x^2+4\tau_{xy}^2}} \tag{5.20b}$$

故由式(5.18)的第一式，得界面相拉裂条件为

$$\sigma_x^2+4\tau_{xy}^2-(\sigma_{b1}+\sigma_{b2}-\sigma_x)\sqrt{\sigma_x^2+4\tau_{xy}^2}+(\sigma_{b2}-\sigma_{b1})\sigma_x=0 \tag{5.21}$$

退化到纯剪应力状态时

$$\tau_{xyf}=(\sigma_{b1}+\sigma_{b2})/2 \tag{5.22}$$

必须注意这只是发生拉开破坏时的剪应力极限，故不是剪开强度 τ_C。剪开破坏需按式(5.18)的剪开失效条件另行判断。式(5.20b)的最大主应力 σ_1 是第一主应力，第二主应力为界面相的另一个面内方向，即结合平板的面外方向上的主应力，表面自由时为

$$\sigma_2=\begin{cases}\nu_m\sigma_x, & \text{平面应变}\\ 0, & \text{平面应力}\end{cases} \tag{5.23}$$

但实际值一般在这两者之间(但必定大于等于零，始终是第二主应力)。拉剪界面的第三主应力可表示为

$$\begin{aligned}\sigma_3&=\sigma_x\cos^2\left(\frac{\pi}{2}+\theta_f\right)+\tau_{xy}\sin2\left(\frac{\pi}{2}+\theta_f\right)=\sigma_x\sin^2\theta_f-\tau_{xy}\sin2\theta_f\\&=\frac{\sigma_x-\sqrt{\sigma_x^2+4\tau_{xy}^2}}{2}<0\end{aligned} \tag{5.24}$$

由式(5.18)可知，此时 $\tan\phi_0=\sqrt{-\sigma_3/\sigma_1}<1$，即 $\phi_0<45°$，故发生拉剪裂的破坏条件为

$$\frac{\sigma_1-\sigma_3}{2}=\frac{\sqrt{\sigma_x^2+4\tau_{xy}^2}}{2}=\tau_C,\quad \sigma_x^2+4\tau_{xy}^2=4\tau_C^2 \tag{5.25}$$

剪开断面与最大主应力成 $\phi_0<45°$ 的夹角。根据 σ_{bt}、τ_C 的大小关系，拉开和拉剪开两者都有可能发生，以先达到者为准。但一般 $\sigma_{bt}(\theta)<\tau_C$，故式(5.21)的拉裂条件将先于式(5.25)的剪裂条件被满足。所以，利用纯剪试验测界面的剪切强度，表面上似乎很合理，但实际上测得的有可能只是 τ_{xyf}，即实际开裂方式是拉裂而不是剪裂。破坏临界曲线如图 5.11 所示(为了方便，将剪裂强度假定为了拉裂强度的 2 倍进行了图示)。当剪裂强度较小时，虚线所示的剪裂临界曲线内缩，可能会与拉裂极限曲线相交，需要以先达到者为依据进行评价。显然椭圆经验准则 $(\sigma_x/\sigma_{b1})^2+(\tau_{xy}/\tau_{xyf})^2=1$ 与机理准则有较好的近似性，但经验准则在接近纯剪状态附近是危险侧评价。另外，虽然表观上界面具有较大的抗剪能力，但如果纯剪时的失效形式是拉裂，则这是由界面相拉伸极限的各向异性造成的。此时的纯剪试验，可用来确定相材料的面内拉伸极限 σ_{b2} (在先用纯拉求得 σ_{b1} 后，利用式(5.22)

即可)，但不能用来确定剪开强度 τ_C (只有发生式(5.25)的剪裂时，才对应于 τ_C)。

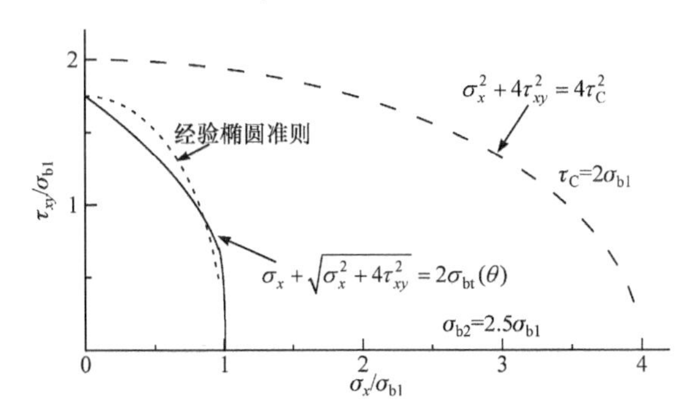

图 5.11　拉剪界面的临界曲线(先达到者为准)

必须注意的是，如果界面相面内的另一方向即结合平板的面外方向上作用有较大的压应力(记为 σ_{zm} ，可由式(5.4)经数值计算求得，此时一般在该方向上有压力作用)时，该方向就变成第三主应力，则要发生平板面外方向剪切破坏，其发生条件为

$$\sigma_x+\sqrt{\sigma_x^2+4\tau_{xy}^2}-2\sigma_{zm}=4\tau_C \tag{5.26}$$

值得指出，图 5.9(a)的受力形式是理想化了的，实际上两侧母材内必然会存在平行于界面的应力。着眼于界面相的破坏，可由式(5.4)求得界面相的面内应力后再考虑其对破坏的影响。

5.4.3　界面相有面内应力时的拉剪界面

界面相受力的一般形式如图 5.12(a)所示，任意斜面上的应力为

$$\begin{aligned}\sigma_n&=\sigma_x\cos^2\theta+\sigma_{ym}\sin^2\theta+\tau_{xy}\sin 2\theta\\ \tau_n&=(-\sigma_x+\sigma_{ym})\sin\theta\cos\theta+\tau_{xy}\cos 2\theta\end{aligned} \tag{5.27}$$

最大拉应力发生在

$$2\theta_f=\arctan(2\tau_{xy}/(\sigma_x-\sigma_{ym})) \tag{5.28}$$

亦即：

$$\sin 2\theta_f=2\tau_{xy}/\sqrt{(\sigma_x-\sigma_{ym})^2+4\tau_{xy}^2},\quad \cos 2\theta_f=(\sigma_x-\sigma_{ym})/\sqrt{(\sigma_x-\sigma_{ym})^2+4\tau_{xy}^2}$$

$$\cos^2\theta_f=\frac{\sigma_x-\sigma_{ym}+\sqrt{(\sigma_x-\sigma_{ym})^2+4\tau_{xy}^2}}{2\sqrt{(\sigma_x-\sigma_{ym})^2+4\tau_{xy}^2}},\quad \sin^2\theta_f=\frac{-(\sigma_x-\sigma_{ym})+\sqrt{(\sigma_x-\sigma_{ym})^2+4\tau_{xy}^2}}{2\sqrt{(\sigma_x-\sigma_{ym})^2+4\tau_{xy}^2}}$$

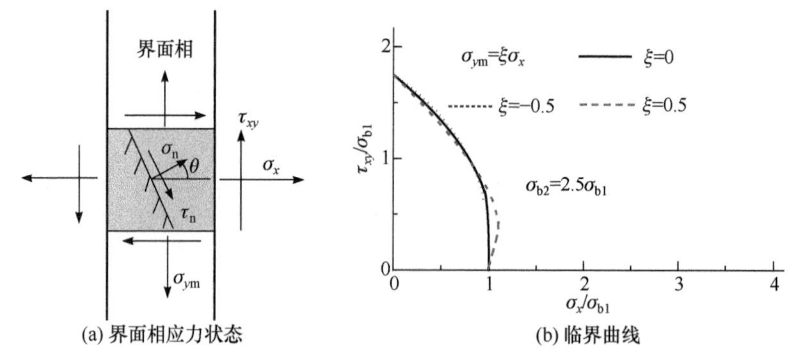

图 5.12　界面相内平行于界面的应力对破坏的影响

根据式(5.27)和式(5.17)

$$
\begin{aligned}
\sigma_1 &= \max\sigma_n = \frac{\sigma_x+\sigma_{ym}+\sqrt{(\sigma_x-\sigma_{ym})^2+4\tau_{xy}^2}}{2} \\
\sigma_{bt}(\theta) &= \frac{\sigma_{b1}+\sigma_{b2}}{2}-\frac{(\sigma_{b2}-\sigma_{b1})(\sigma_x-\sigma_{ym})}{2\sqrt{(\sigma_x-\sigma_{ym})^2+4\tau_{xy}^2}}
\end{aligned}
\tag{5.29}
$$

故拉裂条件为

$$
(\sigma_x-\sigma_{ym})^2+4\tau_{xy}^2-\left(\sigma_{b1}+\sigma_{b2}-\sigma_x-\sigma_{ym}\right)\sqrt{(\sigma_x-\sigma_{ym})^2+4\tau_{xy}^2}+\left(\sigma_{b2}-\sigma_{b1}\right)(\sigma_x-\sigma_{ym})=0
\tag{5.30a}
$$

为了考察界面相面内应力 σ_{ym} (可由式(5.4)经数值计算求得)对界面破坏的影响，可假定 $\sigma_{ym}=\xi\sigma_x$，应用时按实际 σ_{ym}、σ_x 决定比例系数 ξ 即可。式(5.30a)可改写为

$$
(1-\xi)^2\sigma_x^2+4\tau_{xy}^2-\left(\sigma_{b1}+\sigma_{b2}-(1+\xi)\sigma_x\right)\sqrt{(1-\xi)^2\sigma_x^2+4\tau_{xy}^2}+\left(\sigma_{b2}-\sigma_{b1}\right)(1-\xi)\sigma_x=0
\tag{5.30b}
$$

其临界曲线如图 5.12(b)所示，可知不同的 ξ 值，对破坏临界曲线的影响较小，这意味着相内平行于界面的应力对破坏条件的影响较小，可以认为界面破坏只与面力有关。但是，如果面内方向有外力且引起很大的面内应力 σ_{ym}，则这个假定是不成立的。

在式(5.30a)中忽略 σ_{ym}，就简化为式(5.21)的拉剪失效准则。考虑仅有 σ_x 时，$\sigma_C=\sigma_{b1}$，仅有 τ_{xy} 时，$\tau_f=(\sigma_{b1}+\sigma_{b2})/2$，$\sigma_{b2}=2\tau_f-\sigma_C$ (注意这里的 τ_f 不是界面相的剪切强度，只是对应于纯剪时发生拉裂的剪应力极限)，式(5.21)可进一步改写为

$$
\sqrt{\sigma_x^2+4\tau_{xy}^2}+\left[1+\frac{2(\tau_f-\sigma_C)}{\sqrt{\sigma_x^2+4\tau_{xy}^2}}\right]\sigma_x=2\tau_f
\tag{5.30c}
$$

式(5.30c)的机理准则与界面拉剪破坏实验结果[74,77]、经验准则和能量法(即 5.3.2 节的唯象准则)的比较，如图 5.13 所示。三种失效准则与实验结果都可基本一致，但不同准则下由于强度特性的定义(只有机理准则对应的是界面强度特性常数，其他两种都只是试验拟合参数)有一定的差别，所以其值会有所不同。尤其是如果采用纯剪试验获得的剪切强度作为椭圆经验公式的剪切强度时，经验准则会偏于危险侧的。

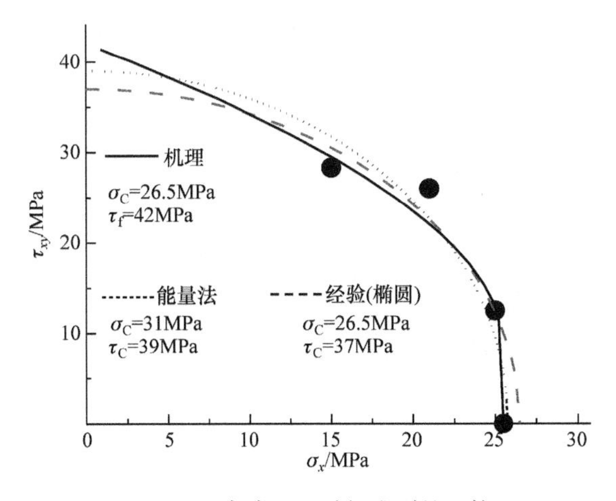

图 5.13　各类界面破坏准则的比较

必须指出的是，从破坏机理上看，除拉裂外，还可能有界面相剪切破坏的形式。考虑另一方向的主应力

$$\sigma_3 = \min\sigma_{\mathrm{n}} = \sigma_x \sin^2\theta + \sigma_{y\mathrm{m}}\cos^2\theta - \tau_{xy}\sin 2\theta = \frac{\sigma_x + \sigma_{y\mathrm{m}} - \sqrt{(\sigma_x - \sigma_{y\mathrm{m}})^2 + 4\tau_{xy}^2}}{2} \tag{5.31}$$

由于

$$\tan\phi_0 = -\frac{\sigma_x + \sigma_{y\mathrm{m}} - \sqrt{(\sigma_x - \sigma_{y\mathrm{m}})^2 + 4\tau_{xy}^2}}{\sigma_x + \sigma_{y\mathrm{m}} + \sqrt{(\sigma_x - \sigma_{y\mathrm{m}})^2 + 4\tau_{xy}^2}} < 1$$

由式(5.18)得拉剪破坏条件为

$$(\sigma_1 - \sigma_3)/2 = \tau_{\mathrm{C}},\quad (\sigma_x - \sigma_{y\mathrm{m}})^2 + 4\tau_{xy}^2 = 4\tau_{\mathrm{C}}^2 \tag{5.32}$$

因此，如果 τ_{C} 较小而导致剪切破坏先发生时，界面相的面内应力 $\sigma_{y\mathrm{m}}$ 对剪切破坏的影响是不能忽略的。所以，界面破坏只与面力有关的经验假定，只在界面相发生拉裂破坏时成立，在发生剪裂破坏时是不成立的。

5.4.4 压剪界面

我们再来考虑只有界面压应力和剪应力的情况(其他应力分量小到可以忽略)，如图 5.14(a)所示。此时仍可有拉裂、拉剪裂和压剪裂三种破坏形式，如图 5.14(b)、(c)、(d)所示。当压应力较小时，仍可能存在由剪应力引起的拉伸方向，由

$$\sigma_{\mathrm{n}}=\sigma_x\cos^2\theta+\tau_{xy}\sin 2\theta>0 \tag{5.33a}$$

可知，在

$$\theta>\theta_0,\quad \tan\theta_0=-\sigma_x/(2\tau_{xy}) \tag{5.33b}$$

区域内，仍会有拉应力存在。最大拉应力仍发生在式(5.20a)的 θ_{f} 处，只是因为 $\sigma_x<0$，$\theta_{\mathrm{f}}>45°$ 而已，如图 5.14(b)所示。拉开条件仍为式(5.21)(注意此时 $\sigma_x<0$)。

$$\sigma_1=\max\sigma_{\mathrm{n}}=\frac{\sigma_x+\sqrt{\sigma_x^2+4\tau_{xy}^2}}{2},\quad \sigma_{\mathrm{bt}}(\theta_{\mathrm{f}})=\frac{\sigma_{\mathrm{b1}}+\sigma_{\mathrm{b2}}}{2}-\frac{(\sigma_{\mathrm{b2}}-\sigma_{\mathrm{b1}})\sigma_x}{2\sqrt{\sigma_x^2+4\tau_{xy}^2}} \tag{5.33c}$$

用绝对值表示压应力，拉裂破坏准则仍是

$$\sqrt{\sigma_x^2+4\tau_{xy}^2}+\left[1+\frac{2(\tau_{\mathrm{f}}-\sigma_{\mathrm{C}})}{\sqrt{\sigma_x^2+4\tau_{xy}^2}}\right]\sigma_x=2\tau_{\mathrm{f}} \tag{5.34}$$

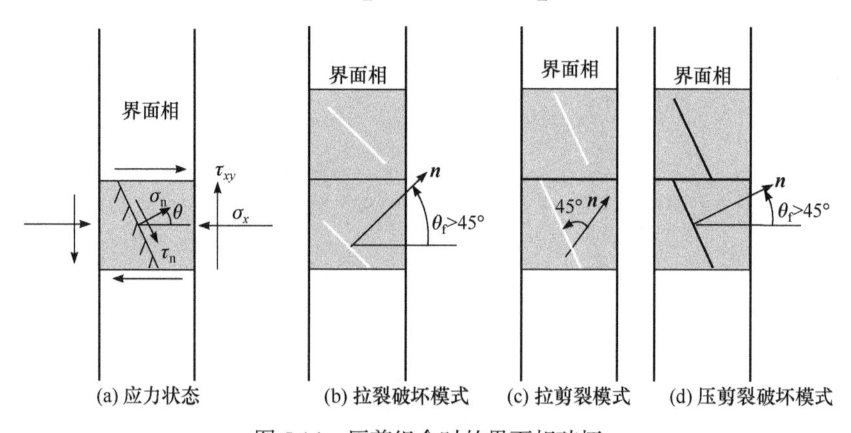

图 5.14 压剪组合时的界面相破坏

界面相内另一方向的主应力为

$$\sigma_3=-\frac{|\sigma_x|+\sqrt{\sigma_x^2+4\tau_{xy}^2}}{2}<0 \tag{5.35}$$

由于 $\tan\phi_0=\left[|\sigma_x|+\sqrt{\sigma_x^2+4\tau_{xy}^2}\right]/\left[\sqrt{\sigma_x^2+4\tau_{xy}^2}-|\sigma_x|\right]>1$，$\phi_0>45°$，故拉剪破坏准则(剪开方向与最大主应力成 45°夹角)为

$$\sqrt{-\sigma_1\sigma_3}=\tau_{xy}=\tau_{\mathrm{C}} \tag{5.36}$$

而压剪开裂条件则为

$$\frac{\sqrt{1+\mu^2}+\mu}{2}\sigma_1-\frac{\sqrt{1+\mu^2}-\mu}{2}\sigma_3=\tau_{\mathrm{C}}，\quad \sqrt{(1+\mu^2)\left(\sigma_x^2+4\tau_{xy}^2\right)}-\frac{\mu|\sigma_x|}{2}=2\tau_{\mathrm{C}} \tag{5.37}$$

其断面位置在真实剪应力最大方向上，但由于法向为压应力，压剪开后仍闭合，如图 5.14(d)所示。另外，当面外方向应力为零时，面外方向 $\sigma_z=0$ 可成为第一主应力，一旦满足

$$\frac{0-\sigma_3}{2}=\tau_{\mathrm{C}}，\quad |\sigma_x|+\sqrt{\sigma_x^2+4\tau_{xy}^2}=4\tau_{\mathrm{C}}，\quad \tau_{xy}^2=4\tau_{\mathrm{C}}^2-2\tau_{\mathrm{C}}|\sigma_x| \tag{5.38}$$

就会发生面外剪切破坏。当然，如果面外方向应力不为零，重新排列主应力后可按式(5.18)进行评价。应用时，可直接以式(5.34)、式(5.36)、式(5.37)和式(5.38)的先满足者为准，而不必管其破坏模式。其破坏临界曲线如图 5.15 所示，由图可知，式(5.9)的界面压剪破坏经验公式只在压应力较小时成立，此时界面相的破坏形式不是压裂而仍是拉裂。另外，界面也不是可以无限承压的，直观地说，是因为在界面法向与面内两个方向的平面内有压剪开裂机理存在，界面相是会被压碎的，除非界面相面内的其他两个方向上也作用有很大的压应力。

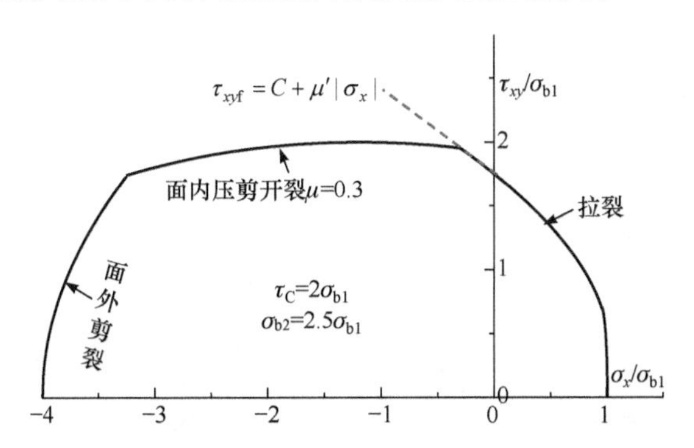

图 5.15　界面压剪临界曲线示例(图中面内面外指结合平板而非界面相)

5.4.5　界面相有面内应力时的压剪界面

如图 5.16(a)所示，不妨记 $\sigma_{ym}=\eta\sigma_x$ (这里 η 仅是为了便于分析引入的一个比例系数)，则面内主应力为

$$\sigma_1=\frac{(1+\eta)\sigma_x+\sqrt{(1-\eta)^2\sigma_x^2+4\tau_{xy}^2}}{2}，\quad \sigma_3=\frac{(1+\eta)\sigma_x-\sqrt{(1-\eta)^2\sigma_x^2+4\tau_{xy}^2}}{2} \tag{5.39}$$

如果 $\sigma_1>0$，即 $\sqrt{(1-\eta)^2\sigma_x^2+4\tau_{xy}^2}>(1+\eta)|\sigma_x|$，$\tau_{xy}>\sqrt{\eta}|\sigma_x|$，仍有可能发生拉

裂型破坏。拉裂破坏条件为

$$\sigma_1=\sigma_{\rm bt}(\theta),\quad \sqrt{(1-\eta)^2\sigma_x^2+4\tau_{xy}^2}=2\sigma_{\rm bt}(\theta)-(1+\eta)\sigma_x \tag{5.40}$$

由于 $\tan\phi_0=[(1+\eta)|\sigma_x|+\sqrt{(1-\eta)^2\sigma_x^2+4\tau_{xy}^2}]/[\sqrt{(1-\eta)^2\sigma_x^2+4\tau_{xy}^2}-(1+\eta)|\sigma_x|]>1$，发生拉剪裂破坏的条件为

$$\sqrt{-\sigma_1\sigma_3}=\tau_{\rm C},\quad \tau_{xy}=\sqrt{\tau_{\rm C}^2+\eta\sigma_x^2} \tag{5.41}$$

而发生压剪裂的条件为

$$\sqrt{1+\mu^2}\sqrt{(1-\eta)^2\sigma_x^2+4\tau_{xy}^2}+\mu(1+\eta)\sigma_x=2\tau_{\rm C} \tag{5.42}$$

界面相另一面内方向即平板面外方向应力为零时的剪裂破坏条件为

$$|\sigma_x|+\sqrt{(1-\eta)^2\sigma_x^2+4\tau_{xy}^2}=4\tau_{\rm C} \tag{5.43}$$

其临界曲线如图 5.16(b)所示，界面相面内应力对临界曲线有非常大的影响。如果不把相内应力考虑在内，则不同实验者就会得出不同的经验准则。

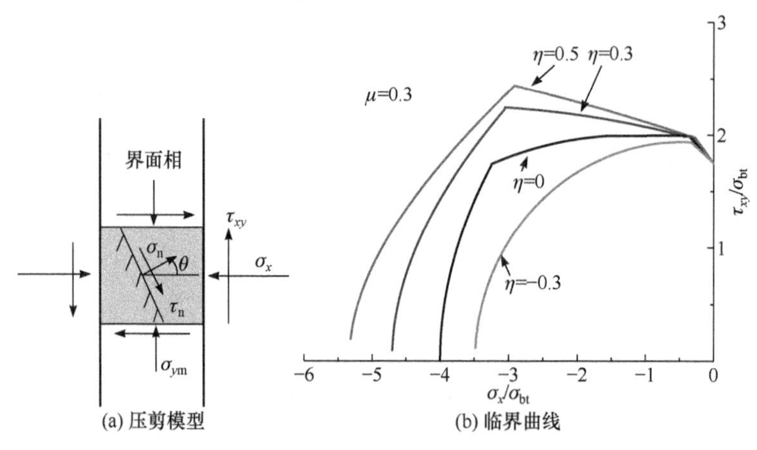

图 5.16 界面相内应力对压剪失效的影响

式(5.42)与薄膜涂层划痕试验结果[71,74]以及经验准则的比较如图 5.17 所示。其中，$\tau_{\max}$、$\sigma_{\rm n}$ 是可以通过数值计算求得的(界面剪应力最大处)，因划头下接近于三向压缩状态，故平行于界面的压应力也很大，$\eta=\sigma_{ym}/\sigma_x=0.95$ 也是由数值计算求得的。

虽然经验准则与机理准则都可以很好地表示实验规律，但是经验准则只是针对实验中所用的划头尺寸、形状和涂层厚度的，有一个不同时，就需另行实验去求得经验规律。而机理准则是通用的，与划头、膜厚等无关。

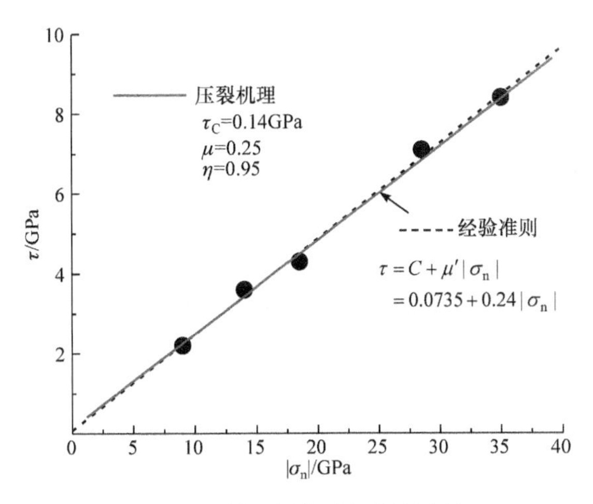

图 5.17　界面压剪破坏准则比较

对于任意的三维问题，只要针对界面相求得其三个主应力，按大小排列后，都可按式(5.18)进行评价。涉及的界面强度特性只有两个拉开强度和剪开强度共三个界面相材料常数，和一个界面相材料的内摩擦系数。这些界面强度特性参数，可用以下方法测得：

(1) 界面相厚度方向的拉伸极限：纯拉试验；

(2) 界面相界面方向的拉伸极限：纯剪试验，利用$\tau_{xyf} = (\sigma_{b1} + \sigma_{b2})/2$；

(3) 剪开强度：纯压试验，利用$\tau_C = \sigma_f / 2$；

(4) 内摩擦系数：压剪试验，利用$2\sqrt{(1+\mu^2)(\sigma_x^2 + 4\tau_{xy}^2)} - \mu|\sigma_x| = 2\tau_C$。

由于纯压试验时的面外剪切破坏难于被检测，可用两个压剪试验(不同应力比)，联合确定τ_C、μ。

5.5　韧性界面失效准则

韧性界面也有三种失效形式：高应力三轴度下的准脆性断裂、低应力三轴度下的塑性失稳，以及界面压应力作用下的塑性流动。记界面相的三个主应力σ_1、σ_2、σ_3，界面相材料的临界三轴度为η_{Cm}，韧性界面的失效准则为

$$
\begin{aligned}
&\text{准脆性拉断：} && \sigma_1 = \sigma_b,\ \sigma_1 > 0 \text{ 且 } \eta \geqslant \eta_{Cm} \\
&\text{界面相失稳：} && \sigma_e = \sigma_b,\ \sigma_1 > 0 \text{ 且 } \eta < \eta_{Cm} \\
&\text{界面相塑性流动：} && \sigma_e = \sigma_f,\ \sigma_1 < 0
\end{aligned}
\tag{5.44}
$$

这里，

$$\sigma_{\mathrm{e}}=\frac{\sqrt{2}}{2}\sqrt{(\sigma_1-\sigma_2)^2+(\sigma_1-\sigma_3)^2+(\sigma_2-\sigma_3)^2},\quad \eta=1-\frac{\sigma_{\mathrm{e}}}{\sigma_1},\quad \eta_{\mathrm{Cm}}=1-\frac{\sigma_{\mathrm{Y}}}{\sigma_{\mathrm{b}}}$$

其中，σ_{Y}、σ_{b}、σ_{f}分别为界面相材料的屈服、拉伸极限和流动应力。由于界面相极薄，其塑性变形在宏观上反映不出来，故界面相的屈服并不是失效条件。但一旦界面相进入塑性流动状态，界面两侧母材的连接就不再是稳定的，显然属于界面失效。

对于如图 5.12(a)所示的拉剪界面(这里考虑韧性界面)，假定平板面外应力为零：

$$\sigma_1=\frac{\sigma_x+\sigma_{y\mathrm{m}}+\sqrt{(\sigma_x-\sigma_{y\mathrm{m}})^2+4\tau_{xy}^2}}{2},\quad \sigma_{\mathrm{e}}=\sqrt{\sigma_x^2+\sigma_{y\mathrm{m}}^2-\sigma_x\sigma_{y\mathrm{m}}+3\tau_{xy}^2}\tag{5.45a}$$

$$\eta=1-\frac{2\sqrt{\sigma_x^2+\sigma_{y\mathrm{m}}^2-\sigma_x\sigma_{y\mathrm{m}}+3\tau_{xy}^2}}{\sigma_x+\sigma_{y\mathrm{m}}+\sqrt{(\sigma_x-\sigma_{y\mathrm{m}})^2+4\tau_{xy}^2}}\tag{5.45b}$$

由发生准脆性断裂的条件$\eta\geqslant\eta_{\mathrm{Cm}}$得

$$\frac{2\sqrt{\sigma_x^2+\sigma_{y\mathrm{m}}^2-\sigma_x\sigma_{y\mathrm{m}}+3\tau_{xy}^2}}{\sigma_x+\sigma_{y\mathrm{m}}+\sqrt{(\sigma_x-\sigma_{y\mathrm{m}})^2+4\tau_{xy}^2}}\leqslant\frac{\sigma_{\mathrm{Y}}}{\sigma_{\mathrm{b}}}\tag{5.46}$$

满足式(5.46)时，韧性界面相将先发生准脆性断裂，其破坏条件为

$$\sigma_1=\frac{\sigma_x+\sigma_{y\mathrm{m}}+\sqrt{(\sigma_x-\sigma_{y\mathrm{m}})^2+4\tau_{xy}^2}}{2}=\sigma_{\mathrm{b}}\tag{5.47}$$

而当不满足式(5.46)时，先发生界面相塑性变形，但宏观上反映不出来，故界面相屈服不能作为失效条件。但是，当塑性变形进行到塑性失稳状态时，界面相内发生滑移开裂而产生众多微裂纹，应认为是失效。其失稳条件为

$$\sigma_{\mathrm{e}}=\sqrt{\sigma_x^2+\sigma_{y\mathrm{m}}^2-\sigma_x\sigma_{y\mathrm{m}}+3\tau_{xy}^2}=\sigma_{\mathrm{b}}\tag{5.48}$$

由此可知，韧性界面相的面内应力，对破坏形式和破坏条件都有影响。作为定性分析，如果取$\sigma_{\mathrm{Y}}/\sigma_{\mathrm{b}}\approx 1$，则由式(5.46)得发生准脆性断裂的条件为$\sigma_x\sigma_{y\mathrm{m}}\geqslant\tau_{xy}^2$，即只有在界面相面内应力也是拉应力时，才有可能发生拉裂。不妨取$\sigma_{y\mathrm{m}}=\rho\sigma_x$，则其失效临界曲线如图 5.18 右侧所示。没有界面相面内应力时，只会发生塑性失稳。而当$\sigma_{y\mathrm{m}}$较大时，按塑性失稳的式(5.48)评价是危险侧的，因为在此之前会发生准脆性拉裂。

对于图 5.16(a)所示的压剪界面，韧性界面只会发生塑性失稳或塑性流动，但流动应力σ_{f}需要另行实验确定，一般会比屈服极限σ_{Y}大一些。作为安全侧评价，可取$\sigma_{\mathrm{f}}=\sigma_{\mathrm{Y}}$，其临界曲线可表示成如图 5.18 右侧所示。注意，这是假定了界面相内另一面内方向即平板面外方向应力为零时的临界曲线。当面外应力不为零时，

仍可用$\sigma_e = \sigma_f$进行评价，这里不再赘述。由图 5.18 可知，韧性界面的抗剪能力必然低于抗拉，这是与脆性界面完全不同的。

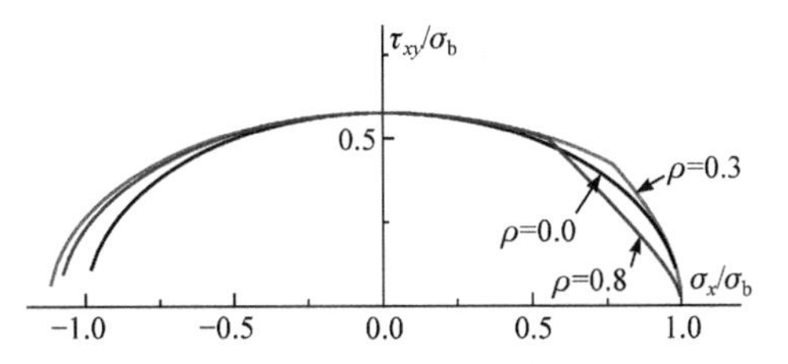

图 5.18　韧性界面的拉剪、压剪失效临界曲线

5.6　界面奇点处的破坏准则

界面上有两类奇点：一是界面端；二是界面角点，如图 5.19 所示。界面端的奇异性由以下特性方程决定：

$$A\beta^2 + 2B\alpha\beta + C\alpha^2 + 2D\beta + 2E\alpha + F = 0 \tag{5.49}$$

$$\alpha = \frac{G_1(\kappa_2+1) - G_2(\kappa_1+1)}{G_1(\kappa_2+1) + G_2(\kappa_1+1)}, \quad \beta = \frac{G_1(\kappa_2-1) - G_2(\kappa_1-1)}{G_1(\kappa_2+1) + G_2(\kappa_1+1)}$$

$$K(\theta) = \sin^2(\lambda\theta) - \lambda^2 \sin^2\theta$$

$$A = 4K(\theta_1)K(\theta_2), \quad B = 2\lambda^2 \sin^2\theta_1 K(\theta_2) + 2\lambda^2 \sin^2\theta_2 K(\theta_1)$$

$$C = 4\lambda^2(\lambda^2-1)\sin^2\theta_1 \sin^2\theta_2 + K(\theta_1 - \theta_2)$$

$$D = -2\lambda^2\left[\sin^2\theta_1 \sin^2\lambda\theta_2 - \sin^2\theta_2 \sin^2\lambda\theta_1\right]$$

$$E = K(\theta_1) - K(\theta_2) - D, \quad F = K(\theta_1 + \theta_2)$$

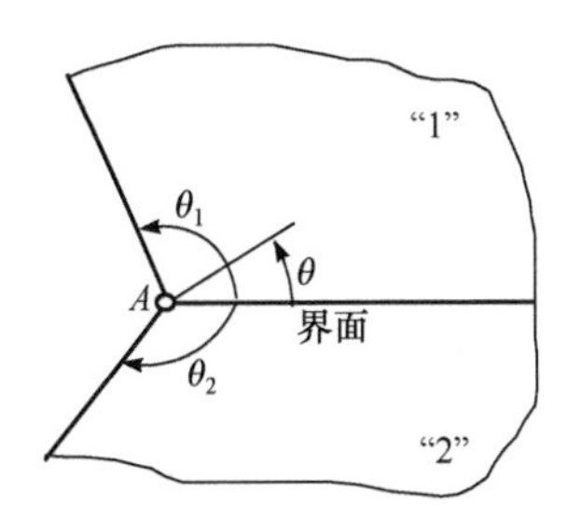

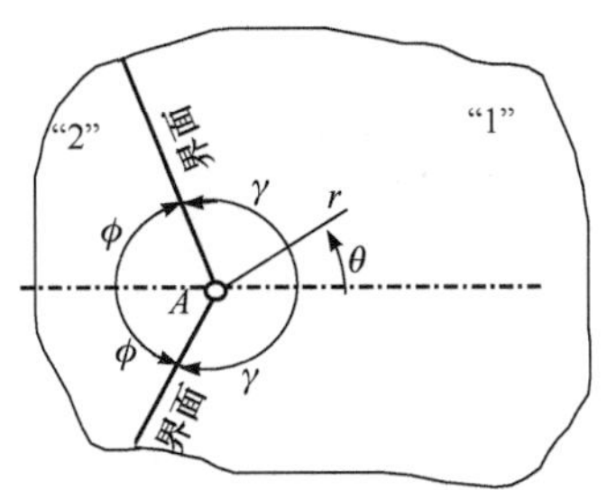

图 5.19　界面应力奇点

当$\theta_1 = \theta_2 = 90°$时，式(5.49)可简化为

$$\left[\sin^2\frac{\pi\lambda}{2} - \lambda^2\right]^2 \beta^2 + 2\lambda^2\left[\sin^2\frac{\pi\lambda}{2} - \lambda^2\right]\alpha\beta + \lambda^2(\lambda^2-1)\alpha^2 + \frac{\sin^2\lambda\pi}{4} = 0 \tag{5.50}$$

界面角点的奇异性由以下特性方程决定

$$\begin{aligned}&(\alpha-\beta)^2\lambda^2(1-\cos 2\gamma)+2\lambda(\alpha-\beta)\sin\gamma\left[\sin\lambda\gamma+\sin\lambda(2\pi-\gamma)\right]\\&-2\lambda(\alpha-\beta)\beta\left[\sin\lambda\gamma-\sin\lambda(2\pi-\gamma)\right]+1-\alpha^2\\&-(1-\beta^2)\cos 2\lambda\pi+(\alpha^2-\beta^2)\cos 2\lambda(\gamma-\pi)=0\end{aligned} \quad \text{对称部分} \quad (5.51a)$$

$$\begin{aligned}&(\alpha-\beta)^2\lambda^2(1-\cos 2\gamma)-2\lambda(\alpha-\beta)\sin\gamma\left[\sin\lambda\gamma+\sin\lambda(2\pi-\gamma)\right]\\&+2\lambda(\alpha-\beta)\beta\left[\sin\lambda\gamma-\sin\lambda(2\pi-\gamma)\right]+1-\alpha^2\\&-(1-\beta^2)\cos 2\lambda\pi+(\alpha^2-\beta^2)\cos 2\lambda(\gamma-\pi)=0\end{aligned} \quad \text{反对称部分}$$

(5.51b)

显然，当式(5.49)和式(5.51)有 $\lambda=0\sim1$ 间的解时，界面端或界面角点有奇异性，甚至可以出现多个奇异性，破坏因而从该处发生。奇点附近的奇异场可统一表示成

$$\sigma_{ij}=\sum\frac{K_k f_{ij}(\theta)}{r^{1-\lambda_k}} \quad (5.52)$$

界面奇点的破坏形式有两种：一是界面破坏；二是母材破坏。发生何种形式的破坏，由两种形式的破坏准则先满足者决定。母材破坏时，可先用数值方法找出 $\sigma_{\theta\max}$ 的方向，然后将其表示成 $\sigma_{\theta\max}=K_{\theta\max}/r^{1-\lambda_1}$ 的形式，针对母材引入特征长度式(2.43)，进而以式(2.47)评价之，本章聚焦于界面破坏。奇异性的存在会使应力三轴度提高，并且界面相因富含缺陷，故始于奇点的界面破坏多为准脆性破坏。而对于韧性界面，考虑到界面相的塑性流动，可以不考虑奇异性应力场，而以 5.5 节的方法进行评价即可。界面上的应力可以表示为

$$\text{界面端} \qquad \sigma_n=\frac{K_1}{r^{1-\lambda}},\quad \tau=\frac{K_2}{r^{1-\lambda}} \quad (5.53a)$$

$$\text{界面角点} \qquad \sigma_n=\frac{K_1}{r^{1-\lambda_1}},\quad \tau=\frac{K_2}{r^{1-\lambda_2}} \quad (5.53b)$$

界面端破坏的经验准则[79,80]是

$$\left(\frac{K_1}{K_{1C}}\right)^2+\left(\frac{K_2}{K_{2C}}\right)^2=1 \quad (5.54)$$

这里 K_{1C}、K_{2C} 为界面强度特性的实验常数，一般 $K_{1C}<K_{2C}$。实际上这只是式(5.8)的简单扩展，不仅确定 K_{1C}、K_{2C} 需要大量的实验，而且只能适用于界面受拉的情况，并且当界面端奇异性不同时，需要另行确定 K_{1C}、K_{2C}。因此，这种经验方法是没有普遍性意义的。

引入界面破坏的特征长度 L_f，则界面端附近的界面面力为

$$\bar{\sigma}_n=\frac{1}{L_f}\int_0^{L_f}\frac{K_1}{r^{1-\lambda}}dr=\frac{K_1}{\lambda L_f^{1-\lambda}},\quad \bar{\tau}=\frac{1}{L_f}\int_0^{L_f}\frac{K_2}{r^{1-\lambda}}dr=\frac{K_2}{\lambda L_f^{1-\lambda}} \quad (5.55)$$

比较式(5.8)和式(5.54)，有

$$K_{1C}=\sigma_C\lambda L_f^{1-\lambda},\quad K_{2C}=\tau_f\lambda L_f^{1-\lambda} \tag{5.56}$$

因此，如果能够事先确定特征长度 L_f，经验准则中 K_{1C}、K_{2C} 是不需要实验确定的，它们并不是本质性的界面特性，而只是其在特定情况下的体现。反过来由 K_{1C}、K_{2C} 也可确定特征长度。

另外，利用式(5.55)，就可用拉剪界面的失效准则式(5.21)，考虑平行于界面的界面相内的应力，就可用式(5.30)进行界面端失效评价，无须引入 K_{1C}、K_{2C}。对于 90°-90°直角界面端[81]，K_1、K_2 并不是相互独立的参数

$$\begin{aligned}
&\sigma_\theta+\mathrm{i}\tau_{r\theta}\big|_{\theta=0}=\frac{K_1+\mathrm{i}K_2}{r^{1-\lambda}},\quad K_2=FK_1\\
&F=\frac{\lambda D+\sin(\lambda\pi/2)\cos(\lambda\pi/2)-D\sin^2(\lambda\pi/2}{\lambda+\sin^2(\lambda\pi/2)+D\sin(\lambda\pi/2)\cos(\lambda\pi/2)}\\
&D=\frac{2\alpha\left(\lambda^2-\lambda\cos\lambda\pi\right)-2\beta\left(\lambda^2+(2\lambda+1)\sin^2(\lambda\pi/2)\right)}{\sin\lambda\pi\left[1-2\lambda(\alpha-\beta)\right]}
\end{aligned} \tag{5.57}$$

这反过来也说明了关于界面端破坏，其强度特性 K_{1C}、K_{2C} 并不是相互独立的。

界面两侧母材内平行于界面的应力为

$$\begin{aligned}
&\sigma_{rj}=\frac{K_1}{r^{1-\lambda}}\left[a_j(3-2\lambda)+\cos[(-1)^j\lambda\pi]-\sin[(-1)^j\lambda\pi]\right],\\
&a_j=\frac{2\lambda-1+\cos\lambda\pi+(-1)^jF\sin\lambda\pi}{4\left[\lambda^2-\sin^2(\lambda\pi/2)\right]},
\end{aligned}\qquad j=1,2\ \text{对应材料 1，2} \tag{5.58}$$

这样，我们只须确定界面的特征长度，就无须另行建立界面端的破坏准则[82]。而要确定该特征长度，就必须先考虑界面裂纹的破坏准则。

5.7　界面裂纹的破坏准则

界面相内任意位置上的裂纹，都是界面裂纹，如图 5.20 所示。由于界面相富含缺陷，缺陷分布又有随机性，故微观的界面裂纹力学行为与宏观的不是一码事。微观上界面相内材料特性是渐变的，而宏观上把界面相作无厚度的界面模型处理时，材料特性在界面两侧是突变的。界面相一般多为脆性材料，即使有一定的韧性，产生宏观裂纹后由于应力三轴度大大提高，也表现为准脆性破坏。因此，以下我们只考虑界面相为脆性的情况。

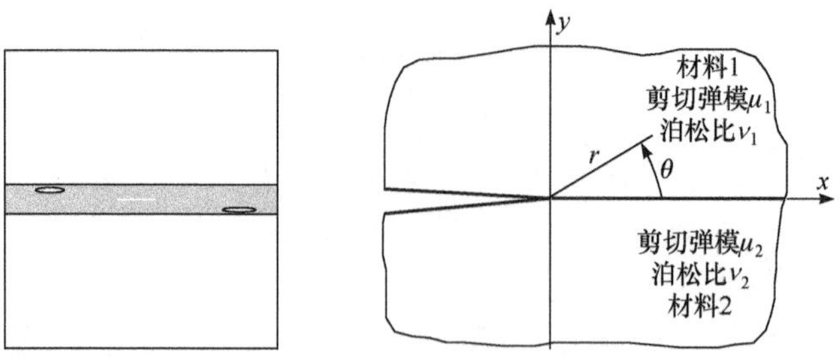

图 5.20　界面裂纹模型

由于脆性材料的拉压强度特性是不同的，所以界面的拉压力学行为也是不同的。当界面相厚度方向受压，即界面法向应力为压缩应力时，裂纹面闭合，外部剪应力仍会引起裂尖剪应力的奇异性(但没有振荡性)，此时的断裂评价方法与均质材受压时是一样的，参见 3.5 节，只是材料特性是对应于界面相的而已。所以以下只考虑界面法向应力为拉的情况。

当界面法向应力为拉时，无论剪应力如何，总有一侧裂尖是开口的[82]，并且破坏总是从开口端开始的。开口端的裂尖场可表示成[82-84]

$$\sigma_\theta + \mathrm{i}\,\tau_{r\theta}\big|_{\theta=0} = \frac{K_1 + iK_2}{\sqrt{2\pi r}}\left(\frac{r}{\ell}\right)^{i\varepsilon}$$

$$\varepsilon = \frac{1}{2\pi}\ln\left[\frac{\mu_1 + \mu_2\kappa_1}{\mu_2 + \mu_1\kappa_2}\right],\quad \kappa_j = \begin{cases} 3-4\nu_j & \text{平面应变} \\ (3-\nu_j)/(1+\nu_j) & \text{平面应力} \end{cases} \tag{5.59}$$

其中，μ 为材料的剪切弹性模量，ℓ 为振荡性的无量纲长度，只做 K 值分析时，实际上取什么样的值都是可以的，因为式(5.59)只是一种定义，各种定义间可以进行数学转换。但在需要做界面破坏评价时，则是不能随便定义的。考虑到裂尖应力场的相似性原理，ℓ 必须与裂纹长度成比例，习惯上多取 $\ell = 2a$，如果考虑到 K_1、K_2 与远场应力的对应性，则必须取 $\ell = 2\mathrm{e}^{\frac{1}{\varepsilon}\arctan(-2\varepsilon)}a$。否则，破坏评价无法进行。界面上的裂尖应力可表示成[85,86]

$$\begin{aligned}
\sigma_\theta\big|_{\theta=0} &= \frac{1}{\sqrt{2\pi r}}\left(K_1\cos\left(\varepsilon\ln\frac{r}{\ell}\right) - K_2\sin\left(\varepsilon\ln\frac{r}{\ell}\right)\right) \\
\tau_{r\theta}\big|_{\theta=0} &= \frac{1}{\sqrt{2\pi r}}\left(K_1\sin\left(\varepsilon\ln\frac{r}{\ell}\right) + K_2\cos\left(\varepsilon\ln\frac{r}{\ell}\right)\right) \\
\sigma_{rj}\big|_{\theta=0} &= \frac{1}{2\sqrt{2\pi r}\cosh(\varepsilon\pi)}\left(3W_j - \frac{1}{W_j}\right)\left[K_1\cos\left(\varepsilon\ln\frac{r}{\ell}\right) - K_2\sin\left(\varepsilon\ln\frac{r}{\ell}\right)\right] \\
&= \frac{K_\theta\big|_{\theta=0}}{2\cosh(\varepsilon\pi)}\left(3W_j - \frac{1}{W_j}\right)
\end{aligned} \tag{5.60}$$

其中，$W_1 = \mathrm{e}^{-\varepsilon(\pi-\theta)}$，$W_2 = \mathrm{e}^{\varepsilon(\pi-\theta)}$。界面两侧沿界面方向的应力 σ_{rj} 是不连续的，但都与法向应力成比例。这一比例关系说明，在建立失效准则时，σ_{rj} 不是独立的参数。这就是为什么一般在考虑界面破坏时，只需考虑面力即可的原因。

那么，引入界面相后的微观考察时没有振荡性的裂尖场，在作宏观考察时为什么会有振荡奇异性呢？这是因为宏观的无厚度界面模型，实际上把应力、应变在界面相厚度方向都做了平均化处理，如图 5.21 所示。平均化后，就不再是 $1/\sqrt{r}$ 的奇异性。也就是说，宏观的振荡奇异应力场描述了裂尖厚度方向平均化后的应力状态，因此，仍然可以用来描述裂尖的“真实”应力状态。

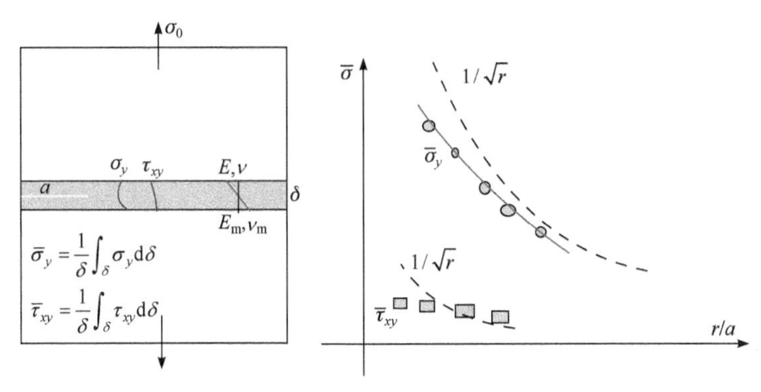

图 5.21　振荡奇异性的来由

但是，必须注意在裂尖极附近，厚度方向的平均显然既无必要，也没有意义。平均意义上的表征，只对离开裂尖距离相当于数个厚度处才有效。这与断裂力学的思考方法是相符的，即用裂尖前沿奇异支配区域的应力场作为裂纹扩展的驱动。因此，尽管式(5.59)在裂尖极附近处没有意义，但描述界面裂纹的宏观破坏行为，则仍然是合理的。

5.7.1　能量释放率准则

界面裂纹沿界面的能量释放率为[87]

$$G = \frac{K_1^2 + K_2^2}{16\cosh^2(\varepsilon\pi)}\left[\frac{\kappa_1 + 1}{\mu_1} + \frac{\kappa_2 + 1}{\mu_2}\right] \tag{5.61}$$

按断裂力学的方法，由 $G = G_\mathrm{C}$，人们自然地希望界面裂纹的断裂准则为

$$K_1^2 + K_2^2 = K_\mathrm{C}^2 \tag{5.62}$$

并且由于 $K_1^2 + K_2^2$ 与应力强度因子定义中 ℓ 的取法无关，还可避开其定义的混乱。故而式(5.62)在一些理论工作中被广泛利用。但是，它与实际界面破坏结果是明显不一致的，工程应用中不能采用。为什么基于断裂力学能量平衡的宏观破坏理论

会与实际不一致呢？错的并不是宏观破坏理论，而是无视了界面破坏机理与均匀材料的不同。失效准则必然是与失效形式和机理相关的。

5.7.2 经验破坏准则

现有的实验结果[88-90]都显示，界面裂纹的破坏准则近似地可以表示为

$$\left(\frac{K_1}{K_{1C}}\right)^2+\left(\frac{K_2}{K_{2C}}\right)^2=1 \tag{5.63}$$

并且 $K_{2C}>K_{1C}$ (多数情况下在 1.5～2.5 倍)。这一经验准则形式简单，可以应用于工程实际问题。但从破坏理论角度看，它只是一个经验准则，暗含了界面破坏只与面力有关的假定，是式(5.8)的简单扩展。

5.7.3 唯象准则

界面裂纹裂尖的应变能也可以区分成体积变形和畸变两部分[74]：

$$\begin{cases} W_{\mathrm{N}}=\dfrac{S_{\mathrm{N}}}{32\pi r\cosh^2(\varepsilon\pi)}\left[\dfrac{\eta_1}{\mu_1}\mathrm{e}^{-2\pi\varepsilon}+\dfrac{\eta_2}{\mu_2}\mathrm{e}^{2\pi\varepsilon}\right], & S_{\mathrm{N}}=\left(K_1^2+K_2^2\right)\cos^2\left(\gamma+\varepsilon\ln\dfrac{r}{\ell}\right) \\ W_{\mathrm{S}}=\dfrac{S_{\mathrm{S}}}{32\pi r\cosh^2(\varepsilon\pi)}\left(\dfrac{1}{\mu_1}+\dfrac{1}{\mu_2}\right)\left(\mathrm{e}^{2\pi\varepsilon}+\mathrm{e}^{-2\pi\varepsilon}+2\right), & S_{\mathrm{S}}=\left(K_1^2+K_2^2\right)\left(1+C_0\cos^2\left(\gamma+\varepsilon\ln\dfrac{r}{\ell}\right)\right) \end{cases}$$

$$C_0=\left(\frac{2(\kappa_1-1)-\eta_1}{\mu_1}\mathrm{e}^{-2\pi\varepsilon}+\frac{2(\kappa_2-1)-\eta_2}{\mu_2}\mathrm{e}^{2\pi\varepsilon}-4\left(\frac{1}{\mu_1}+\frac{1}{\mu_2}\right)\right)\Bigg/\left(\left(\frac{1}{\mu_1}+\frac{1}{\mu_2}\right)\left(\mathrm{e}^{2\pi\varepsilon}+\mathrm{e}^{-2\pi\varepsilon}+2\right)\right)$$

$$\gamma=\arctan\left(\frac{K_2}{K_1}\right),\quad \varepsilon=\frac{1}{2\pi}\ln\left[\frac{\mu_1+\mu_2\kappa_1}{\mu_2+\mu_1\kappa_2}\right]$$

$$\kappa_j=\begin{cases}3-4\nu_j & \text{平面应变,}\\ (3-\nu_j)/(1+\nu_j) & \text{平面应力,}\end{cases}\qquad \eta_j=\begin{cases}8(1-2\nu_j)(1+\nu_j)/3 & \text{平面应变}\\ 8(1-2\nu_j)/3/(1+\nu_j) & \text{平面应力}\end{cases}$$

由式(5.12)得破坏准则

$$\frac{\left(K_1^2+K_2^2\right)\cos^2\left(\gamma+\varepsilon\ln\dfrac{r}{\ell}\right)}{K_{1C}^2}+\frac{\left(K_1^2+K_2^2\right)\left[1+C_0\cos^2\left(\gamma+\varepsilon\ln\dfrac{r}{\ell}\right)\right]}{K_{2C}^2}=1 \tag{5.64a}$$

在奇异场支配域内，$\cos(\varepsilon\ln(r/2a))\approx 1$，$\sin(\varepsilon\ln(r/ha))\approx 0$ 总是成立的。因此，上述准则可以进一步简化成

$$\left(\frac{K_1}{K_{1C}}\right)^2+\left(\frac{K_2}{K_{2C}}\right)^2+C\left(\frac{K_1}{K_{2C}}\right)^2=1 \tag{5.64b}$$

$$C = 1 + C_0 = \frac{\dfrac{2(\kappa_1 - 1) - \eta_1}{\mu_1} e^{-2\pi\varepsilon} + \dfrac{2(\kappa_2 - 1) - \eta_2}{\mu_2} e^{2\pi\varepsilon} + \left(\dfrac{1}{\mu_1} + \dfrac{1}{\mu_2}\right)\left(e^{2\pi\varepsilon} + e^{-2\pi\varepsilon} - 2\right)}{\left(\dfrac{1}{\mu_1} + \dfrac{1}{\mu_2}\right)\left(e^{2\pi\varepsilon} + e^{-2\pi\varepsilon} + 2\right)}$$

显然，K_{1C}、K_{2C} 是独立的界面韧性值，对应于界面相的抗体积变形和畸变的韧性值。

式(5.64)与实验结果[74,85]比较的一例如图 5.22 所示，与常规的椭圆经验规律相比，与实验结果符合得更好。实验结果在界面纯剥离状态附近离散性较大，说明了界面的抗剥离能力对界面相内的微观缺陷很敏感。

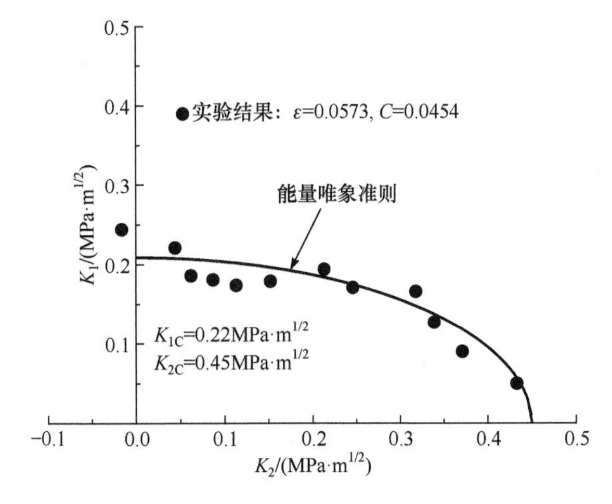

图 5.22　界面裂纹破坏准则的实验验证

界面裂纹也可不沿界面，而向母材侧屈折(kinking)。发生界面剥离还是母材起裂，既与应力状态有关，也与界面和母材的强度特性的大小关系有关。母材侧的最大切向应力可表示为

$$\begin{gathered}\sigma_{\theta\max} = \frac{K_{\theta\max}}{\sqrt{2\pi r}}\cos\left(\varepsilon \ln\frac{r}{\ell}\right), \quad K_{\theta\max} = \frac{\sqrt{K_1^2 + K_2^2}}{2\cosh(\varepsilon\pi)} B_{j\max}(\theta) \\ B_j(\theta) = W_j\left[2\cos\left(\frac{\theta}{2} + \gamma\right) - (\cos\theta + 2\varepsilon\sin\theta)\cos\left(\frac{\theta}{2} - \gamma\right)\right] + \frac{1}{W_j}\cos\left(\frac{3\theta}{2} + \gamma\right)\end{gathered} \tag{5.65}$$

母材发生屈折破坏准则[86]为

$$K_{\theta\max} = K_{\text{IC}} \tag{5.66}$$

以式(5.64)和式(5.66)的先满足者，就可决定破坏形式和发生条件。

5.7.4　基于界面相失效机理的破坏准则

由 5.4 节可知，考虑界面相拉裂破坏时，界面相内的面内应力可以忽略。考虑裂尖的振荡区外支配域(r_1,r_2)内的平均应力：

$$\bar{\sigma}_\theta\big|_{\theta=0}=\frac{1}{r_2-r_1}\int_{r_1}^{r_2}\frac{\left(K_1\cos(\varepsilon\ln r/\ell)-K_2\sin(\varepsilon\ln r/\ell)\right)\mathrm{d}r}{\sqrt{2\pi r}}$$

$$=\frac{2}{\sqrt{2\pi}(r_2-r_1)}\begin{bmatrix}\sqrt{r_2}\left(K_1\cos Q_2-K_2\sin Q_2\right)-\sqrt{r_1}\left(K_1\cos Q_1-K_2\sin Q_1\right)\\ -2\varepsilon\left[\sqrt{r_2}\left(-K_1\sin Q_2-K_2\cos Q_2\right)-\sqrt{r_1}\left(-K_1\sin Q_1-K_2\cos Q_1\right)\right]\end{bmatrix}-4\varepsilon^2\bar{\sigma}_{\theta=0}$$

$$\bar{\sigma}_{\theta=0}=\frac{2}{(1+4\varepsilon^2)\sqrt{2\pi}(r_2-r_1)}\begin{bmatrix}\sqrt{r_2}\left[(\mathrm{K}_1+2\varepsilon K_2)\cos Q_2-(K_2-2\varepsilon K_1)\sin Q_2\right]\\ -\sqrt{r_1}\left[(\mathrm{K}_1+2\varepsilon K_2)\cos Q_1-(K_2-2\varepsilon K_1)\sin Q_1\right]\end{bmatrix}\tag{5.67a}$$

$$\approx\frac{2(K_1+2\varepsilon K_2)}{(1+4\varepsilon^2)\sqrt{2\pi}(\sqrt{r_1}+\sqrt{r_2})}=C(K_1+2\varepsilon K_2)$$

这里利用了在支配区域内$\cos Q\approx 1,\sin Q\approx 0$的近似条件。同理可求得

$$\bar{\tau}_{r\theta}\approx\frac{2(K_2-2\varepsilon K_1)}{(1+4\varepsilon^2)\sqrt{2\pi}(\sqrt{r_1}+\sqrt{r_2})}=C(K_2-2\varepsilon K_1)\tag{5.67b}$$

这里，

$$C=\frac{2}{(1+4\varepsilon^2)\sqrt{2\pi}(\sqrt{r_1}+\sqrt{r_2})}$$

可以归入待确定的界面断裂韧性常数，不必去明确具体的r_1、r_2。代入式(5.30c)的界面相拉剪破坏准则得

$$\sqrt{K_1^2+4K_2^2-12\varepsilon K_1K_2}+\frac{\sigma_{\mathrm{b2}}-\sigma_{\mathrm{b1}}}{C}\frac{K_1+2\varepsilon K_2}{\sqrt{K_1^2+4K_2^2-12\varepsilon K_1K_2}}+K_1+2\varepsilon K_2=\frac{\sigma_{\mathrm{b1}}+\sigma_{\mathrm{b2}}}{C}\tag{5.68a}$$

考虑仅有K_1时的情况，得$K_{1\mathrm{C}}=\sigma_{\mathrm{b1}}/C$，考虑仅有$K_2$时的情况，$\sigma_{\mathrm{b2}}/C\approx(1+2\varepsilon)(2K_{2\mathrm{C}}-K_{1\mathrm{C}})$。代入式(5.67)得界面裂纹的破坏准则

$$\sqrt{K_1^2+4K_2^2-12\varepsilon K_1K_2}+(K_1+2\varepsilon K_2)\left[1+\frac{2(1+2\varepsilon)K_{2\mathrm{C}}-2(1+\varepsilon)K_{1\mathrm{C}}}{\sqrt{K_1^2+4K_2^2-12\varepsilon K_1K_2}}\right]=2(1+2\varepsilon)K_{2\mathrm{C}}-2\varepsilon K_{1\mathrm{C}}\tag{5.68b}$$

对于如图 5.22 所示的实验结果，式(5.68b)所示破坏准则的临界曲线以及唯象、经验临界曲线的比较如图 5.23 所示。三者均可较好地符合实验结果，但拟合得到的$K_{1\mathrm{C}}$、$K_{2\mathrm{C}}$有所不同，这是因为在不同准则中，临界值$K_{1\mathrm{C}}$、$K_{2\mathrm{C}}$的意义有所不

同。所谓材料特性，实际上都是与所用的失效准则相关的。

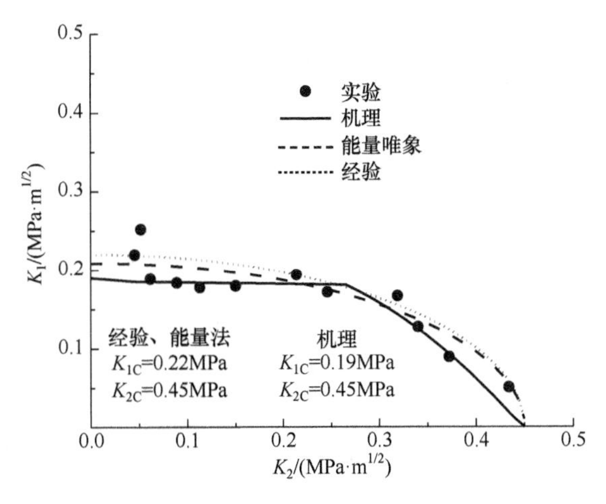

图 5.23　各类界面破坏准则比较

5.8　界面疲劳准则及寿命

结合材料在受循环载荷作用时，即使静态受载的破坏不起始于界面，疲劳起裂也一般都发生在界面。这是因为界面相总是包含较多微观缺陷。对于大多数界面(脆性、富含缺陷)，除了交变应力会引起循环疲劳，恒定应力也会引起静态疲劳。

5.8.1　经验规律

经验规律一般以面力变化的幅值或范围作为评价参数，采用面力作为参数的最大好处是只有单一参数。

1. 界面裂纹疲劳扩展

由于界面裂纹总是处于混合模态下，所以存在一个用什么样的参数来进行评价的问题。我们通过不同的界面疲劳试验以及各种试整理发现，用混合应力强度因子变化范围来整理裂纹扩展速率，可以使试验结果在某个范围内呈较好的线性关系(在双对数图中)[91,92]，即有

$$\frac{\mathrm{d}a}{\mathrm{d}N}=c\left(\Delta K_i\right)^m,\quad \Delta K_i=\left.\sqrt{\left(K_1\right)^2+\left(K_2\right)^2}\right|_{\max}-\left.\sqrt{\left(K_1\right)^2+\left(K_2\right)^2}\right|_{\min} \tag{5.69}$$

这里，必须高度注意，界面复合应力强度因子的范围应按式(5.69)计算，因为这才是一个循环中应力变化范围的表示，而不能用 $\Delta K_i=\sqrt{\left(\Delta K_1\right)^2+\left(\Delta K_2\right)^2}$ (这是很容易误用的)，后者实际上是没有物理意义的。必须指出，这是常见但却

是只可适用于与实验相似的应力状态范围的裂纹扩展速率，并且实验速率的离散性一般也比较大。尤其在接近门槛值附近的载荷范围内，这种直线性往往是不存在的。

2. 界面起裂

完好界面在循环应力作用下起裂产生界面裂纹。当没有界面奇点时，起裂寿命在界面疲劳寿命中占支配地位。其经验公式为

$$(\Delta\sigma)^m N_{\mathrm{f}} = C, \quad \Delta\sigma = \sqrt{\sigma^2+\tau^2}\Big|_{\max} - \sqrt{\sigma^2+\tau^2}\Big|_{\min} \tag{5.70}$$

这里，σ、τ 分别为界面法向及剪应力(剪应力可取合力)。注意应力变化范围是循环中两个极限状态之间的面力差，而不是 $\Delta\sigma=\sqrt{\Delta\sigma^2+\Delta\tau^2}$。显然，式(5.69)和式(5.70)所用的评价参数实际上都是面力变化范围，但两者的意义是不同的。前者表示的是裂纹扩展速率，后者表示的则是界面起裂的寿命循环数。这一经验公式也不能适用于接近疲劳极限的应力状态。

当界面上有奇点时(如界面端、界面折点等)，起裂寿命不一定在总寿命中占支配地位。此时总寿命需考虑起裂和界面裂纹扩展两部分。

5.8.2 基于界面相材料疲劳的失效准则

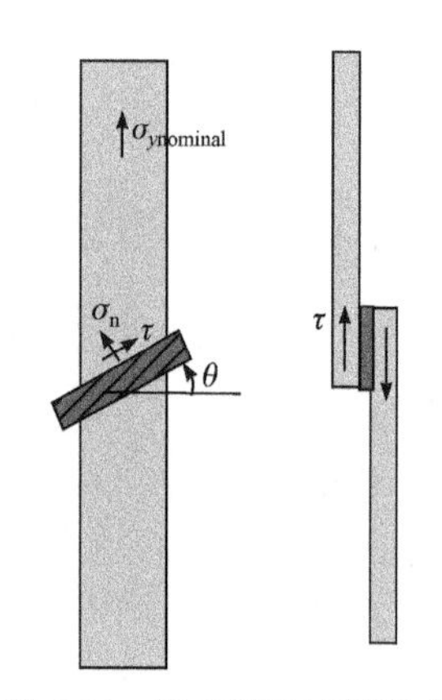

图 5.24　界面疲劳试件形式

因界面必然引起多轴应力状态，故界面疲劳可看作界面相材料的多轴疲劳。由于界面相只存在于不同材料的结合处，且各个方向上疲劳特性可以不同(缺陷分布不同)，故无法通过界面相材料的单轴疲劳试验确定其疲劳特性，但可以通过几个不同应力状态的界面疲劳试验来确定，如图 5.24 所示。

界面应力为

$$\sigma_{\mathrm{n}} = \sigma_y \cos^2\theta, \quad \tau = \sigma_y \sin\theta\cos\theta$$

引入载荷方向角

$$\lambda = \arctan(\tau/\sigma) = \arcsin(\tau/\sqrt{\sigma_{\mathrm{n}}^2+\tau^2}) \tag{5.71}$$

则界面相材料的损伤演化律可表示为

$$\left.\frac{\mathrm{d}D}{\mathrm{d}t}\right|_{\mathrm{cyc}} = c_{\mathrm{f}}(\lambda,\sigma_{\mathrm{mef}})\frac{\dot{\sigma}_{\mathrm{ef}}(t)}{1-D}\left(\frac{\sigma_{\mathrm{ef}}(t)}{1-D}\right)^{\beta(\lambda)} H \tag{5.72a}$$

$$H=\begin{cases}1-\left(\dfrac{(1-D)\sigma_{\mathrm{f}}}{\sigma_{\mathrm{ef}}(t)}\right)^{\gamma(\lambda)}, & \dfrac{\sigma_{\mathrm{ef}}(t)}{1-D}>\sigma_{\mathrm{f}}(\lambda,\sigma_{\mathrm{mef}})\\ 0, & \dfrac{\sigma_{\mathrm{ef}}(t)}{1-D}\leqslant\sigma_{\mathrm{f}}(\lambda,\sigma_{\mathrm{mef}})\end{cases}\tag{5.72b}$$

利用各种载荷角的远场单轴拉压疲劳试验结果，可以确定其中的材料特性系数。其中，评价参数等效平均及疲劳应力[28]为

$$\sigma_{\mathrm{mef}}=\sqrt{I_{1\mathrm{m}}^2-\frac{2(1+\nu)^2}{1+2\nu^2}I_{2\mathrm{m}}},\quad \sigma_{\mathrm{eft}}=\sqrt{I_{1\mathrm{t}}^2-\frac{2(1+\nu)^2}{1+2\nu^2}I_{2\mathrm{t}}}$$

其中，ν 为界面相的等效泊松比，应力不变量由下式任意应力状态的平均应力部分和交变部分分别计算得出，$I_{1\mathrm{t}}$、$I_{2\mathrm{t}}$ 一般情况下是时间的复杂函数。

$$\sigma_{ijt}=\sigma_{ijm}+\sum\sigma_{ijak}\sin(\omega_k t+\varphi_k)=\sigma_{ijm}+\sigma_{ijt}$$

由简单远场应力试验求得的疲劳特性 $\beta(\lambda)$、$\gamma(\lambda)$ 可以是载荷方向角依存的。而损伤系数、疲劳极限 $c_{\mathrm{f}}(\lambda,\sigma_{\mathrm{m}})$、$\sigma_{\mathrm{f}}(\lambda,\sigma_{\mathrm{m}})$ 则还有平均应力依存性，可以先关于同一载荷方向角下求取其平均应力依存性(注意与各向同性材料的式(4.27)和式 (4.28)不同，可以由实验结果直接拟合得出，但必须保持拟合函数形式在各载荷方向角下相同)，然后再对各种载荷方向角下的结果再次拟合即可。疲劳准则为

$$\max\sigma_{\mathrm{eft}}\leqslant\sigma_{\mathrm{fin}}(\sigma_{\mathrm{mef}})\tag{5.73}$$

其中，σ_{fin} 为界面疲劳极限。当利用式(5.72)计算寿命时，初始损伤可取零，然后再根据损伤的离散性，考虑其离散范围。临界损伤则需按下式计算：

$$D_{\mathrm{C}}=1-\frac{\max\sigma_1(t)}{\sigma_{\mathrm{bt}}}\tag{5.74}$$

σ_1 为界面相内的第一主应力，由下式的最大解给出

$$\sigma_1^3-I_1\sigma_1^2+I_2\sigma_1-I_3=0\tag{5.75}$$

界面强度由式(5.17)和最大主应力方向(图 5.9)决定。原则上，只要事先确定界面疲劳特性 β、γ、c_{f}、σ_{f}，就可对任意界面应力状态进行界面疲劳的寿命计算。特别地，考虑到界面疲劳时面力变化起支配作用，式(5.72)也可简化为

$$\frac{\mathrm{d}D}{\mathrm{d}t}=c_{\mathrm{f}}(\lambda,\sigma_{\mathrm{mp}})\frac{\dot{\sigma}_{\mathrm{p}}(t)}{1-D}\left(\frac{\sigma_{\mathrm{p}}(t)}{1-D}\right)^{\beta}H\tag{5.76a}$$

$$H=\begin{cases}1-\left(\dfrac{(1-D)\sigma_{\mathrm{f}}}{\sigma_{\mathrm{p}}(t)}\right)^{\gamma}, & \dfrac{\sigma_{\mathrm{p}}}{1-D}>\sigma_{\mathrm{fin}}(\lambda,\sigma_{\mathrm{mp}})\\ 0, & \dfrac{\sigma_{\mathrm{ef}}}{1-D}\leqslant\sigma_{\mathrm{fin}}(\lambda,\sigma_{\mathrm{mp}})\end{cases}\tag{5.76b}$$

其中，$\sigma_{\mathrm{p}}=\sqrt{\sigma^2+\tau^2}$。

5.8.3 界面的静态疲劳

当界面相存在较多微观缺陷时其为脆性界面，因此，也会发生静态疲劳失效。界面静态疲劳寿命的计算方法仍如 3.7 节所述，但可直接利用面力作为损伤演化参数，即损伤演化律[43]可表示为

$$\frac{\mathrm{d}D}{\mathrm{d}t}=c(\lambda)\left(\frac{\sigma_{\mathrm{p}}}{1-D}\right)^{\xi(\lambda)}H,\quad H=\begin{cases}1-\left(\dfrac{(1-D)\sigma_{\mathrm{f0}}(\lambda)}{\sigma}\right)^{\zeta(\lambda)}, & \dfrac{\sigma_{\mathrm{p}}}{1-D}>\sigma_{\mathrm{f0}}(\lambda)\\ 0, & \dfrac{\sigma_{\mathrm{p}}}{1-D}\leqslant\sigma_{\mathrm{f0}}(\lambda)\end{cases}\tag{5.77}$$

其特性常数也有如图 5.24 所示的载荷方向角依存性，因此，其实验确定方法类似于循环疲劳特性。当然，也可从界面相材料的静态疲劳出发，利用应变能等效应 $\sigma_{\mathrm{sd}}=\sqrt{I_1^2-2(1+\nu)I_2}$ 取代 σ_{p} 来建立损伤演化律。

界面的静态疲劳多发生在界面质量较差、载荷又较大的情况(受静态疲劳极限控制)，一般金属间的焊接界面仍不会发生静态疲劳。陶瓷材料本身就有静态疲劳现象，所以在金属陶瓷界面也有静态疲劳现象。如果此类界面承受某种循环载荷，则需采用 3.8 节所述的耦合疲劳评价方法，并且还必须考虑如图 5.24 所示的实验方法，来确定载荷方向依存的材料特性。

5.8.4 界面疲劳与界面裂纹疲劳扩展规律的统一

对于界面裂纹，裂尖等效平均疲劳应力为(参见式(5.67))，

$$\bar{\sigma}_{\theta=0}=C(K_1+2\varepsilon K_2),\quad \bar{\tau}_{r\theta}=C(K_2-2\varepsilon K_1)$$

设界面相等效泊松比为 ν，面力振幅为

$$\Delta\sigma_{\mathrm{p}}=C\left[\sqrt{(K_1+2\varepsilon K_2)^2+\frac{2(1+\nu)^2}{1+2\nu^2}(K_2-2\varepsilon K_1)^2}\,\Bigg|_{\max}-\sqrt{(K_1+2\varepsilon K_2)^2+\frac{2(1+\nu)^2}{1+2\nu^2}(K_2-2\varepsilon K_1)^2}\,\Bigg|_{\min}\right]$$

界面裂纹扩展本质上是裂尖界面相的疲劳。由此可知，界面裂纹疲劳扩展的参数理论上应为

$$\Delta K_{\mathrm{p}}=\sqrt{\left(K_1+2\varepsilon K_2\right)^2+\frac{2(1+\nu)^2}{1+2\nu^2}\left(K_2-2\varepsilon K_1\right)^2}\,\Bigg|_{\max}-\sqrt{\left(K_1+2\varepsilon K_2\right)^2+\frac{2(1+\nu)^2}{1+2\nu^2}\left(K_2-2\varepsilon K_1\right)^2}\,\Bigg|_{\min}\tag{5.78}$$

与经验界面裂纹疲劳扩展参数 $\Delta K = \sqrt{K_1^2 + K_2^2}\Big|_{\max} - \sqrt{K_1^2 + K_2^2}\Big|_{\min}$ 是有所不同的。采用式(5.78)后，界面裂纹疲劳扩展与界面疲劳就可统一起来，裂纹扩展速率的经验规律可表示为

$$\frac{\mathrm{d}a}{\mathrm{d}N} = c(\Delta K_{\mathrm{p}})^{m_1}$$

对于耐热金属基材上的遮热涂层的界面裂纹扩展[90,91]，如图 5.25 所示，材料常数如表 5.1 所示，疲劳裂纹发生在连接涂层和陶瓷涂层的界面上，按经验规律整理的裂纹扩展速率曲线如图 5.26(a)所示，而按式(5.78)整理的扩展速率曲线则如图 5.26(b)所示。由图可知，两者的离散性和直线性相差不大(机理规律的离散性更小一些)，这一方面上述结果说明了机理性扩展规律的正确性(因为可以很好地表征试验结果)，另一方面也为经验疲劳扩展规律提供了一个依据。

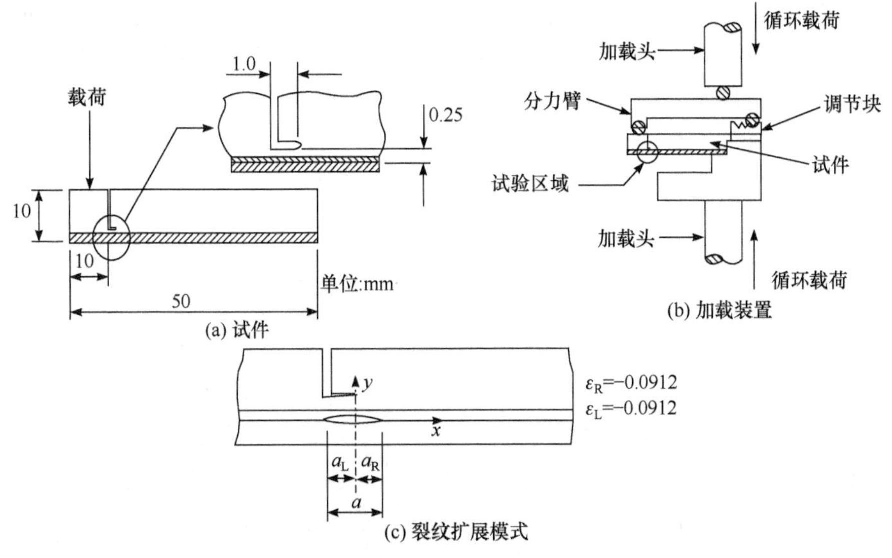

图 5.25　界面裂纹疲劳扩展试验试件与加载装置

表 5.1　遮热涂层材料特性

材料	杨氏模量/GPa	泊松比
基材 FSX414(厚度 10mm)	194	0.3
连接涂层 NiCoCrAlY(厚度 100μm)	178	0.3
陶瓷涂层 8wt%$Y_2O_3ZrO_2$(气孔率 5%，厚 600μm)	42.7	0.1

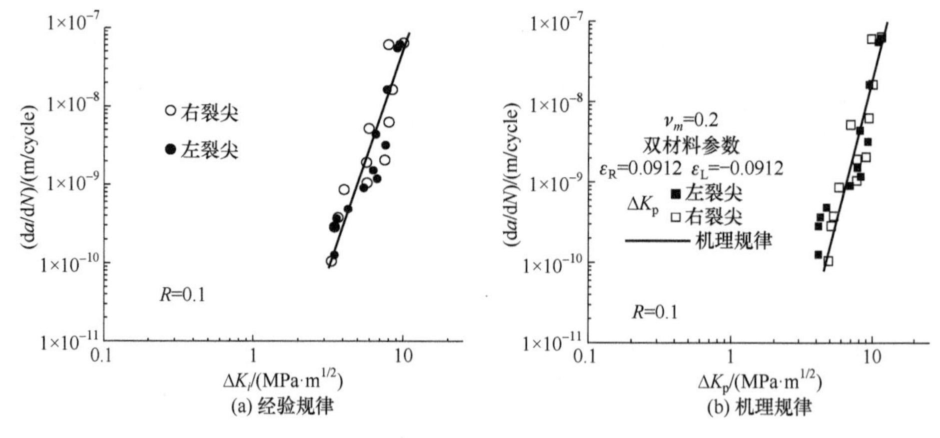

图 5.26　界面裂纹疲劳扩展规律

必须指出，前述界面裂纹的疲劳扩展是针对宏观界面裂纹的。理论上可以通过界面裂纹扩展到临界长度(快速断裂)来计算寿命，但该寿命实际上是包含无效寿命在内的。这就意味着，在发生界面的完全疲劳断裂前，该界面结构就应被视为失效了。实际中常采用某个事先规定的界面裂纹长度(一般远小于临界裂纹长度)代替临界裂纹，来计算其有效寿命。

5.8.5　具有任意奇异性应力奇点的界面疲劳

界面上经常会出现各种应力奇点(参见 5.6 节)，且其奇异性指数不像裂尖那样是恒定的，而是可以根据具体实际结构变化的。为了避开不同奇异性的困扰，对于界面奇点，很多人会采用试凑的办法，即事先人为规定一个长度，然后用该长度内的平均应力进行强度和寿命评价，进而通过与一些实验结果比较，反过来确定该长度的具体值。早期也有选定离开奇异点某个距离的点上的应力作为评价依据，显然这与上述方法是类似的。这类方法一般被称为代表长度或代表点法。这种方法虽然理论依据不足，却非常实用，因为用来验证的实验，往往与需要评价的结构形式相似。当然，对于不同结构形式的奇点，就需要另行试凑代表长度或代表点。

疲劳裂纹一般会首先萌生在界面应力奇点处。如果把应力奇点看作特殊的应力集中点，我们就可以通过引入界面疲劳特征长度，以特征长度内的应力状态和平均疲劳应力，来统一处理具有任意应力奇异性的界面奇点的疲劳起裂寿命问题。需要注意的是，奇点处的疲劳起裂寿命在总寿命中的占比不一定占支配地位(与奇异性强弱有关)，即不能仅以奇点处的起裂寿命作为界面的疲劳寿命，而需要考虑其扩展寿命。但如果有了界面疲劳特征长度，起裂后的扩展寿命计算也不是难事，对于小短裂纹可以逐个考虑裂尖特征长度内的界面疲劳，对于较大的界面裂纹可以用 5.8.4 节介绍的裂纹扩展速率来计算,但被认定为失效的临界裂纹长度是需要另行规定的。因此，评价从界面奇点开始的界面疲劳寿命的关键是要定量地确定界面疲劳特征长度。

从界面裂纹裂尖特征长度内的疲劳来看，疲劳特征长度仍可表示为

$$L_{\text{in}} = \frac{1}{2\pi}\left[\frac{\Delta K_{\text{pth}}}{\sigma_{\text{fin}}}\right]^2 \tag{5.79}$$

其中，ΔK_{pth} 为界面裂纹疲劳扩展的门槛值，可以通过观察界面裂纹疲劳扩展的有无来确定(不一定需要通过扩展速率小于某个值来决定)，σ_{fin} 为界面的疲劳极限，是需要采用不是开始于界面奇点的界面疲劳试验来确定的。图 5.25(a)的试件及实验方法，即通过母材中的切口在界面上引起应力集中(但非奇点)，使得应力集中点处最先发生界面疲劳起裂。减小外载荷直至观察不到界面疲劳起裂，其界面上的集中应力就对应于界面疲劳极限 σ_{fin} 。

但是，界面集中应力往往呈分布型，如图 5.27 所示，疲劳应力的计算本身也需要特征长度。可以先对观察不到界面起裂载荷对应的界面面力分布，采用不同的长度 $L_1, L_2, \cdots$，计算对应长度内的等效面力 $\sigma_{L_1}, \sigma_{L_2}, \cdots$，得出疲劳代表应力 σ_L 与长度 L 的关系，如图 5.28 中实线所示。再根据式(5.78)，由 $\sigma_{\text{f}} = \Delta K_{\text{pth}} / \sqrt{2\pi L}$ 得出疲劳极限与特征长度的关系，如图 5.28 中虚线所示。两者的交点就对应于界面疲劳特征长度和疲劳极限。需要注意的是，获得 ΔK_{pth} (可以较大载荷萌生疲劳裂纹扩展到一定状态后降低载荷使其不扩展来计算)与 σ_L (需以观察不到疲劳裂纹萌生的载荷来计算)的实验，必须要有相同的循环平均应力。最简单的办法是采用对称循环的疲劳载荷，即使得平均应力为零。

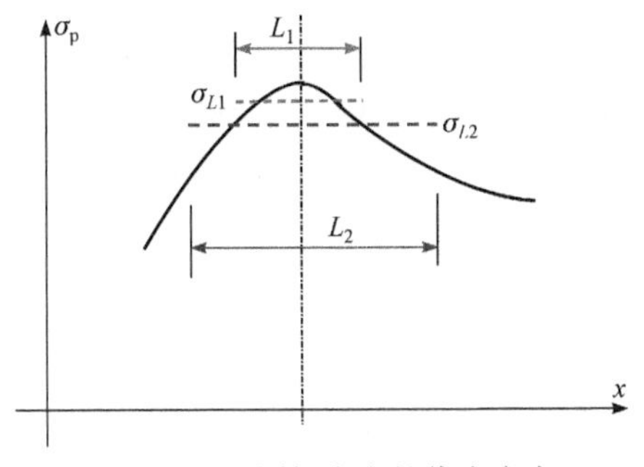

图 5.27　不同长度内的代表应力

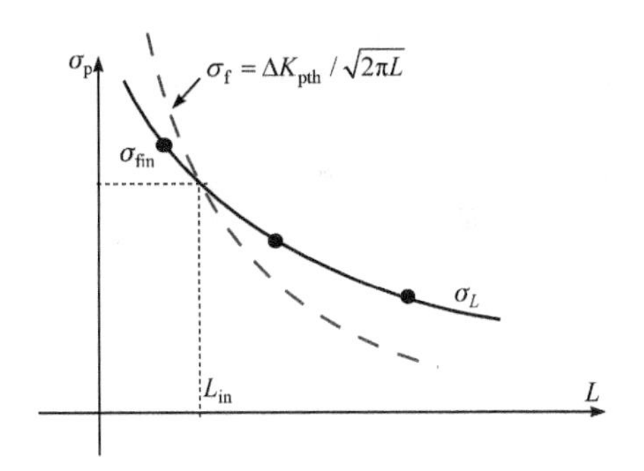

图 5.28　疲劳特征长度及疲劳极限的确定

如 5.8.4 节所述，界面裂纹疲劳扩展与裂尖界面相材料的疲劳是同一回事(界面相为脆性材料，无塑性变形)，利用如图 5.25 所示的疲劳裂纹扩展实验，也是可以获得界面的疲劳寿命规律的。裂尖扩展一个特征长度的寿命为 $N_{\text{f}} = L_{\text{in}} / c(\Delta K_{\text{p}})^{m_1}$，

而裂尖特征长度内的等效疲劳面力可由数值计算或式(5.67)得出。对各扩展阶段(不同裂纹长度)进行以上换算，就可得到面力幅-寿命的关系，即界面疲劳寿命公式。

思 考 题

1. 试分析各种界面模型的优缺点。
2. 用弹簧模型表征界面相，有什么理论上的缺陷吗?
3. 为什么界面失效准则的形式，会与均质材料的不同?
4. 缓和结合残余应力可有哪些方法?
5. 试从界面静态破坏经验准则式(5.8)，分析黏聚力模型在界面强度评价时的局限性。
6. 由实验结果总结得出的经验失效准则对界面应力状态有什么限定? 考察机理性失效准则的意义何在?
7. 界面静态失效可有界面相拉裂、拉剪裂及压剪裂三种破坏形式，试考察式(5.8)、式(5.9)对应于哪种破坏形式? 不同的破坏形式可以用同一种经验公式拟合吗?
8. 对于三维问题，要如何处理才能应用式(5.8)、式(5.9)的经验准则?
9. 能量法是建立唯象失效准则时常用的方法。为什么对界面失效，需要设定如式(5.12)所示的两个能量极限呢? 如果设定为$(W_V / W_{VC})^{\alpha} + (W_S / W_{SC})^{\beta} = 1$ (α,β 为实验拟合常数)，会有何种利弊?
10. 在结合材料的静态破坏形式中，经常有发生在稍离开界面处的情况。这说明界面强度特性已优于母材了吗?
11. 界面端有应力奇异性，所以一般结合材料的破坏总起始于界面端。但在结合材料的结构中，也有不从界面端开始的破坏形式，试列举可能的理由。
12. 界面端奇异性与界面端几何形状有关，在经验失效准则式(5.54)中的界面特性 K_{1C} 、 K_{2C} 是奇异性依存的。需要针对各种奇异性都准备 K_{1C} 、 K_{2C} 吗?
13. 界面裂纹的振荡奇异性给应力分析和强度评价都带来巨大的麻烦，它的物理意义是什么? 为什么在弹性分析时会出现这样的奇妙现象?
14. 试解释为什么在界面破坏中能量释放率准则式(5.62)与实验结果总是矛盾的?
15. 结合材料的疲劳起裂一般都始于界面，为什么?
16. 界面相本质上是一种非均匀材料。把其作为“黑箱”，考虑其整体的疲劳行为时，会产生哪些问题? 为什么界面疲劳试验结果总是有规律的，非均匀材料的影响去哪里了?
17. 面力变化范围常被作为界面疲劳的评价参数，它与把界面相作为“黑箱”后的等效疲劳应力有什么关系? 在何种应力状态下，两者是基本一致的?
18. 有无界面裂纹，经验上界面强度特性需要两套表征方法。它们可以被统一吗? 怎么统一?

第 6 章　复合材料的失效准则

6.1　复合材料的失效形式和机理

所谓复合材料，是指把不同种类的材料，按一定的微观或细观结构形式复合在一起形成的材料。主要有纤维增强类和颗粒增强类两种，前者的增强相是纤维，具有明显的细观结构；后者的增强相是颗粒，具有晶粒尺度以上的微观结构。基体材料可以是树脂等材料，也可以是金属陶瓷等其他固体材料。复合材料的变形特性可以用体积混合律进行计算，即记增强体与基体的变形特性(如杨氏模量、泊松比)分别为 γ_{s}、γ_{m}，体积率分别为 V_{s}、V_{m}，则复合材料的变形特性就为

$$\gamma = \gamma_{\mathrm{s}} V_{\mathrm{s}} + \gamma_{\mathrm{m}} V_{\mathrm{m}}$$

因为变形特性是组织钝感材料，按以上混合律计算所得的变形特性具有足够的精度，一般无须再对复合材料的变形特性进行实测。进行应力应变分析时，纤维增强复合材料一般可模型化为各向异性连续体，颗粒增强复合材料则仍可模型化为各向同性连续体。但必须注意，这样获得的应力应变，只是复合材料的名义应力应变，不是其微、细观结构上的真实应力应变。微细观结构上的应力应变需经过后述的“胞元”分析法来获得。这样，复合材料的失效准则就有基于名义应力和基于微细观结构应力两种不同的形式。另外，强度特性是组织敏感的，是不能用混合律求取的，原则上都必须通过实验测定获取。

早期的复合材料失效准则都是基于名义应力的，不涉及复合材料的失效形式和失效机理，只是简单地扩展应用普通连续体材料的失效准则而已。显然，名义应力不能反映真实材料微细观结构的应力，也就无法区分失效形式、失效机理等，实际上甚至连何种情况下为宏观失效都是不清楚的。所以其实所谓复合材料的强度在宏观上是一个非常模糊的概念。最近的研究表明，复合材料的破坏是个多尺度过程，非常复杂，对其失效条件的宏观表征因复合材料微细观结构失效的多样性而变得非常困难，而模型化了的各向异性体，由于没有内部结构，是无法对应实际破坏的多尺度过程的。因此，针对各向异性连续体模型所建立的复合材料失效准则，无论其理论基础多么完备，与复合材料的失效条件必定是有巨大差别的。

这里我们先介绍一些纤维增强复合材料失效的实验现象，作为理解和建立复

合材料失效准则的感性基础。从微细观结构层次看，纤维增强复合材料的破坏可起始于纤维/基体界面、基体或病弱纤维，颗粒增强复合材料的失效始于颗粒与基体的界面、基体。

单向纤维增强复合材料的典型应力应变曲线[93]如图 6.1 所示，表面上似乎与金属材料应力应变曲线有类似之处，但实际上有很大差别。首先会出现一个较小的弹性极限，对应于图中 A 点，在弹性极限以下卸载时，按原路返回，没有残余应变，其物理意义实际上并不是发生塑性滑移，而是界面或基体材料开始局部起裂的临界点。应力超过 A 点以后，应变随应力的增加而增加，但卸载线并不与原始加载线平行，而是斜率逐渐变小的，即表观杨氏模量会稍有降低。这是因为界面剥离或基体起裂等损伤遗留在材料内部，显然这是与金属材料的屈服完全不同的。也有以卸载后残留 0.2%应变的应力 σ_S 作为弹性极限的，但其含义显然也与金属材料的 $\sigma_{0.2}$ 不同，而是认为少量的界面剥离或基体开裂是可以接受的，以及其杨氏模量的降低也是可以忽略的。应力达到 B 点后，基体完全失去承载能力(或因基体开裂，或因界面完全剥离)，载荷转由纤维全部承担。如果纤维较弱或体积率低，则纤维开始发生断裂而导致整体断裂，如图 6.1 中过 B 点的长虚线所示，但如果纤维较强且体积率高，则会出现抖动(原因是纤维束内应力发生再分布)，但仍能继续承担更大载荷，载荷增加到 C 点后，纤维束发生断裂导致应力急剧下降，发生快速断裂，因是纤维束内各纤维的断裂，故断面不在一个面上。C 点对应的应力 σ_{ult} 常被称为复合材料的极限强度，但它实际主要取决于纤维束的强度。而 B 点对应的应力 σ_B 常被称为复合拉伸极限，在该处增强相与基体的复合效应消失，载荷转由纤维单独承担。必须注意的是，与金属材料在拉伸极限 σ_{b} 之前材料保持完好不同，复合材料在复合拉伸极限 σ_B 之前，材料已没有完整性，而有了大量的界面剥离和基体开裂。

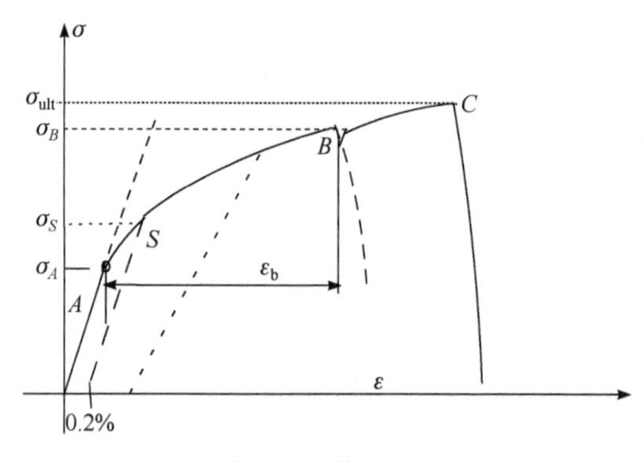

图 6.1　复合材料的典型应力应变曲线

由以上实验现象的介绍可知，复合材料的强度是与其失效点定义相关的。简单地以σ_{ult}或σ_B作为材料强度来判断复合材料的失效，显然是不符合工程应用中对结构材料的完整性要求的，而以完全弹性极限σ_A作为材料强度，又是过于保守的。以产生 0.2%残余应变的σ_S作为材料强度，因实际上界面或基体开裂较小、较少，宏观上对材料完整性的影响不太明显，故而也只是一种主观失效强度。复合材料的客观失效应该被定义在有明显的界面或基体裂纹处，其值σ_{b}应在$\sigma_S \sim \sigma_B$，具体客观失效强度值则与认定为客观失效的界面或基体裂纹长度有关。图 6.2 为某编织复合材料拉伸过程中的声发射信号记录[94]。界面、基体起裂或纤维断裂都会发出声发射信号，故声发射检测常被用来监控复合材料微细观结构的破坏过程。整个过程可以被分为五个阶段，第 1 阶段是应力从 0 到开始检测到声发射信号的σ_A。此阶段不产生任何微观结构的破坏，故没有声发射信号。但杨氏模量即应力应变曲线的斜率却会有稍许增大(这种变化可以忽略，这里只是作为机理佐证来说明的)，这是纤维被拉紧的缘故(由于制造工艺等，某些纤维原先会处于松弛甚至卷曲的状态)。从图 6.1 来说，此区域对应于低于 A 点应力的状态，材料可近似认为处于弹性状态。第 2 阶段是出现少量低强度声发射信号(图 6.2 中点线)的阶段，意味着某些局部的界面或基体率先发生了开裂。由于纤维原始几何形状分布引起的应力集中等原因，均匀名义应力状态下材料内部的应力也是不均匀的，某些局部的界面或基体会处于应力集中状态而导致最先开裂。如果要确定是先发生基体开裂还是界面开裂，可通过声发射信号形式监控来判断[95]。此阶段的杨氏模量，一方面由于纤维进一步绷直继续有少量增大倾向，另一方面因局部起裂产生降低效果，两者竞合之下，杨氏模量仍可能会有少量的变化(图 6.2 中虚线)。但在应力应变曲线上，检测到较弱的声发射信号前后并不呈现明显的拐点，因为局部起裂处还很少且微小，宏观上体现不出来。当应力进一步增大到σ_S后，开始出

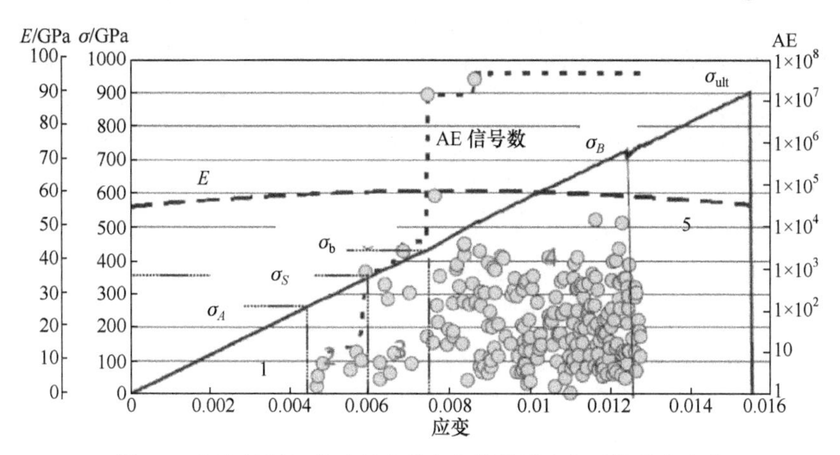

图 6.2　复合材料加载过程中的声发射信号和杨氏模量的变化

现较为强烈和较为密集的声发射信号，意味着微观起裂不再仅仅是复合材料内的最弱点，而是有一些界面或基体发生了较大尺寸的起裂，进入了第 3 阶段，即界面局部起裂与基体局部起裂的混在阶段。此时杨氏模量不再增加，甚至会有所下降，但变化仍很小。第 2、3 阶段间在应力应变曲线上也没有明显的折点。当应力进一步增大到 σ_{b} 后，开始出现强烈和密集的声发射信号，进入第 4 阶段，意味着界面或基体大量裂开或裂纹快速扩展，甚至会有某些较弱的纤维被拉断(对应于最强的声发射信号，也可通过其信号形式来判断[95]失效对象)。杨氏模量在第 4 阶段开始有较明显下降，但因大多数纤维包括基体及界面仍能继续承载，故应力应变曲线仍会继续上行，即复合材料本身还可以继续承载。第 3、4 阶段的应力应变曲线也没有明显的折点，但可在声发射信号的强度与密度上来区分。换句话说，σ_S、σ_{b} 在应力应变曲线上一般是反映不出来的，但利用声发射信号则是可以区分的。当应力进一步增大到 σ_B 后，界面或已完全破坏，复合效应消失，但纤维本身还可继续受力，故不再有声发射信号，应力也会发生一个小的陡降(基体失去承载能力所致)，对应于图 6.1 中的 B 点。但陡降部分很快被纤维所分担，故可继续增加载荷，此后载荷继续增加直至 σ_{ult}，使得纤维束中有较多的纤维断裂，导致剩余纤维也快速断裂，应力陡降为零，对应于图 6.1 中的 C 点，这是第 5 阶段即纤维束断裂阶段。

如上所述，宏观地来看，与金属材料只有弹性极限(屈服极限)和拉伸极限的强度行为不同，复合材料有完全弹性极限 σ_A、近似弹性极限 σ_S、有效拉伸强度 σ_{b}、复合极限 σ_B 和主要与增强体相关的极限强度 σ_{ult} 等，其破坏行为要复杂得多。选用何者作为复合材料的失效，关系到失效形式及其机理的不同，必然导致失效准则的不同。如果对此复合材料强度特性的复杂性认识不足，就容易导致所谓的复合材料强度试验只是针对极限强度 σ_{ult} 的，将其作为工程结构的强度依据是危险的。正如金属材料不能以断裂延伸率作为失效条件一样，以 σ_{ult} 或 σ_B 作为复合材料的强度，对于实际复合材料结构也是不可接受的。另外，σ_A、σ_S、σ_{b} 等强度特性都是以宏观的名义应力来表征的，但其破坏机理却是局部的细观破坏，受局部细观应力支配。名义应力与细观局部应力是不同的，后者是与复合材料的具体微细观结构形式相关的。反过来说，只要复合材料的微细观结构形式有不同，σ_A、σ_S、σ_{b} 就会不同。而微细观结构形式是不可能完全均匀的，必然导致复合材料的强度离散性会较大。相反，如果仅关注极限强度 σ_{ult}，由于其实它对应于纤维的强度，就会得出离散性小的结论。

复合材料的强度评价方法主要有两种思路，一是基于名义应力应变，二是基于局部细观结构(界面)应力。前者只需要进行基于各向异性或同性连续体的名义应力应变分析，后者则需要在名义应力应变分析的基础上，进一步采用代表胞元法[96,97]，进行细观和界面应力的分析(常被称为多尺度分析)。必须强调，在按此两种思路进行强度评价时，它们的失效准则和强度特性，是完全不同的。

6.2　复合材料的名义应力分析方法

纤维增强复合材料常被模型化为宏观各向异性材料来进行其名义应力应变分析[98]。在弹性范围内，最一般的各向异性本构关系可表示成

$$\{\varepsilon\}=[S]\{\sigma\} \quad 或 \quad \{\sigma\}=[C]\{\varepsilon\} \tag{6.1}$$

其中，$[S]$为常系数柔度矩阵，s_{ij}为柔度系数，$[C]$为常系数刚度矩阵(与$[S]$互为逆阵)，c_{ij}为刚度系数。具体地：

$$\begin{Bmatrix}\varepsilon_x\\ \varepsilon_y\\ \varepsilon_z\\ \varepsilon_{yz}\\ \varepsilon_{zx}\\ \varepsilon_{xy}\end{Bmatrix}=[S6\times 6]\begin{Bmatrix}\sigma_x\\ \sigma_y\\ \sigma_z\\ \tau_{yz}\\ \tau_{zx}\\ \tau_{xy}\end{Bmatrix},\quad [S]=\begin{bmatrix}s_{11} & s_{12} & s_{13} & s_{14} & s_{15} & s_{16}\\ & s_{22} & s_{23} & s_{24} & s_{25} & s_{26}\\ & & s_{33} & s_{34} & s_{35} & s_{36}\\ & & & s_{44} & s_{45} & s_{46}\\ \text{sym} & & & & s_{55} & s_{56}\\ & & & & & s_{66}\end{bmatrix} \tag{6.2}$$

这里，对于剪应变必须高度注意，利用工程剪应变时，剪应变或剪应力相关的刚度或柔度系数要差 2 倍。根据系数矩阵的对称性，最多将出现 21 个系数。这些系数决定了材料的变形特性，称为弹性系数。但实际上相互独立的参数往往大大少于这个数字，因为材料内部总会存在一些对称面(指该面两侧的材料具有相同的变形特性)。特别地，有三个正交对称面的材料，称为正交各向异性材料(如三维编织复合材料)，三个对称面构成的坐标系，称为材料特性主轴。通常在平面问题中所谓的二维正交各向异性材料(如二维编织复合材料)，面外方向实际上也是一个材料主轴。当材料在一个面内各向同性，面外垂直方向为另一材料主轴时，称为横观各向同性材料(如单向增强复合材料)。多数工程纤维增强复合材料，都可作正交各向异性处理。即使如图 6.3 所示的纤维非正交的情况，只要找出其对称面x_1、x_2并将其作为材料主轴，仍可作正交各向异性处理。当增强方向正交时，一般将材料主轴取在增强方向(此时其45°方向也是对称轴，理论上也可作为材料主轴)，非正交时，则需将材料主轴取在对称面上。对于复合材料，在确定其材料特性之前，必须先确定材料的主轴方向。对于工程中的纤维增强复合材料，

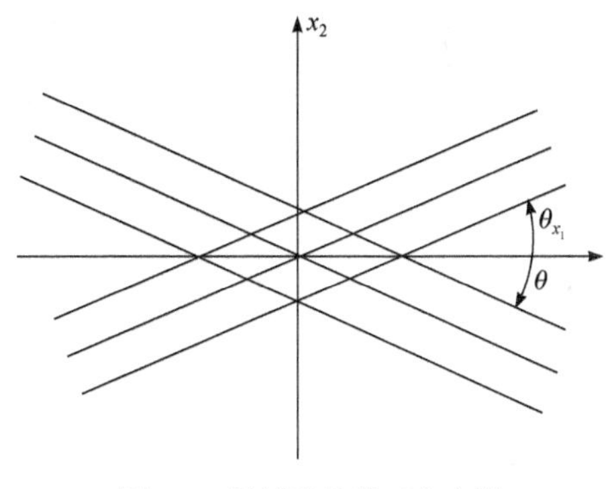

图 6.3　材料特性的正交主轴

一般作三维正交各向异性是够用的了。因此，本书只介绍正交各向异性弹性论。

设三个主轴方向的杨氏模量分别为 E_1 、 E_2 、 E_3 ， i 方向受力产生应变 ε_i ，而在 j 方向产生应变 $-\nu_{ij}\varepsilon_i$ ，以及在 ij 面内的剪切弹性常数为 μ_{ij} (E_i 、 ν_{ij} 、 μ_{ij} 称为各向异性材料的工程弹性常数，可通过三个方向的简单拉伸和剪切实验得到)[5]，如果应力空间坐标轴与材料特性主轴一致，则在式(6.2)中考虑 i 方向的简单拉伸应力状态，易得

$$
\begin{aligned}
&s_{11}=\frac{1}{E_1},\quad s_{12}=-\frac{\nu_{21}}{E_2},\quad s_{13}=-\frac{\nu_{31}}{E_3}\\
&s_{14}=0,\quad s_{15}=0,\quad s_{16}=0
\end{aligned}
\tag{6.3}
$$

同理，考虑其他两个方向的简单拉伸应力状态，以及考虑各个主轴坐标面内的剪切，可得柔度矩阵其他各系数如下

$$
[S]=\begin{bmatrix} S_1 & 0\\ 0 & S_2\end{bmatrix},\quad [S_1]=\begin{bmatrix}\dfrac{1}{E_1} & -\dfrac{\nu_{21}}{E_2} & -\dfrac{\nu_{31}}{E_3}\\ -\dfrac{\nu_{12}}{E_1} & \dfrac{1}{E_2} & -\dfrac{\nu_{32}}{E_3}\\ -\dfrac{\nu_{13}}{E_1} & -\dfrac{\nu_{23}}{E_2} & \dfrac{1}{E_3}\end{bmatrix},\quad [S_2]=\begin{bmatrix}\dfrac{1}{2\mu_{23}} & 0 & 0\\ 0 & \dfrac{1}{2\mu_{13}} & 0\\ 0 & 0 & \dfrac{1}{2\mu_{12}}\end{bmatrix}
\tag{6.4}
$$

注意：由于结构分析时的坐标系往往不在材料主轴坐标系上，需要把定义在主轴坐标系下定义的材料特性变换到总体坐标系里去。因此，为了坐标变换方便，这里的剪应变须采用柯西剪应变(不是工程剪应变)。由系数矩阵的对称性，易得 $\nu_{ij}/E_i=\nu_{ji}/E_j$ 。因此，如果 $E_i\neq E_j$ ，则 $\nu_{ij}\neq\nu_{ji}$ 。必须十分注意的是， ν_{ij} 的含义是 i 方向受力时在 j 方向引起的横向变形量，即 $\varepsilon_j=-\nu_{ij}\varepsilon_i=-\nu_{ij}\sigma_i/E_i$ 。因此，式 (6.4)中 ν_{ij} 的下标不能搞错，否则会破坏式(6.4)所要求的对称性。三个主轴平面内的剪切弹性模量 $\mu_{ij}=\mu_{ij}$ 则需要相应的剪切试验获得。这样，由式(6.4)和式(6.5)可知，正交各向异性材料共有 9 个弹性常数，此时 μ_{ij} 与 E_i 和 ν_{ij} 之间，通常被认为是相互独立的量。但如果除材料主轴外，还存在其他的对称主轴，则实际上并不是完全相互独立的。例如，各向同性材料实际上对应于有无穷多个对称轴的正交各向异性，这三者的关系就可以是唯一确定的。

正交各向异性材料的材料特性一般都是在材料特性主轴坐标系下给出的，与非主轴方向的材料特性有很大差别,但一般我们无须给出非主轴方向的材料特性。应力、应变分析的坐标系并不一定必须与材料主轴一致。利用主轴坐标系下的本构关系时，可以把应力、应变变换到材料主轴空间来，因此，有材料主轴坐标系下的本构关系就足够了。

令材料主轴坐标系为 (x,y,z)、应力空间坐标系为 (x',y',z')，如图 6.4 所示。记 x' 轴在 (x,y,z) 坐标系下的基底矢量为 $i'=\ell_1 i+m_1 j+n_1 k$， y' 轴为 $j'=\ell_2 i+m_2 j+n_2 k$， z' 轴为 $k'=\ell_3 i+m_3 j+n_3 k$，这里 ℓ_j、m_j、n_j 为三个应力空间坐标轴的方向余弦。对于同一个空间矢量 $\boldsymbol{r}$，有

$$\begin{aligned}\boldsymbol{r}&=xi+yj+zk=x'i'+y'j'+z'k'\\&=x'(\ell_1 i+m_1 j+n_1 k)+y'(\ell_2 i+m_2 j+n_3 k)+z'(\ell_3 i+m_3 j+n_3 k)\end{aligned}$$

得坐标变换矩阵

$$\begin{Bmatrix}x\\y\\z\end{Bmatrix}=\begin{bmatrix}\ell_1&\ell_2&\ell_3\\m_1&m_2&m_3\\n_1&n_2&n_3\end{bmatrix}\begin{Bmatrix}x'\\y'\\z'\end{Bmatrix}=\boldsymbol{T}^{\mathrm{t}}\begin{Bmatrix}x'\\y'\\z'\end{Bmatrix},\quad \boldsymbol{T}=\begin{bmatrix}\ell_1&m_1&n_1\\\ell_2&m_2&n_2\\\ell_3&m_3&n_3\end{bmatrix}$$

这里上标 t 表示矩阵的转置，$\boldsymbol{T}$ 为坐标变换阵。因为 $\boldsymbol{T}$ 是单位阵，转置即逆阵，即 $\boldsymbol{T}^{\mathrm{t}}=\boldsymbol{T}^{-1}$，为坐标转换矩阵，主轴坐标系和应力空间下的应力、应变之间的关系可表示为

$$\begin{bmatrix}\sigma_x&\tau_{xy}&\tau_{xz}\\\tau_{xy}&\sigma_y&\tau_{yz}\\\tau_{xz}&\tau_{yz}&\sigma_z\end{bmatrix}=\boldsymbol{T}^t\begin{bmatrix}\sigma_{x'}&\tau_{x'y'}&\tau_{x'z'}\\\tau_{x'y'}&\sigma_{y'}&\tau_{y'z'}\\\tau_{x'z'}&\tau_{y'z'}&\sigma_{z'}\end{bmatrix}\boldsymbol{T},\quad \begin{Bmatrix}\varepsilon_x\\\varepsilon_y\\\varepsilon_z\\\varepsilon_{yz}\\\varepsilon_{zx}\\\varepsilon_{xy}\end{Bmatrix}=\boldsymbol{Q}\begin{Bmatrix}\varepsilon_{x'}\\\varepsilon_{y'}\\\varepsilon_{z'}\\\varepsilon_{y'z'}\\\varepsilon_{z'x'}\\\varepsilon_{x'y'}\end{Bmatrix},\quad \begin{Bmatrix}\sigma_x\\\sigma_y\\\sigma_z\\\tau_{yz}\\\tau_{zx}\\\tau_{xy}\end{Bmatrix}=\boldsymbol{Q}\begin{Bmatrix}\sigma_{x'}\\\sigma_{y'}\\\sigma_{z'}\\\tau_{y'z'}\\\tau_{z'x'}\\\tau'_{x'y'}\end{Bmatrix}$$

$$\begin{bmatrix}\varepsilon_x&\varepsilon_{xy}&\varepsilon_{xz}\\\varepsilon_{xy}&\varepsilon_y&\varepsilon_{yz}\\\varepsilon_{xz}&\varepsilon_{yz}&\varepsilon_z\end{bmatrix}=\boldsymbol{T}^t\begin{bmatrix}\varepsilon_{x'}&\varepsilon_{x'y'}&\varepsilon_{x'z'}\\\varepsilon_{x'y'}&\varepsilon_{y'}&\varepsilon_{y'z'}\\\varepsilon_{x'z'}&\varepsilon_{y'z'}&\varepsilon_{z'}\end{bmatrix}\boldsymbol{T},\tag{6.5a}$$

其中，

$$\boldsymbol{Q}=\begin{bmatrix}\ell_1^2&\ell_2^2&\ell_3^2&2\ell_2\ell_3&2\ell_1\ell_3&2\ell_1\ell_2\\m_1^2&m_2^2&m_3^2&2m_2m_3&2m_1m_3&2m_1m_2\\n_1^2&n_2^2&n_3^2&2n_2n_3&2n_1n_3&2n_1n_2\\n_1m_1&n_2m_2&n_3m_3&n_3m_2+n_2m_3&n_3m_1+n_1m_3&n_1m_2+n_2m_1\\\ell_1n_1&\ell_2n_2&\ell_3n_3&\ell_3n_2+\ell_2n_3&\ell_3n_1+\ell_1n_3&\ell_1n_2+\ell_2n_1\\\ell_1m_1&\ell_2m_2&\ell_3m_3&\ell_3m_2+\ell_2m_3&\ell_3m_1+\ell_1m_3&\ell_1m_2+\ell_2m_1\end{bmatrix}\tag{6.5b}$$

为坐标变换矩阵。利用主轴坐标系下的本构关系 $\{\varepsilon\}=[S]\{\sigma\}$，得

$$\boldsymbol{Q}\{\varepsilon'\}=[S]\boldsymbol{Q}\{\sigma'\},\quad \{\varepsilon'\}=\boldsymbol{Q}^{-1}[S]\boldsymbol{Q}\{\sigma'\}$$

故在非材料主轴方向的应力空间坐标系下的本构柔度矩阵为

$$[S']=\boldsymbol{Q}^{-1}[S]\boldsymbol{Q}$$

由于 $x'y'$ 不再是材料特性的对称轴，$[S']$ 一般不再是对称阵。由此可知，对于各向异性材料，不同坐标系下其本构关系有不同的表示形式。其中的逆阵 $\boldsymbol{Q}^{-1}$，直接从式(6.5a)反推，由 $\{\varepsilon'\}=\boldsymbol{Q}^{-1}\{\varepsilon\}$ 来求比较方便。

$$\boldsymbol{Q}^{-1}=\begin{bmatrix} \ell_1^2 & m_1^2 & n_1^2 & 2m_1n_1 & 2\ell_1n_1 & 2\ell_1m_1 \\ \ell_2^2 & m_2^2 & n_2^2 & 2m_2n_2 & 2\ell_2n_2 & 2\ell_2m_2 \\ \ell_3^2 & m_3^2 & n_3^2 & 2m_3n_3 & 2\ell_3n_3 & 2\ell_3m_3 \\ \ell_2\ell_3 & m_2m_3 & n_2n_3 & m_3n_2+m_2n_3 & n_3\ell_2+n_2\ell_3 & \ell_3m_2+\ell_2m_3 \\ \ell_1\ell_3 & m_1m_3 & n_1n_3 & m_1n_3+m_3n_1 & \ell_3n_1+\ell_1n_3 & \ell_1m_3+\ell_3m_1 \\ \ell_1\ell_2 & m_1m_2 & n_1n_2 & n_1m_2+n_2m_1 & \ell_2n_1+\ell_1n_2 & \ell_1m_2+\ell_2m_1 \end{bmatrix}$$

下面给出一个常用的变换，如图 6.5 所示，将面外 z 方向的材料主轴取为应力空间的面外坐标轴，xyz 为材料主轴，$x'y'z'$ 为分析时选定的坐标轴，则有

$$\ell_1=\cos\theta,\quad m_1=\sin\theta,\quad n_1=0,\quad \ell_2=-\sin\theta,\quad m_2=\cos\theta,\quad n_2=0,\quad \ell_3=0$$
$$m_3=0,\quad n_3=1$$

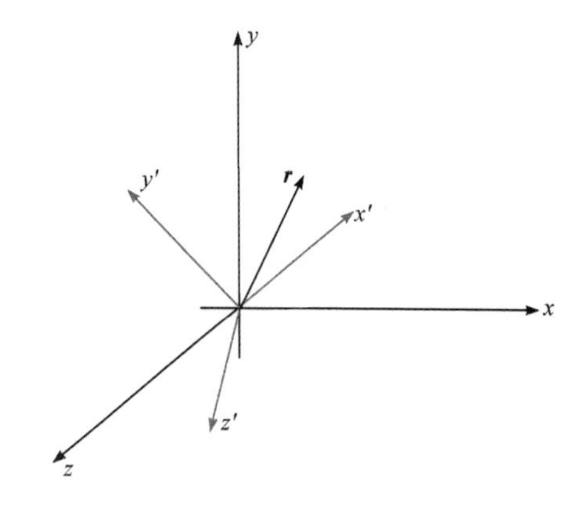

图 6.4　坐标变换

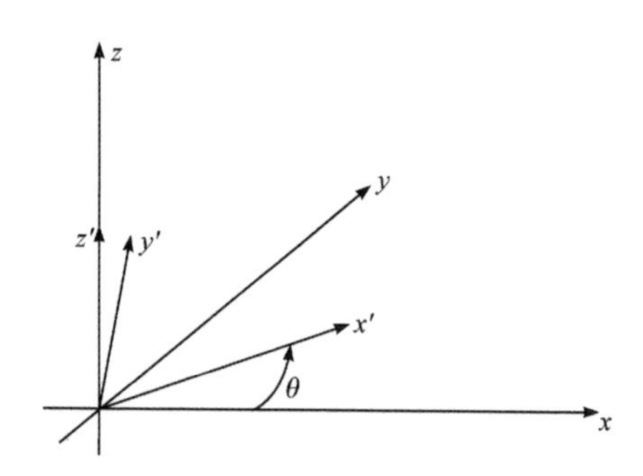

图 6.5　面外方向材料主轴与坐标轴一致时的柔度矩阵变换

柔度矩阵可表示为

$$\boldsymbol{Q}^{-1}=\begin{bmatrix} \cos^2\theta & \sin^2\theta & 0 & 0 & 0 & \sin 2\theta \\ \sin^2\theta & \cos^2\theta & 0 & 0 & 0 & -\sin 2\theta \\ 0 & 0 & 1 & 0 & 0 & 0 \\ 0 & 0 & 0 & \cos\theta & -\sin\theta & 0 \\ 0 & 0 & 0 & \sin\theta & \cos\theta & 0 \\ -\sin\theta\cos\theta & \sin\theta\cos\theta & 0 & 0 & 0 & \cos 2\theta \end{bmatrix}$$

$$
\boldsymbol{Q}=\begin{bmatrix}
\cos^2\theta & \sin^2\theta & 0 & 0 & 0 & -\sin 2\theta \\
\sin^2\theta & \cos^2\theta & 0 & 0 & 0 & \sin 2\theta \\
0 & 0 & 1 & 0 & 0 & 0 \\
0 & 0 & 0 & \cos\theta & \sin\theta & 0 \\
0 & 0 & 0 & -\sin\theta & \cos\theta & 0 \\
\sin\theta\cos\theta & -\sin\theta\cos\theta & 0 & 0 & 0 & \cos 2\theta
\end{bmatrix}
$$

非主轴坐标系下的柔度矩阵可求得为

$$
\boldsymbol{S}'=\begin{bmatrix}
s'_{11} & s'_{12} & s'_{13} & 0 & 0 & 2s'_{61} \\
s'_{12} & s'_{22} & s'_{23} & 0 & 0 & 2s'_{62} \\
s'_{13} & s'_{23} & s'_{33} & 0 & 0 & 2s'_{63} \\
0 & 0 & 0 & s'_{44} & s'_{45} & 0 \\
0 & 0 & 0 & s'_{45} & s'_{55} & 0 \\
s'_{61} & s'_{62} & s'_{63} & 0 & 0 & s'_{66}
\end{bmatrix}
$$

$$
\Delta_{12}=\frac{1+\nu_{12}}{E_1}+\frac{1+\nu_{21}}{E_2}-\frac{1}{\mu_{12}}
$$

$$
s'_{11}=\frac{\cos^2\theta}{E_1}+\frac{\sin^2\theta}{E_2}-\frac{\Delta_{12}\sin^2 2\theta}{4},\quad s'_{12}=-\frac{\nu_{12}}{E_1}+\frac{\Delta_{12}\sin^2 2\theta}{4}
$$

$$
s'_{13}=-\frac{\nu_{31}\cos^2\theta+\nu_{32}\sin^2\theta}{E_3},\quad s'_{22}=\frac{\sin^2\theta}{E_1}+\frac{\cos^2\theta}{E_2}-\frac{\Delta_{12}\sin^2 2\theta}{4}
$$

$$
s'_{23}=-\frac{\nu_{31}\sin^2\theta+\nu_{32}\cos^2\theta}{E_3},\quad s'_{33}=\frac{1}{E_3}
$$

$$
s'_{44}=\frac{\cos^2\theta}{2\mu_{23}}+\frac{\sin^2\theta}{2\mu_{13}},\quad s'_{45}=\frac{\sin 2\theta}{4}\left(\frac{1}{\mu_{23}}-\frac{1}{\mu_{13}}\right),\quad s'_{55}=\frac{\sin^2\theta}{2\mu_{23}}+\frac{\cos^2\theta}{2\mu_{13}}
$$

$$
s'_{61}=-\frac{\sin 2\theta}{4E_1}+\frac{\sin 2\theta}{4E_2}-\frac{\Delta_{12}\sin 4\theta}{8},\quad s'_{62}=-\frac{\sin 2\theta}{4E_1}+\frac{\sin 2\theta}{4E_2}+\frac{\Delta_{12}\sin 4\theta}{8}
$$

$$
s'_{63}=\frac{(\nu_{31}-\nu_{32})\sin 2\theta}{2E_3},\quad s'_{66}=\frac{1}{2\mu_{12}}+\frac{\Delta_{12}}{2}\sin^2 2\theta
$$

对于单向纤维增强复合材料，如图 6.6(a)所示，将 z 轴取在增强方向，与之垂直的平面内是各向同性的称为横观各向同性，此时有

$$
\nu_{\text{out}}=\nu_{31}=\nu_{32},\quad \mu_{\text{out}}=\mu_{31}=\mu_{32},\quad E_1=E_2=E_{\text{in}},\quad \nu_{\text{in}}=\nu_{12}=\nu_{21}
$$

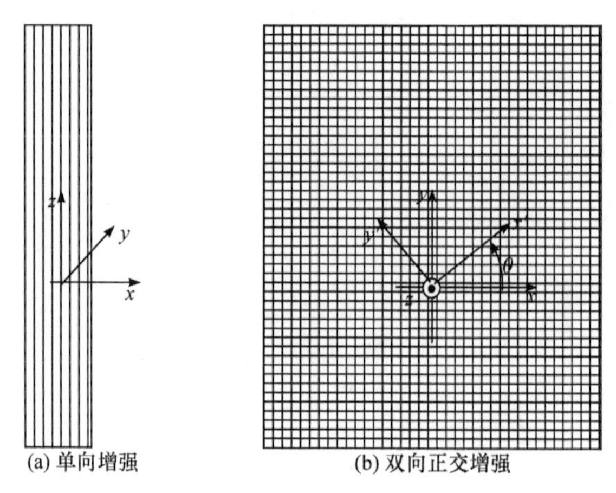

图 6.6　两种常见的增强方式

由于面内各向同性，即 xy 面内任意 θ 方向的坐标轴都为材料特性的对称轴，由柔度矩阵的对称性，必须有

$$\varDelta_{12}=\frac{1+\nu_{12}}{E_1}+\frac{1+\nu_{21}}{E_2}-\frac{1}{\mu_{12}}=\frac{2(1+\nu_{\text{in}})}{E_{\text{in}}}-\frac{1}{\mu_{\text{in}}}=0,\quad \mu_{\text{in}}=\frac{E_{\text{in}}}{2(1+\nu_{\text{in}})}$$

故只有 E_{in}、E_3、ν_{in}、ν_{out}、μ_{out} 等 5 个材料常数，其中 μ_{out} 须暂视作独立的材料特性(但它并不一定是完全独立的，只是目前尚没有找出其与其他材料特性之间的关系而已)。柔度矩阵的具体形式可表示成

$$\boldsymbol{S}'=\begin{bmatrix}\dfrac{1}{E_{\text{in}}} & -\dfrac{\nu_{\text{in}}}{E_{\text{in}}} & -\dfrac{\nu_{\text{out}}}{E_3} & 0 & 0 & 0\\ -\dfrac{\nu_{\text{in}}}{E_{\text{in}}} & \dfrac{1}{E_{\text{in}}} & -\dfrac{\nu_{\text{out}}}{E_3} & 0 & 0 & 0\\ -\dfrac{\nu_{\text{out}}}{E_{\text{out}}} & -\dfrac{\nu_{\text{out}}}{E_{\text{out}}} & \dfrac{1}{E_3} & 0 & 0 & 0\\ 0 & 0 & 0 & \dfrac{1}{2\mu_{\text{out}}} & 0 & 0\\ 0 & 0 & 0 & 0 & \dfrac{1}{2\mu_{\text{out}}} & 0\\ 0 & 0 & 0 & 0 & 0 & \dfrac{1+\nu_{\text{in}}}{E_{\text{in}}}\end{bmatrix}$$

设增强纤维的杨氏模量和泊松比为 E_{f}、ν_{f}(这里将纤维视作各向同性)，体积率为 V_{f}，基体为 E_{m}、ν_{m}，体积率为 V_{m}，则根据混合律

$$E_3=E_{\text{f}}V_{\text{f}}+E_{\text{m}}V_{\text{m}},\quad \nu_{\text{out}}=\nu_{\text{f}}V_{\text{f}}+\nu_{\text{m}}V_{\text{m}}$$

$$\frac{1}{\mu_{\text{out}}}=\frac{1}{V_{\text{f}}+\eta_6 V_{\text{m}}}\left[\frac{2(1+\nu_{\text{f}})}{E_{\text{f}}}V_{\text{f}}+\eta_6\frac{2(1+\nu_{\text{m}})}{E_{\text{m}}}V_{\text{m}}\right],\quad \eta_6=\frac{1}{2}+\frac{(1+\nu_{\text{f}})E_{\text{m}}}{2(1+\nu_{\text{m}})E_{\text{f}}}$$

$$\frac{1}{\mu_{\text{in}}}=\frac{1}{V_{\text{f}}+\eta_4 V_{\text{m}}}\left[\frac{2(1+\nu_{\text{f}})}{E_{\text{f}}}V_{\text{f}}+\eta_4\frac{2(1+\nu_{\text{m}})}{E_{\text{m}}}V_{\text{m}}\right],\quad \eta_4=\frac{3-4\nu_{\text{m}}}{4(1-\nu_{\text{m}})}+\frac{(1+\nu_{\text{f}})E_{\text{m}}}{4(1-\nu_{\text{m}}^2)E_{\text{f}}}$$

$$E_{\text{in}}=\frac{4K\mu_{\text{in}}}{K+m\mu_{\text{in}}},\quad m=1+\frac{4K\nu_{\text{out}}^2}{E_3},\quad \nu_{\text{in}}=\frac{E_{\text{in}}}{2\mu_{\text{in}}}-1$$

$$\frac{1}{K}=\frac{1}{V_{\text{f}}+\eta_K V_{\text{m}}}\left[\frac{2(1-\nu_{\text{f}})}{E_{\text{f}}}V_{\text{f}}+\eta_K\frac{2(1-\nu_{\text{m}})}{E_{\text{m}}}V_{\text{m}}\right],\quad \eta_K=\frac{1}{2(1-\nu_{\text{m}})}+\frac{(1-2\nu_{\text{f}})(1+\nu_{\text{f}})E_{\text{m}}}{2(1-\nu_{\text{m}}^2)E_{\text{f}}}$$

由上式可知，实际独立的材料常数只有 4 个，即 E_{f} 、ν_{f} 和 E_{m} 、ν_{m} ，其余都可按体积律估算。实测时，E_3 、ν_{out} 和 E_{in} 、ν_{in} 比较简单，因而也会比较可靠。而 μ_{out} 的实测比较复杂，故其估算方法更为重要。

对于双向正交纤维增强复合材料，如图 6.6(b)所示，将 z 轴取在面外方向(垂直于增强面)，此时有

$$\nu_{\text{p3}}=\nu_{31}=\nu_{32},\quad \mu_{\text{p}}=\mu_{31}=\mu_{32},\quad E_1=E_2=E_{\text{p}},\quad \nu_{\text{pin}}=\nu_{12}=\nu_{21}$$

这里下标 p 表示仅限于主轴方向。但此时 xy 面内任意 θ 方向的坐标轴(除 $\theta=0°$ 、45°、90°外)不是材料特性主轴，需把定义在主轴方向的材料定性做坐标变换后才能获得柔度矩阵。根据前面的理论准备，有

$$\boldsymbol{S}'=\begin{bmatrix}
\dfrac{1}{E_{\text{p}}}-\dfrac{\Delta_{12}\sin^2 2\theta}{4} & -\dfrac{\nu_{\text{pin}}}{E_{\text{p}}}+\dfrac{\Delta_{12}\sin^2 2\theta}{4} & -\dfrac{\nu_{\text{p3}}}{E_3} & 0 & 0 & 2s'_{61}\\
-\dfrac{\nu_{\text{pin}}}{E_{\text{p}}}+\dfrac{\Delta_{12}\sin^2 2\theta}{4} & \dfrac{1}{E_{\text{p}}}-\dfrac{\Delta_{12}\sin^2 2\theta}{4} & -\dfrac{\nu_{\text{p3}}}{E_3} & 0 & 0 & 2s'_{62}\\
-\dfrac{\nu_{\text{p3}}}{E_3} & -\dfrac{\nu_{\text{p3}}}{E_3} & \dfrac{1}{E_3} & 0 & 0 & 0\\
0 & 0 & 0 & \dfrac{1}{2\mu_{\text{p}}} & 0 & 0\\
0 & 0 & 0 & 0 & \dfrac{1}{2\mu_{\text{p}}} & 0\\
-\dfrac{\Delta_{12}\sin 4\theta}{8} & \dfrac{\Delta_{12}\sin 4\theta}{8} & 0 & 0 & 0 & \dfrac{1}{2\mu_{12}}+\dfrac{\Delta_{12}}{2}\sin^2 2\theta
\end{bmatrix}$$

其中，$\Delta_{12}=2(1+\nu_{\text{pin}})/E_{\text{p}}-1/\mu_{12}\neq 0$ (如果等于 0 即为横观各向同性)，故 μ_{12} 须暂视作独立的材料特性，共有 6 个材料常数。特别地，当面外方向也是同样的纤维增强时，由于 $\mu_{12}=\mu_{\text{p}}$ 、$E_3=E_{\text{p}}$ 、$\nu_{\text{p3}}=\nu_{\text{pin}}=\nu_{\text{p}}$ ，只有三个独立的材料常数 E_{p} 、ν_{p} 、μ_{p} 。

6.3 经验和唯象失效准则

直接以名义应力为评价参数，以图 6.2 所示的 σ_S 或 σ_b 为材料强度 σ_C (注：不能用极限强度)，是人们最先想到的复合材料的强度失效准则。这种评价方法并没有机理性依据，虽然被广泛接受，但其评价准则的准确性、通用性是没有保证的。受屈服准则的影响，这类评价准则一般是利用屈服条件的扩展形式来建立的(但实际上细观机理是界面破坏，与滑移屈服机理完全不同)。换句话说，这类失效评价是不涉及失效形式的。

6.3.1 各向异性均质材料的失效准则

正如名义应力的宏观分析中把复合材料当作各向异性连续体处理一样，复合材料的失效也视作各向异性体的失效，而不管具体的纤维和基体的细观结构。对于各向异性材料，可从与 von-Mises 屈服条件的类比得到其屈服条件(但这纯粹是应力状态角度的类比，而与失效机理无关。实际上屈服是塑性变形，而复合材料则是界面或基体的开裂，两者是完全不同的失效形式)。考虑到 von-Mises 屈服条件可整理成

$$f(\sigma_{ij})=\left(\sigma_{11}-\sigma_{22}\right)^2+\left(\sigma_{22}-\sigma_{33}\right)^2+\left(\sigma_{33}-\sigma_{11}\right)^2+6\left(\tau_{12}^2+\tau_{23}^2+\tau_{31}^2\right)=c$$

的形式(其中 f 称为屈服函数)，即屈服函数为应力的二次函数。类推地，可以认为各向异性材料的屈服函数也为应力的二次函数，则其最为一般的屈服条件可表达为[1,5,99]

$$\begin{aligned}f(\sigma_{ij})=&c_{11}\sigma_{11}^2+c_{12}\sigma_{11}\sigma_{22}+c_{13}\sigma_{11}\sigma_{33}+c_{14}\sigma_{11}\sigma_{23}+c_{15}\sigma_{11}\sigma_{31}+c_{16}\sigma_{11}\sigma_{12}\\&+c_{22}\sigma_{22}^2+c_{23}\sigma_{22}\sigma_{33}+c_{24}\sigma_{22}\sigma_{23}+c_{25}\sigma_{22}\sigma_{31}+c_{26}\sigma_{22}\sigma_{12}\\&+c_{33}\sigma_{33}^2+c_{34}\sigma_{33}\sigma_{23}+c_{35}\sigma_{33}\sigma_{31}+c_{36}\sigma_{33}\sigma_{12}\\&+c_{44}\sigma_{23}^2+c_{45}\sigma_{23}\sigma_{31}+c_{46}\sigma_{23}\sigma_{12}\\&+c_{55}\sigma_{31}^2+c_{56}\sigma_{31}\sigma_{12}\\&+c_{66}\sigma_{12}^2=c\end{aligned}\tag{6.6}$$

其中，c 为与材料强度特性有关的常数，c_{ij} 是可由各特征方向上的简单应力状态下的屈服强度和塑性不可压(σ_{ii} 与屈服无关)条件决定的常数。例如，对于坐标轴与材料主轴一致的正交各向异性材料，利用塑性不可压条件，式(6.6)可简化为

$$c_{12}\left(\sigma_{11}-\sigma_{22}\right)^2+c_{23}\left(\sigma_{22}-\sigma_{33}\right)^2+c_{13}\left(\sigma_{33}-\sigma_{11}\right)^2-2c_{44}\sigma_{23}^2-2c_{55}\sigma_{31}^2-2c_{66}\sigma_{12}^2=2c\tag{6.7}$$

这种形式的类屈服失效准则称为 Hill 准则。它虽然是与 von-Mises 屈服条件类比得到的，但通常作为宏观各向异性材料(尤其是复合材料)的强度准则使用，即满足这一条件后材料即认为发生失效。下面我们给出一种正交各向异性材料的具体 Hill 准则表达式，在上式中消去一个系数，如 c_{12} (两边同除即可)，可得

$$(\sigma_{11}-\sigma_{22})^2+C_{23}(\sigma_{22}-\sigma_{33})^2+C_{13}(\sigma_{33}-\sigma_{11})^2+C_{44}\sigma_{23}^2+C_{55}\sigma_{31}^2+C_{66}\sigma_{12}^2=C \tag{6.8}$$

这里对相关系数进行了简化标记，即 $C_{ij}=c_{ij}/c_{12},C_{ii}=-2c_{ii}/c_{12}$，共有独立的系数 5 个，以及一个屈服函数的临界值需要确定。设各主轴方向的失效强度分别为 σ_{Y1}、σ_{Y2}、σ_{Y3}，各主轴坐标平面内的剪切屈服强度为 τ_{12Y}、τ_{23Y}、τ_{31Y} (注意对于各向异性材料，它们与法向强度是相互独立的)，分别考虑各主轴方向的单向拉伸和主轴坐标平面内的纯剪应力状态，易得

$$C=\frac{2}{1/\sigma_{Y1}^2+1/\sigma_{Y2}^2-1/\sigma_{Y3}^2},\quad C_{13}=\frac{2}{1+\sigma_{Y1}^2/\sigma_{Y2}^2-\sigma_{Y1}^2/\sigma_{Y3}^2}-1$$

$$C_{23}=\frac{2}{1+\sigma_{Y2}^2/\sigma_{Y1}^2-\sigma_{Y2}^2/\sigma_{Y3}^2}-1,\quad C_{44}=\frac{2}{\tau_{23Y}^2(1/\sigma_{Y1}^2+1/\sigma_{Y2}^2-1/\sigma_{Y3}^2)}$$

$$C_{55}=\frac{2}{\tau_{31Y}^2(1/\sigma_{Y1}^2+1/\sigma_{Y2}^2-1/\sigma_{Y3}^2)},\quad C_{66}=\frac{2}{\tau_{12Y}^2(1/\sigma_{Y1}^2+1/\sigma_{Y2}^2-1/\sigma_{Y3}^2)}$$

代回式(6.8)即得正交各向异性材料的失效准则——Hill 准则。对于主轴方向拉压同性的材料，形式上这就够用了(但与实际复合材料的失效条件是否一致，是没有保证的。因为理论上的正交各向异性连续体模型与实际复合材料是有区别的)。对于拉压异性的材料，则需要对拉、压分别建立，并且在多轴拉压混时是无法应用的。

6.3.2　平面应力状态下的失效准则

对于宏观上呈平面正交各向异性的复合材料，复杂应力状态下的破坏准则的最简单形式[100,101]为

$$\left(\frac{\sigma_1}{\sigma_{1C}}\right)^2-\frac{\sigma_1\sigma_2}{\sigma_{1C}\sigma_{2C}}+\left(\frac{\sigma_2}{\sigma_{2C}}\right)^2+\left(\frac{\tau_{12}}{\tau_{12C}}\right)^2\geqslant 1 \tag{6.9}$$

其中，σ_1、σ_2、τ_{12} 和 σ_{1C}、σ_{2C}、τ_{12C} 分别为材料主轴方向的正应力及其面内的剪应力和它们对应的强度极限。式(6.9)常被称为 Norris 准则，也只能适用于拉压同性或只有拉剪的情况。

6.3.3　Tsai-Wu 准则

Tsai-Wu 从各向异性连续体的连续屈服面角度，给出了一种失效理论[102]，即

$$
\begin{aligned}
&F_i\sigma_i + F_{ij}\sigma_i\sigma_j = 1 \\
&F_{ii}F_{jj} - F_{ij}^2 \geqslant 0
\end{aligned}
\qquad i,j = 1,2,\cdots,6 \tag{6.10}
$$

这里，$\{\sigma_i\}=\{\sigma_{11}\ \sigma_{22}\ \sigma_{33}\ \sigma_{23}\ \sigma_{31}\ \sigma_{12}\}$，$F_i$、$F_{ij}$ 为体现材料强度特性的 2 阶和 4 阶张量(对称张量)。其中第二式是为了保持屈服面为封闭曲面的一个数学条件。F_i、F_{ij} 是需要事先确定的，但个数众多，确定起来比较困难。商用程序中一般有一些具体数据的建议，多为文献中的一些特定试验的拟合结果，但可否适用于实际复合材料结构的失效评价，是存疑的。当然，它们也可由一些简单应力状态下的实验强度值决定。例如，只考虑 1 方向的受力(σ_1 以外 σ_i 均为零)，并考虑拉压时强度特性不同，分别为 X_{1t},X_{1c} (拉压同性时取 $X_{1t}=X_{1c}$ 即可)，则由式(6.10)得

$$
\begin{aligned}
F_1X_{1t} + F_{11}X_{1t}^2 &= 1 \\
-F_1X_{1c} + F_{11}X_{1c}^2 &= 1
\end{aligned}
$$

可解得

$$
F_1 = \frac{1}{X_{1t}} - \frac{1}{X_{1c}},\quad F_{11} = \frac{1}{X_{1t}X_{1c}} \tag{6.11a}
$$

同样，如果考虑其他方向的简单应力状态，就可得

$$
F_k = \frac{1}{X_{kt}} - \frac{1}{X_{kc}},\quad F_{kk} = \frac{1}{X_{kt}X_{kc}},\quad k = 1,2,3 \tag{6.11b}
$$

这里，X_{kt}、X_{kc} 为 k 主轴方向的拉、压强度。如果考虑 ij 面内的纯剪应力状态，并假定剪切强度也具有方向性，分别为 Y_{k+}、Y_{k-} (同性时置等值即可，$k=4$ 对应于 2、3 面，$k=5$ 对应于 1、3 面，$k=6$ 对应于 1、2 面)，用与以上相同的方法，可得

$$
F_k = \frac{1}{Y_{k+}} - \frac{1}{Y_{k-}},\quad F_{kk} = \frac{1}{Y_{k+}Y_{k-}},\quad k = 4,5,6 \tag{6.11c}
$$

为了决定 $F_{ij}(i \neq j)$ (该特性系数不能仅由主轴方向的实验结果决定)，必须进行两向应力状态的破坏实验。相对严密地，如材料是拉压不同性的，则应至少进行两种不同拉压组合的实验，但工程应用中为了方便，一般只进行两向均拉或均压的破坏实验，例如，在 1、2 方向加相同的拉或压应力，破坏发生时，$\sigma_1=\sigma_2=Z_{12t}$ 或 $-\sigma_1=-\sigma_2=Z_{12c}$，则由式(6.11a)得

$$
F_{12t} = \frac{1}{2Z_{12t}^2}\left[1 - \left(\frac{1}{X_{1t}} - \frac{1}{X_{1C}} + \frac{1}{X_{2t}} - \frac{1}{X_{2C}}\right)Z_{12t} - \left(\frac{1}{X_{1t}X_{1C}} + \frac{1}{X_{2t}X_{2C}}\right)Z_{12t}^2\right] \tag{6.11d}
$$

$$
F_{12c} = \frac{1}{2Z_{12c}^2}\left[1 + \left(\frac{1}{X_{1t}} - \frac{1}{X_{1C}} + \frac{1}{X_{2t}} - \frac{1}{X_{2C}}\right)Z_{12c} - \left(\frac{1}{X_{1t}X_{1C}} + \frac{1}{X_{2t}X_{2C}}\right)Z_{12C}^2\right] \tag{6.11e}
$$

一般按式(6.11d)和式(6.11e)求得的 F_{12} 并不一定相同(如果各主轴方向都是拉压同性的，则相同)，这说明式(6.10)的第一式的函数形式仍是有缺陷的。在实际应用中，可以取两者的平均值，或根据实际的应力状态取对应于均拉或均压的值。

同样的方法可以求得 F_{13}、F_{23}，可统一表示为

$$
\begin{aligned}
F_{ij\mathrm{t}} &= \frac{1}{2Z_{ij\mathrm{t}}^2}\left[1-\left(\frac{1}{X_{i\mathrm{t}}}-\frac{1}{X_{i\mathrm{C}}}+\frac{1}{X_{j\mathrm{t}}}-\frac{1}{X_{j\mathrm{C}}}\right)Z_{ij\mathrm{t}}-\left(\frac{1}{X_{i\mathrm{t}}X_{i\mathrm{C}}}+\frac{1}{X_{j\mathrm{t}}X_{j\mathrm{C}}}\right)Z_{ij\mathrm{t}}^2\right] \\
F_{ij\mathrm{C}} &= \frac{1}{2Z_{ij\mathrm{C}}^2}\left[1-\left(\frac{1}{X_{i\mathrm{t}}}-\frac{1}{X_{i\mathrm{C}}}+\frac{1}{X_{j\mathrm{t}}}-\frac{1}{X_{j\mathrm{C}}}\right)Z_{ij\mathrm{C}}-\left(\frac{1}{X_{i\mathrm{t}}X_{i\mathrm{C}}}+\frac{1}{X_{j\mathrm{t}}X_{j\mathrm{C}}}\right)Z_{ij\mathrm{C}}^2\right]
\end{aligned}
\tag{6.12}
$$

F_{14}、F_{15}、F_{16}、F_{24}、F_{25}、F_{26}、F_{34}、F_{35}、F_{36} 则必须通过一个面内的纯剪与面外方向的拉压的实验来决定，为了方便，可以取 $\tau=\sigma$ 的应力状态。但按这种方式决定的特性系数，当考虑拉压异性及剪切方向依存性时，同样会出现不同的值，需要根据具体情况选定合适的值后才能进行恰当的评价。

按以上方法，对于常见的三个方向强度特性都相同的各向异性材料，需要进行任一主轴方向的拉压，任一平面内的纯剪，以及某一面内的纯剪与面外拉压三类实验，才能确定相应的强度特性系数 F_i、F_{ij}。在一些通用商用程序中，Tsai-Wu 强度理论常被作为选项供用户选择，应用时应十分注意 F_{ij} 的设定。必须指出，Tsai-Wu 各向异性强度理论是一种针对连续体模型的宏观失效理论，它只给出了发生失效的宏观条件。实际上是假定了满足此条件时材料开始失效，但具体是什么样的失效以及何种失效形式，则是无法说明的。

6.4　纤维增强复合材料的名义、局部应力和细观应力

对于纤维增强复合材料，各向异性弹性体只是一个模型假定，是宏观的近似分析方法，得到的应力分析结果只是名义的，与复合材料内部的实际应力状态有较大的差别。实际的破坏是从界面或其附近的基体这种细观结构开始的。宏观分析得出的应力是材料内部截面上的平均应力。考虑增强体及界面影响后，应力在材料内的截面上并不是均匀分布的。以单向增强的复合材料为例，考虑一个胞元[97,98](所谓胞元，是指复合材料的基本构成模型，胞元的不断拼接构成整体的复合材料)，单向增强时如图 6.7(a)所示。由各向异性分析得出的名义应力如图 6.7(b)所示。但这个名义应力却不是胞元边界上的真实应力分布，而只是其分布应力的平均表征。为了叙述方便，我们把胞元边界上的真实应力称为局部应力(注意不是宏观分析得出的各向异性体的名义应力)。名义应力与局部应力有很大不同，例如单轴应力状态时，轴向应力的比较如图 6.7(c)所示。胞元边界上的局部应力，不仅在增强方

向的应力是不均匀的，在垂直于增强方向截面上的应力分布也是不均匀的。显然，局部应力才是复合材料内部的真实应力，但它是需要通过细观胞元模型结合各向异性模型下的名义应力才能求取的。更为重要的是，除了胞元边界上的局部应力与名义应力不同外，胞元结构内的纤维(增强体)应力、界面应力、基体应力与名义应力的差别更大，并且其分布更复杂。为了方便，以下我们称胞元内的纤维应力、界面应力、基体应力(分布)为细观应力，因为一般情况下它们是需要针对具体的细观胞元结构进行分析后才能得到的。这种细观分析虽然也可以采用近似理论求解的方法，但直接采用有限元数值分析更为方便和精确。

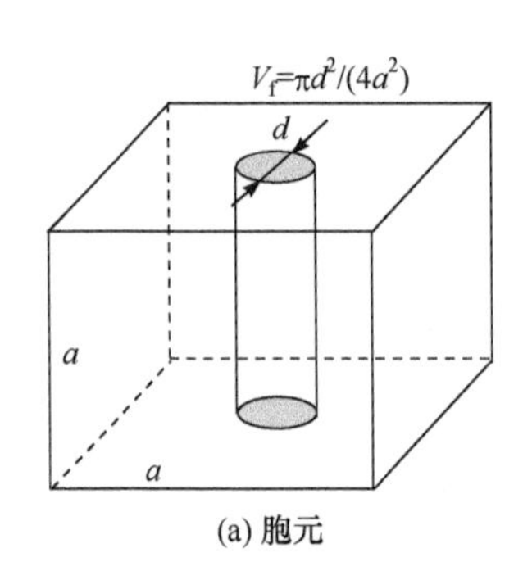

(a) 胞元

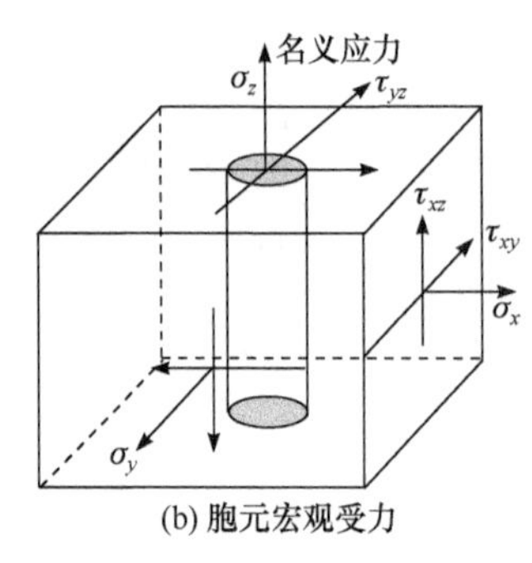

(b) 胞元宏观受力

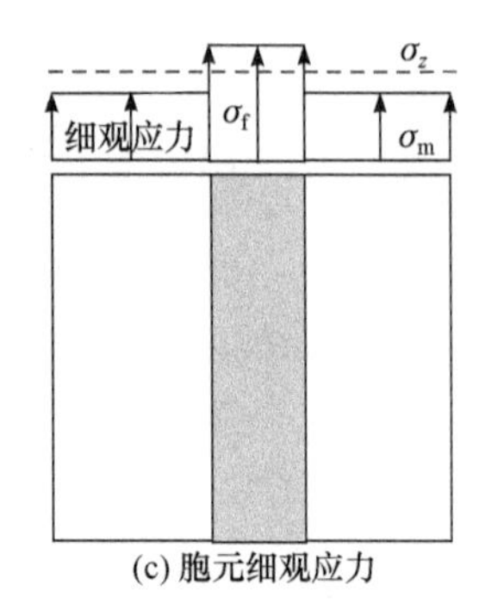

(c) 胞元细观应力

图 6.7　胞元分析方法

纤维与基体的界面应力，一般不仅在纤维轴向，而且在周向也呈分布，并不是一个均匀应力。分布形式的界面应力必然导致界面上会产生类似应力集中点的危险点，界面起裂必然始于该危险点。另外，受界面的影响，界面附近基体内的应力，也是与名义应力甚至胞元边界局部应力有很大不同的。它也不是一个均匀分布的量，不但与纤维/基体的组合和界面相的特性有关，也与名义应力各分量的组合形式有关。胞元基体内的分布应力也必然导致基体内产生一个类似于应力集中点的危险点，基体起裂必然始于该危险点。危险点的判断与基体失效准则有关，脆性基体需用脆性材料的失效准则，韧性基体需用韧性材料的失效准则。

因此，从复合材料局部破坏的角度看，如果通过对胞元的分析获得具体的局部应力和细观应力分布，则复合材料局部破坏准则 (包括界面破坏、增强体破坏和基体破坏三种形式) 实际上是已经有了的，只不过胞元内的局部破坏不等于宏观破坏，在把局部破坏准则扩展为宏观破坏准则时，除了要考虑各种微细观破坏形式的竞合作用，还必须考虑宏观失效点如何设定的问题。

根据弹性力学的叠加原理，我们可以先在均匀各向异性材料假定的基础上求得名义应力，然后根据实际复合材料的细观结构，取出合适的代表性胞元进行细化分析(是复杂结构的聚焦(zooming-up)算法的一种)，进一步求得局部应力、细观应力。当对胞元进行细化分析时，一般都不能直接在胞元边界上作用相应的名义应力来计算，而必须用合适的强制位移边界条件，以该位移边界条件产生反力的平均值等于宏观分析得出的名义应力来计算。否则胞元的连续性条件被破坏，失去胞元的代表性基础。针对不同方向的名义应力，正确的位移边界条件是不同的。因此，不能同时对六个名义应力分量进行胞元的细观应力分析，但可以利用叠加原理，对不同的名义应力分量求解局部应力、界面应力和基体应力后叠加，来获取复杂名义应力状态下的局部应力和细观应力。例如，针对单向增强复合材料的胞元分析可分成以下四种基本形式(多向增强时须另行建立代表性的胞元)。

6.4.1　轴向名义应力下的局部应力、细观应力

如图 6.8 所示，轴向受拉时，胞元的各边界变形前后都必须保持为平面，否则会破坏与相邻胞元的变形协调性。这样，胞元边界上的应力就不是均匀的。对于轴向应力本身，可用应力分配律简单地求取：

$$\frac{\sigma_{zm}}{E_m}=\frac{\sigma_{zf}}{E_f}, \quad \sigma_{zm}S_m+\sigma_{zf}S_f=\overline{\sigma_z}S \tag{6.13}$$

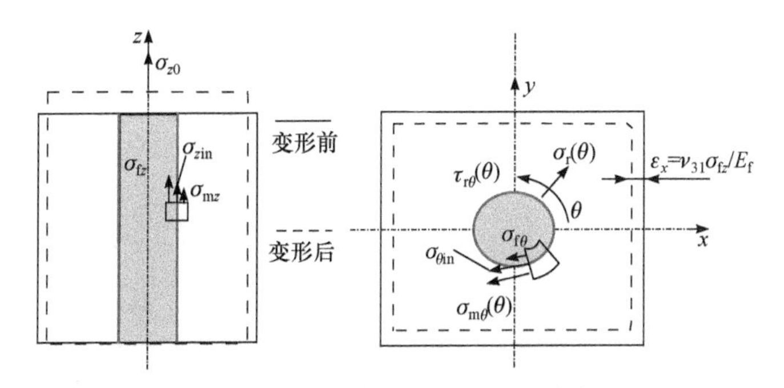

图 6.8　轴向受拉时的胞元边界条件

但其他方向上的应力也不是均匀的零应力状态，而需要根据强制平面位移限制，反算出 σ_x 、 σ_y 的分布，并使得其平均应力为零。另外，所谓界面，其代表的是一层很薄的界面相(图 6.8)，界面破坏实际上是界面相的破坏。虽然界面相的体积率很小，但界面相内也是可以有很大的平行于界面方向的应力的，根据第 5 章的知识：

$$\frac{\sigma_{zin}}{E_{in}}=\frac{\sigma_{zf}-\nu_f\sigma_r}{E_f}+\frac{\nu_{in}\sigma_r}{E_{in}} \tag{6.14}$$

下标 in 表示对应于界面相，界面相内的应力是与径向应力有关的。由于界面相厚度很小(体积率很小)，在进行胞元的应力分析时可以忽略，故可不考虑界面相对式(6.13)的应力分配律的影响。但界面相具有自己的强度特性，考虑其失效行为时是必须考虑其内部的应力的。因此，即使在分析中不考虑界面相厚度，也必须求得胞元内的各向应力，才可以把界面相内的应力状态表征出来。这里我们以胞元

的有限元分析结果为例进行说明。利用对称性，可用 1/8 模型，材料特性如表 6.1 所示，胞元边界上的局部应力如图 6.9 所示。虽然此时横向名义应力(均值)为零，但局部应力实际上是分布型的，最大横向拉应力发生在纤维最密集的方向上，而在最疏松方向上则是压应力。在 60%的纤维体积率下，也只产生约 1%轴向应力的横向拉应力，但在靠近界面的基体内的细观应力会更大一些(可由数值分析得到)，胞元基体内的危险点须根据局部应力分布来确定。界面应力的分布如图 6.10 所示(以圆柱坐标系表示较为方便)，不仅有垂直于界面的拉应力，也有界面剪应力，并且还有环向的不连续的应力。虽然界面应力各分量的最大值也相对较小，在 60%的纤维体积率下也只产生约 2%轴向应力的界面应力，但各分量发生最大值的位置却是各不相同。界面局部起裂是由界面应力引起的，当单向增强复合材料的增强向受力时，界面应力虽小却仍是界面局部起裂的支配因素。另外，虽然增强方向均匀受拉时基体内以该方向的拉应力为主，但其他应力分量的分布却是不均匀的，仍然会导致细观应力的类似应力集中的现象。

表 6.1　材料参数及模型尺寸

纤维弹性模量 E_{f}/GPa	350
基体弹性模量 E_{m}/GPa	70
纤维泊松比 ν_{f}	0.29
基体泊松比 ν_{m}	0.35
纤维体积率 V_{f}	0.6
纤维直径 D_{f}/μm	7.1365

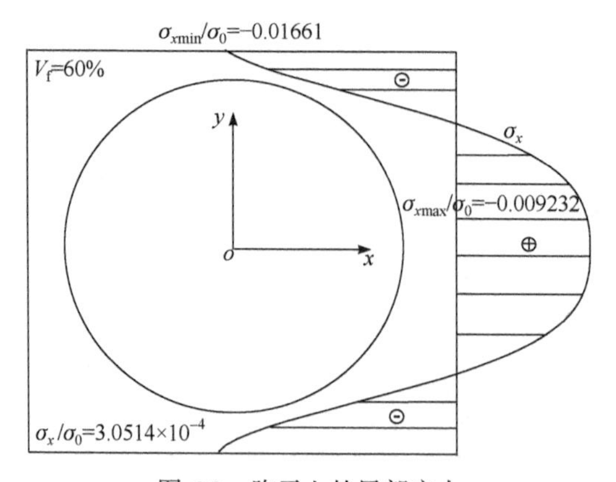

图 6.9　胞元上的局部应力

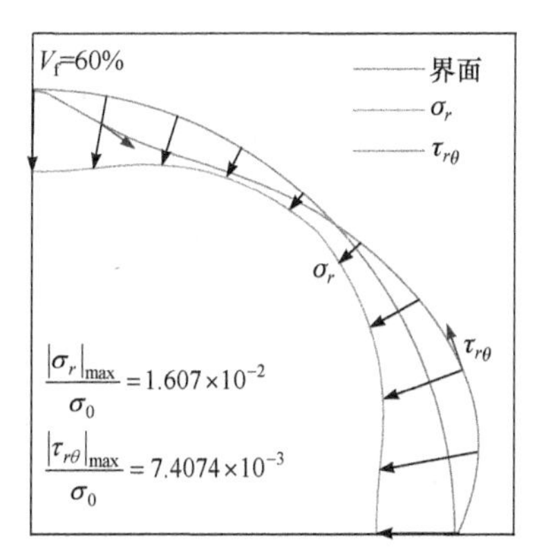

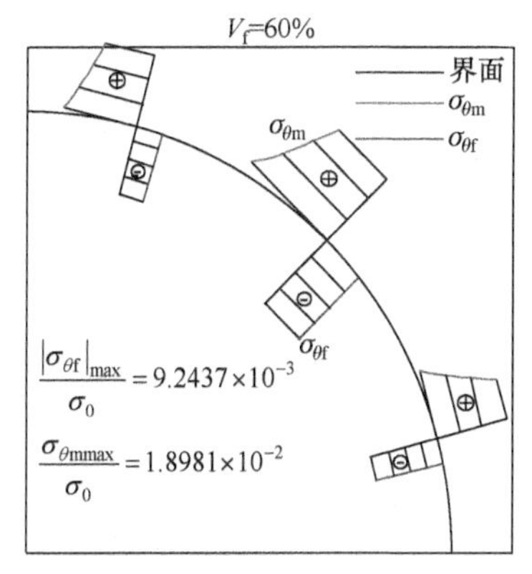

图 6.10　轴向名义应力引起的界面应力

6.4.2　横向名义应力下的局部应力、细观应力

如图 6.11 所示，横截面面内受 σ_{x0}、σ_{y0}(可以先假定其一为零，另一个由该工况转 90°即可得出)的名义应力作用时，也需对胞元边界施以平移强制位移条件，利用反力求平均应力与作用在胞元边界上的名义应力相等来进行分析。以下计算的模型参数均如表 6.1 所示。在胞元边界上，局部应力也是分布力，其最大值发生在拉伸方向上，如图 6.12 所示。在 60%的纤维体积率下，其最大值是名义应力的 1.52 倍。胞元横向受拉时，在轴向也会产生应力，仍可用式(6.13)计算，只不过此时名义应力 $\bar{\sigma}_z=0$。界面应力分布如图 6.13 所示，最大值达名义应力的 1.63 倍。因此，即使只是考虑基体的局部破坏，用名义应力也是不恰当的。对于界面破坏，显然更需要获得界面应力(与体积率、材料组合有关)，而不只是名义应力。

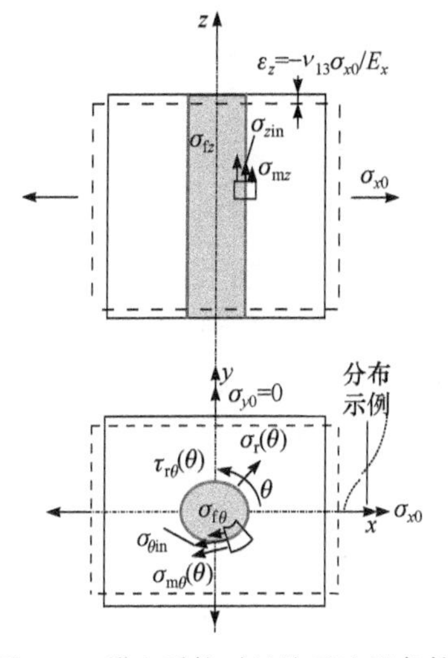

图 6.11　横向受拉时的胞元边界条件

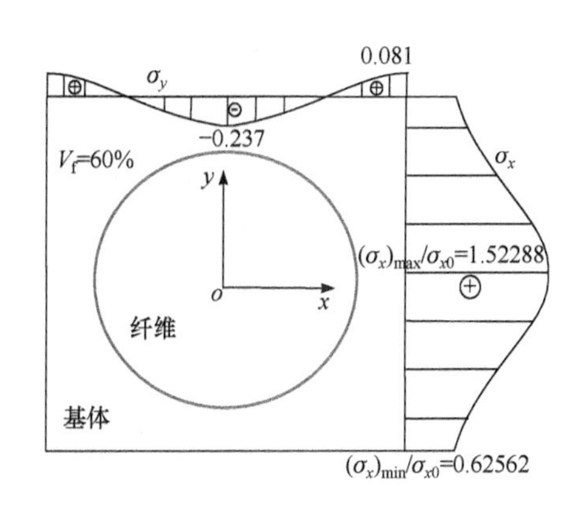

图 6.12　横向受拉时的胞元局部应力

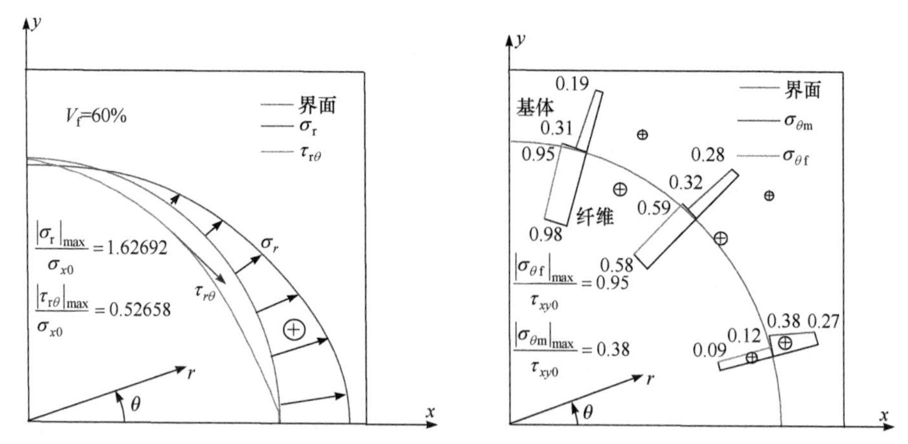

图 6.13　横向受拉时的界面应力

6.4.3　增强面受剪时的局部应力、细观应力

此时需对上下左右四个面施以强制刚体旋转，前后两个面可以是自由面或强制位移平移条件。以 τ_{xz0} 为例(τ_{yz0} 时只需转 90°)。此时有反对称性，胞元的各截面也必须保持为平面，如图 6.14 所示，法向反力合力为零，切向反力平均值为名义剪应力。胞元边界上的局部应力分布如图 6.15 所示，最大剪应力发生在纤维最密集方向，达名义应力的 1.49 倍，界面剪应力分布如图 6.16 所示，最大值与局部应力相当，所以单向增强材料在有横向受拉时易发生界面破坏。

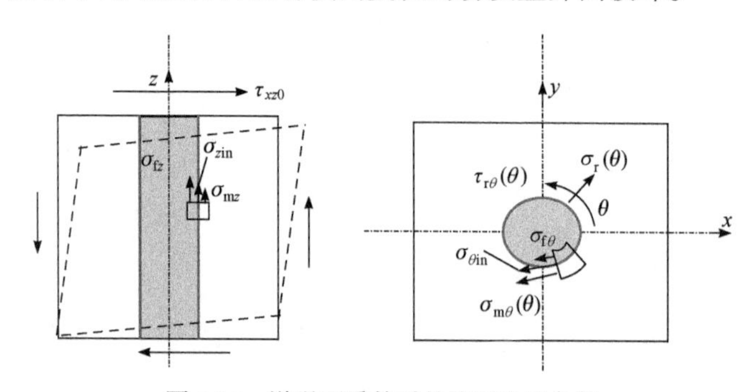

图 6.14　增强面受剪时的胞元边界条件

6.4.4　横截面受剪时的局部应力、细观应力

此时左右前后四个面需施以平面转角强制位移条件，而上下可以是自由面。利用反对称性，仍可取 1/8 作为数值模型，以反力的平均剪力作为名义剪应力，如图 6.17 所示。胞元边界上的局部应力和界面应力如图 6.18 和图 6.19 所示。在 45°方向即纤维最疏松方向上，界面上会产生较大的剥离应力，约为剪应力的 0.9 倍。

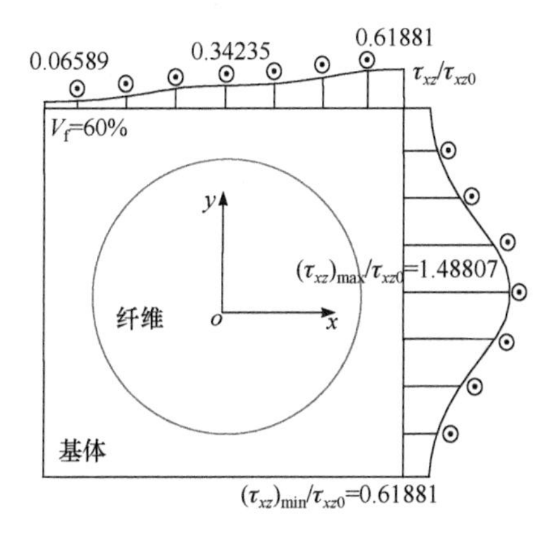

图 6.15　增强面受剪时的胞元局部应力

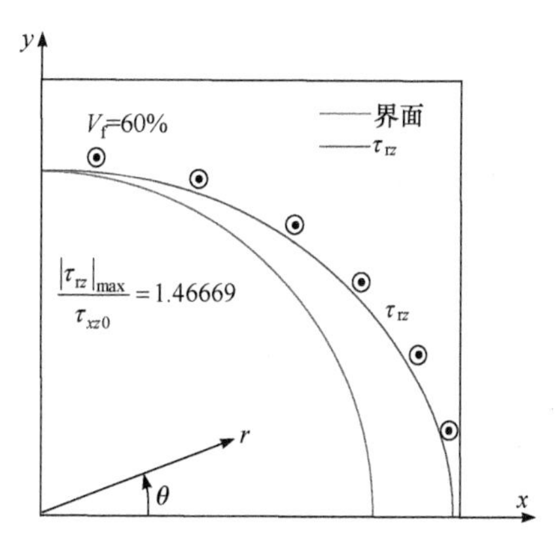

图 6.16　增强面受剪时的界面应力

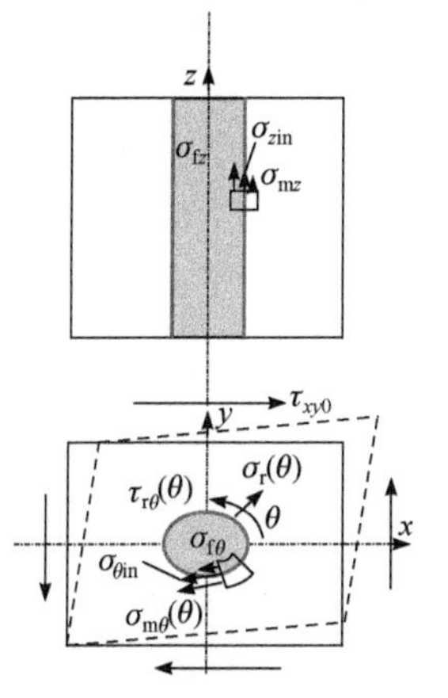

图 6.17　横截面受剪时的胞元边界条件

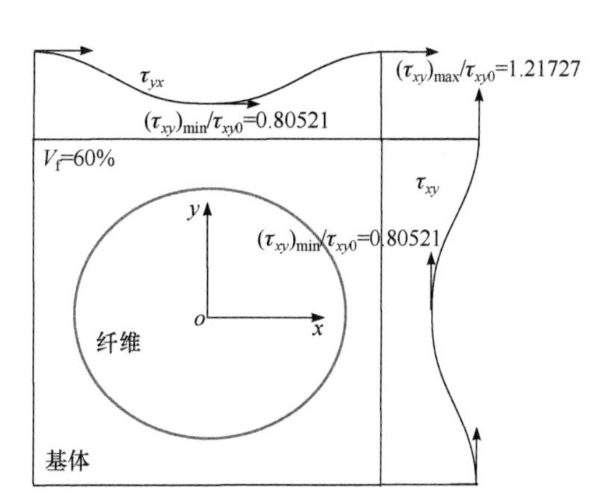

图 6.18　横截面受剪时的胞元局部应力

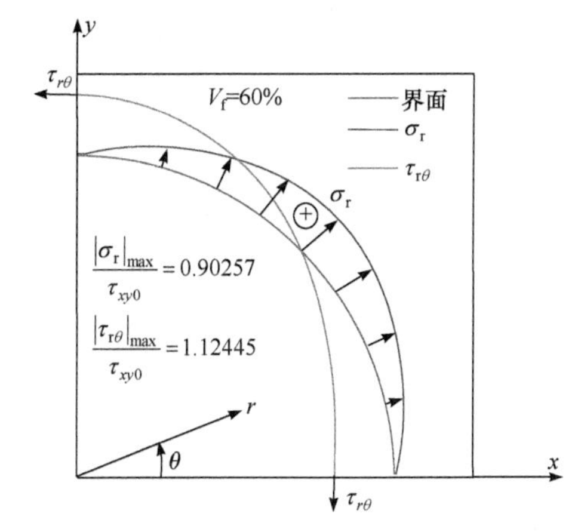

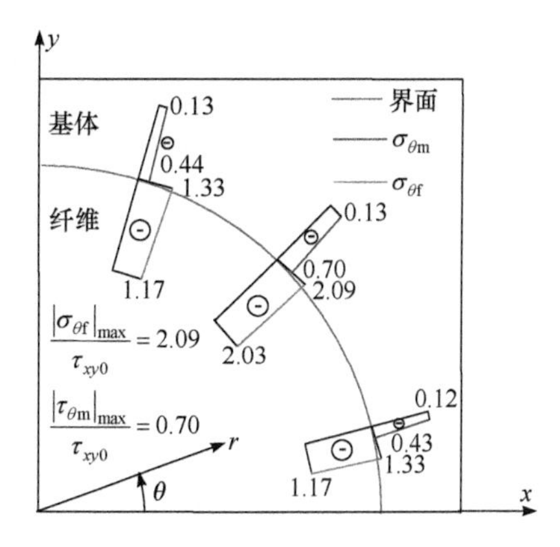

图 6.19　横截面受剪时的界面应力

由以上分析可知，各名义应力分量引起的局部应力和界面应力，其分布及最大值各不相同。因此，需要对各名义应力分量引起的局部应力和界面应力分别计算后叠加，才可以进行基于界面或局部应力的评价。以上四种模型可对应于 6 个名义应力分量，分别求取后叠加，然后根据基体及界面的失效准则，决定胞元内的危险点并进行强度评价。

6.5　多向增强时的胞元及细观应力分析方法

上述分析是针对单向增强复合材料的，真实的复合材料，一般都是多向增强的。考虑到复合材料的制造工艺，纤维一般预先被织成布，如图 6.20 所示(然后根据基体材料对其进行必要的表面处理，称为预浸料)，预浸料中的纤维一般都是正交的[103]。根据具体的设计要求，把布一层一层(铺设方向可以交叉)地叠加糊在模具上，为增强面外方向，也可施以缝纫或钉扎(如 Z-pin 等)，最终用基体材料(液态)浇筑，将其固化成型。复合材料构件一般都是整体成型的，事后的加工或机械结合，都会引起复合材料的损伤，应尽量避免。

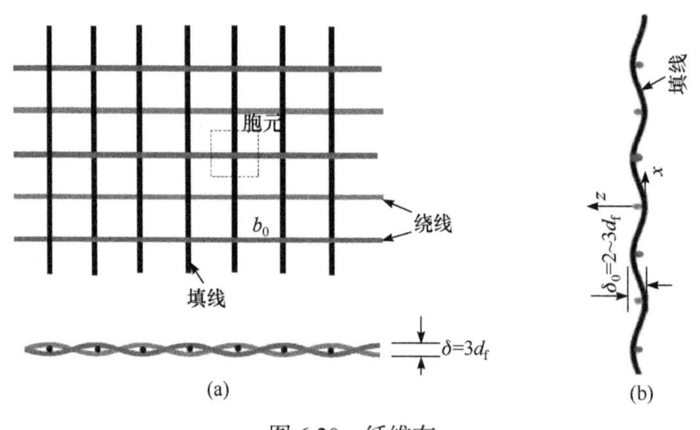

图 6.20　纤维布

编织时，绕线是弯曲的，填线是直的。但编织完后，填线也会发生弯曲，如图 6.20(b)所示。由于纤维布的绕线和填线方向的力学性能基本相同，故可认为其弯曲程度基本相同，预浸料厚度 δ_0 略大于 $2d_f$，孔目边长 b_0 与织造技术有关，它们都是给定的。织造使得纤维本身存在弯曲，其弯曲变形后的轴线可用以下正弦函数近似表示

$$z_d = -\frac{d_f}{2} + d_f \sin\frac{\pi x}{2b_0} \tag{6.15}$$

对于用预浸料制成的复合材料，其胞元如图 6.21 所示，除纤维外，胞元内其

他部分可认为充满基体材料。无论各层铺设方向是否相同，该胞元可以应用于各层，只是胞元边界上的作用力，需要根据铺设方向和名义应力进行坐标变换而已。为了获得胞元的局部应力和界面应力，需要对如图 6.22 所示的四种胞元受力状态进行有限元分析，分析时也只能用位移边界条件，使得反力平均值与名义应力一致即可。

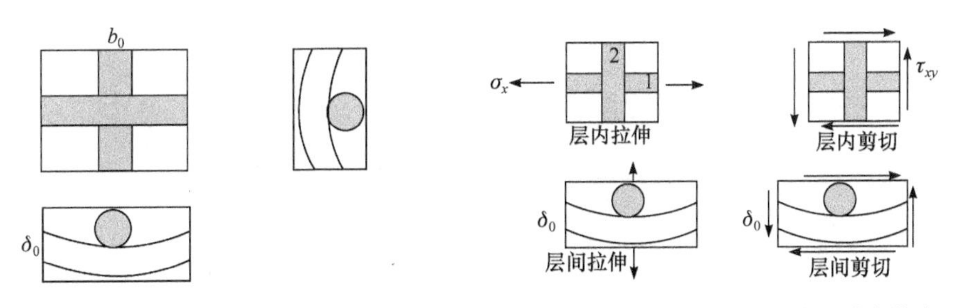

图 6.21　胞元

图 6.22　预浸料复合材料的胞元受力状态

当各层铺设方向不同时，只需将各层分别作各向异性处理，即可求得图 6.22 所示胞元的名义应力，进而用与 6.4 节相同的数值分析方法，求得胞元和界面上的细观应力。

6.6　基于胞元局部应力的复合材料强度失效准则

对六个名义应力分量分别计算胞元局部应力，然后叠加即可得胞元内实际的细观应力。这个细观应力代表了复合材料内实际的周期性应力分布，是具有代表性的。即使复合材料结构具有应力集中等名义应力分布不均匀的情况，在应力集中点附近这种代表性仍然成立，只是需要用集中名义应力来求取胞元细观应力而已。这样，我们就可以用胞元的局部失效条件来代替复合材料整体的失效条件。基于胞元失效的强度评价方法，可以排除结构形式和受力状态的依存性(它们被反映在胞元局部与界面应力里)，只与界面及基体、增强体的强度特性有关。

胞元失效主要有基体和界面起裂以及增强体断裂三种(增强体一般较强，其失效在前两种失效之后)。如 6.4 节所示，基体、增强体内的细观应力和界面应力，与名义应力有较大的差别，但总是可以根据名义应力状态求得的。这样，复合材料的强度评价就变为了界面、基体及纤维的强度评价。胞元内的危险点位置要根据叠加后的应力，最先达到失效条件处来判别，而不能由某个分量的最大值来判断。

6.6.1　界面起裂

叠加求得复杂界面应力后，就可按第 5 章的界面失效准则进行界面起裂的评价。需要确定三个界面强度特性，即界面相材料的脆性拉伸强度 σ_{b1}、σ_{b2}，剪切强度 τ_C 和一个反映界面组织特性的内摩擦系数 μ。这些强度特性，不是复合材料整体的名义强度，而必须直接从纤维与基体的界面破坏实验来获得。根据界面应力状态，界面相起裂有三种形态，即拉裂、拉剪裂及压剪裂。将界面应力整理成界面相内的主应力，其失效条件可表示为

$$
\begin{aligned}
&\text{当}\sigma_1 > 0\text{时}\\
&\quad\text{拉裂：}\ \sigma_1 = \sigma_{bt}(\theta)\\
&\quad\text{拉剪裂：}\ \sqrt{-\sigma_1\sigma_3} = \tau_C,\quad \phi_0=\arctan\sqrt{-\sigma_3/\sigma_1} > 45^\circ\\
&\qquad\qquad (\sigma_1-\sigma_3)/2 = \tau_C,\quad \phi_0=\arctan\sqrt{-\sigma_3/\sigma_1} < 45^\circ\\
&\text{当}\sigma_1 < -(\sqrt{1+\mu^2}-\mu)\sigma_3/(\sqrt{1+\mu^2}+\mu)\text{时}\\
&\quad\text{压剪裂：}\left(\sqrt{1+\mu^2}+\mu\right)\sigma_1-\left(\sqrt{1+\mu^2}-\mu\right)\sigma_3 = 2\tau_C
\end{aligned}
\tag{6.16}
$$

在求取界面相主应力时，界面相内增强方向的应力需要利用式(6.14)求取，其他分量则可直接利用 6.4 节所述方法的叠加结果。主应力按

$$\sigma^3 - I_1\sigma^2 + I_2\sigma - I_3 = 0$$

求解后按大小排列求解结果，即可应用上式进行界面起裂评价。必须注意，这里的σ_{b1}、σ_{b2}、τ_C是界面的拉裂(各向异性，2 个)、剪裂强度，不是复合材料的强度特性。后者是由复合材料中众多失效形式中的最先达到者决定的。

6.6.2 基体屈服及起裂

当基体为韧性材料时，基体的屈服失效也必须考虑，但必须采用基体内局部应力的最大 Mises 应力(通常也发生在界面附近)作为评价参数，而不是宏观的 Mises 应力。胞元内的最大 Mises 应力一般也发生在界面附近，屈服准则为

$$\sigma_e = \frac{\sqrt{(\sigma_r-\sigma_{mz})^2+(\sigma_{mz}-\sigma_{m\theta})^2+(\sigma_r-\sigma_{m\theta})^2+3(\tau_{r\theta}^2+\tau_{rz}^2+\tau_{m\theta z}^2)}}{\sqrt{2}} = \sigma_{Ym} \tag{6.17a}$$

但是，局部屈服不一定引起宏观失效，也不会发出声发射(AE)信号。只有发生滑移开裂时，即

$$\sigma_e = \sigma_C = \sqrt{3}\tau_C \tag{6.17b}$$

才会发生 AE 信号。另外，即使是韧性基体，由于界面附近的应力三轴度较大，也可能发生准脆性起裂，基体起裂条件为

$$\sigma_{1\max} = \sigma_{bm},\quad \eta \geqslant \eta_C = 1-\sigma_{Ym}/\sigma_{bm} \tag{6.18}$$

对于脆性基体，显然只须考虑$\sigma_{1\max}=\sigma_{bm}$即可。一般情况下，则须同时检验式(6.17b)和式(6.18)的开裂条件。显然这里的材料特性σ_Y、τ_C、σ_b，分别是基体材料的屈服、剪裂和拉裂强度特性，而不是复合材料的强度特性，后者是由复合材料的众多

失效形式中的最先达到者决定的。

6.6.3 纤维断裂

前述胞元内纤维中的应力与名义应力也是不同的，一旦其达到断裂条件，就意味着会有许多纤维将发生断裂，即使宏观的应力集中区域较小，整体上破坏被局限于较小的区域，也应该被视作客观破坏。严格地说纤维的强度特性是各向异性的，但常常以其轴向强度作为其各向同性的强度值。结构中复合材料的纤维一般也处于复杂应力状态，并且其内的分布也不总是均匀的。利用其最大主应力，断裂准则可表示为

$$\sigma_{1\text{fmax}} = \sigma_{\text{bf}} \tag{6.19}$$

这里 $\sigma_{1\text{fmax}}$ 为纤维内的最大主应力，也必须考虑胞元内局部应力的分布，σ_{bf} 为纤维的拉伸极限。一般情况下，纤维断裂对应于图 6.1 中的 B 点，但不排除在实际的复合材料结构中，宏观应力集中和微细观缺陷，导致局部发生纤维断裂的情况。

6.6.4 界面强度特性的实验测定

由于基体的强度特性测定比较简单，这里不作介绍。关于复合材料界面强度特性的测定，传统上有只用单根纤维与基体的结合，通过拔出试验[104]等途径来获得的方法。考虑到一方面界面强度特性与制造工艺有关，单独制作的试件与实际复合材料会有较大差别，另一方面拔出试验并不能完全确定界面强度特性，故只能采用复合材料本身的试件来测定。但试件制作、实验方法等，都必须与均匀材料时有所不同，以下方法可供参考，如图 6.23 所示。

(1) 为了实现试验段有均匀的名义应力，试件制作需要特别的工艺，其夹持部分需另制附加，并使其界面强度大于纤维与基体的界面强度，如图 6.23(a)。

(2) 增强向与其横向都要取样，进行不同的试验，如图 6.23(b)。

(3) 需要进行拉压双轴试验，如图 6.23(c)。

(4) 需用胞元分析得出界面应力和细观应力，不能用名义应力。

(5) 除了记录力位移曲线外，还需要声发射检查信号，以决定破坏开始时的载荷。

(6) 在基体强度特性已知的情况下，基体局部起裂及失稳扩展条件是可以确定的。排除基体先开裂的情况(例如图 6.23(a)一般是基体先开裂)，所得试验均可作为界面强度性能的依据(例如图 6.23(b)一般是界面先起裂，可决定界面拉伸剥离极限)。

(7) 利用图 6.23(c)的试验，可以决定其他界面强度性能(参照第 5 章的界面失效准则)。

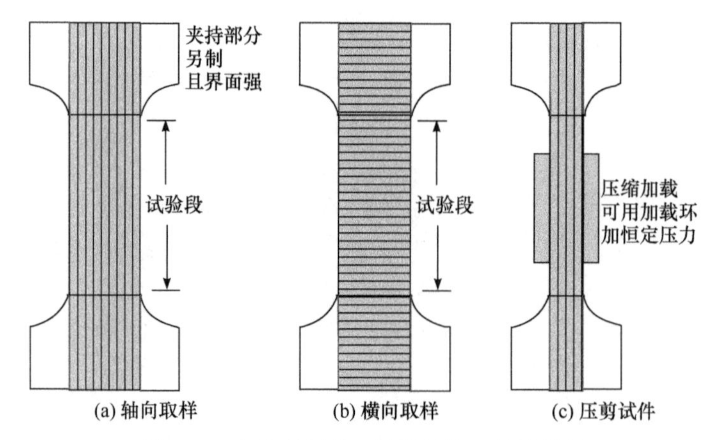

图 6.23　复合材料界面强度特性试件的制备

6.6.5　复合材料强度特性与界面、基体强度特性间的关系

复合材料的失效，可以开始于界面的起裂(拉裂、压剪裂)、基体起裂(屈服、拉裂、剪裂)和纤维断裂，但是，最先发生的细观失效形式并不一定就是最终的宏观失效形式，微细观起裂后还有各起裂裂纹的扩展竞合关系。但是如果将复合材料的失效点规定在胞元细观结构的起裂(因其有代表性，对应于图 6.2 的 σ_a)点，则复合材料的强度特性是可以由其所含有的各种微结构中最先到达失效条件的失效形式决定的。不同名义应力状态下，最先达到失效条件的失效形式可以不同，甚至强度特性的离散性也可以影响最先达到失效条件的失效形式。如果不考虑具体失效形式而简单地以复合材料强度来表征，那么这种强度特性的物理意义本身就只是个案性质的(如图 6.1 所示的单轴试验结果)。尤其需要注意的是，由与复合材料基体相同的块体材料单独试验获取的屈服、剪裂和拉裂强度特性，和复合材料基体材料的强度特性是有区别的，这是因为后者会包含更多的微细观缺陷。一般其强度性能中值会略小，但其离散范围则会因工艺和厂家的不同而有很大的差别。同时，受界面微观组织、相互作用的影响，单一界面试件的强度特性也是与复合材料的界面强度特性有很大差别的。因此，复合材料并不是简单组合就可以制造的，而必须考虑如何控制基体和界面所包含的微细观缺陷尽量少。另外，如果我们立足于界面、基体、增强体等的失效，就可以根据具体复合材料微结构形式(胞元)，通过最先达到失效者来进行普适性的复合材料强度评价。此时需要的是界面、基体、增强体的强度特性，复合材料的强度特性则会因最先达到者不同而不同。换句话说，所谓复合材料的强度特性，是会因失效形式不同而不同的，不能一概而论之。单轴拉伸试验时最先发生的破坏形式，并不一定是复杂多轴应力状态下的失效形式。因此，基于胞元应力的强度寿命评价，才是建立复合材料失效准则的正确方法。

6.7　复合材料的疲劳

关于复合材料的疲劳寿命，虽已有很多实验经验及概率统计方面的研究[105]，但尚没有公认或有理论依据的评价方法。复合材料的疲劳失效形式比较复杂，大多数实验者是把试件整体(纤维束)最终断裂作为复合材料的疲劳失效状态的，并且由于实际上这样的寿命是纤维束支配的，故其离散性也相对较小，由此得出复合材料疲劳性能优良的结论。但实际上远在纤维束断裂前，基体开裂、界面开裂等已很充分，作为结构材料也可以说是早已失效了的。因此，以基体开裂、界面开裂作为复合材料疲劳失效更为合理。这样，复合材料的疲劳寿命就与其微细结构和均匀性密切相关，相比于纤维束整体断裂寿命会大大缩短且离散性很大，故也有人说复合材料的疲劳性能差，至少可以说其可靠性难以保证。因此，关于复合材料结构的疲劳寿命评价，一些基本概念也还尚存在许多争议。

6.7.1　疲劳过程概述

复合材料的疲劳是一种多尺度疲劳[106,107]，从微细观层次看，有界面起裂、基体开裂、纤维断裂、层间开裂(纤维布层间)四种疲劳源，各有各的损伤累积规律，故其疲劳过程与金属材料有较大不同。众所周知，在金属材料的疲劳试验中，裂纹萌生寿命占总寿命的 90%以上，萌生后的裂纹形成主疲劳裂纹并扩展至整体断裂的寿命只占 10%以下。所以在疲劳试验中，可以以试件整体破断的寿命，作为疲劳寿命。但在复合材料的疲劳试验中，微细结构导致的最弱点及细观应力集中点众多，该处的微裂纹萌生发生在整体破坏寿命的极早期，如图 6.24 中的 A 点所示。显然，复合材料的疲劳失效不能定义在此处，因为这实际上是最弱点变为微裂纹类初始缺陷的稳态化过程。随后众多胞元危险点(应力最大点)处因损伤累积达到起裂条件，即发生疲劳开裂，包括界面、基体开裂等，对应于图 6.24 中 B 点所示。这种开裂尺寸仍是很小的，并且往往发生在材料内部导致表面难以观察，但这是可用声发射信号进行监控检测的。纤维增强复合材料疲劳过程中的声发射信号数与循环数的典型关系如图 6.25 所示[107]。在 B 处会发生较为强烈和较多的声发射信号，这是因为此时起裂不再局限于最弱点，而是众多胞元中的界面或基体都达到了疲劳起裂条件。与金属材料疲劳断裂由一条主裂纹疲劳扩展支配不同，复合材料疲劳是由众多小短裂纹扩展合体才能形成宏观基体裂纹的，可以是界面起裂与基体起裂的扩展、连通，也可以是某根最弱纤维断裂与基体开裂的连通，形成贯穿基体的宏观裂纹，对应于图 6.25 中的 C 点。而纤维与基体间可以有起裂或剥离，但一般仍是“藕断丝连”的，称为“桥联”作用。这样的基体贯穿型宏

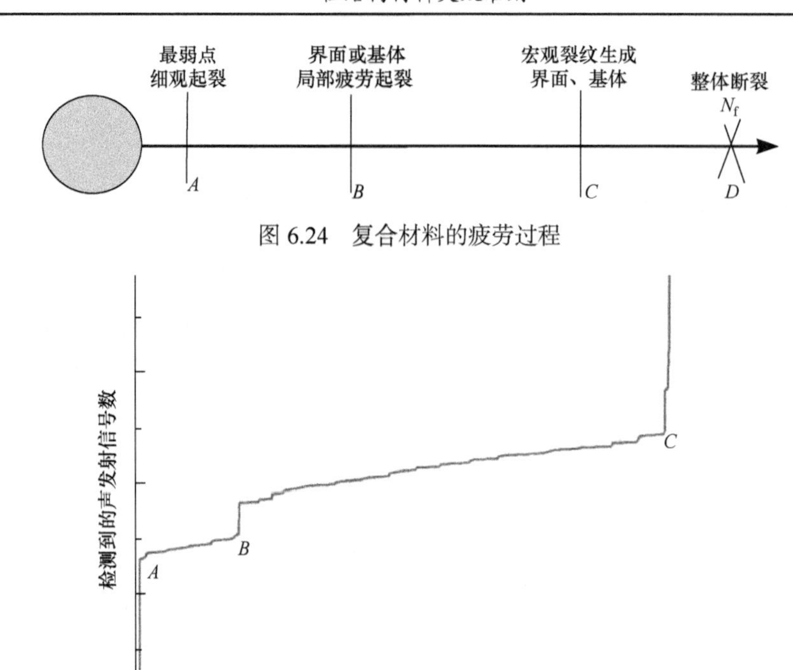

图 6.24　复合材料的疲劳过程

图 6.25　疲劳过程中的声发射数

观裂纹可以有多条，并且在其两侧是有许多界面开裂、基体开裂等微裂纹的。形成宏观基体贯穿裂纹后，此后声发射信号急剧增强、增多，如图 6.25 中 C 点所示，这是因为它包括宏观裂纹扩展、基体或界面继续开裂、较弱纤维断裂等各种破坏形式。必须指出，宏观基体贯穿裂纹的扩展仍会有较长的寿命，并且在多数情况下，即使宏观基体裂纹贯穿了整个试件截面，纤维束也还未完全断裂仍可继续承载。因此，如果把包括纤维束在内的整体断裂作为疲劳失效点，则疲劳寿命会特别长。但这样的寿命，从结构完整性角度来看，显然是包含了无效寿命的。因此，以整体断裂的 D 点作为疲劳失效点获得的寿命试验结果，实际上是没有应用价值的。另外，如果以开始疲劳起裂(微小裂纹)的 B 点作为疲劳失效点，则寿命很短，是过于保守的，因为胞元危险点虽然确实疲劳起裂，但这种微小裂纹要扩展到贯穿基体的宏观裂纹，还有很长的寿命(这一点与金属材料完全不同)。因此，将疲劳失效点定义在出现宏观基体贯穿裂纹(具体究竟多长的裂纹应由结构应用场景来定，一般在数毫米量级)的 C 点，是较为合理的。虽然产生宏观疲劳裂纹后还可能有非常长的疲劳试验寿命，从结构应用来看已属于无效寿命。当然，有了宏观裂纹仍可允许继续用，则属于损伤容限的概念，但一般也不会允许很长裂纹存在的。

6.7.2　基于名义应力的经验评价法

目前最常见的复合材料寿命的经验评价方法是用名义单轴应力状态，以复合材料试件整体断裂作为寿命终点(没有考虑到复合材料构件的疲劳失效远在此之前)，来获取 S-N 曲线，如图 6.26 中的实线所示，可称其为极限寿命曲线。在这种疲劳失效的认定下，纤维增强复合材料的 S-N 曲线，与金属材料有很大不同。在采用循环最大应力表征时，双对数图上可近似为三段区间。在最大应力接近拉伸极限时，S-N 曲线呈平台状。这种现象实际上是由纤维疲劳断裂行为造成的。均质材料在最大疲劳应力接近拉伸极限时都呈平台状，这是因为只需少量损伤累积即达到快速断裂条件，其破坏循环数很少(大致几十个循环)。然后出现一个与应力振幅有大致幂次关系的寿命区间，但这一区间的直线性受数据离散性的影响，是近似的(也有人采用单对数图，则非直线)，并且也与纤维单体的疲劳行为有很大不同。最后出现疲劳极限行为，当应力在疲劳极限以下时，试件不会发生疲劳断裂(但并不是不会发生界面开裂)。显然这个所谓的疲劳极限，实际上与纤维(包括体积率)的疲劳极限有密切关系。值得注意的是，在接近复合材料疲劳极限附近时，其寿命行为基本没有曲线过渡阶段(意味着应力的微小变化会引起寿命的突变)。这是因为当界面完全疲劳起裂后，都只是纤维在受力，只要应力低于纤维的疲劳极限，就不会发生整体断裂。而在略大于该疲劳极限处，界面起裂及其扩展导致的局部应力集中，会大大增强纤维所承受的疲劳应力，都呈现纤维在高应力幅下疲劳的形式(即线性)。但这样定义的疲劳极限(以试件整体断裂定义寿命)往往是很大的(与纤维体积率也有关)，可达到拉伸极限的 80%以上(故有人据此断定复合材料疲劳性能优良)。然而，由图 6.24 中的疲劳过程可知，在试件整体疲劳断裂前，实际上会有大量的界面或基体开裂，后期寿命实际上都是由纤维的疲劳所提供的，作为结构材料时应视作无效寿命。而如果以宏观基体贯穿裂纹来定义复合材料的疲劳，就将出现小得多的疲劳寿命曲线，如图 6.26 中的虚线所示，称为有效寿命曲线。因其离散性大，往往还需结合概率统计方法来评价结构寿命[105,106]。

有效寿命也可通过中断试验实测复合材料的剩余强度来定义[108]，如图 6.27 所示，与均匀金属材料在疲劳过程中剩余强度不断降低不同，复合材料疲劳的剩余强度(经过一定疲劳循环数后将其快速拉断的极限强度)是随着循环数先增后减的。纤维体积率越高，这一现象就越明显。之所以会先增大，是因为复合材料内一些微观的应力集中点，如纤维挠曲、界面结合残余应力(包括集中)等，经过一些循环反而得到缓和。升至最大点后，原来完好结合的界面或附近的基体因损伤累积而疲劳起裂，故而使得剩余强度开始减小。因此，可以通过测定剩余强度降至某一规定值时的寿命作为有效寿命，例如，规定剩余强度降至原来强度的 100%或 95%时为疲劳失效等，显然，这样定义的有效疲劳寿命，并不对应于整体断裂。

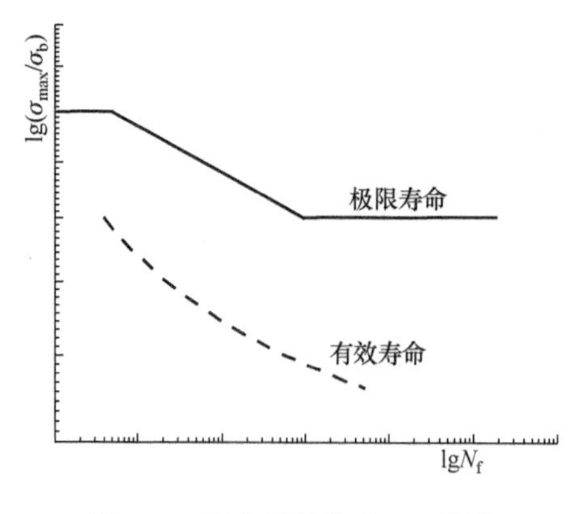

图 6.26　复合材料典型 S-N 曲线

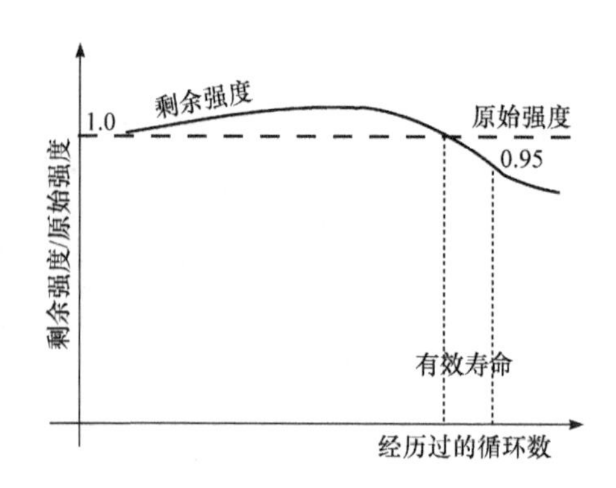

图 6.27　以剩余强度定义有效疲劳寿命的方法

由于名义应力与真实的胞元细观应力有巨大的差别，难以区分界面、基体起裂及纤维断的疲劳形式，故而基于名义应力的复合材料疲劳寿命评价方法，本质上只是一种经验方法，是没有普适性保证的。

6.7.3　单向单频疲劳试验的局限性

由前述胞元应力分析可知，胞元内危险点是由六个名义应力分量引起的细观应力叠加状态决定的，或始于界面，或始于基体，其疲劳开裂方式因叠加应力状态而异。而单向疲劳试件只是一种非常特殊的名义应力状态，一般与实际工作应力状态是不同的。这就导致连实际复合材料结构的疲劳失效形式，都会与试件级的单向疲劳试验有很大不同，更不要说具体的寿命数据了(失效形式不同，评价方法就必须不同)。必须指出的是，并不是使用实际复合材料结构进行疲劳试验(即所谓的结构疲劳试验)，就可以使试验结果与实际结构寿命有可比性的。这是因为即使能够通过复杂加载系统使得名义应力状态与实际结构相同(许多试验者往往只注意到了结构几何形状的可比性，而忽略应力状态的相似性)，但仍难以保证结构疲劳试验与实际结构受力的应力谱波形一致。而传统以循环数计数的寿命，只适用于试验中的单频疲劳载荷，不能应用于复杂的应力谱形式。实际上，简单的单向单频疲劳试验，其本来目的是要通过试验寿命来确定材料的疲劳特性，而不是将其寿命直接作为材料特性(这是目前疲劳实验研究中普遍存在的错误)。但由于复合材料的疲劳特性究竟有哪些(包括其物理意义，如何确定等)还不十分清楚，所以往往不得已直接以试验 S-N 曲线作为材料疲劳特性。然而这样的寿命实际上只是材料特性在特定的单频应力状态下体现，不是具有一般性、普适性的材料特性本身。

6.7.4　复合材料的静态疲劳行为

复合材料内的各种微细观结构，从损伤角度看，其实都属于初始损伤。我们知道，材料在富含初始损伤时会出现静态疲劳现象[109,110]，即在恒定载荷作用下，经过一定时间后也会发生断裂。因此，复合材料是会出现静态疲劳现象的。这一现象常被作为复合材料的蠕变来进行研究。对于基体为黏弹性的复合材料，因具有明显的蠕变变形行为，已有许多研究。但对于基本没有明显蠕变变形的复合材料，静态疲劳现象则尚未引起必要的重视。其原因可能是其静态疲劳极限较高，静载时常常会被强度离散性所掩盖，故而在实际应用中似乎无须考虑。但在承受循环疲劳载荷时，这种静态疲劳损伤累积机制却并不总是可以忽略的。复合材料的疲劳试验，往往会在有较大平均应力的状态下进行。即使平均应力单独作用时的静态损伤累积可以忽略，但在循环疲劳损伤的累积过程中，其耦合影响效果也会反映出来。因此，复合材料(即使没有明显的蠕变变形行为)的疲劳试验寿命结果，也可能会出现试验频率依存性。许多实验者往往只做一种频率的复合材料疲劳试验，实际上是假定了没有静态损伤贡献，这也是复合材料疲劳试验寿命结果往往因人而异的原因之一。另外，静态疲劳的起裂形式可以是界面起裂或基体起裂，尤其是界面的静态疲劳起裂，会受界面相影响而有面力方向的依存性。因此，复合材料的静态疲劳，不是一个简单的损伤演化律就可以表征的，也就是说，其寿命(S-t)曲线是严重依赖于受力方向和状态的。

6.8 基于胞元细观应力的疲劳评价方法

胞元因其在细观结构上的代表性，其疲劳失效可以作为复合材料疲劳的理论基础。利用名义应力对胞元中界面应力、基体细观应力等进行分析，还可以消除名义应力状态与实际胞元应力的差别，故而基于胞元细观应力的疲劳评价方法是，建立复合材料疲劳理论的有效途径，尤其是对于分析如图 6.25 中 B 点对应的疲劳寿命，是非常有效的方法。

界面疲劳起裂寿命

利用胞元和应力叠加分析获得危险点界面应力后，原则上就可以用第 5 章的界面疲劳寿命评价方法，来预测或计算复合材料的有效寿命。考虑到界面的静态疲劳行为，利用耦合损伤演化律：

$$\frac{\mathrm{d}D}{\mathrm{d}t}=\left.\frac{\mathrm{d}D}{\mathrm{d}t}\right|_{\text{static}}+\left.\frac{\mathrm{d}D}{\mathrm{d}t}\right|_{\text{cyclic}} \tag{6.20}$$

其中，静态损伤演化律为

$$\left.\frac{\mathrm{d}D}{\mathrm{d}t}\right|_{\text{static}}=c(\lambda)\left(\frac{\sigma_{\mathrm{p}}}{1-D}\right)^{\xi(\lambda)}H \tag{6.21a}$$

$$H=\begin{cases}1-\left(\dfrac{(1-D)\sigma_{f0}(\lambda)}{\sigma}\right)^{\zeta(\lambda)}, & \dfrac{\sigma_p}{1-D}>\sigma_{f0}(\lambda)\\ 0, & \dfrac{\sigma_p}{1-D}\leqslant\sigma_{f0}(\lambda)\end{cases} \tag{6.21b}$$

循环疲劳损伤演化律为

$$\left.\frac{\mathrm{d}D}{\mathrm{d}t}\right|_{\text{cyclic}}=c_f(\lambda,\sigma_{mp})\frac{\dot{\sigma}_p(t)}{1-D}\left(\frac{\sigma_p(t)}{1-D}\right)^{\beta}H \tag{6.22a}$$

$$H=\begin{cases}1-\left(\dfrac{(1-D)\sigma_f}{\sigma_p(t)}\right)^{\gamma}, & \dfrac{\sigma_p}{1-D}>\sigma_{fin}(\lambda,\sigma_{mp})\\ 0, & \dfrac{\sigma_{ef}}{1-D}\leqslant\sigma_{fin}(\lambda,\sigma_{mp})\end{cases} \tag{6.22b}$$

这里

$$\sigma_p=\sqrt{\sigma_n^2+\tau^2},\quad \lambda=\arctan(\tau/\sigma)=\arcsin(\tau/\sqrt{\sigma_n^2+\tau^2}) \tag{6.23}$$

分别为面力和载荷方向角。但是，由于胞元内界面应力分布是不均匀的，相当于是有应力集中点的界面疲劳，需要引入界面疲劳特征长度，计算其内的代表应力来计算疲劳等效应力。

原理上利用式(6.20)就可以计算胞元界面的起裂疲劳寿命(前提：界面疲劳特性先行求取，参见第 5 章)。

基体疲劳起裂寿命

胞元基体内的细观应力也是分布型的，一般在靠近界面处较大，故基体的疲劳起裂必发生在界面附近。原理上也可根据名义应力，进行胞元分析后获得基体的细观应力(注意也有类似应力集中的现象，也需要计算特征长度内的代表应力)，然后进行基体疲劳起裂寿命的评价。根据基体是脆性还是韧性材料，需要采用不同的损伤演化律(详细参见第 3、第 4 章，方法本身也是现成的)。

脆性基体(注意，受压时一般无须纤维增强)：

$$\frac{\mathrm{d}D}{\mathrm{d}t}=\left.\frac{\mathrm{d}D}{\mathrm{d}t}\right|_{\text{static}}+\left.\frac{\mathrm{d}D}{\mathrm{d}t}\right|_{\text{cyclic}} \tag{6.24a}$$

韧性基体

$$\frac{\mathrm{d}D}{\mathrm{d}t}=\left.\frac{\mathrm{d}D}{\mathrm{d}t}\right|_{\text{cyclic}} \tag{6.24b}$$

其中，

$$\left.\frac{\mathrm{d}D}{\mathrm{d}t}\right|_{\text{static}}=c\left(\frac{\sigma_{eq}}{1-D}\right)^{\xi}H$$

$$H=\begin{cases}1-\left(\dfrac{(1-D)\sigma_{f0}}{\sigma}\right)^{\zeta}, & \dfrac{\sigma_{eq}}{1-D}>\sigma_{f0}\\ 0, & \dfrac{\sigma_{eq}}{1-D}\leqslant\sigma_{f0}\end{cases}$$

其中，

$$\sigma_{eq}=\sqrt{I_1^2-2(1+\nu)I_2}$$

$$\left.\frac{\mathrm{d}D}{\mathrm{d}t}\right|_{\text{cyclic}}=c_f\frac{\dot{\sigma}_{ef}(t)}{1-D}\left(\frac{\sigma_{ef}(t)}{1-D}\right)^{\beta}H$$

$$H=\begin{cases}1-\left(\dfrac{(1-D)\sigma_f}{\sigma(t)}\right)^{\gamma}, & \dfrac{\sigma_{ef}}{1-D}>\sigma_f\\ 0, & \dfrac{\sigma_{ef}}{1-D}\leqslant\sigma_f\end{cases}$$

其中，

$$\sigma_{ef}=\sqrt{I_1^2-\frac{2(1+\nu)^2}{1+2\nu^2}I_2}$$

界面与基体疲劳开裂寿命的较短者，对应于图 6.25 中 B 点的寿命，这是可以相对简单地确定的。但是，对于复合材料，一般不能把疲劳起裂(无论是界面还是基体)作为失效，而是要扩展到某个宏观裂纹长度才算失效，后者的扩展寿命甚至是可以远大于起裂寿命的。

复合材料疲劳寿命的细观数值模拟算法

复合材料疲劳寿命由起裂和扩展寿命构成。界面或基体起裂时，裂纹尺寸较小(特征长度程度)，其疲劳扩展属于小短裂纹扩展。在胞元体内引入相应的界面或基体裂纹，裂纹扩展速率仍可通过计算裂尖前沿特征长度内的代表应力来进行计算。但是，无论界面或基体哪个先起裂或先扩展，起裂或扩展后都会改变另一方的应力，从而加剧对方的损伤累积和疲劳起裂或扩展。所以图 6.25 的 B 点以后，也不是只有先发生的界面或基体裂纹扩展，而是两者相互促进和并存的。因此，理论上可以通过计算胞元内基体产生贯通裂纹的寿命，来作为复合材料的疲劳寿命。这是因为胞元有代表性，一个胞元内的基体贯穿开裂，基体就有宏观裂纹了。但开裂及裂纹扩展后的胞元细观应力分析并不容易，因为胞元边界条件包括名义应力都会发生变化，要数值模拟这种变化及其对胞元细观应力的影响，还是有较大难度的。所谓胞元的边界条件，实际上是需要根据材料的周期性连续性条件来决定的，界面或基体的起裂，会破坏其周期性。选择足够多的胞元，形成一个复合元，来降低复合元边界条件的不准确性对起裂后胞元细观应力的影响，是一种可行的方法，但显然计算会变得很烦琐。这种烦琐方法的优点是，只须事先确定界面和基体(假定纤维足够强)的疲劳性能，是可以计算任意名义应力状态下复合材料的有效疲劳寿命的，而无须一种应力状态去做一种疲劳试验。

思 考 题

1. 复合材料的失效状态，你认为应该怎样来定义？
2. 复合材料在承受超过弹性极限的应力后卸载，其杨氏模量会有什么样的变化？
3. 复合材料在受载过程中的声发射信号，是由什么产生的？
4. 单向增强复合材料拉伸强度，在横向也有力作用时会发生什么变化？
5. 由于内部结构的不均匀性，复合材料的名义应力与局部真实应力有较大的差别。那么，把复合材料当作均匀的各向异性材料，分析得出的应力还有意义吗？试考察各向异性假定应用于纤维增强复合材料的局限性。
6. 增强方向不正交时的各向异性材料变形特性、强度特性，要如何才能测得？
7. 复合材料中常借用屈服强度的概念。塑性变形的概念也可借用吗？
8. 用名义应力来决定复合材料强度特性时，往往会有较大的离散性。试分析其原因，并说明该离散性真的是随机的吗？
9. 在做胞元的应力分析时，胞元边界条件十分重要，需要根据胞元边界在复合材料中的变形协调来给出。请列出各名义应力分量对应的胞元边界变形协调条件。
10. 增强向单向受力时，纤维与基体的应力分担律，可由胞元边界的变形协调条件求得。试考虑体积分数，由式(6.6a)推导分担律。
11. 胞元边界上的局部应力，为什么会与名义应力不同？胞元边界上真实应力分布的平均应力，为什么必须与名义应力相等？
12. 体积分数很小时，胞元边界应力趋于名义应力，此时界面应力可以通过理论分析求得显式解。体积分数较大时，则难以求取理论解。困难在哪里？可否通过引入修正来体现体积分数的影响，来获得任意体积分数的界面应力及胞元边界应力分布？
13. 复合材料中纤维与基体界面的起裂，纤维圆周方向总是同时起裂的吗？
14. 复合材料疲劳寿命的离散性非常大。试考虑其原因，该离散性真的是初始损伤的随机性引起的吗？
15. 不同应力状态下的疲劳寿命当然是不同的。那么，需要对不同的应力状态都做疲劳试验材料确定复合材料的疲劳特性吗？
16. 由单轴疲劳试验获得的复合材料疲劳试验寿命，在用于结构中的复合材料疲劳寿命评价时，会产生哪些问题？
17. 脆性基体的复合材料，会发生蠕变吗？会发生静态疲劳吗？
18. 复合材料的循环疲劳寿命，是否会有载荷频率的依存性？
19. 试从损伤演化角度，给出有较大平均应力时的复合材料疲劳寿命的评价方法。

第7章 蠕变失效准则

7.1 蠕变失效的形式

简单地说，蠕变是指在恒定应力作用下，材料的变形随作用时间而增大的现象[111,112]，如图 7.1(a)所示。施加载荷后有一个快速变形 ε_0，称为玻璃应变。但实际上应力恒不恒定并不重要，重要的是作用与响应间的本构关系是时间依存的，时变应力也会引起蠕变。严密地说，某一时刻的变形，是该时刻之前所有载荷的时间历程效应的总和，具有这种性质的变形称为蠕变。这与常规的有一个作用 σ，就立马有一个确定的应变 ε (塑性时因载荷路径依存性，可以有不同的值，但不论是什么值，都是瞬时完成的)不同，实际上是一种黏弹性行为。它还可以有其他表现形式，例如松弛是指在恒定应变作用下，应力随时间而减小的现象，如图 7.1(b)所示。恢复是指在应力保载一段时间后卸载，在卸载瞬间，应变瞬间会减小一个应变(与反向加载的玻璃应变相同)，此后随着时间的增加，应变不断减小的现象，如图 7.1(c)所示。当应变减小趋于某一个非零极限时，该非零极限称为不可恢复应变，当然也有极限为零的情况，称为完全恢复。蠕变、松弛与恢复反映的是材料的同一种属性，即黏弹性(有塑性变形时称为黏塑性)，在工程应用中，尤其是关于黏弹性材料的失效，往往对此三种行为不作具体区分，常常以蠕变统称之。所以蠕变失效不仅仅局限于恒定应力下的失效，时变应力、应变的加卸载引起的失效，都属于蠕变失效范围。黏弹性(或蠕变)材料的失效分为快速失效和蠕变失效两类。其中快速失效是指快速加载时应力超过强度极限时发生的破坏，与静态失效准则类似，只需注意其强度极限可以有加载速率依存性即可，这里不再赘述。在不发生快速失效的前提下发生的延迟破坏，统称为蠕变失效，主要有三种形式：蠕变变形失效、蠕变断裂失效、蠕变疲劳失效，需要针对具体失效形式采用相应的失效准则。蠕变变形失效是指当蠕变变形超过事先规定的某个设计值就认为是失效的情况，这是一种主观失效。蠕变变形设计值的大小可以有不同的取法，一般是以结构总体变形的限制来反向设定结构局部可允许的蠕变应变的。因为蠕变变形是随载荷作用时间增大的，达到规定应变值的时间，就称为蠕变变形寿命或蠕变寿命，显然这是与具体应力水平相关的。当蠕变寿命被事先(设计)规定时，对应的应力就称为蠕变极限应力。显然，蠕变寿命与蠕变极限应力是成对的概念。在实际工程结构中蠕变寿命往往就是要求的结构寿命，需要根据蠕变本构关系来

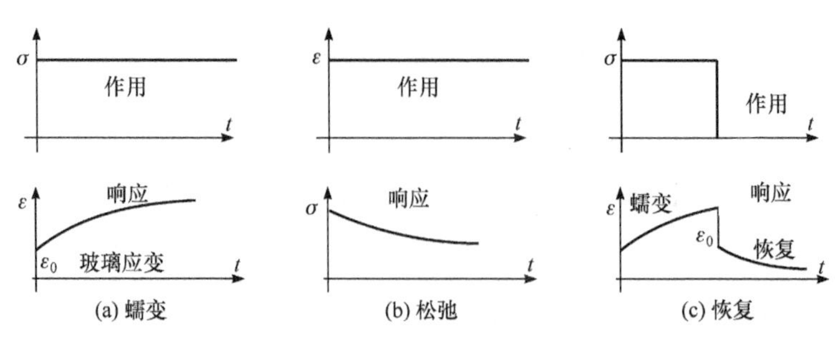

图 7.1　黏弹性行为的三种主要体现方式

反算可被允许的最大应力及蠕变极限应力(实际应用时需要引入安全系数，称为蠕变许用应力)。蠕变寿命计算相对简单，是可以仅由蠕变本构关系借助数值计算确定的。但由于各种材料有不同的蠕变本构关系，而常见的经验蠕变本构关系许多情况下并不十分适用，所以蠕变变形失效寿命估算也与实际情况有较大差异(只不过因是主观失效，一般情况下准确度要求不高)。蠕变断裂失效是指蠕变变形持续一段时间后发生断裂的现象，这是一种客观失效。蠕变断裂意味着在材料蠕变变形过程中有损伤累积，这种损伤累积导致材料的快速失效条件经过一段时间后被满足而最终发生蠕变断裂。到发生蠕变断裂的时间，称为持久寿命。持久寿命是与应力水平相关的，与规定(设计)的持久寿命对应的应力，称为持久应力。持久寿命与持久应力，也是成对的概念。蠕变疲劳失效是指蠕变材料承受交变载荷时发生的失效，它的损伤演化是由蠕变损伤与疲劳损伤耦合的演化，是不能采用常规的 *S-N* 曲线的处理方法来总结经验公式的。由于缺乏其耦合损伤演化的认识，尽管蠕变疲劳问题很多，相关研究也不少，但实际上目前尚没有关于蠕变疲劳寿命的理论。

7.2　蠕变本构关系

7.2.1　总应变、玻璃应变和蠕变应变

蠕变变形机理有多种。对于晶体材料如高温合金，主要有扩散、晶内滑移、晶界滑移、位错运动或它们的混合，对于非晶材料如高分子材料，主要有分子团的拉直与咬合、压挤等。不同的机理有不同的蠕变本构关系。

总蠕变变形包括玻璃应变和蠕变变形两部分，即

$$\varepsilon = \varepsilon_{\text{Glass}} + \varepsilon_{\text{creep}} \tag{7.1}$$

其中，玻璃应变 $\varepsilon_{\text{Glass}} = f(\sigma)$ 可认为是随载荷作用瞬时完成的变形，在比快速加载屈服点稍小的应力以下时，可由快速加载的应力应变关系决定。但在比快速加载屈服点稍小的应力水平以上时，严密地说不能由快速加载本构关系决定，需要

由单轴蠕变试验另行测定(注意玻璃应变是从蠕变变形时间趋于零的角度来看的变形)。蠕变变形由蠕变本构关系确定，蠕变本构关系一般以蠕变速率形式给出，即

$$\left.\frac{\mathrm{d}\varepsilon}{\mathrm{d}t}\right|_{\mathrm{creep}}=\varphi(\sigma,t),\quad \varepsilon_{\mathrm{creep}}=\int_0^t\varphi(\sigma,\mathrm{t})\mathrm{d}t=\Phi(\sigma,t) \tag{7.2}$$

蠕变变形失效条件可简单地表达为

$$\varepsilon=\varepsilon_{\mathrm{Glass}}+\varepsilon_{\mathrm{creep}}=\varepsilon_{\mathrm{C}} \tag{7.3}$$

一般情况下 ε_{C} 在 1%～5%的量级，$\varepsilon_{\mathrm{Glass}}$ 相对较小(在 0.2%以下的量级)，故也有直接以 $\varepsilon_{\mathrm{creep}}=\varepsilon_{\mathrm{C}}$ 来规定蠕变变形失效条件的。不过必须强调，这种主观失效条件的关键因素还是由总变形控制的，在实际结构中甚至常常是以关键点(如发动机叶片端部与机匣的间距)的变形位移来控制的。

另外，由于蠕变应变是随时间增大的，人们更关心的是达到式(7.3)的主观失效条件的时间即蠕变变形寿命，所以蠕变变形失效条件也常被表示成以下形式

$$t|_{\mathrm{at}\,\varepsilon=\varepsilon_{\mathrm{C}}}\geqslant t_{\mathrm{C}} \tag{7.4}$$

其中，t_{C} 为事先规定的结构寿命。无论何种形式，关键在于变形的计算，需要事先确立玻璃应变与应力的关系、蠕变本构关系。

7.2.2　玻璃应变与快速加载本构关系

严密地说，玻璃应变与快速加载时的应变是不同的两个概念，玻璃应变是从蠕变时间角度来看的，而快速应变则是瞬时的响应。玻璃应变与应力的关系，原理上可以通过不同应力水平下的单轴蠕变变形试验结果来建立，在缺少玻璃应变的实测关系时，一般是直接利用快速加载时的应力应变关系的，这是因为在总变形中玻璃应变占比本来就小，快速加载应变与玻璃应变的差别可以忽略。用快速加载时的应变取代玻璃应变后，式(7.1)变为

$$\varepsilon=\varepsilon_{\mathrm{rapid}}+\varepsilon_{\mathrm{creep}},\quad \frac{\mathrm{d}\varepsilon}{\mathrm{d}t}=\left.\frac{\mathrm{d}\varepsilon}{\mathrm{d}t}\right|_{\mathrm{rapid}}+\left.\frac{\mathrm{d}\varepsilon}{\mathrm{d}t}\right|_{\mathrm{creep}} \tag{7.5}$$

有蠕变时材料的快速拉伸应力应变曲线会出现加载速率依存性，如图 7.2 所示。对于多数金属结构材料，这种依存性相对较小，一般可予以忽略。但对于一些易发生蠕变的新型金属材料，速率依存性也是不可忽略的。对于常温蠕变的材料，如高分子材料、钎料等，速率依存性非常明显，并且卸载曲线比较特殊，如图 7.2 所示。产生加载速率依存性的原因是，蠕变并一定不要等到载荷恒定后才发生，在加载过程中也有黏弹性效应。

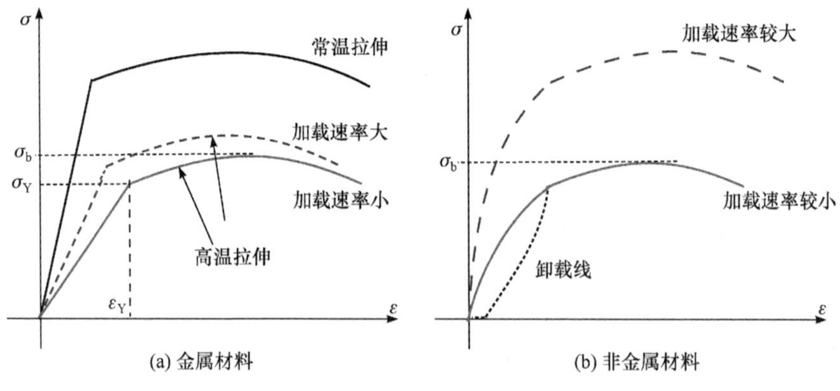

图 7.2　蠕变材料的快速变形应力应变曲线

快速加载试验有位移控制与应力控制两种试验方法。传统上加载速率是以应变速率来表征的，这是因为试验时位移控制法比较常用，也很容易控制应变加载速率。但由式(7.5)可知，对于黏弹性材料，位移控制法容易导致一个陷阱。我们知道，蠕变本构关系一般总是以应变速率 $\mathrm{d}\varepsilon/\mathrm{d}t$ 形式给出，并且某一载荷下蠕变开始时的蠕变速率还往往比较大，这就导致了当应力增加到某一水平后，蠕变速率甚至会大于位移控制试验中设定的应变速率，导致式(7.5)中的实际加载速率 $\mathrm{d}\varepsilon/\mathrm{d}t|_{\mathrm{rapid}}$ 为负，不再是加载而是卸载。所以，对于黏弹性材料快速拉伸试验，虽然麻烦一些，也建议采用应力控制法，并以应力速率 $\mathrm{d}\sigma/\mathrm{d}t$ 作为加载速率参数。

在快速拉伸极限 σ_b 之前，最一般的单轴轴向应力应变关系可表示为[113]

$$\varepsilon=\frac{\sigma}{K_0}+\left(\frac{\sigma}{K}\right)^m \tag{7.6}$$

其中，$K_0(T)$、$K(T)$、$m(T)$、$\sigma_b(T)$ 是温度依存的材料特性，越易发生蠕变的材料，这些特性对温度变化就越敏感。形式上式(7.6)与 Ramberg-Osgood 塑性幂硬化规律相似，故该关系具有普适性，对于金属或非金属材料都可适用。对于高温金属材料，加载速率依存性较小，K_0、K、m、σ_b 可认为只是温度的函数，但对于非金属材料或钎料等易蠕变材料，它们同时也是加载速率依存的。式(7.5)实际上只是一种非线性弹性的表征，并不需要规定屈服极限。当然，对于金属材料，仍可以 0.2%的残余应变来确定高温屈服极限，此时，式(7.6)只适用于 $\sigma>\sigma_{0.2}$，而对于 $\sigma<\sigma_{0.2}$ 部分则采用线弹性。然而对于非金属蠕变材料尤其是高分子材料，如图 7.2(b)所示，本质上是没有屈服的概念的，加载时可采用式(7.6)，但卸载时受“恢复”效应的影响，一般不是直线，而如图 7.2(b)中的卸载线所示。卸载到零经恢复后，应变可恢复到零，也可有一定残留，再加载时的应力应变也不呈线弹性行为，而仍呈式(7.6)的非线性形式，这是因为金属与高分子材料的变形机理有本质的不同。

要将式(7.6)扩展到复杂应力状态，还必须确定材料的泊松比。金属材料在$\sigma_{0.2}$以下时，泊松比是温度的函数$\nu(T)$，$\sigma_{0.2}$以上时则由塑性体积不可压得常数$\nu = 0.5$。对于大变形问题，泊松比也需要用真应变来定义，如图 7.3 所示。

$$\nu_{\mathrm{R}1} = -\frac{\varepsilon_{\mathrm{R}x}}{\varepsilon_{\mathrm{R}z}}, \quad \nu_{\mathrm{R}2} = -\frac{\varepsilon_{\mathrm{R}y}}{\varepsilon_{\mathrm{R}z}}, \quad \varepsilon_{\mathrm{R}z} = \ln(1+\varepsilon_z), \quad \sigma_{\mathrm{R}z} = \frac{\sigma_z}{(1-\nu_{\mathrm{R}1}\varepsilon_{\mathrm{R}z})(1-\nu_{\mathrm{R}2}\varepsilon_{\mathrm{R}z})} \tag{7.7}$$

其中，ε_z、σ_z为轴向名义应变、名义应力，$\nu_{\mathrm{R}1}$、$\nu_{\mathrm{R}2}$为与作用应力垂直的面上的两个方向上的泊松比，对于各向同性材料$\nu_{\mathrm{R}1} = \nu_{\mathrm{R}2}$，对于各向异性材料则$\nu_{\mathrm{R}1} \neq \nu_{\mathrm{R}2}$。大变形时，尤其是对于非金属材料，泊松比一般不是常数。图 7.4 为某高分子材料在固定加载速率下的泊松比实测结果，几乎在所有变形范围内，都明显小于 0.5(意味着体积不可压假定不成立)，可以表示为

$$\nu_{\mathrm{R}} = c_1 + c_2\varepsilon_{\mathrm{R}} \tag{7.8}$$

其中，c_1、c_2是加载速率依存的。当然，对于小变形问题有$\nu_{\mathrm{R}} = c_1$，为常数，但也不是 0.5。

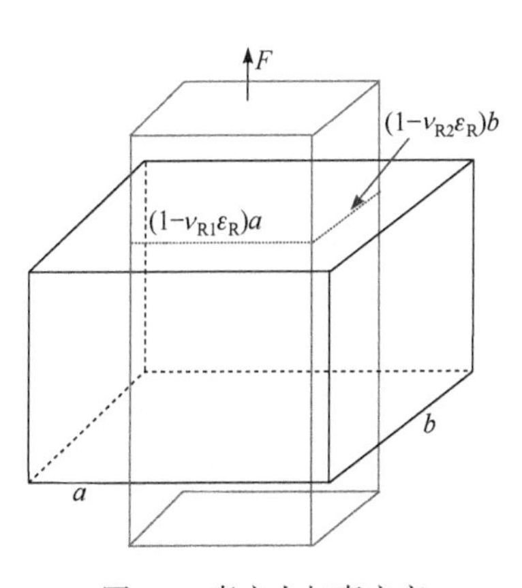

图 7.3　真应力与真应变

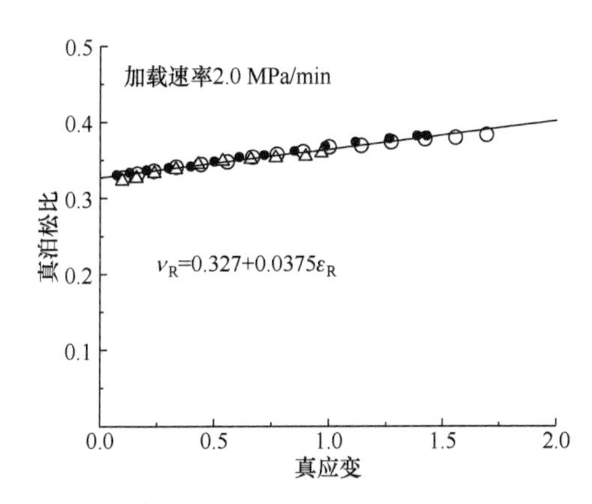

图 7.4　某高分子材料的泊松比

以真应力真应变表示的单轴轴向本构关系，仍有如式(7.6)的形式，但K_0、K、m、σ_{b}有强烈的加载速率依存性。另外，式(7.8)也是单轴试验时必须测定的材料特性，是单轴本构关系的一部分。

针对形如式(7.6)的单轴快速加载非线性应力应变关系，尤其是在大变形问题中，较常见的做法是利用超弹理论来进行三维应力分析。所谓超弹理论[114]实际上是一种非线性弹性理论，通过事先设定一个应变能函数$W = f(\sigma_{ij})$，然后得出应力应变关系$\varepsilon_{ij} = \partial W / \partial \sigma_{ij}$。这种本构关系本质上只是人为假定的，而不是从材料实际行为得来的。我们这里介绍一种从材料实测变形建立三维本构关系的方法[115]。对于加载速率依存的材料，由于加载速率在各个(共 6 个自由度)方向上可以是不

同的，所以各个方向的变形特性也会因加载速率的不同而不同，因此，原则上有加载速率依存性的材料(如软材料等)，都必须以各向异性的本构关系来进行计算分析。考虑到此类情况下的分析一般采用载荷增量步法，对式(7.6)取微分：

$$\mathrm{d}\varepsilon=\left[\frac{1}{K_0}+\frac{m\sigma^{m-1}}{K^m}\right]\mathrm{d}\sigma=\frac{\mathrm{d}\sigma}{\widetilde{E}},\quad \widetilde{E}=\frac{1}{\dfrac{1}{K_0}+\dfrac{m\sigma^{m-1}}{K^m}} \tag{7.9}$$

其中，$\widetilde{E}$ 称为瞬时弹性模量，与当前应力或应变水平有关。这表明在一个载荷或应变增量步内，可以作线性化处理。其三维增量型本构关系可表示成

$$\begin{Bmatrix}\Delta\varepsilon_{11}\\\Delta\varepsilon_{22}\\\Delta\varepsilon_{33}\\2\Delta\varepsilon_{23}\\2\Delta\varepsilon_{13}\\2\Delta\varepsilon_{12}\end{Bmatrix}=\begin{bmatrix}\dfrac{1}{\widetilde{E}_1} & -\dfrac{\nu_{21}}{\widetilde{E}_2} & -\dfrac{\nu_{31}}{\widetilde{E}_3} & 0 & 0 & 0\\ -\dfrac{\nu_{12}}{\widetilde{E}_1} & \dfrac{1}{\widetilde{E}_2} & -\dfrac{\nu_{32}}{\widetilde{E}_3} & 0 & 0 & 0\\ -\dfrac{\nu_{13}}{\widetilde{E}_3} & -\dfrac{\nu_{23}}{\widetilde{E}_2} & \dfrac{1}{\widetilde{E}_3} & 0 & 0 & 0\\ 0 & 0 & 0 & \widetilde{G}_{23} & 0 & 0\\ 0 & 0 & 0 & 0 & \widetilde{G}_{13} & 0\\ 0 & 0 & 0 & 0 & 0 & \widetilde{G}_{12}\end{bmatrix}\begin{Bmatrix}\Delta\sigma_{11}\\\Delta\sigma_{22}\\\Delta\sigma_{33}\\\Delta\sigma_{23}\\\Delta\sigma_{13}\\\Delta\sigma_{12}\end{Bmatrix} \tag{7.10}$$

因是各向异性，其中的瞬时剪切模量需要由剪切试验获得

$$\gamma=\frac{\tau}{G_0}+\left(\frac{\tau}{G}\right)^n,\quad \mathrm{d}\gamma=\left[\frac{1}{G_0}+n\left(\frac{1}{G}\right)^n\tau^{n-1}\right]\mathrm{d}\tau=\frac{\mathrm{d}\tau}{\widetilde{G}},\quad \widetilde{G}=\frac{1}{\left[\dfrac{1}{G_0}+n\left(\dfrac{1}{G}\right)^n\tau^{n-1}\right]} \tag{7.11}$$

其中，$G_0(T)$、$G(T)$、$n(T)$ 也会有加载速率 $\dot{\tau}$ 依存性。上述各向异性增量型本构关系可方便地退化到各向同性材料。

本构关系不仅影响到主观蠕变变形失效时的变形量计算，也涉及蠕变持久寿命、蠕变疲劳寿命评价时的应力计算，所以这里我们先较为详细地介绍一下蠕变本构关系。

7.2.3 金属材料蠕变本构关系

高温合金在快速加载至某一应力后保持其恒定的载荷下，根据应力水平的高低，蠕变变形的典型形态如图 7.5(a)所示。在蠕变开始前，先有一个应力加载到某一水平的过程，这个加载过程是快速的，会产生一个快速变形 ε_0 (与应力的关系

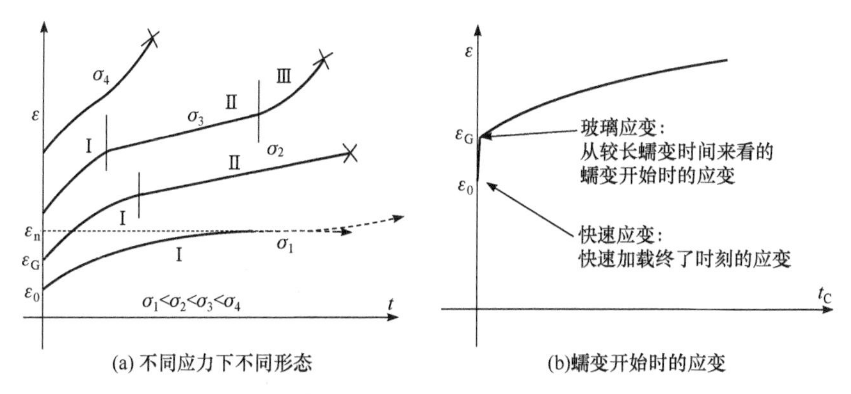

图 7.5　蠕变曲线的基本形态

就是前述的快速响应本构关系)。蠕变变形是在此快速应变基础上进行的。另外，从蠕变时间趋于零的角度看，会有一个蠕变初始应变 ε_{G}，如图 7.5(b)，通常称为玻璃应变。ε_0 和 ε_{G} 并不总是一致的。虽然直观上两者应该是相等的。例如当 $\sigma_0<\sigma_{\mathrm{Y}}$ 时，$\varepsilon_{\mathrm{G}}=\varepsilon_0=\sigma_0/E$，当 $\sigma_0>\sigma_{\mathrm{Y}}$ 时，总弹塑性变形 $\varepsilon_{\mathrm{G}}=\varepsilon_{\mathrm{e}}(\sigma_0)+\varepsilon_{\mathrm{p}}(\sigma_0)$，但实际上当蠕变应力水平接近或在快速屈服极限附近时，玻璃应变与快速应变有时会有明显的差别，如图 7.5(b)所示。这是因为玻璃应变是从较长的蠕变时间 t_{C} 来看蠕变开始时($t\to 0$ 但不等于零)的应变，蠕变开始点被称为玻璃点。而快速应变则是快速加载结束时的应变。两者的差别在于蠕变刚开始时材料微观结构的变化(扩散等初始蠕变机理使得位错滑移阻力减小)，当应力接近快速屈服极限时，蠕变使得位错滑移阻力减小，会使得一些微观缺陷附近产生局部滑移，从而使得宏观应变在较短的时间(从蠕变时间角度看就是蠕变时间趋于零)有一个快速增大。玻璃应变是快速应变和此增大量之和(应力较小时，则不产生增大量或可以忽略)。当结构有变形量限定等主观失效条件时，我们必须把此玻璃应变考虑在内。快速应变与玻璃应变的差别在传统蠕变研究中常被忽略，但实际上却包含着非常重要的信息(详见 7.4 节)。玻璃点后出现一个蠕变应变随时间增加而增加但其蠕变速率却逐渐减小的区间(当应力较大时，也有不减甚至反增的情况)，称为迁移或初始蠕变区，即图 7.5(a)中的Ⅰ区。当应力较小时，可以只有这种形式的蠕变，其应变变化速率最终趋于零，这意味着蠕变应变会最终趋于一个稳定值(称为蠕变饱和)。但需要注意的是，迁移蠕变阶段在某些温度和应力水平下，会很不明显甚至消失。迁移蠕变的机理是扩散及晶界滑移，它们一方面使得原来存在的微观缺陷应力集中效应在某种程度上减弱，即局部应力降低，故而使得蠕变速率降低。但另一方面位错滑移阻力也因此会减小，从而激活某些微观缺陷附近的局部位错滑移引起的蠕变，导致蠕变速率增大。两种机理相互竞合，多数情况下会出现一段蠕变应变速率基本为常数的区间，习惯上称为稳态蠕变，即图 7.5(a)中的Ⅱ区。

稳态的叫法是因为蠕变速率在此区间稳定。能够达到稳态表明微观缺陷应力集中效应减弱，与局部位错滑移增多的蠕变效应处于某种平衡状态。未达或失去平衡，就不是稳态蠕变。所以稳态蠕变即不是必定出现的，出现后也不是能长久地持续下去的。稳态蠕变后会出现一个加速蠕变区，即在某个时刻后，蠕变速率开始快速增加，直至断裂，其机理是位错滑移逐渐占支配地位，从局部变为广域性的。此时的蠕变机理就与迁移蠕变的扩散、晶界滑移占支配地位的蠕变机理完全不同了。前面我们提到过，随着蠕变的进行，位错滑移的阻力即屈服极限会比快速拉伸屈服极限有所降低。当屈服极限降低到作用应力水平时，就会伴随塑性变形。这样，在原来只有晶界扩散和零散位错滑移的蠕变机理基础上(依然存在)，又增加了一种由宏观位错滑移(即塑性变形)引起的蠕变机理。

必须指出，上述各蠕变区域的区分只是为了方便理解，很多情况下它们的分界并不明显，甚至有些区域(尤其是稳态蠕变区域)是根本不出现的。包括这三个阶段的蠕变，称为长程蠕变，以与只考虑迁移或稳态的情况区别。工程应用中一般都必须考虑长程蠕变，而理论研究中常只考虑稳态蠕变。

蠕变本构关系通常以单轴的蠕变速率的形式给出，其一般型可表示为

$$\frac{\mathrm{d}\varepsilon}{\mathrm{d}t}=\phi(\sigma,T,t),\quad \nu=\nu(\varepsilon,T,\dot{\varepsilon}) \tag{7.12}$$

其中，T 为温度，t 为时间。对于高分子材料，泊松比通常是应变和应变速率依存的。对于金属，应力在屈服极限以下时取快速变形时的泊松比，以上时取 $\nu=0.5$ (体积不可压)。传统上蠕变本构关系是分区分别来给出的，所以在应用时要十分注意其可以适用的时间和应力范围。显然，给出一种把Ⅰ、Ⅱ、Ⅲ三个区域都包含在内的本构关系，对工程应用来说是十分必要的。工程结构中的蠕变，一般都是长程蠕变，不是只有区域Ⅰ或只有区域Ⅱ的，而必须三个区域都包含在内。

1. 迁移蠕变本构关系

在只关心加载后短时间内的变形时，可以利用迁移本构关系，但如果要考虑载荷长时间作用后的变形，则是不能用迁移本构的。根据不同的材料在不同应力水平下的实验结果，有各种经验公式来描述此阶段的蠕变本构关系，常见的有：

(1) 时间硬化型本构关系(也称抛物线蠕变)

$$\frac{\mathrm{d}\varepsilon}{\mathrm{d}t}=At^{m}$$

其中，A、m 为应力和温度的函数，$A=A'\sigma^{n}$ 是金属材料中常取的函数形式(A' 则是温度依存的)，而 m 则通常被取为常数(但实际上也不完全是恒定的常数，也有应力和温度依存性，只是处理时可不可以忽略的问题)。

(2) 对数蠕变本构关系

$$\varepsilon=\varepsilon_0+\alpha\lg(1+ct),\quad \mathrm{d}\varepsilon/\mathrm{d}t=b/(1+ct)$$

其中，α、b、c 为应力和温度的函数。

(3) 应变硬化型本构关系

$$\frac{\mathrm{d}\varepsilon_c}{\mathrm{d}t}=\left(B\sigma^n\left[(m+1)\varepsilon_c\right]^m\right)^{1/(m+1)}$$

其中，B、m、n 被认为是常数。

必须注意的是，虽然此类蠕变本构关系是一些商用软件的标准模块，但实际上这类本构关系仅可适用于迁移蠕变，并不是长程蠕变本构关系，而且也不是对所有材料都可适用的。因此，不能认为依据此类本构关系就可以进行完整的蠕变分析，终究这只是迁移阶段的蠕变本构关系。一般发生迁移蠕变的时间虽然较短(应力低到有蠕变饱和时除外)，但产生的变形量却可以是很大的。在有变形量限制等主观失效条件时，必须高度注意这一点。

2. 稳态蠕变本构关系

在特定的应力和温度下，有些材料在经过一段时间的蠕变后会进入稳态蠕变阶段，即蠕变速率为常数。但这个常数是随应力不同而不同的。一般形式的稳态蠕变本构关系为

$$\frac{\mathrm{d}\varepsilon}{\mathrm{d}t}=f(\sigma)$$

多采用幂函数形式：

$$\frac{\mathrm{d}\varepsilon}{\mathrm{d}t}=C\sigma^m \tag{7.13}$$

满足这一关系的材料常被称为幂蠕变材料，这是工程应用中最常用的蠕变本构关系(也是一些商用软件的标准模块)。当 $m=1$ 时，式(7.13)就退化为线性蠕变。利用式(7.13)作为蠕变本构关系时，必须充分注意以下三点，①它忽略了迁移蠕变和加速蠕变，是把稳态蠕变段的唯象关系近似扩展到了全时间范围的。显然据其所得的应力应变结果的准确性，是严重依赖于迁移蠕变和加速蠕变的影响方式的。②并不是所有材料，其稳态蠕变速率与应力的关系都满足幂律的，也有许多情况下是不满足的。③稳态蠕变本身只是一个概念，并不一定存在。即使存在，也只发生在实际蠕变过程中的一个时间段。如前面所介绍的，迁移蠕变的蠕变速率是渐减的，而加速蠕变的速率是渐增的。如果渐减和渐增的效应基本平衡，则显然蠕变速率就将基本保持为常数。反之，如果两种效应不存在基本平衡的区间，就不会出现稳态蠕变现象。一般来说，即使不考虑迁移蠕变而只考虑稳态蠕变，

式(7.3)也并不是普遍适用的蠕变本构关系。为了扩展其应用范围，常采用分段表示的形式，如图 7.6 所示[116]，低应力水平下为线性蠕变，高应力水平下为幂蠕变。另外，式(7.13)只是轴向本构关系，在扩展到多轴时，必须考虑实际横向变形的泊松比，不能简单假定体积不可压按塑性变形进行处理。

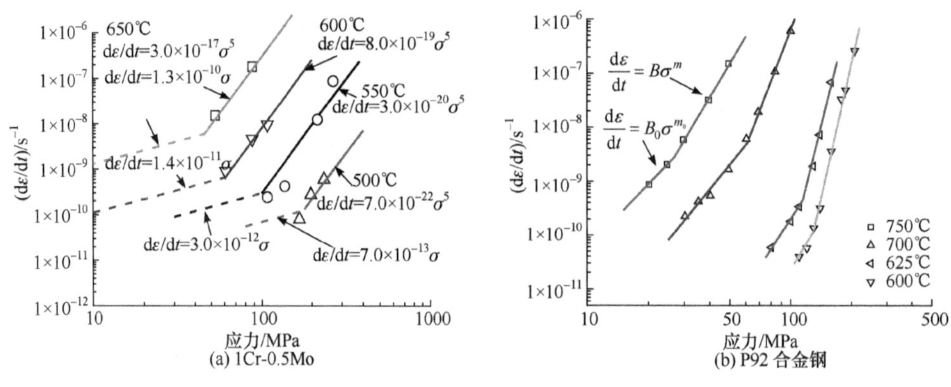

图 7.6　几种合金的稳态蠕变本构关系

另外也有把稳态、加速蠕变合在一起来扩展本构关系的应用范围(作为长程蠕变)[117]的，如

$$\frac{\mathrm{d}\varepsilon}{\mathrm{d}t}=B(\sinh\beta_2\sigma)^n$$

称为双曲蠕变本构关系。考虑温度影响后常见稳态蠕变经验本构有[118]

$$\frac{\mathrm{d}\varepsilon}{\mathrm{d}t}=C\sigma^n \mathrm{e}^{-\frac{Q}{kT}},\quad \frac{\mathrm{d}\varepsilon}{\mathrm{d}t}=A_0\frac{E_0}{T}\left(\frac{\sigma}{E_0}\right)^n \mathrm{e}^{-\frac{Q}{RT}},\quad \frac{\mathrm{d}\varepsilon}{\mathrm{d}t}=A(\sinh B\sigma)^n \mathrm{e}^{\left(\frac{-Q}{RT}\right)}$$

这实际上只是将稳态幂蠕变本构关系中的温度依存性，以特定函数方式表示了而已。必须注意，虽然上式中包含的温度影响往往可以有某些热力学方面的依据，但实际上温度依存性却并不一定总可以用上面的几种形式来表示。所以在实际应用中往往利用不同温度下的蠕变实验来确定蠕变系数的温度依存性。由于温度依存的光滑特性，并不要求做很多个不同温度下的试验，三到四种温度就足够了。虽然这样内插得到的温度依存性并不一定严密，但因必有光滑连续的温度依存性因素存在，在工程应用中是被广泛采用的。

必须强调，稳态蠕变本构关系被研究得比较充分，但它的应用范围却只限定于稳态蠕变。工程中需要的是长程蠕变本构关系，用稳态蠕变替代长程蠕变，多数情况下是与工程实际不一致的。而关于长程蠕变本构关系的研究，目前相对还很少。

3. 黏弹性本构关系

理论分析时也常用弹簧和黏壶(图 7.7)来构建线性单轴黏弹性本构关系[4,111]，这是完全唯象的，与蠕变机理没有关系，其优点是可综合表征蠕变、松弛和恢复三类现象，其缺点是一般只能表示线性蠕变的本构关系。图 7.7(a)对应的本构关系为

$$\frac{\mathrm{d}\varepsilon}{\mathrm{d}t}+\frac{E_2}{\eta}\varepsilon=\frac{1}{E_1}\frac{\mathrm{d}\sigma}{\mathrm{d}t}+\frac{E_1+E_2}{\eta E_1}\sigma \tag{7.14a}$$

图 7.7(b)对应的本构关系为

$$\left(E_1+E_2\right)\frac{\mathrm{d}\varepsilon}{\mathrm{d}t}+\frac{E_1E_2}{\eta}\varepsilon=\frac{\mathrm{d}\sigma}{\mathrm{d}t}+\frac{E_2}{\eta}\sigma \tag{7.14b}$$

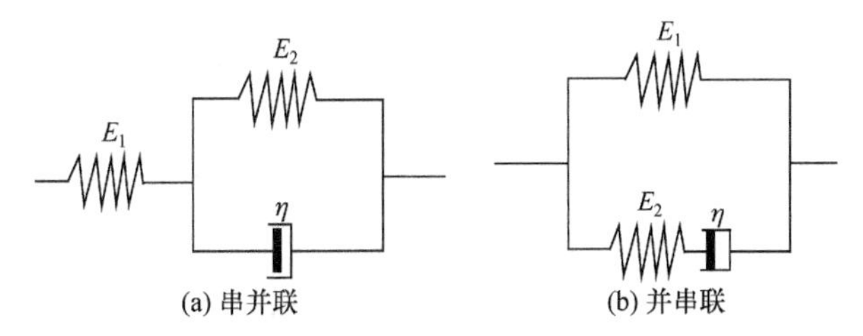

图 7.7　两种常见的标准线性模型

两者在形式上实际上是完全相同的，都是线性微分型本构关系，且都含三个材料常数。通过选定或调节这三个材料常数，如果能使得由式(7.14)确定的蠕变或松弛曲线与单轴实验测得的相一致，就可以用这三个常数来描述材料的线性黏弹性性质。以上两种模型都可以在一定程度上同时表示蠕变和松弛行为(但不一定可以精确地表征材料的真实蠕变行为)，并可以通过在模型中增加弹簧或阻尼组件，建立更为复杂的微分型本构关系。但是，要使所选的模型及其弹簧、黏性系数与材料实际蠕变、松弛行为定量地一致，却是非常困难的，所以这种方法只在理论分析中用得比较多。当扩展到三维时，常采用体积不可压缩假定，但这一假定对实际蠕变并不总是成立的，故也有采用假定体积变形为弹性的[4](需要另行引入一个体积弹性常数，即体积不可压假定不成立)。

4. 应力变化时的蠕变本构关系

无论是蠕变的概念还是蠕变本构关系，都是由恒定载荷条件下导出的。但结构应力往往有某种形式的变化，因此，必须把在恒定应力下试验获得的蠕变本构关系 $\varepsilon=\phi(\sigma,t)$ ，扩展到应力有变化的情况，才可以进行结构的蠕变变形分析。我们先来考虑如图 7.8(a)所示的阶跃应力引起的蠕变。在阶跃处，可认为是瞬间添加了两种力，一是反向的 σ_1 即卸载，二是正向的 σ_2 即加载。这样，阶跃点 τ 以后，变形由三部分组成：即 σ_1 延续而来的蠕变，反向 σ_1 引起的从时刻 τ 开始的反

向蠕变，以及σ_2引起的从τ开始的蠕变，如图 7.8(b)所示。简单叠加(这称为蠕变的叠加原理[111])，有

$$\varepsilon(t>\tau)=\phi(\sigma_1,t)-\phi(\sigma_1,t-\tau)+\phi(\sigma_2,t-\tau)$$

对于连续变化的应力$\sigma(t)$，取一系列的微小阶跃，由上式得

$$\varepsilon(t)=\phi(\sigma_0,t)+\int_{0^+}^{\sigma(t)}\frac{\partial\phi(\sigma,t-\tau)}{\partial\sigma}\mathrm{d}\sigma \tag{7.15a}$$

其中，σ_0为$t=0$时的作用力。如果$\sigma(t)$是从$t=0$开始连续变化的，则τ也是连续变化的，$\partial\sigma(t)/\partial t$与$\partial\sigma(\tau)/\partial\tau$相等，故式(7.15a)可改写为

$$\varepsilon(t)=\phi(\sigma_0,t)+\int_{0^+}^{t}\frac{\partial\phi(\sigma,t-\tau)}{\partial\sigma}\cdot\frac{\mathrm{d}\sigma(\tau)}{\mathrm{d}\tau}\mathrm{d}\tau \tag{7.15b}$$

式(7.15)即为非恒定载荷作用下蠕变的计算公式(也称 Boltzman 遗传积分)[111]，只需有恒定载荷下的蠕变本构关系即可求得变化载荷$\sigma(t)$下的蠕变本构关系。

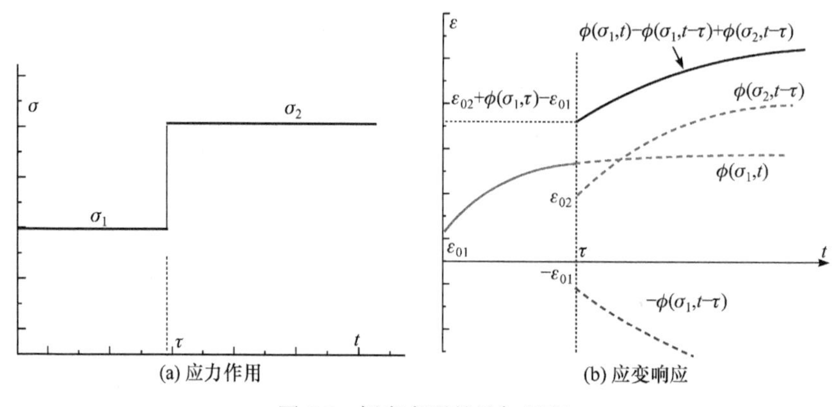

图 7.8　蠕变变形的叠加原理

顺便指出，式(7.15b)推导中用到的蠕变叠加原理，实际上包含了一个假设，即各加载过程引起的蠕变是相互独立的。这一假定只在蠕变变形中不可恢复的应变较小时成立。由于实际工程结构中，总蠕变量不会太大(有主观失效的限制)，故而不可恢复的应变一般也是小量，故式(7.15b)在多数情况下是可用的。当不可恢复应变较大时，可以在积分项中乘一个关于应力的修正函数$F(\sigma)$来解决，但修正函数需要通过实验来决定，非常麻烦。

7.3　普适性的唯象蠕变本构关系

7.3.1　金属材料的长程蠕变本构关系

普遍适用的蠕变本构关系必须包含蠕变过程的三个阶段，并且在各种温度下

形式都一样(温度依存性通过系数来表征)。蠕变本构关系的形式很多，各有适用对象和范围。那么有没有一种通用的形式呢？从唯象的角度，所谓通用形式，就是可以表征任意蠕变曲线的函数形式。某一温度某一应力水平下有一条固有的蠕变曲线，不同温度或不同应力下，蠕变曲线的形式会有较大的差异。图 7.9 为高温合金 GH4169 的蠕变试验数据[113]。由图可知，稳态蠕变现象并不总是存在的，温度和应力较高时，连蠕变速率渐减的迁移蠕变都有可能不出现，蠕变速率从一开始就是增加的，如图 7.9(c)中下方的三条蠕变曲线。这就意味着如果我们拘泥于图 7.5 的三个蠕变阶段及其各自的表征，就难以找出统一的函数形式。由图 7.9 可知，不同温度不同应力水平下，蠕变曲线形状大不相同，如何来找出其相同的函数表达形式呢？由式(7.12)的蠕变本构关系一般型可知，显然幂蠕变关系只是蠕变速率与时间无关的特例。一般情况下，时间参数不会消失。所以我们要先考察蠕变速率随时间的变化关系。由图 7.9 求蠕变速率后可方便地得到图 7.10。注意图中对蠕变速率采用了单对数坐标，而横轴仍是时间。取这样的坐标系，可以方便先找出蠕变速率与时间的关系，如图 7.10 所示，可以观察到以下事实。

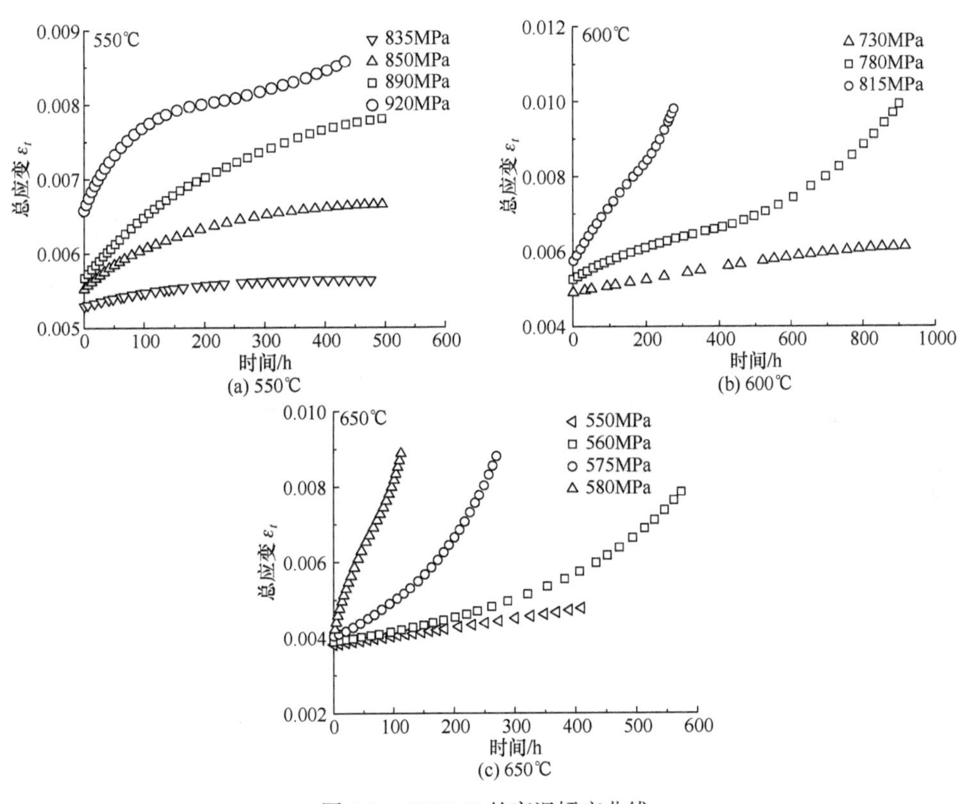

图 7.9　GH4169 的高温蠕变曲线

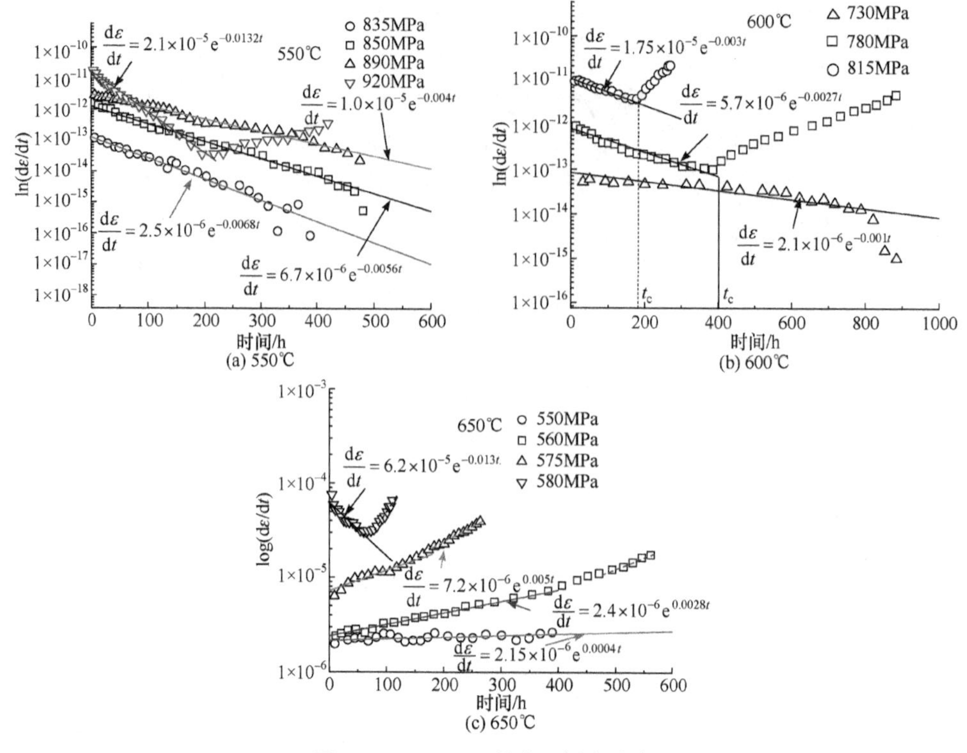

图 7.10　GH4169 的高温蠕变速率

(1) 随着时间的变化，蠕变速率的变化明显可以只分为两个时间段。第一阶段具有较小的增加速度或者是随时间减小的，第二阶段则具有较大的增加速度。其分界点称为蠕变临界时间 t_C，是随着应力的减小而增大的。所以，当应力足够小时，可以只出现第一阶段的蠕变。为了方便以及与图 7.5 的分段区别，我们称图 7.10 中第一阶段的蠕变为低速蠕变，第二阶段为加速蠕变。

(2) 在单对数图上，低速蠕变的蠕变速率，多数有很好的直线性。即使不是直线，也总可用直线进行较好的近似。加速蠕变不一定有理想的直线性，但在远大于临界时间处是有直线性的，而在转折点附近应是两种蠕变的叠加。

根据这两个事实，蠕变本构关系可表示为[119]

$$\frac{\mathrm{d}\varepsilon}{\mathrm{d}t}=f_0(\sigma,T)\mathrm{e}^{k_0(\sigma,T)t},\quad t\leqslant t_C \tag{7.16a}$$

$$\frac{\mathrm{d}\varepsilon}{\mathrm{d}t}=f_0(\sigma,T)\mathrm{e}^{k_0(\sigma,T)t}+f_p(\sigma,T)\mathrm{e}^{k_p(\sigma,T)(t-t_C)},\quad t>t_C \tag{7.16b}$$

其中，$k_0>0$ 表示低速阶段的蠕变速率也是渐增的，$k_0<0$ 则表示其蠕变速率是渐减的，其中临界时间 t_C 是加速蠕变机理被激活的时间。著名的双投射(Θ projection)方法[120]只有式(7.16b)的形式，相当于恒假定 $t_C=0$ 。式(7.16)可以对图 7.5 所示的

各蠕变区域进行统一描述，其中的指数系数 k，可由蠕变速率曲线的单对数图上的斜率决定。加速蠕变也包含了低速蠕变，但附加了一个渐增项，其中 $k_p > 0$。在临界时间 t_C 附近，直接的单对数图上线性并不一定很好(但当 $k_p \gg k_0$ 时，因 k_p 占支配地位，也可有较好的线性行为)。用临界时间 t_C 分段表征是必要的，正如图 7.5(a)所示的传统分段方法一样，只不过式(7.16)只分了两个区间，区间的分法不同而已。引入临界时间 t_C，使得分段得以定量化。但要确定 k_p，则需由式(7.16b)出发，将其改写为

$$\begin{aligned}&\frac{\mathrm{d}\varepsilon}{\mathrm{d}t} - f_0(\sigma,T)\mathrm{e}^{-k_0(\sigma,T)t} = f_p(\sigma,T)\mathrm{e}^{k_p(\sigma,T)(t-t_C)}, \quad t > t_C\\&\ln\left[\frac{\mathrm{d}\varepsilon}{\mathrm{d}t} - f_0(\sigma,T)\mathrm{e}^{-k_0(\sigma,T)t}\right] = \ln f_p(\sigma,T) + k_p(\sigma,T)(t-t_C), \quad t > t_C\end{aligned} \tag{7.17}$$

可知在 $\mathrm{d}\varepsilon/\mathrm{d}t \sim f_0(\sigma,T)\mathrm{e}^{-k_0(\sigma,T)t}$ 和时间的单对数图上也有线性关系，k_p 为其斜率，如图 7.11 所示。低速蠕变在加速蠕变阶段仍然是存在的，这使得蠕变速率的单对数曲线在临界时间附近失去线性特征。式(7.16)在固定温度恒定应力下共有 5 个蠕变特性系数 k_0、k_p 和 f_0、f_p 及临界时间 t_C，其中 t_C 可以由图 7.10 的蠕变速率曲线的折点决定。k_0、k_p 可通过图 7.10 和图 7.11 中的斜率决定，f_0、f_p 也可以直接由图 7.10 和图 7.11 中的截距决定。但是，考虑到蠕变应变是第一手试验数据，直接用蠕变曲线确定 f_0、f_p 要更为方便和准确一些。为此，积分式(7.10)，蠕变曲线的函数形式为

$$\varepsilon = \varepsilon_G + \mathrm{sgn}(k_0)F_0\left(\mathrm{e}^{k_0 t} - 1\right), \quad t < t_C \tag{7.18a}$$

$$\varepsilon = \varepsilon_G + \mathrm{sgn}(k_0)F_0\left(\mathrm{e}^{k_0 t} - 1\right) + F_p(\mathrm{e}^{k_p(t-t_C)} - 1), \quad t > t_C \tag{7.18b}$$

$$F_0 = f_0/|k_0|, \quad F_p = f_p/k_p \tag{7.18c}$$

其中，ε_G 为玻璃应变。利用由蠕变速率曲线确定的 k_0、k_p 和 t_C，拟合图 7.9 的蠕变数据可决定 F_0、F_p，如图 7.12 所示，然后再通过式(7.18c)，可反算出 f_0、f_p。由图 7.12 可知，式(7.16)的蠕变本构关系形式，可以非常好地统一描述不同温度、不同应力下的形式各异的蠕变曲线。

我们再来考察一下式(7.16)的本构关系的一般性。在某一温度及恒定的应力下，蠕变速率随时间的渐减或渐增，总是可以用指数函数 e^{Ht} 进行表征。当渐减与渐增共存，且其趋势基本抵消时，就是所谓的稳态蠕变段，相反如不能相互抵消，就不会出现稳态蠕变。通过引入蠕变临界时间表示加速蠕变出现的时刻，式 (7.16)就可以完整地描述图 7.5 所示的蠕变三个阶段及其长短变化趋势。在定量描述方面，式(7.16)假定了对数蠕变速率在蠕变前期和后期有不同线性关系，从唯

象拟合的角度，这总是可行的，唯一对此表征的普适性产生限制的是，蠕变中期用这两种线性的叠加(注意是对数蠕变速率的叠加，蠕变速率本身则是非线性叠加)，不一定可以很好地拟合中期真实的蠕变速率行为。这一缺陷可以用增加分段区间的方法解决，但一般情况下，如图 7.12 所示，分成两个时间区间就足以满足工程精度要求。在式(7.16)中，蠕变速率的时间依存性已确定(幂蠕变时蠕变速率

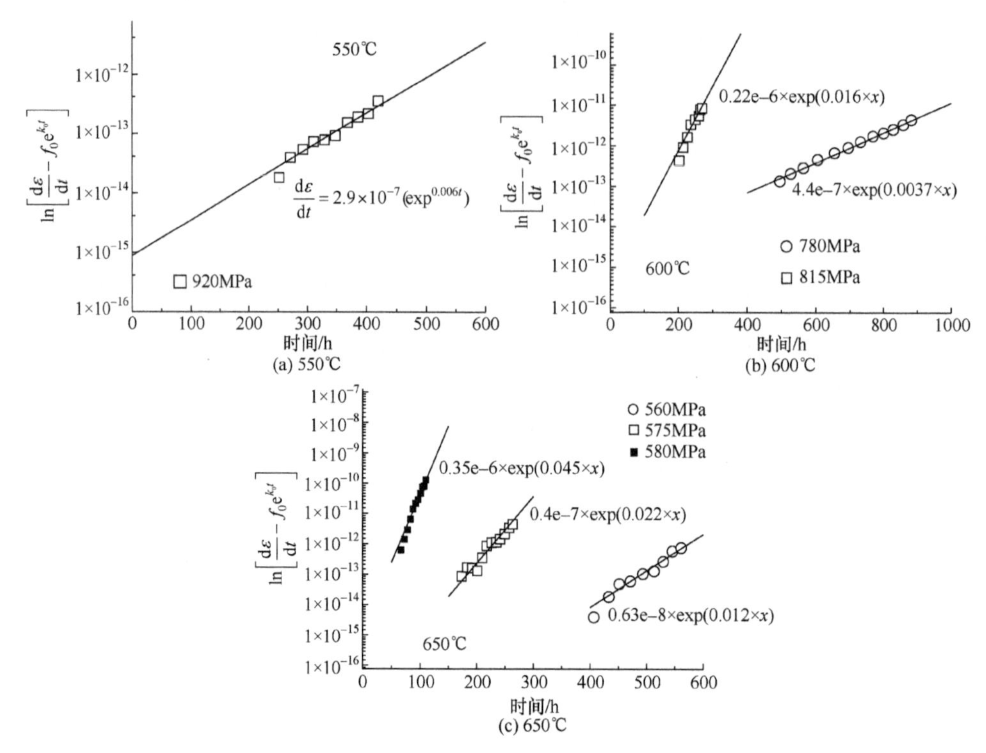

图 7.11　第二阶段蠕变指数的确定

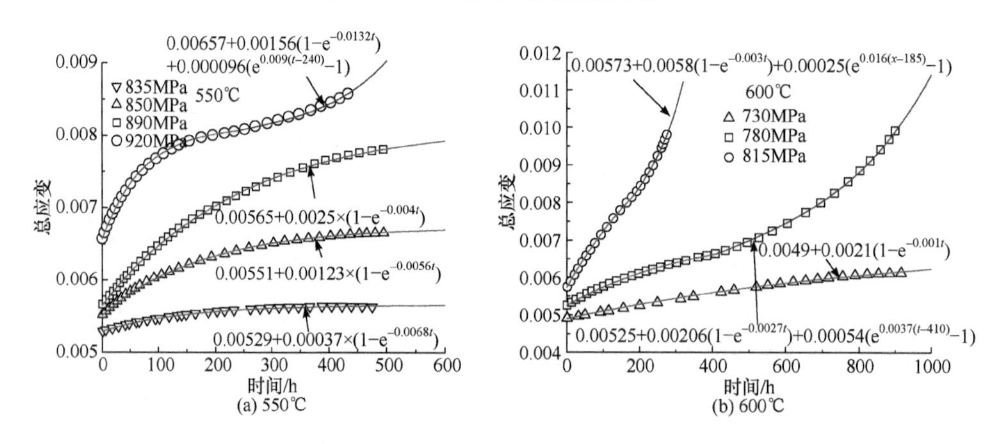

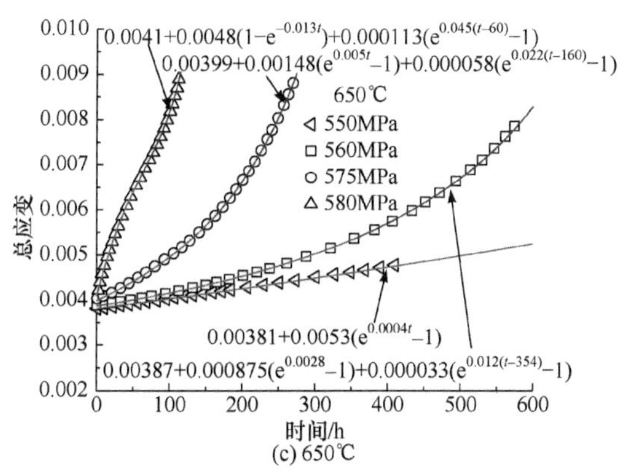

图 7.12　蠕变本构与实验数据的比较

无时间依存性，故只限于稳态蠕变)，但关于应力水平和温度的依存性，则尚需要通过其中的五个蠕变特性系数，即 k_0、k_{p}、t_{C} 和 f_0、f_{p} 来体现。为此需要进行不同温度、不同应力水平的蠕变试验，才能确定它们关于应力水平和温度的依存方式。具体可以先在同一温度下，确定这五个蠕变特性的应力依存性。例如，对于 GH4169，蠕变特性的应力和温度依存性可由实验结果拟合得出

$$t_{\text{C}}=\begin{cases}d_0(T)\left(\sigma_{\text{p}}/\sigma\right)^{m_0(T)}, & \sigma<\sigma_{\text{p}}\\ d_0(T)-d_1(T)\left(\dfrac{\sigma}{\sigma_{\text{p}}}-1\right), & \sigma>\sigma_{\text{p}}\end{cases} \tag{7.19a}$$

$$\begin{aligned}&d_0(T)=352.7-2.67\text{e}^{\frac{T-550}{23.36}}, \quad m_0(T)=29.93+17.07\text{e}^{-\frac{T-550}{18.034}}\\ &d_1(T)=5.8415\times10^5-1999T+1.72T^2\end{aligned} \tag{7.19b}$$

$$\begin{aligned}&\sigma_{\text{p}}=\sigma_{0.2}, \quad T\leqslant 450℃\\ &\sigma_{\text{p}}=-4105+19.55T-0.019T^2, \quad T>450℃\end{aligned} \tag{7.19c}$$

$$k_0=\begin{cases}h_0(T)+h_1(T)\left(1-\text{e}^{-\frac{\sigma/\sigma_{\text{p}}-1}{S_{k0}}}\right), & \sigma<\sigma_{\text{p}}\\ h_0(T)+h_2(T)\left(\dfrac{\sigma}{\sigma_{\text{p}}}-1\right), & \sigma>\sigma_{\text{p}}\end{cases} \tag{7.19d}$$

$$\begin{aligned}&h_0(T)=0.42113-0.0015008T+1.324\times10^{-6}T^2\\ &h_1(T)=0.24187-8.2652\times10^{-4}T+7.056\times10^{-2}T^2\\ &s_{k0}(T)=4.0122-0.0133198T+1.11\times10^{-5}T^2\\ &h_2(T)=168.5-0.57811T+4.9548\times10^{-4}T^2\end{aligned} \tag{7.19e}$$

$$f_0 = \begin{cases} a_0(T) - a_1(T)\left[e^{m_3(1-\sigma/\sigma_p)} - 1 \right], & \sigma < \sigma_p \\ a_0(T) + a_2(T)\left(\dfrac{\sigma}{\sigma_p} - 1 \right)^2, & \sigma > \sigma_p \end{cases} \tag{7.19f}$$

$$\begin{aligned} a_0(T) &= 4.74126\times10^{-4} - 1.53366\times10^{-6}T + 1.2548\times10^{-9}T^2 \\ a_1(T) &= -3.7071\times10^{-4} + 1.2924\times10^{-6}T - 1.1234\times10^{-9}T^2 \\ a_2(T) &= 46.04115 - 0.16013T + 1.39\times10^{-4}T^2 \\ m_3(T) &= -8604.9 + 30.3327T - 0.02655T^2 \end{aligned} \tag{7.19g}$$

$$k_p = \begin{cases} b_0(T) - b_1(T)\left[1 - \dfrac{\sigma}{\sigma_p} \right]^2, & \sigma < \sigma_p \\ b_0(T) + B(T)\left(\dfrac{\sigma}{\sigma_p} - 1 \right)^2, & \sigma > \sigma_p \end{cases} \tag{7.19h}$$

$$\begin{aligned} b_0 &= 0.82945 - 0.002852T + 2.46\times10^{-6}T^2 \\ b_1 &= 750.5 - 2.614T + 0.00228T^2 \\ B &= 8.2 + 3.4294\times10^{-5} e^{\frac{T-550}{6.267}} \end{aligned} \tag{7.19i}$$

$$f_p = \begin{cases} c_0(T) + C_1(T)\left[\dfrac{\sigma}{\sigma_p} - 1 \right]^2, & \sigma < \sigma_p \\ c_0(T) + C_2(T)\left(1 - \dfrac{\sigma}{\sigma_p} \right)^2, & \sigma > \sigma_p \end{cases} \tag{7.19j}$$

$$\begin{aligned} c_0 &= -1.8007\times10^{-4} + 5.98\times10^{-7}T - 4.908\times10^{-10}T^2 \\ c_1 &= 0.001278 - 0.00105e^{-\frac{T-550}{19.02}} \\ c_2 &= 9.8756\times10^{-4} + 2.44243\times10^{-6} e^{\frac{T-550}{10.1151}} \end{aligned} \tag{7.19k}$$

将以上由实验拟合得出的蠕变系数经验公式代入式(7.16)，就可获得一般型的蠕变本构关系。

我们再来考察一下分段点 σ_p 的物理意义。我们知道在蠕变过程中，蠕变会使滑移的阻力减小，导致实际屈服强度会慢慢降低至一个恒定值，如图 7.13 中虚线

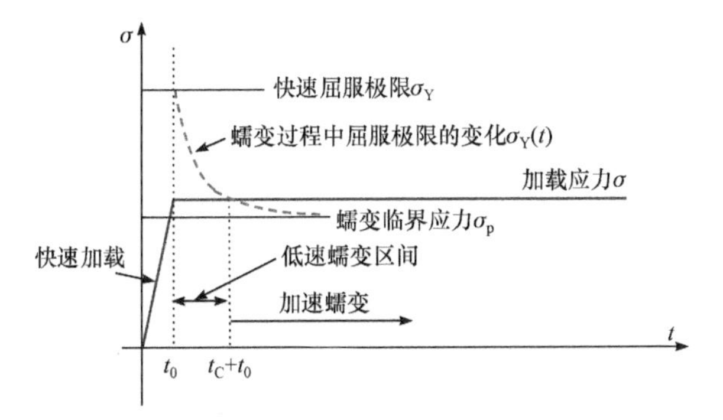

图 7.13　蠕变屈服极限及蠕变机制的变化

所示，记为σ_p，我们称其为蠕变临界应力。只要作用应力大于σ_p，那么随着蠕变时间的增长，最终都会产生以位错运动为主的蠕变。当加载应力小于随蠕变变化的屈服强度$\sigma_Y(t)$时，为低速蠕变，而当经过一段时间t_C后变成$\sigma \geqslant \sigma_Y(t)$，如图 7.14 所示，则在后续蠕变中伴随塑性变形，进入加速蠕变阶段。实际上在图 7.6 所示的仅考虑稳态蠕变的蠕变速率曲线中也有这样的分界点，甚至在蠕变寿命曲线的双直线模型中，也有这样的应力分界点。这些分界点都对应于σ_p，即蠕变临界应力。确定σ_p是非常有用的，但比较困难。从机理来看，蠕变一旦伴随塑性变形，则位错堆积又将使滑移阻碍增大，即在图 7.13 中t_C+t_0后，塑性变形引起的位错堆积使得实时屈服极限$\sigma_Y(t)$有增大的趋势(硬化)，而进一步的蠕变又有使其减小的趋势，两者处于一种竞合关系。这里我们介绍一种利用玻璃应变与快速应变的差别来确定蠕变临界应力的简便方法[119]。如图 7.14 所示，当应力较小时，玻璃应变就是快速加载到σ时的应变ε_0(可由快速本构式(7.1)确定)。但当$\sigma>\sigma_p$时，经过时间t_1的应变，除了时间段t_1内产生的蠕变应变，还有在$t=t_1+t_0$时刻产生的塑性应变。从蠕变时间趋于零角度来看，t_1只是屈服极限因蠕变降低至σ_p所需的时间，可以忽略，故玻璃应变为$\varepsilon_G=\varepsilon_0+\Delta\varepsilon_c+\varepsilon_{p0}$。这意味着，当$\sigma>\sigma_p$时，玻璃应变中就包含了蠕变屈服的塑性变形在内。因此，我们可以用玻璃应变，来大致确定蠕变屈服极限，如图 7.15 所示，实测玻璃应变曲线与快速响应应变(可以计算)的交点，就对应于蠕变临界应力。当然，这种确定方法会受实验误差等的影响，但所确定的蠕变屈服极限还是比较准确的，关键是确定起来很方便。用后述的蠕变断裂寿命曲线，也可确定该特性，但所需实验数量、时间都要多很多。值得注意的是，蠕变临界应力在高温下，比快速屈服极限要小很多，如图 7.16 所示。在低温时，蠕变现象消失，就没有蠕变临界应力的概念，但在趋势上将随温度降低而与快速屈服极限一致。

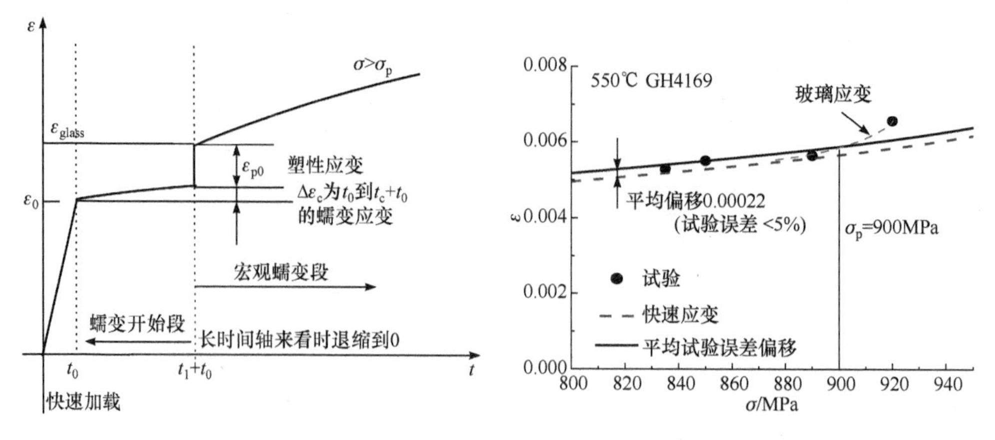

图 7.14　玻璃应变与瞬时应变　　　　图 7.15　蠕变屈服极限与玻璃应变

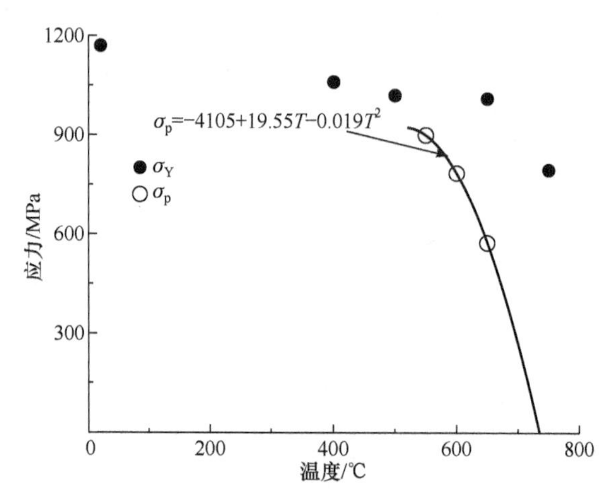

图 7.16　GH4169 的快速屈服与蠕变屈服极限

7.3.2　高分子材料的长程蠕变本构关系

由于高分子材料尤其是胶材等软材料的变形很大，蠕变本构关系需采用真应力和真应变来表示，并且由于横截面因变形减小，当名义应力或外载保持不变时，真应力仍会有明显增加，如图 7.17 所示。快速加载至名义应力 σ_0 恒定后，由于蠕变导致截面积减小，真应力并不恒定，在蠕变刚开始时应力增量是很大的，所以从真应力角度，加载还在进行，这种加载是材料的变形导致的，我们称其为自加载。由于自加载，玻璃应变后的蠕变变形就必然包括自加载引起的快速响应应变和蠕变，概念性地可表示成如图 7.18 所示。

但是，自加载应变与蠕变应变实际上是耦合的，本质上是不可区分的，因为自加载的应力增量是两者的和即总变形决定的。因此，把总应变当作蠕变应变来建立其蠕变本构关系更便于应用。由蠕变应变求得蠕变速率后，高分子材料的蠕变速率曲线如图 7.19 所示，与图 7.10 的金属材料蠕变速率曲线有明显的不同(原因是蠕变机理不同)，意味着其蠕变本构关系需采用不同的形式另行建立。快速加载刚结束时，蠕变应变速率较大，其机理主要是卷曲的高分子团被拉直，这一机理导致随着时间增加，蠕变速率必然快速减小而趋于零。由于在蠕变过程中真应力不恒定，所以其本构关系必须以应力应变各自随时间变化的关系来给出。对于图 7.19 所示形式的蠕变速率曲线，可以用 logistic 函数来统一表征：

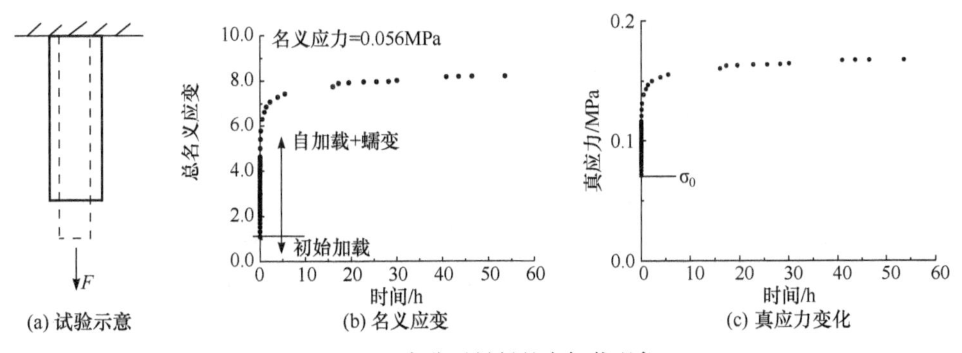

图 7.17　高分子材料的自加载现象

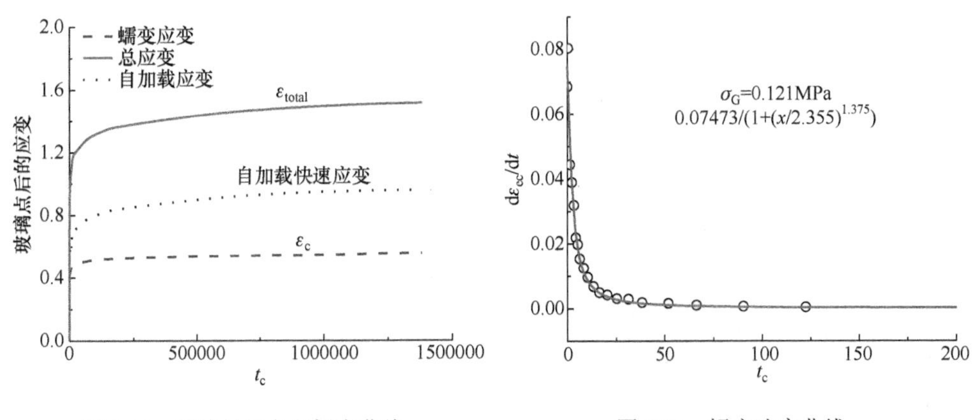

图 7.18　某胶材的名义蠕变曲线　　图 7.19　蠕变速率曲线

$$
\frac{\mathrm{d}\varepsilon_{\mathrm{ce}}}{\mathrm{d}t}=\frac{a_{\mathrm{ce}}}{1+\left(\dfrac{t}{t_0}\right)^p} \tag{7.20a}
$$

其中，$a_{\mathrm{ce}}(\sigma_{\mathrm{G}})$、$t_0(\sigma_{\mathrm{G}})$、$p(\sigma_{\mathrm{G}})$ 是快速加载刚结束时的应力(从玻璃点的角度，也可称为玻璃应力)的函数，可由不同玻璃应力下的蠕变试验结果经式(7.20a)获得 $a_{\mathrm{ce}}(\sigma_{\mathrm{G}})$、$t_0(\sigma_{\mathrm{G}})$、$p(\sigma_{\mathrm{G}})$ 的数据进而插值拟合得出。真应力的变化服从：

$$\sigma = \frac{\sigma_G}{(1+\varepsilon_{\perp 1nom})(1+\varepsilon_{\perp 2nom})} = \frac{\sigma_G}{e^{\varepsilon_1} e^{\varepsilon_2}} \tag{7.20b}$$

其中，$\varepsilon_{\perp 1nom}$、$\varepsilon_{\perp 2nom}$，ε_1、ε_2 分别是横截面内的两个横向名义和真应变。单轴蠕变时有

$$\varepsilon_1 = -\nu_1 \varepsilon, \quad \varepsilon_2 = -\nu_2 \varepsilon \tag{7.20c}$$

其中，ν_1、ν_2 是两个方向的泊松比，受各向异性特性的影响，它们并不总是相等的。尤其必须注意的是，在高分子材料的蠕变过程中体积不可压假定并不成立，因为还有自加载的快速变形在内。因此，不能想当然地将蠕变时的泊松比取为 0.5，而是需要在蠕变试验时实测泊松比(原理上，应与加载速率较小的快速应力应变关系中的泊松比相近，故也可用后者代用)。式(7.20)的三式，共同构成大变形蠕变本构关系。

必须注意，对于层状或膜状的高分子材料，不仅其快速本构关系是各向异性的，其蠕变行为也是各向异性的。这是可以简单地通过剪切蠕变试验验证的。如图 7.20 所示为某胶材的剪切蠕变试验结果与按各向同性由面内蠕变试验得出的剪切蠕变曲线的比较，虽然蠕变速率的函数形式都可以用 logistic 函数，但却是明显不同的，意味着必须采用各向异性表征。

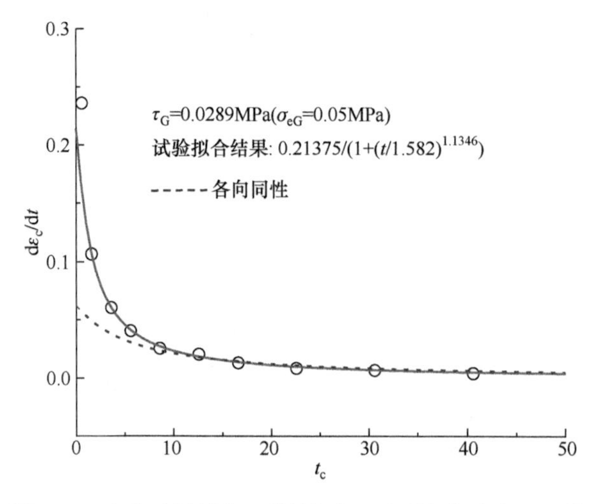

图 7.20　高分子材料的面外剪切与面内剪切蠕变行为比较

7.3.3　多轴蠕变本构关系

大多数商用有限元程序的蠕变分析，都是建立在把蠕变类同于塑性变形的基础上的。但蠕变本质上与塑性变形不同，所以需要根据蠕变特性，把单轴蠕变本构关系扩展到多轴状态。在微小的 Δt 时段内，应力可以近似看作保持不变，而蠕变应变发生一个增量，所以应变能增量为

$$\Delta W=\int_{\varepsilon_{ij}}^{\varepsilon_{ij}+\Delta\varepsilon_{ij}}\sigma_{ij}\mathrm{d}\varepsilon_{ij} \tag{7.21a}$$

假定应变增量可用Δt时段内各向同性线弹性近似(如金属材料，参见式(7.10))，则

$$\Delta\varepsilon_{ij}=c_{ijkl}\sigma_{kl}\Delta t \tag{7.21b}$$

对于各向同性材料，可写成

$$\begin{Bmatrix}\Delta\varepsilon_{11}\\ \Delta\varepsilon_{22}\\ \Delta\varepsilon_{33}\\ 2\Delta\varepsilon_{23}\\ 2\Delta\varepsilon_{13}\\ 2\Delta\varepsilon_{12}\end{Bmatrix}=\frac{\Delta t}{E(t)}\begin{bmatrix}1 & -\nu(t) & -\nu(t) & 0 & 0 & 0\\ -\nu(t) & 1 & -\nu(t) & 0 & 0 & 0\\ -\nu(t) & -\nu(t) & 1 & 0 & 0 & 0\\ 0 & 0 & 0 & G(t) & 0 & 0\\ 0 & 0 & 0 & 0 & G(t) & 0\\ 0 & 0 & 0 & 0 & 0 & G(t)\end{bmatrix}\begin{Bmatrix}\sigma_{11}\\ \sigma_{22}\\ \sigma_{33}\\ \sigma_{23}\\ \sigma_{13}\\ \sigma_{12}\end{Bmatrix} \tag{7.21c}$$

$$G(t)=\frac{E(t)}{2(1+\nu(t))} \tag{7.21d}$$

由应变能的等效性

$$\Delta W=\int_{\varepsilon_{ij}}^{\varepsilon_{ij}+\Delta\varepsilon_{ij}}\sigma_{ij}\mathrm{d}\varepsilon_{ij}=\frac{1}{2E(t)}\sigma_{\mathrm{eq}}^2\Delta t=\frac{1}{2}E(t)\Delta\varepsilon_{\mathrm{eq}}^2 \tag{7.22a}$$

可得

$$\sigma_{\mathrm{eq}}=\sqrt{I_1^2-2(1+\nu(t))I_2} \tag{7.22b}$$

$$\Delta\varepsilon_{\mathrm{eq}}=\sqrt{\frac{1}{1+\nu(t)}\left[\frac{1-\nu(t)}{1-2\nu(t)}\left(\Delta J_1\right)^2-2\Delta J_2\right]} \tag{7.22c}$$

其中，$E(t)$、$\nu(t)$为当前时刻的蠕变模量和泊松比(注意：体积不可压时$\Delta J_1=0$，$\nu(t)=0.5$，式(7.22)就退化为式 von-Mises 应力和塑性等效应变的定义，此时式(7.21c)与塑性增量理论$\mathrm{d}\varepsilon_{ij}^{\mathrm{p}}=3\Delta\varepsilon_{\mathrm{e}}^{\mathrm{p}}s_{ij}/(2\sigma_{\mathrm{e}})$是一致的)。以单轴蠕变本构关系决定$E(t)$、$\nu(t)$后，式(7.21c)即为多轴蠕变本构关系。如何由单轴蠕变本构关系决定当前时刻的蠕变模量和泊松比呢？当前时刻的蠕变模量可由蠕变本构关系$\Delta\varepsilon=\varphi(\sigma,t)\mathrm{d}t=E(t)\sigma_{\mathrm{eq}}\mathrm{d}t$方便地得出$E(t)=\varphi(\sigma(t),t)/\sigma(t)$。例如，对于式(7.16)所示的蠕变本构关系为

$$E(t)=f_0(\sigma_{\mathrm{eq}},T)\mathrm{e}^{k_0(\sigma_{\mathrm{eq}},T)t}/\sigma_{\mathrm{eq}},\quad t\leqslant t_{\mathrm{C}}$$

$$E(t)=\left[f_0(\sigma_{\mathrm{eq}},T)\mathrm{e}^{k_0(\sigma_{\mathrm{eq}},T)t}+f_{\mathrm{p}}(\sigma_{\mathrm{eq}},T)\mathrm{e}^{k_{\mathrm{p}}(\sigma_{\mathrm{eq}},T)(t-t_{\mathrm{C}})}\right]/\sigma_{\mathrm{eq}},\quad t>t_{\mathrm{C}} \tag{7.23}$$

对于金属材料的小变形问题，可认为蠕变泊松比与快速变形的泊松比相同(只有把蠕变应变当作塑性应变时，才是不可压缩的，即只有蠕变应力大于屈服极限时才可取 0.5)。对于各向异性蠕变和大变形问题，必须改用真应力真应变增量来表示蠕变本构关系，其多轴蠕变应变增量仍可由式(7.21b)和式(7.20)给出，即

$$\{\Delta\varepsilon\}_{\mathrm{c}}=\left[L_{ij}(t)\right]\{\sigma_{\mathrm{G}j}\}\Delta t \tag{7.24a}$$

这里的$\left[L_{ij}(t)\right]$由各向蠕变本构关系得出。例如，对于式(7.20)的本构关系

$$L_{ii}=\frac{a_{\mathrm{cei}}(\sigma_{\mathrm{G}i})}{\sigma_{\mathrm{G}i}\left[1+\left(\frac{t}{t_{0i}}\right)^{p_i}\right]},\quad L_{ij}=-\nu L_{jj}(i\neq j,i\leqslant 3,j\leqslant 3),\quad L_{ij}=0(i\neq j,i>3,j>3)$$

但此时有自加载引起的应力增量，可由式(7.20)求导得出，可表示成

$$\{\Delta\sigma\}_{\mathrm{c}}=[C]\{\Delta\varepsilon\}_{\mathrm{c}} \tag{7.24b}$$

以上两式式(7.24a)和式(7.24b)共同构成多轴蠕变本构关系。在实际应用中，总应变增量：

$$\{\Delta\varepsilon\}_{\mathrm{total}}=\{\Delta\varepsilon\}_{\mathrm{e}}+\{\Delta\varepsilon\}_{\mathrm{c}},\quad \{\Delta\varepsilon\}_{\mathrm{e}}=\{\Delta\varepsilon\}_{\mathrm{total}}-\{\Delta\varepsilon\}_{\mathrm{c}}$$

其中，$\{\Delta\varepsilon\}_{\mathrm{e}}$为快速响应的应变增量，叠加式(7.24b)后，总应力增量为

$$\{\Delta\sigma\}=[K]\{\Delta\varepsilon\}_{\mathrm{e}}+[C]\{\Delta\varepsilon\}_{\mathrm{c}} \tag{7.25}$$

根据式(7.25)，就可以进行大变形结构的蠕变分析了。当然，对于金属材料的小变形蠕变问题，没有第二项(即无自加载)。

7.4 快速失效准则

蠕变结构的快速失效有两类。一类是发生在加载时的失效，可以用类似于第4章介绍的准静态强度评价方法进行评价。另一类是发生在经过一定时间蠕变后的失效，这是由于受结构约束影响，蠕变过程中应力分布发生较大变化(发生在蠕变开始后较短时间内)，导致危险点应力达到快速失效条件而发生的。后一类快速失效只会出现在结构中，在材料试验时不会出现，故须予以高度注意。其快速失效准则形式与准静态失效相同，只是评价时的应力参数需要利用结构蠕变分析的结果。因此，快速失效准则可统一表示为

$$\begin{aligned}\sigma_1(T)&=\sigma_{\mathrm{b}}(T),\quad \eta\geqslant\eta_{\mathrm{C}}\\ \sigma_{\mathrm{e}}(T)&=\sigma_{\mathrm{Y}}(T),\quad \eta<\eta_{\mathrm{C}}\end{aligned} \tag{7.26}$$

其中，屈服强度$\sigma_{\mathrm{Y}}(T)$和拉伸极限$\sigma_{\mathrm{b}}(T)$、临界三轴度η_{C}是材料常数，而主应力σ_1、等效应力σ_{e}和三轴度η，则需要根据快速加载和蠕变分析分别得出。其中，屈服条件实际上是主观失效准则，在大变形或高分子材料中一般无须考虑，即只须考虑式(7.26)中的第一式即可。

对于细长或薄壁拉伸构件，还有一个颈缩条件

$$\varepsilon_{\text{cu}} = \varepsilon_{\text{V}} \tag{7.27}$$

一旦发生颈缩，由于截面急速变小，很快就会断裂，属于完全客观的失效。

对于材料特性有加载速率依存性的材料，不仅具体的应力状态具有速率及加载路径依存性，其强度特性也是加载速率依存的。不同加载速率下，强度有明显差别，一般小加载速率时强度较低，高速率时较大。金属材料的强度特性在高温下的加载速率依存性较小(但究竟能否忽略则须由实验确认)，而高分子材料在常温下就有很强的速率依存性。因此，在应用式(7.26)时，要注意其强度特性是否有加载速率依存性。

7.5　蠕变变形失效条件

规定蠕变应变达到某个值(如 0.5%等)时被认为发生失效，即

$$\varepsilon_{\text{Total}} = \varepsilon_{\text{Ct}} \quad 或 \quad \varepsilon_{\text{creep}} = \varepsilon_{\text{C}}，\quad \varepsilon_{\text{Total}} = \varepsilon_{\text{Glass}} + \varepsilon_{\text{creep}} \tag{7.28a}$$

这是工程中常用的失效条件，达到该规定值所需的时间 t_{d}，称为蠕变寿命。而在指定寿命下允许的最大应力，称为许用蠕变应力 σ_{d}。因此，式(7.28a)的蠕变失效条件也常被改写为

$$\sigma \leqslant \sigma_{\text{d}} \tag{7.28b}$$

对于复杂结构部件的蠕变变形失效，需要通过前述蠕变本构关系进行数值分析，获取结构总变形及蠕变变形。我们知道，任何实际结构，其最大变形量(位移)总会受一定的限制，否则就会与相邻结构干涉，或不能保证运动精度。蠕变应变的极限值是由这个最大变形量反推得出的。因为总应变由玻璃应变和蠕变应变两部分组成，故当应用式(7.28a)时，要注意临界应变值的含义。例如，图 7.21 为某

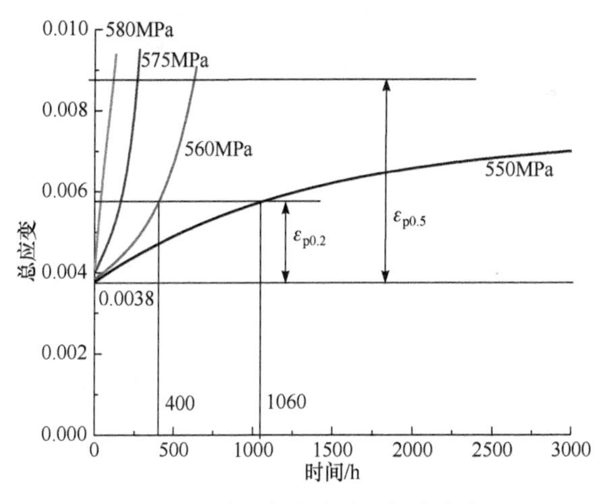

图 7.21　许用蠕变应力和蠕变寿命

材料在某高温下的总应变蠕变曲线，应变中包含玻璃应变。如果由蠕变变形量限制得出的总应变极限为 0.58%，则减掉玻璃应变后，蠕变累积应变极限为 $\varepsilon_{\text{creep}} = 0.2\%$。在此变形极限下，400h 寿命要求时的许用蠕变应力为 560MPa，1060h 寿命要求时的许用蠕变应力为 550MPa 等。或者反过来，560MPa 应力下的蠕变寿命为 400h，550MPa 应力下的蠕变寿命为 1060h。

7.6　蠕变断裂和持久寿命

7.6.1　经验蠕变断裂准则

在恒定应力作用下，经过一定时间的蠕变后，发生准脆性断裂的现象，称为蠕变断裂，所需的时间称为蠕变断裂寿命或持久寿命。对于金属材料，蠕变断裂寿命曲线在双对数图上，经验上可作双直线近似，如图 7.22 所示。其折点，就对应于前述的蠕变临界应力。因此，经验蠕变断裂准则可以表示成

$$\begin{aligned} \sigma^{m_1} t_{\text{f}} &= C_1, \quad \sigma \leqslant \sigma_{\text{p}} \\ \sigma^{m_2} t_{\text{f}} &= C_2, \quad \sigma > \sigma_{\text{p}} \end{aligned} \tag{7.29}$$

其中，因在 σ_{p} 处，寿命连续，故有 $C_2 = C_1 \sigma_{\text{p}}^{m_2 - m_1}$ 的关系，即独立的寿命特性只有 m_1、m_2、C_1 三个。

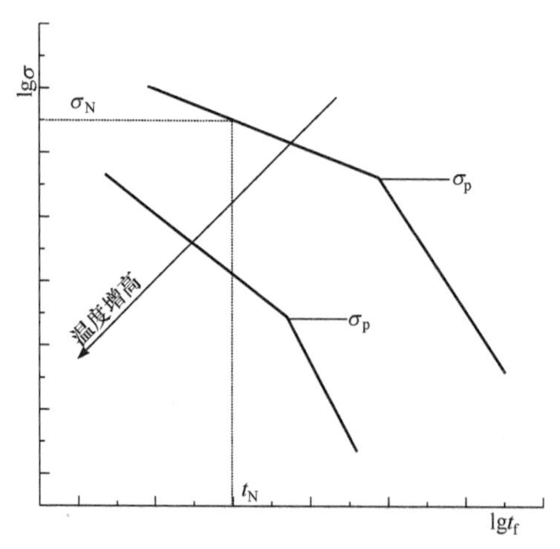

图 7.22　金属材料的典型蠕变断裂寿命曲线

对于工作过程中有多种应力水平或多种温度的情况，常采用如下线性寿命累加规律

$$\sum \frac{t_i}{t_{if}} = 1 \tag{7.30}$$

7.6.2　蠕变断裂理论

发生蠕变断裂的机理，是因为蠕变过程并不只是一个单纯的变形过程，材料有损伤累积。因此，关于蠕变断裂，可从损伤演化的角度来建立其理论。蠕变过程中的损伤可分为几何损伤和材料损伤两部分。

1. 蠕变几何损伤演化律

对于蠕变变形较大的情况，习惯上常采用真应力

$$\sigma_{\mathrm{t}}=\frac{F}{S}=\frac{F}{S_0}\frac{S_0}{S}=\sigma\frac{S_0}{S}$$

来描述其当前应力状态。由于当前截面积 S 随蠕变而变小，故真应力总是不断变大的。这个增大是真实承载面积的减小引起的，与材料内部损伤使有效承载面积减小是同样的效果，故可定义几何损伤为

$$D_{\mathrm{V}}=\frac{S_0-S(t)}{S_0} \tag{7.31}$$

其中，S_0 为初始截面积，$S(t)$ 为当前截面积。除了几何上承载面积的变化，在材料内部还会有材料损伤累积，发生在变小的面积 $S(t)$ 内，故有效应力可表示为

$$\sigma_{\mathrm{ef}}=\frac{F}{S(1-D)}=\frac{\sigma_0}{(1-D)(1-D_{\mathrm{V}})} \tag{7.32}$$

其中，σ_0 为名义应力。对式(7.28)两边求导，几何损伤的演化律为

$$\frac{\mathrm{d}D_{\mathrm{V}}}{\mathrm{d}t}=-\frac{1}{S_0}\frac{\mathrm{d}S}{\mathrm{d}t} \tag{7.33}$$

对于体积不可压材料(如金属材料含塑性变形的蠕变)，有

$$S(t)L(t)=S(t+\Delta t)L(t+\Delta t)\,,\quad \frac{S(t)}{S(t+\Delta t)}=\frac{L(t+\Delta t)}{L(t)}\approx\frac{L(t)+L'(t)\Delta t}{L(t)}=1+\Delta\varepsilon$$

$$\Delta\varepsilon=-\frac{S(t+\Delta t)-S(t)}{S(t+\Delta t)}=-\frac{1}{S(t+\Delta t)}\left[S(t)+\frac{\mathrm{d}S(t)}{\mathrm{d}t}\Delta t-S(t)\right],\quad \frac{\Delta\varepsilon}{\Delta t}=-\frac{1}{S(t+\Delta t)}\frac{\mathrm{d}S}{\mathrm{d}t}$$

$$\frac{\mathrm{d}\varepsilon}{\mathrm{d}t}=-\frac{1}{S}\frac{\mathrm{d}S}{\mathrm{d}t}$$

代入式(7.33)得

$$\frac{\mathrm{d}D_{\mathrm{V}}}{\mathrm{d}t}=-\frac{1}{S_0}\frac{\mathrm{d}S}{\mathrm{d}t}=\frac{S}{S_0}\frac{\mathrm{d}\varepsilon}{\mathrm{d}t}=(1-D_{\mathrm{V}})\frac{\mathrm{d}\varepsilon}{\mathrm{d}t} \tag{7.34a}$$

对于体积不可压假定不成立的材料(包括蠕变临界应力以下的金属材料蠕

变)，考虑较为一般性的正交各向异性，有

$$S(t+\Delta t)=S(t)\left(1-\nu_1\Delta\varepsilon\right)\left(1-\nu_2\Delta\varepsilon\right)=S(t)\left[1-(\nu_1+\nu_2)\Delta\varepsilon\right]$$

$$\Delta\varepsilon=-\frac{S(t+\Delta t)-S(t)}{(\nu_1+\nu_2)S(t)}=-\frac{\Delta S}{(\nu_1+\nu_2)S(t)},\quad \frac{\mathrm{d}\varepsilon}{\mathrm{d}t}=-\frac{1}{(\nu_1+\nu_2)S}\frac{\mathrm{d}S}{\mathrm{d}t}$$

其中，ν_1、ν_2为截面垂直方向受拉时，在截面内两个正交方向上的泊松比，代入式(7.33)得

$$\frac{\mathrm{d}D_{\mathrm{V}}}{\mathrm{d}t}=-\frac{1}{S_0}\frac{\mathrm{d}S}{\mathrm{d}t}=\frac{(\nu_1+\nu_2)S}{S_0}\frac{\mathrm{d}\varepsilon}{\mathrm{d}t}=(\nu_1+\nu_2)(1-D_{\mathrm{V}})\frac{\mathrm{d}\varepsilon}{\mathrm{d}t} \tag{7.34b}$$

因此，几何损伤的演化是蠕变本构关系依存的。对于绝大多数金属高温结构，总体上蠕变变形是很小的，故$1-D_{\mathrm{V}}\approx 1$，可以不考虑几何损伤对破坏的影响。但是，当蠕变变形量较大时，无论是金属还是非金属材料，根据式(7.32)的损伤有效应力，几何损伤是必须考虑的。

2. 蠕变材料损伤演化律

发生在材料横截面内部的损伤在蠕变应力保持恒定时，是一种静态损伤累积。故蠕变引起的材料损伤可表示为

$$\frac{\mathrm{d}D}{\mathrm{d}t}=\begin{cases}C_{\mathrm{L}}\sigma_{\mathrm{ef}}^{\xi_{\mathrm{L}}}H, & \sigma_{\mathrm{ef}}\leqslant\sigma_{\mathrm{p}}\\ C_{\mathrm{p}}\sigma_{\mathrm{ef}}^{\xi_{\mathrm{p}}}, & \sigma_{\mathrm{ef}}>\sigma_{\mathrm{p}}\end{cases} \tag{7.35a}$$

$$H=\begin{cases}1-\left(\dfrac{\sigma_{\mathrm{f}}}{\sigma_{\mathrm{ef}}}\right)^{\zeta}, & \sigma_{\mathrm{ef}}>\sigma_{\mathrm{f}}\\ 0, & \sigma_{\mathrm{ef}}\leqslant\sigma_{\mathrm{f}}\end{cases} \tag{7.35b}$$

这里，σ_{ef}为考虑损伤效应后的有效应力，如式(7.32)所示，σ_{p}为蠕变临界应力，因为蠕变时有塑性变形与无塑性变形时的损伤累积规律是不同的。σ_{f}为蠕变损伤累积机制的激活应力，当有效应力小于它时，损伤累积可以忽略，寿命趋于无穷。由式(7.35)可以很方便地得出蠕变临界应力σ_{p}附近双对数寿命曲线的双直线行为。但是，式(7.35)不仅可以用于某一固定的应力下的蠕变寿命预测(即双直线寿命曲线)，更可应用于有多种应力水平甚至是应力缓慢变化的情况，无须利用式(7.30)的线性损伤假定。对于非金属材料，由于没有塑性变形的概念，故无须分段，其损伤演化律可仅用：

$$\frac{\mathrm{d}D}{\mathrm{d}t}=c\sigma_{\mathrm{ef}}^{\xi}H,\quad H=\begin{cases}1-\left(\dfrac{\sigma_{\mathrm{f}}}{\sigma_{\mathrm{ef}}}\right)^{\zeta}, & \sigma_{\mathrm{ef}}>\sigma_{\mathrm{f}}\\ 0, & \sigma_{\mathrm{ef}}\leqslant\sigma_{\mathrm{f}}\end{cases} \tag{7.36}$$

并且因蠕变极限 σ_f 很小，一般情况下其蠕变寿命曲线只表现出单一直线段。

损伤累积对蠕变本构关系的影响，可以式(7.32)的有效应力，取代式(7.8)中的名义应力来考虑。而损伤演化由式(7.34)和式(7.35)给出，三式联立，就可以确定蠕变本构和损伤演化律。因而，严格地说，蠕变变形和损伤演化两者是耦合的。只是在蠕变初期，损伤都很小，可以忽略，故而可直接以名义应力建立蠕变本构关系。而在蠕变后期，显然必须考虑其相互影响，即损伤对蠕变的影响，也需通过有效应力予以考虑。这是在蠕变寿命计算时必须考虑的，否则明显会偏于危险侧。

对于金属材料，一般可忽略几何损伤，此时仅需考虑式(7.35)的材料损伤累积。初始损伤可取为零，临界损伤为 $D_C = 1 - \sigma / \sigma_b$。

为了方便，对损伤比例系数进行无量纲化，将式(7.35)改写为

$$
\begin{aligned}
&\sigma_{ef} > \sigma_p, \quad \frac{dD}{dt} = c_1 \left(\frac{\sigma}{(1-D)\sigma_p} \right)^{m_1} \\
&\sigma_{ef} < \sigma_p, \quad \frac{dD}{dt} = c_2 \left(\frac{\sigma}{(1-D)\sigma_p} \right)^{m_2} \left[1 - \left(\frac{(1-D)\sigma_f}{\sigma} \right)^n \right]
\end{aligned} \tag{7.37}
$$

这一改写的具体意义在于使损伤演化律中出现的材料特性系数具有简单的量纲。

当 $\sigma > (1-D_0)\sigma_p$ 时，积分式(7.37)第一式

$$
\left(\frac{\sigma}{\sigma_p} \right)^{m_1} t_f = C_p \left[(1-D_0)^{m_1+1} - \left(\frac{\sigma}{(1-D_0)\sigma_b} \right)^{m_1+1} \right], \quad C_p = \frac{1}{(m_1+1)c_1} \tag{7.38}
$$

这样，寿命系数 C_p 就有了比较明确的物理意义，即 $\sigma = \sigma_p$ 时的蠕变破坏寿命。与线性经验公式比较，多了个初始损伤的影响项。该项不仅可以考虑初始损伤不为零时的寿命(离散性)，也可表示高应力水平下与经验公式的偏离(中值寿命曲线的非直线性)。

当 $\sigma < (1-D_0)\sigma_p$ 时，先是按 $\sigma_{ef} < \sigma_p$ 的损伤演化律进行损伤累积，这一累积过程持续到 $D_p = 1 - \sigma / \sigma_p$，使得 $\sigma_{ef} = \sigma / (1-D) > \sigma_p$，变成 $\sigma_{ef} > \sigma_p$ 的损伤累积。损伤从 D_0 累积到 D_p 的寿命为

$$
\left(\frac{\sigma}{\sigma_p} \right)^{m_2} t_{f2} = \int_{D_0}^{D_p} \frac{(1-D)^{m_2}}{c_2 \left[1 - \left(\frac{(1-D)\sigma_f}{\sigma} \right)^n \right]} dD = C_2 \frac{D_p - D_0}{2} \int_{-1}^{1} \frac{(1-D)^{m_1}}{\left[1 - \left(\frac{(1-D)\sigma_f}{\sigma} \right)^n \right]} d\eta
$$

$$
D = \frac{D_p - D_0}{2} \eta + \frac{D_p + D_0}{2} \tag{7.39a}
$$

一般情况下无显式解，但可用数值积分求解。只有当$\left((1-D)\sigma_{\mathrm{f}}/\sigma\right)^{n}$可以忽略，即应力远大于蠕变极限时，才可以显式表示：

$$\left(\frac{\sigma}{\sigma_{\mathrm{p}}}\right)^{m_2} t_{\mathrm{f2}} = C_2\left[(1-D_0)^{m_2+1} - \left(\frac{\sigma}{\sigma_{\mathrm{p}}}\right)^{m_2+1}\right],\quad C_2 = \frac{1}{(m_2+1)c_2} \tag{7.39b}$$

经验规律中的双线性现象，就对应于这种情况。损伤从D_{p}累积到D_{C}的寿命为

$$\left(\frac{\sigma}{\sigma_{\mathrm{p}}}\right)^{m_1} t_{\mathrm{f1}} = C_{\mathrm{p}}\left[\left(\frac{\sigma}{\sigma_{\mathrm{p}}}\right)^{m_1+1} - \left(\frac{\sigma}{(1-D_0)\sigma_{\mathrm{b}}}\right)^{m_1+1}\right] \tag{7.39c}$$

总寿命为

$$t_{\mathrm{f}} = t_{\mathrm{f1}} + t_{\mathrm{f2}} \tag{7.40}$$

虽然两部分的寿命斜率不同，但在双对数图上，$\sigma < \sigma_{\mathrm{p}}$时的寿命曲线仍可近似为直线，因为从$D_{\mathrm{p}}$累积到$D_{\mathrm{C}}$的寿命，相比于从$D_0$累积到$D_{\mathrm{p}}$的寿命可以忽略。

注意，固定应力的蠕变持久寿命试验实际上只是用来确定式(7.37)中的损伤特性系数的。一旦损伤特性系数得以确定，则式(7.37)就可应用于任意的蠕变应力。

如图 7.23 所示为某高温合金的蠕变断裂寿命与上述寿命公式的比较[116]，拟合得到的材料特性如表 7.1 所示。实验离散范围可用初始损伤的离散来表示。初始损伤的离散范围，可由快速拉伸极限的离散性决定。其中，蠕变破坏极限σ_{f}及蠕变寿命的曲度指数n，需要非常长时间的蠕变破坏试验才能得出。此处因缺少实验数据，未予确定。由于高温时σ_{p}小，蠕变极限也小，即可以在相对较短时间内完成，从高温时的σ_{f}、n外推较低温度时的值，可以节省试验时间。

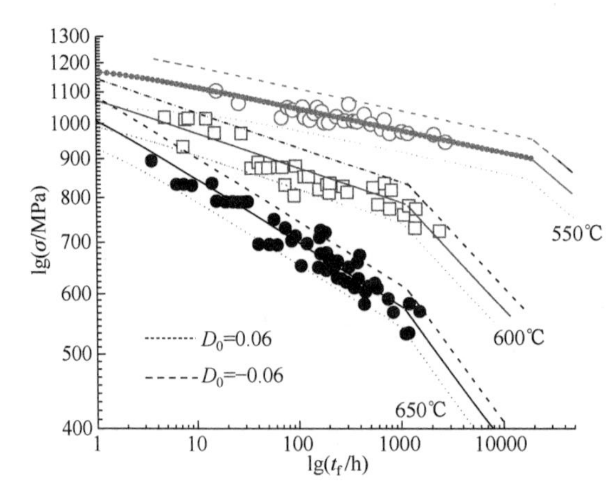

图 7.23 蠕变寿命的预测与实验

表 7.1　某高温合金蠕变寿命特性

温度/℃	m_1	C_p	m_2	C_2	σ_p/MPa	σ_b/MPa	n	σ_f/MPa
550	35	19000	9	18200	900	1190	—	—
600	22	1100	7	1090	785	1166	—	—
650	12	1050	5.5	1030	575	1140	—	—

由此可知，式(7.37)可以很好地描述蠕变寿命，其包含的材料蠕变寿命特性，实际上可以仅用少量蠕变寿命实验结果，按式(7.38)和式(7.39)拟合决定。寿命特性确定后，就可应用于实际结构中任意蠕变应力状态了。

对于非金属材料，其材料蠕变损伤可用式(7.36)表示，如果材料受力面积没有显著变化，则可用其评价蠕变断裂寿命。图 7.24 为某胶材料三合板界面的蠕变持久寿命试验结果与式(7.36)的比较。

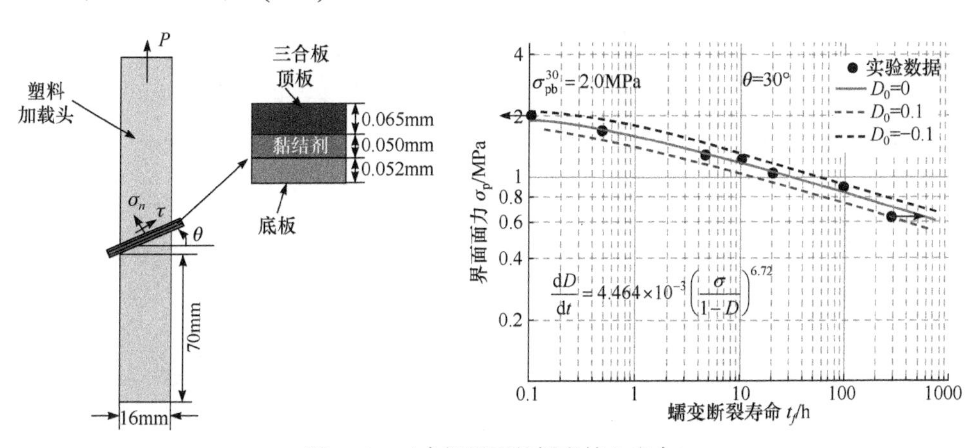

图 7.24　三合板界面的蠕变持久寿命

对于大变形蠕变，几何损伤不能忽略，必须与材料损伤一起进行耦合分析。利用式(7.32)的有效应力，取代蠕变本构关系中的名义应力，再与式(7.34)和式(7.35)的损伤演化律联立，理论上蠕变寿命总是可以计算的。但积分运算很困难，可采用以下耦合数值方法求取。

(1) 设定一个时间步长 Δt，初始条件 $\varepsilon_0=\sigma/E_0$，$D_0=0$，$D_{V0}=0$ 或指定的 ε_0、D_0、D_{V0}。其中，ε_0 的值对寿命没有影响，只对最终变形量有影响。

(2) 对于第 i 步，计算有效应力 $\sigma_{ef}=\sigma/((1-D_{i-1})(1-D_{Vi-1}))$。

(3) 根据有效应力，计算 $d\varepsilon/dt$、dD/dt、dD_V/dt。

(4) 计算 i 步结束后的应变和损伤

$$\varepsilon_i=\varepsilon_{i-1}+(d\varepsilon/dt)\Delta t,\quad D_i=D_{i-1}+(dD/dt)\Delta t,\quad D_{Vi}=D_{Vi-1}+(dD_V/dt)\Delta t$$

并记录 ε_i、$i\Delta t$ 和 $d\varepsilon/dt$、$i\Delta t$。

(5) 计算下一步长的有效应力 $\sigma_{ef} = \sigma / (1 - D_i) / (1 - D_{Vi})$，如果 $\sigma_{ef} \geqslant \sigma_b$，终止计算，寿命为 $t_f = i\Delta t$，不然则重复(2)～(5)，直至 $\sigma_{ef} \geqslant \sigma_b$。对于总变形量有限制的情况，则在 $\varepsilon_i \geqslant \varepsilon_C$ 时终止计算。

理论上，只要时间步长 Δt 足够小，以上计算就是精确的。实际上由于应变速率和损伤累积律都没有突变，时间步长 Δt 是可以取得比较大的。应用中只须取两种不同的步长，如果其计算结果相差在允许范围内，就可认为 Δt 足够小了。记录各步的应变、应变速率、损伤，还可以得到蠕变曲线、蠕变速率曲线和损伤演化曲线。这反过来给确定蠕变材料特性和损伤累积特性提供了方法。

例如，对于 P92 合金[116]，其蠕变特性用稳态蠕变双幂律表示：

$$
\begin{aligned}
\frac{\mathrm{d}\varepsilon}{\mathrm{d}t} &= B\left(\frac{\sigma}{(1-D)(1-D_V)}\right)^{\beta}, \quad \sigma_{ef} > \sigma_p \\
\frac{\mathrm{d}\varepsilon}{\mathrm{d}t} &= B_0\left(\frac{\sigma}{(1-D)(1-D_V)}\right)^{\beta_0}, \quad \sigma_{ef} < \sigma_p
\end{aligned} \tag{7.41}
$$

具体变形特性如图 7.25 和表 7.2 所示，注意这只是双线性的稳态蠕变特性。但试验至蠕变断裂时，有较大的变形。

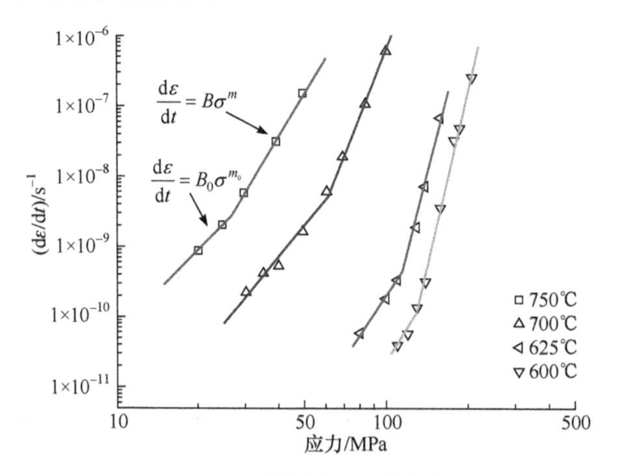

图 7.25　稳态蠕变速率曲线

表 7.2　P92 蠕变特性

温度/℃	B_0	β_0	B	β	σ_p / MPa	σ_b / MPa
600	9.12×10^{-24}	6.2	1.58×10^{-45}	16.5	130	341
625	5.00×10^{-22}	5.8	3.50×10^{-41}	15.1	115	309
700	2.51×10^{-17}	4.65	1.58×10^{-26}	9.8	62	213
750	7.40×10^{-15}	3.9	2.00×10^{-18}	6.4	27	146

采用以上耦合算法计算蠕变断裂寿命，如图 7.26 所示，拟合所得的损伤特性如表 7.3 所示。可知以上耦合损伤可以很好地表征有较大变形时的蠕变断裂寿命。

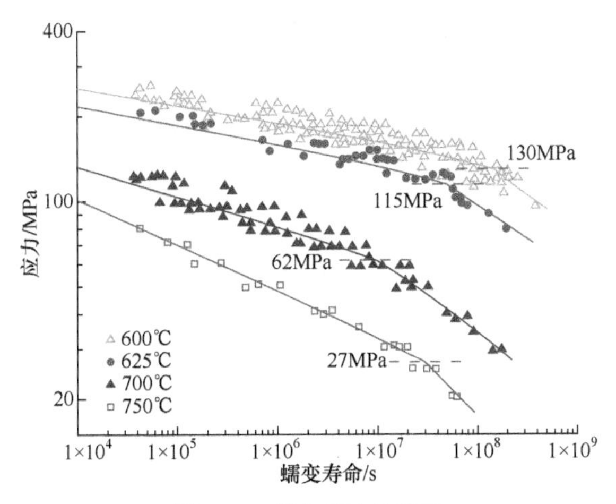

图 7.26　耦合算法的验证

表 7.3　蠕变寿命特性

温度/℃	c_2	m_2	c_p	m_1
600	5.00×10^{-19}	4.5	7.00×10^{-26}	7.5
625	5.40×10^{-18}	4.3	5.60×10^{-24}	7.0
700	8.00×10^{-15}	3.5	1.00×10^{-18}	5.5
750	8.00×10^{-13}	2.8	1.00×10^{-15}	4.5

7.6.3　多轴应力状态下的蠕变断裂理论

由于蠕变变形是个能量控制型的过程，静态疲劳损伤演化也是一个应变能支配的过程[43]，所以等效应力需从应变能等效来推导。应变能等效应力可写成

$$\sigma_{\mathrm{ef}}=\sqrt{I_1^2-2(1+\nu)I_2} \tag{7.42}$$

蠕变变形及蠕变断裂寿命都是受此等效应力支配的。假定蠕变是体积不可压的(这一假定并不总是成立的，尤其在蠕变应变可回复时)即 $\nu=0.5$，式(7.42)就退化为 von-Mises 应力，即

$$\sigma_{\mathrm{e}}=\sqrt{I_1^2-3I_2}$$

发生蠕变断裂的条件则是由最大主应力控制的，发生蠕变断裂也即临界损伤的条件是

$$\sigma_{1ef}=\frac{\sigma_1}{(1-D)(1-D_V)}=\sigma_b,\quad (1-D_C)(1-D_{VC})=\frac{\sigma_1}{\sigma_b} \tag{7.43}$$

将式(7.42)的等效应力代入式(7.37)，就可计算多轴应力状态下的蠕变断裂寿命。

7.7　蠕变疲劳寿命

单轴交变载荷可以表示成$\sigma=\sigma_m+\sigma\sin\omega t$，当存在平均应力时，平均应力还会引起蠕变损伤(实际上交变应力也会引起蠕变损伤，只是较小而通常可被忽略而已)，因此，与普通疲劳不同，其疲劳寿命总是与频率密切相关的。这给总结实验规律带来了巨大的麻烦。图 7.27 示意性地表示了蠕变疲劳 S-N 曲线的形式。

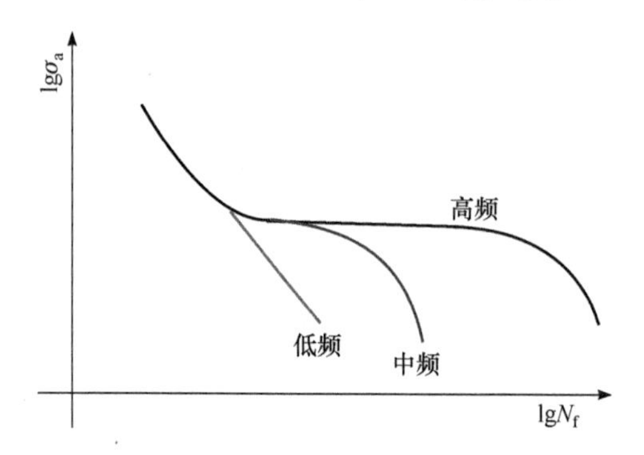

图 7.27　蠕变疲劳寿命的频率依存性

采用以下耦合损伤演化的方法，则可用于任意频率、任意的应力谱。

$$\frac{dD}{dt}=\left.\frac{dD}{dt}\right|_{cp}+\left.\frac{dD}{dt}\right|_{cyc} \tag{7.44a}$$

即蠕变疲劳损伤可分成蠕变和循环损伤两部分，其中蠕变损伤由式(7.37)给出，可由单独的蠕变寿命实验确定其损伤特性常数。循环损伤由第 4 章的式(4.23)给出。对式(7.44a)在正弦载荷的一个周期 L 内积分，

$$\frac{dD}{dN}=\int_0^L\frac{dD}{dt}dt=L\left.\frac{dD}{dt}\right|_{cp}+\left.\frac{dD}{dN}\right|_{cyc} \tag{7.44b}$$

积分得

$$N_f=\int_{D_0}^{D_C}\frac{1}{L\left.\frac{dD}{dt}\right|_{cp}+\left.\frac{dD}{dN}\right|_{cyc}}dD \tag{7.44c}$$

其中，$D_C = 1 - (\sigma_m + \sigma_a) / \sigma_b$，可知循环计数寿命必然是频率依存的。通过单轴单频的蠕变疲劳试验，由式(7.44c)拟合得出蠕变疲劳损伤特性系数，代回式(7.44a)，就可应用于任意频率、任意应力谱的蠕变疲劳寿命的计算。具体计算方法如下。

(1) 考虑微小时间增量计算

$$\Delta D_i = \left[\left. \frac{\mathrm{d}D}{\mathrm{d}t} \right|_{\mathrm{cp}} + \left. \frac{\mathrm{d}D}{\mathrm{d}t} \right|_{\mathrm{cyc}} \right] \Delta t_i, \quad D_i = D_{i-1} + \Delta D$$

(2) 重复计算直至

$$D = D_C, \quad D_C = 1 - \frac{\sigma_{1\max}}{\sigma_b}$$

(3) 得蠕变疲劳寿命为

$$t_f = \sum \Delta t_i$$

当然，对于单轴单频的简单试验载荷，也可直接用式(7.44c)计算寿命，但对于实际结构，应力谱、温度谱均较为复杂，必需要利用以上耦合计算方法。

图 7.28 为商业纯铜(其蠕变特性如表 7.4 所示)的蠕变疲劳寿命实验结果[121]与式(7.44c)的比较。不同频率时，无须另行实验，即可预测寿命，如图 7.29 所示。图 7.30 为钛合金的蠕变断裂及蠕变疲劳寿命试验数据的拟合。由此可知，以上耦合损伤演化律可以很好地表征单轴蠕变疲劳寿命，并且在利用单轴单频试验确定损伤特性系数后，可以适用于任意应力谱。

表 7.4　纯铜蠕变寿命特性

m_1	c_p	m_2	c_2	σ_p/MPa	σ_b/MPa
5	2.0×10^{-16}	3	4.0×10^{-13}	45	190

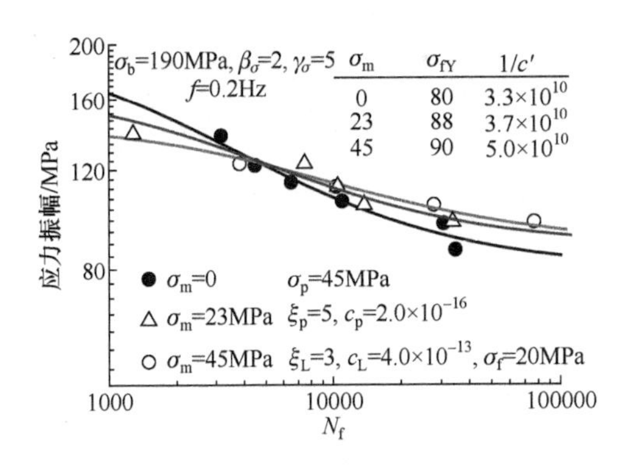

图 7.28　商业纯铜的蠕变疲劳 S-N 曲线

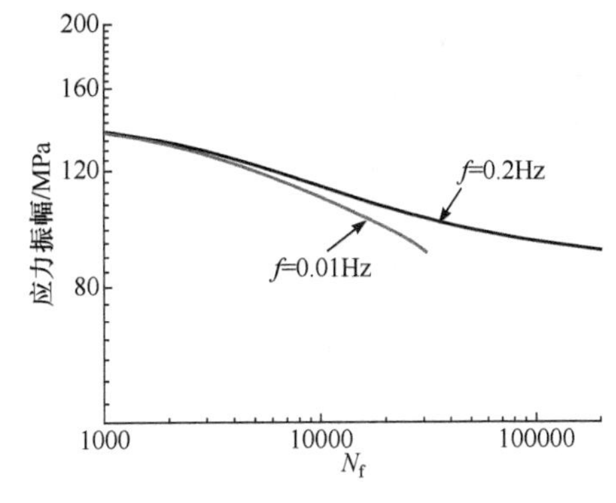

图 7.29　载荷频率对寿命曲线的影响

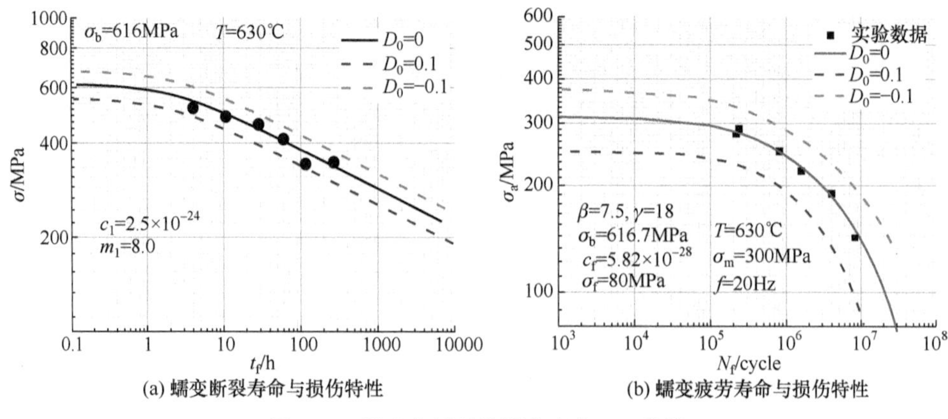

图 7.30　钛合金材料的蠕变疲劳 S-N 曲线

采用以上耦合损伤累积的方法，可以很方便地计算任意波形的蠕变疲劳。例如，对图 7.31 所示的 T 型波或任意保载方式，根据式(7.44)，按逐时刻的应力计算损伤累积即可。这类实际波形往往是经验方法所无法处理的。波形是载荷循环方式，在耦合蠕变后，对蠕变疲劳寿命是有巨大影响的。以上耦合蠕变疲劳寿命算法可以通过简单的 T 形波的波形载荷进行验证，无论是金属还是高分子材料，计算预测寿命与实验寿命都能很好地吻合(但要把材料离散性即初始损伤的离散性影响考虑在内)。

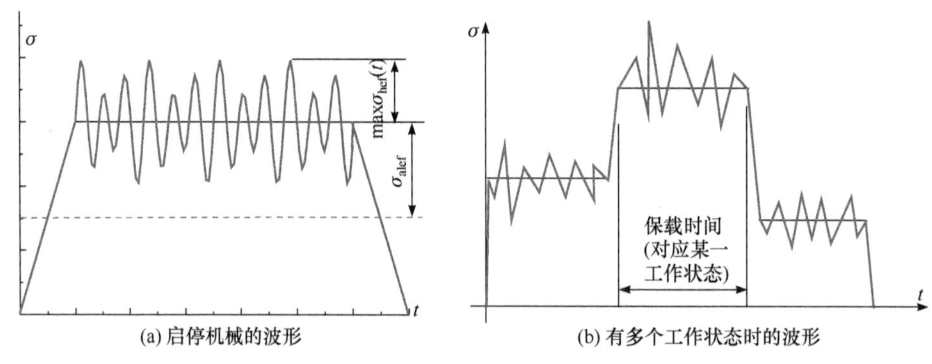

图 7.31　工程中的典型实际载荷波形

以上耦合损伤的蠕变疲劳寿命评价方法，对非金属材料也同样适用。例如，对于某含胶材的三明治面板，采用如图 7.32 所示的试验方法，在 T 形波载荷下，胶材发生蠕变疲劳。计算得到的蠕变疲劳寿命与实验结果[122]的比较如表 7.5 所示。由胶材的蠕变及疲劳试验等发现其离散性大致在 $D_0 = \pm 0.1$ 范围内，试验寿命基本都落在此初始损伤范围的计算寿命区间。而如果不耦合循环疲劳损伤，仅按最大应力预测蠕变寿命，则会远远大于试验寿命。

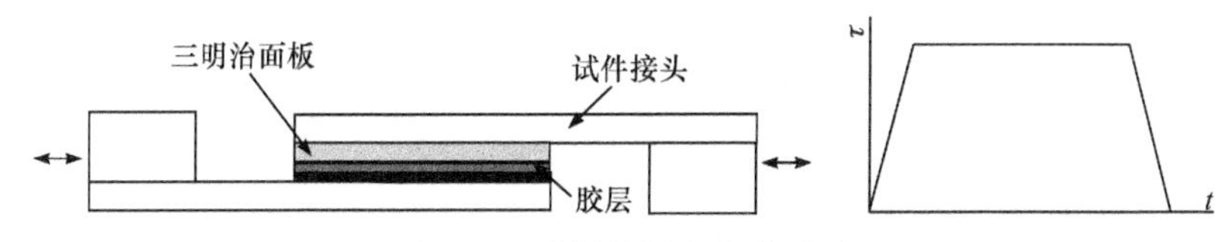

图 7.32　胶材的蠕变疲劳试验

表 7.5　胶材蠕变疲劳的试验寿命与计算寿命

保载时间/s	保载名义应力/MPa	最大应力*/MPa	实测循环数/cycle	初始损伤 D_0 及计算寿命		
				0.1	0	−0.1
60	0.5	0.670	100	52	78	112
60	0.4	0.556	142	88	131	187
120	0.4	0.558	90	45	66	95
60	0.3	0.414	464	198	293	418
120	0.3	0.416	221	100	148	210
60	0.2	0.272	706	622	919	1309
120	0.2	0.273	531	312	460	655

*加卸载时间各 0.5s。

对于工程实际中的多轴蠕变疲劳问题，只须注意蠕变损伤需要采用应变能等效应力，循环损伤需要采用疲劳等效应力，其余计算与单轴相同。

思　考　题

1. 蠕变变形与塑性变形在机理上有什么不同?
2. 蠕变本构关系可以仿照塑性变形本构关系来建立吗?
3. 玻璃应变与快速加载应变有什么区别?
4. 对于金属材料，多数情况下蠕变本构关系关于应力需要分段表征，为什么?
5. 蠕变叠加原理包含了何种假定? 该假定是否普遍成立?
6. 金属和非金属材料的蠕变本构关系形式往往会有很大不同，为什么?
7. 实际结构中的蠕变一般都是多轴应力状态下的蠕变。如何才能得到多轴蠕变本构关系?
8. 蠕变变形过大是一种主观失效，应用中常以许用应力作为设计依据。试解释玻璃应变、蠕变寿命及蠕变本构关系在决定许用应力时的作用。
9. 考虑到主观失效限定，蠕变本构关系在失效判定时不可或缺。为什么?
10. 蠕变断裂寿命曲线为什么常常会呈现双折线的形态? 为什么会有折点?
11. 非金属材料的蠕变，往往会涉及大变形，需要考虑几何损伤。此时的蠕变本构关系可以用名义应力、名义应变来表示吗?
12. 蠕变疲劳时，寿命曲线与载荷频率有关，为什么? 需要对不同频率的疲劳载荷都做疲劳试验去确定材料的蠕变疲劳特性吗?
13. 在有较大平均应力时，蠕变疲劳的 S-N 曲线一定会有疲劳极限现象吗?
14. 各种平均应力下的蠕变疲劳的 S-N 曲线，常会出现相交的现象。为什么?

第 8 章　应力腐蚀及腐蚀疲劳失效准则

8.1　腐 蚀 机 理

工程结构的腐蚀现象十分普遍，大家熟知的钢铁生锈就是腐蚀。腐蚀的本质是环境介质与材料原子或分子发生电化学反应(包括氧化反应)。理论上，电化学反应受下式所示的吉布斯自由能[123,124]支配

$$G = U + PV - Ts = H + PV \tag{8.1}$$

这里，U 为系统内能，T 为温度，s 为系统的熵，P、V 为压力和体积，$H = U - Ts$ 为亥姆霍兹自由能。如果在电化学反应过程中，吉布斯自由能是减小的，则该反应会自发进行，即腐蚀会不断加剧，若吉布斯自由能是增大的，则该反应不会自发进行，只有借助外部因素才能发生反应。因此，理论上可以用吉布斯自由能的变化率作为腐蚀反应的驱动力。对于阳极溶解类的腐蚀过程，吉布斯自由能的变化率可以表示[125,126]为

$$\frac{\mathrm{d}G}{\mathrm{d}t} = -n\frac{\mathrm{d}\chi}{\mathrm{d}t} + \sum_{K}\frac{\partial G}{\partial v_k}\frac{\mathrm{d}v_k}{\mathrm{d}t} \tag{8.2}$$

n 为金属材料的原子价，v_k 为系统的内部状态变量(如应力、应变、损伤等)，K 为内变量个数，χ 为材料单位体积内发生电化学反应的总电子量。电化学反应即腐蚀过程得以进行的必要条件是 $\mathrm{d}G / \mathrm{d}t < 0$ 。把被腐蚀的金属材料作为阳极，另行引入一个石墨棒作为阴极，两极间用导线连接，就能检测到电流，称为腐蚀电流。腐蚀的强弱显然可以用腐蚀电流的大小来表征。另外，腐蚀反应的进行意味着材料内的原子不断地因反应而成为异质粒子甚至脱落，引发损伤累积。将由腐蚀反应引发的损伤作为一种内部状态变量提取后，根据式(8.2)，理论上由腐蚀引起的损伤演化律可以表示成[127,128]

$$\frac{\mathrm{d}D}{\mathrm{d}t} = \frac{1}{\partial G / \partial D}\left[\frac{\mathrm{d}G}{\mathrm{d}t} + n\frac{\mathrm{d}\chi}{\mathrm{d}t} - \sum_{K-1}\frac{\partial G}{\partial v_k}\frac{\mathrm{d}v_k}{\mathrm{d}t}\right] \tag{8.3}$$

这种理论性的腐蚀损伤演化律推导很吸引人，但很有可能是死胡同。这是因为所谓损伤是一种总体效应，并不只是产生腐蚀点的局部效应，还包括腐蚀诱发的其他形式(如晶界弱化、微缺陷应力集中等)。换句话说，腐蚀损伤演化律不能仅考虑腐蚀点本身的效应，也需计及腐蚀对各类缺陷演化的促进作用。因此，从应用

的角度，应设法建立唯象的演化律：

$$\frac{\mathrm{d}D}{\mathrm{d}t}=f(S_i,v_k,D) \tag{8.4}$$

其中，S_i 为环境参数。虽然这只是对腐蚀损伤演化的唯象描述，但唯象规律不失为宏观地描述腐蚀损伤的有效方法。腐蚀不仅仅只是引起腐蚀损伤，它对其他损伤累积机理也有强烈的促进作用。例如，当存在应力时，应力本身也会引起损伤累积(如静态疲劳、循环疲劳损伤等)。因此，腐蚀损伤一般是与其他形式的损伤(如循环疲劳损伤、静态疲劳损伤)耦合在一起的，并且往往是腐蚀对其他损伤累积的促进作用起主导。

8.2　腐蚀损伤和机械损伤

从损伤演化角度看，腐蚀环境与非腐蚀环境下结构失效的区别在于：①腐蚀环境本身会引发材料的损伤，应力的作用会加速这种损伤演化，以下称这类损伤为腐蚀损伤。腐蚀损伤是从表层开始的，并不是材料整体内部均匀进行的。②对应力引发的材料损伤(称为机械损伤)，腐蚀环境对其具有明显的加速作用。简单地说，非腐蚀环境下的失效，只是无环境加速的机械损伤而已，而腐蚀环境下的失效则是腐蚀与机械损伤的耦合(并且包含相互的加速作用，这种加速作用也是从表层开始的)。如果能够确定腐蚀损伤(包括应力的加速作用在内)以及机械损伤(包括腐蚀的加速作用在内)的损伤演化律，那么总的损伤演化律就可表示成

$$\frac{\mathrm{d}D}{\mathrm{d}t}=\left.\frac{\mathrm{d}D}{\mathrm{d}t}\right|_{\text{corrosion}}+\left.\frac{\mathrm{d}D}{\mathrm{d}t}\right|_{\text{mechanical}} \tag{8.5}$$

建立了损伤演化律后，那就不难对腐蚀失效进行强度、寿命评价了。

从电化学反应的机理或进行方式，去建立腐蚀损伤演化规律，会遇到一个难以克服的困难：化学反应物或进行方式与材料损伤之间实际上并没有一个确定的关联性。这是因为材料损伤是个综合性的抽象概念，它并不对应于某个具体的微观结构或原子的运动，而只是其力学行为变化总体上的代表性表征。并且即使假定了某个关联性来机理性地推导腐蚀损伤的演化，一方面难以考虑应力对它的加速影响，另一方面更难以考虑腐蚀对机械损伤的加速行为。实际上这一问题对各种环境失效都是存在的，例如对于辐照环境的失效，有、无应力作用也是大不相同的。

既然如此，从工程应用的角度，就可干脆直接以唯象方式来建立腐蚀环境下的损伤演化规律，不但简洁明了而且与腐蚀环境具有直接的对应性。

8.3　腐蚀损伤演化律

考虑到损伤累积速率一般总是随着损伤的增大而加快的事实，唯象的腐蚀损伤演化律可设定为[128]

$$\left.\frac{\mathrm{d}D}{\mathrm{d}t}\right|_{\text{corrosion}}=\frac{c_0+c_i\left(\dfrac{\sigma}{1-D}\right)^{\beta}}{(1-D)^m} \tag{8.6a}$$

这里，c_0 为自然腐蚀(无应力状态)时的损伤累积系数，$c_1[\sigma/(1-D)]^{\beta}$ 表示应力对腐蚀损伤的增幅作用(注意这不是静态疲劳损伤演化律，而是应力对腐蚀的加速作用)。经验表明在一个很大的应力范围内，第二项远小于第一项，但当应力很大时，第二项影响会急剧增加(参见 8.4 节)。c_0、m、c_{in}、β 都与具体的腐蚀环境和材料有关，不同环境下是不同的。其中，$m>0$ 表示腐蚀损伤累积随腐蚀的进行越来越快，$m<0$ 表示腐蚀损伤累积随腐蚀的进行越来越慢。后者也是有可能的。例如，化学反应物使材料表面膨胀，阻断腐蚀环境的情况。我们把无应力或应力的促进作用较小(第二项影响可以忽略)的腐蚀，称为自然腐蚀，其损伤演化律为

$$\left.\frac{\mathrm{d}D}{\mathrm{d}t}\right|_{\text{corrosion}}=\frac{c_0}{(1-D)^m} \tag{8.6b}$$

因无应力作用，表面处损伤可累积到 $D_{\mathrm{C}}=1$，使得材料无任何承载能力，故任何微小扰动都会使其从材料表面脱落。因此，在无应力作用时的自然腐蚀不会引发开裂，只会引起表面厚度损失(虽然因表面缺陷等，损失量会不均匀，甚至产生微观裂纹，但因无外力，不会形成宏观裂纹)。表层自然腐蚀的寿命为

$$t_{\mathrm{f}}=C_0\int_{D_{0i}}^{1}(1-D)^m\mathrm{d}D=C_0(1-D_{0i})^{m+1} \tag{8.7}$$

这里，D_{01} 为初始损伤。$C_0=1/[(m+1)c_0]$。然而，材料实际上只有表面处于腐蚀环境，故上述寿命只适用于表面层(为了方便，表面层厚度记为 h，但无须具体确定)。当最表面层因腐蚀变得疏松时，次表面也进入到腐蚀环境，开始腐蚀损伤的累积(由于渗透环境与裸露环境不同，在最表层脱落之前，次表层的 c_0、m、c_{in}、β 与最表层的腐蚀环境会有所不同，但无须确定具体值，因为最终都可反映在初始损伤 D_{0i} 里)，如图 8.1 所示。当最表层的腐蚀损伤累积到 $D_{\mathrm{C}}=1$ 时，最表层脱落，次表层变为新的最表层，但此时其损伤实际上已累积到了 D_{02}，而不是材料的原始损伤 $D_0=D_{01}$，因此，次表层的损伤累积到 $D_{\mathrm{C}}=1$ 的寿命要比最表层小一点，其影响反映在式(8.7)中的 D_{0i}。随着一层一层往深处腐蚀，D_{0i} 趋于一个稳定值，

因而最终脱落寿命也趋于一个稳定值。改写成脱落即厚度损失的速度

$$v_0 = \frac{h}{t_{\mathrm{f}}} = \frac{h}{C_0(1-D_{0i})^{m+1}} = \text{常数} \tag{8.8}$$

即自然腐蚀时，忽略腐蚀刚开始时的差异，厚度损失速度是个常数(直接测定此常数，就不必具体确定表层厚度以及腐蚀损伤累积特性系数了)。这就是为什么工程中对于受力很小的构件常以增加构件材料厚度来抵抗腐蚀。当然，通过在材料表面引入防腐层来隔绝腐蚀介质与材料的接触是更有效的手段。

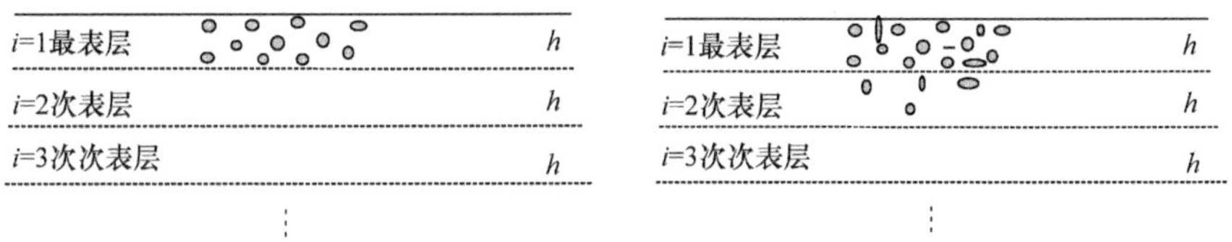

i=1最表层　h
i=2次表层　h
i=3次次表层　h

i=1最表层　h
i=2次表层　h
i=3次次表层　h

图 8.1　自然腐蚀过程

8.4　应力腐蚀开裂

承受较大静态应力的构件，在腐蚀环境下经过一定寿命后会开裂并扩展导致破坏，称为应力腐蚀或腐蚀开裂(stress corrosion cracking，SCC)，这是与自然腐蚀截然不同的失效形式。传统上仅以应力对腐蚀的加速作用来解释 SCC 的机理，然后去找腐蚀局部化的理由来说明开裂及裂纹扩展的原因，是对应力腐蚀机理的错解。根据热扰动运动的疲劳机理，我们知道，富含缺陷的材料会有静态疲劳现象。腐蚀损伤的累积总会使得最表层材料富含损伤，从而激活其静态疲劳的机理，也就是说，腐蚀开裂的真正原因是激活了静态疲劳，并不是腐蚀本身发生了局部化。当然这种静态疲劳不仅要由腐蚀损伤累积到一定程度后被激活，而且其演化也要受腐蚀的促进作用。腐蚀促进的静态疲劳损伤演化律仍可表达为

$$\frac{\mathrm{d}D}{\mathrm{d}t} = c_{\mathrm{s}}\left(\frac{\sigma}{1-D}\right)^{\xi} H_{\mathrm{m}} \tag{8.9a}$$

$$H_{\mathrm{m}} = \begin{cases} 1-\left(\dfrac{(1-D)\sigma_{\mathrm{SCC}}}{\sigma}\right)^{\zeta}, & \dfrac{\sigma}{1-D} > \sigma_{\mathrm{SCC}} \\ 0, & \dfrac{\sigma}{1-D} \leqslant \sigma_{\mathrm{SCC}} \end{cases} \tag{8.9b}$$

其中，c、ξ、ζ 都是与腐蚀环境和材料相关的，它们包含了腐蚀环境对静态疲劳损伤的加速作用。σ_{SCC} 的本义是静态疲劳极限，传统意义上有效应力小于它时的静态疲劳损伤累积可以忽略，即不会发生静态疲劳，不会引发宏观的 SCC 裂纹，

故它常被称为应力腐蚀门槛值。对于金属材料，必须强调，即使作用应力大于σ_{SCC}，以上静态疲劳损伤演化也不是材料一进入腐蚀环境就会发生的，而必须经过一定的腐蚀时间(称为预腐蚀时间，也有人称其为潜伏寿命)，使得材料表面附近变得富含缺陷，激活静态疲劳机理后才可应用式(8.9)。在实际应力腐蚀试验中，一般采用将试件在腐蚀环境溶液中浸泡数小时后再开始加载的方式。而对于作用应力小于σ_{SCC}的情况，并不意味着不会发生腐蚀开裂。这是因为由于腐蚀损伤的累积，经过一定时间后腐蚀损伤总能使得有效应力大于σ_{SCC}，即：

$$\frac{\sigma}{1-D_{\mathrm{s}}}=\sigma_{\mathrm{SCC}},\quad D_{\mathrm{s}}=1-\frac{\sigma}{\sigma_{\mathrm{SCC}}} \tag{8.10}$$

我们称D_{s}为迁移损伤。由腐蚀损伤单独演化到D_{s}的寿命，称为潜伏寿命(注意与预腐蚀时间的区别)。忽略应力对腐蚀的加速作用，由式(8.6a)可得潜伏寿命为

$$t_{\mathrm{in}}=\int_0^{D_{\mathrm{s}}}\frac{1}{\dfrac{c_0}{(1-D)^m}+c_1\left(\dfrac{\sigma}{1-D}\right)^{\beta}H_m}\mathrm{d}D\approx\frac{1}{c_0}\int_0^{D_{\mathrm{s}}}(1-D)^m\mathrm{d}D=\frac{1-(1-D_{\mathrm{s}})^{m+1}}{(m+1)c_0}\approx\frac{D_{\mathrm{s}}}{c_0} \tag{8.11}$$

此后，两种损伤累积机制耦合，即

$$\begin{aligned}\frac{\mathrm{d}D}{\mathrm{d}t}=\left.\frac{\mathrm{d}D}{\mathrm{d}t}\right|_{\mathrm{corr}}+\left.\frac{\mathrm{d}D}{\mathrm{d}t}\right|_{\mathrm{SCC}}&=\frac{c_0}{(1-D)^m}+c_1\left(\frac{\sigma}{1-D}\right)^{\beta}+c_{\mathrm{s}}\left(\frac{\sigma}{1-D}\right)^{\xi}\left(1-\left(\frac{(1-D)\sigma_{\mathrm{SCC}}}{\sigma}\right)^{\zeta}\right)\\&\approx\frac{c_0}{(1-D)^m}+c_{\mathrm{s}}\left(\frac{\sigma}{1-D}\right)^{\xi}\left(1-\left(\frac{(1-D)\sigma_{\mathrm{SCC}}}{\sigma}\right)^{\zeta}\right)\end{aligned} \tag{8.12}$$

当表层(图 8.2(a))损伤累积到临界损伤

$$D_{\mathrm{C}}=1-\frac{\sigma}{\sigma_b} \tag{8.13}$$

表层材料就会发生腐蚀开裂(因其有效应力已达到快速断裂的条件)，如图 8.2(b)所示。开裂寿命为

$$t_{\mathrm{f}}=\int_{D_{\mathrm{s}}}^{D_{\mathrm{C}}}\frac{\mathrm{d}D}{\dfrac{c_0}{(1-D)^m}+c_{\mathrm{s}}\left(\dfrac{\sigma}{1-D}\right)^{\xi}\left(1-\left(\dfrac{(1-D)\sigma_{\mathrm{SCC}}}{\sigma}\right)^{\zeta}\right)} \tag{8.14}$$

显然应力越大，临界损伤越小，开裂寿命越短。总寿命为

$$t_{\mathrm{SCC}}=t_{\mathrm{in}}+t_{\mathrm{f}} \tag{8.15}$$

这样一层一层“腐蚀-开裂”下去，如图 8.2(c)和(d)所示，就引起宏观开裂和裂纹的扩展，称为应力腐蚀或腐蚀开裂。由以上分析可知，应力腐蚀的主要机理并不是腐蚀损伤的局部集中化(如果是它，则自然腐蚀时也应发生宏观开裂，但实际上不会)，而是因腐蚀损伤累积触发的静态疲劳机理。换句话说，单纯从腐蚀机理的角度，是不能说明应力腐蚀开裂的机理的。

虽然以上说明引入了表层和次表层等概念，如图 8.2 所示，但在以上损伤演化律中却无须明确各层的厚度，换句话说，厚度及各层初始损伤的差别，都可体现在腐蚀特性和静态疲劳特性系数中。因此，可直接利用式(8.15)进行寿命计算。

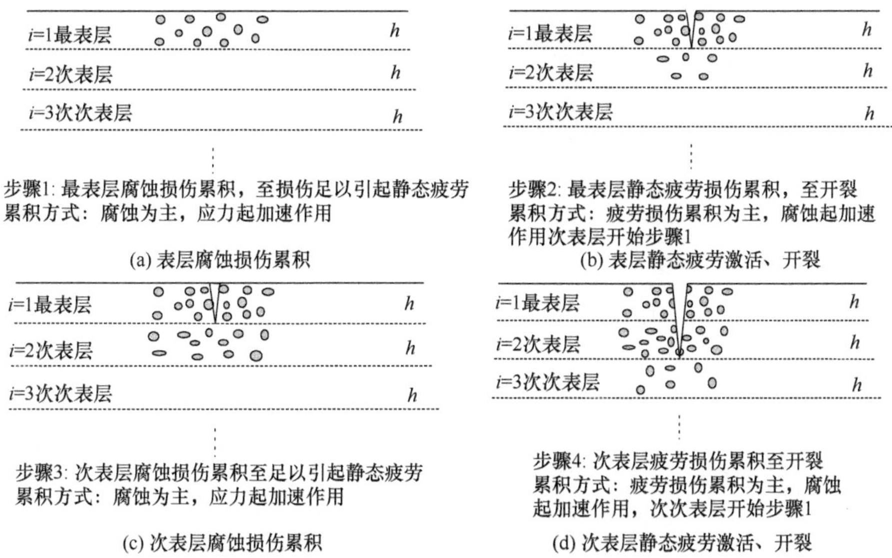

i=1最表层　h
i=2次表层　h
i=3次次表层　h

步骤1: 最表层腐蚀损伤累积，至损伤足以引起静态疲劳
累积方式：腐蚀为主，应力起加速作用

(a) 表层腐蚀损伤累积

i=1最表层　h
i=2次表层　h
i=3次次表层　h

步骤2: 最表层静态疲劳损伤累积，至开裂
累积方式：疲劳损伤累积为主，腐蚀起加速作用次表层开始步骤1

(b) 表层静态疲劳激活、开裂

i=1最表层　h
i=2次表层　h
i=3次次表层　h

步骤3: 次表层腐蚀损伤累积至足以引起静态疲劳
累积方式：腐蚀为主，应力起加速作用

(c) 次表层腐蚀损伤累积

i=1最表层　h
i=2次表层　h
i=3次次表层　h

步骤4: 次表层疲劳损伤累积至开裂
累积方式：疲劳损伤累积为主，腐蚀起加速作用，次次表层开始步骤1

(d) 次表层静态疲劳激活、开裂

图 8.2　应力腐蚀模式图

以下我们考虑两种较为特殊的情况：

(1) 静态疲劳损伤支配的应力腐蚀。

静态疲劳机理激活后，腐蚀损伤(相比于静态疲劳损伤)可以忽略，式(8.12)可得

$$\sigma^{\xi} t_{\mathrm{f}} = CI(\sigma), \quad C = 1/c_{\mathrm{s}}, \quad I(\sigma) = \int_{D_{\mathrm{s}}}^{D_{\mathrm{C}}} \frac{(1-D)^{\xi}}{1-\left(\dfrac{(1-D)\sigma_{\mathrm{SCC}}}{\sigma}\right)^{\zeta}} \mathrm{d}D \tag{8.16}$$

图 8.3 为铝-锂合金 2091-T8X 和 8090-T81 在 3.5wt%的 NaCl 溶液中的腐蚀开裂寿命试验结果[129]和式(8.16)的比较，两者符合得很好。理论计算中试取了几种迁移损伤，但对寿命曲线拟合的影响不大，只影响拟合时寿命比例系数的大小。因寿命比例系数本身是需要由实验结果决定的，故可将迁移损伤始终取为 0(但这并不意味着在初始损伤为零时也有静态疲劳损伤，而只是为了计算方便而已)。同

时这也表明了这种情况下潜伏寿命的影响可以忽略，即静态疲劳机理会很快被激活。潜伏寿命相比于静态疲劳寿命很小，可用静态疲劳寿命近似表示总的应力腐蚀寿命。对于这类情况，容易出现存在静态疲劳极限的假象，即寿命曲线在表象上趋于无穷的现象(图 8.3)。但实际上，在更长的寿命时，被忽略了的腐蚀损伤累积会显露出来，即因腐蚀损伤累积总会使得 $\sigma/(1-D)>\sigma_{\mathrm{SCC}}$，激活静态疲劳机理，即寿命曲线最终会下折。严格地说，实际上并不存在应力腐蚀门槛值，但作为静态疲劳损伤累积机制是否被激活的门槛值，始终是有意义的。

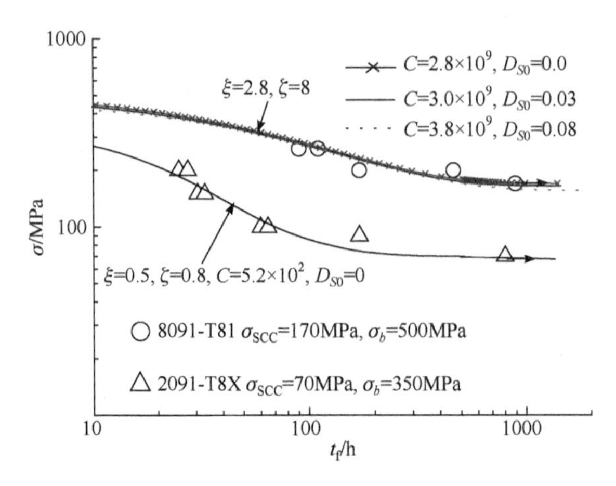

图 8.3　静态疲劳占支配地位时的应力腐蚀

(2) 腐蚀损伤与静态疲劳损伤耦合的应力腐蚀。

应力对腐蚀的加速作用一般可以忽略(除非特别大的应力，见 8.5 节)，此时，式(8.14)可简化为

$$t_f=\int_{D_{\mathrm{S}}}^{D_{\mathrm{C}}}\frac{1}{\dfrac{c_0}{(1-D)^m}+c_{\mathrm{s}}\left(\dfrac{\sigma}{1-D}\right)^{\xi}\left(1-\left(\dfrac{(1-D)\sigma_{\mathrm{SCC}}}{\sigma}\right)^{\zeta}\right)}\mathrm{d}D \tag{8.17}$$

不妨取 $D_{\mathrm{S}}=0$ (不是零时的影响可被包含在寿命系数里)进行计算。图 8.4(a)是不锈钢在 155℃的 45% $MgCl_2$ 溶液中的实验结果[130]与式(8.17)的比较，两者也符合得很好。这表明此时潜伏寿命也可忽略，但即使静态疲劳机理被激活，腐蚀损伤的贡献却仍不能忽略，故而寿命曲线中没有趋于无穷寿命的平台。在静态疲劳机理被激活后，腐蚀损伤的贡献可否忽略，取决于材料和环境的组合情况。当环境的腐蚀性较强时，往往没有门槛值行为。一般性的应力腐蚀寿命曲线如图 8.4(b)所示，其中平台部分的长短或者有无，取决于腐蚀损伤与静态疲劳损伤累积的强弱，有平台部分时，它对应的是静态疲劳的名义疲劳极限。

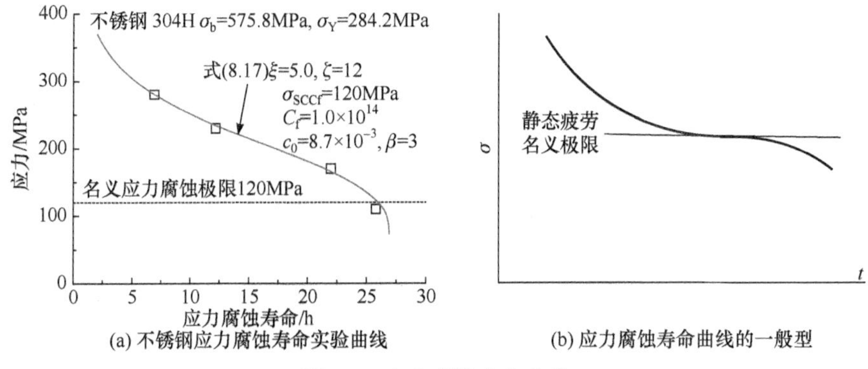

(a) 不锈钢应力腐蚀寿命实验曲线　(b) 应力腐蚀寿命曲线的一般型

图 8.4　应力腐蚀寿命曲线

式(8.16)实际上只是式(8.17)的特例。但它也是有用的。对于腐蚀和静态疲劳损伤耦合的情况，应力水平越高，相对来说腐蚀损伤的贡献就越小。故而可以用应力水平较高时的寿命，先用式(8.16)决定静态疲劳的特性系数，进而再用低应力水平时的寿命，用式(8.17)进一步决定腐蚀损伤的特性系数。

对于腐蚀环境下静态应力状态的结构寿命，即使表面涂有防腐蚀层，为预防防腐层的意外脱落，也需要按上述应力腐蚀寿命计算。对于寿命要求较高的结构，则一般须使应力在腐蚀门槛值以下，所以工程中常用的应力腐蚀设计准则是 $\sigma \leqslant \sigma_{SCC}$。但必须注意，这并不意味着无限寿命，因为最终会因腐蚀损伤累积导致 $\sigma/(1-D) > \sigma_{SCC}$ 而激活静态疲劳机理。

8.5　多轴应力腐蚀

上面介绍的腐蚀及静态疲劳损伤演化律可以与单轴应力状态的应力腐蚀寿命试验结果符合得很好，但对于多轴复杂应力状态，显然必须引入腐蚀等效应力后才能使用。由于应力腐蚀开裂是静态疲劳损伤累积导致的，而静态疲劳的有效应力是应变能等效应力。另外，腐蚀过程本质上也是一个能量平衡的问题。因此，应力腐蚀的等效应力，也需要采用总应变能等效应力：

$$\sigma_{ef} = \sqrt{I_1^2 - 2(1+\nu)I_2} \tag{8.18}$$

其中，I 为应力不变量，ν 为泊松比。根据此等效应力定义，可以方便地导出纯剪应力状态下的应力腐蚀门槛值：

$$\tau_{SCC} = \frac{\sigma_{SCC}}{\sqrt{2(1+\nu)}} = (0.577\sim0.707)\sigma_{SCC} \tag{8.19}$$

因此，纯剪应力腐蚀极限并不是一个独立的特性。对于拉剪组合状态的应力腐蚀

门槛，由式(8.18)可以得出

$$\sigma^2 + 2(1+\nu)\tau^2 \leqslant \sigma_{\mathrm{SCC}}^2 \quad 或 \quad \left(\frac{\sigma}{\sigma_{\mathrm{SCC}}}\right)^2 + \left(\frac{\tau}{\tau_{\mathrm{SCC}}}\right)^2 \leqslant 1 \tag{8.20}$$

后者是工程结构中常用的应力腐蚀设计准则(但 τ_{SCC} 往往是需要另测的)。对于更复杂的应力状态，设计准则可扩展为

$$\sigma_{\mathrm{ef}} = \sqrt{I_1^2 - 2(1+\nu)I_2} \leqslant \sigma_{\mathrm{SCC}} \tag{8.21}$$

需要注意的是，此种设计方法虽然简单，但因没有考虑经过足够长时间后，腐蚀损伤累积导致 $\sigma/(1-D) > \sigma_{\mathrm{SCC}}$ 而引发静态疲劳损伤机制，故对腐蚀环境下在役结构的定期点检，仍是必须的。当然，如果事先确定了腐蚀损伤和静态疲劳损伤特性，利用式(8.17)，是可以预测应力腐蚀开裂寿命的。

8.6　裂纹的应力腐蚀扩展速率曲线

对于均匀应力的小试件，腐蚀开裂寿命占总寿命的绝大部分(即裂纹腐蚀扩展至整体断裂的寿命很小)，因此，用 8.5 节的应力腐蚀开裂寿命评价，即为总寿命的评价。但是，对于复杂或具有应力集中点的工程结构，应力腐蚀起裂后，裂纹的腐蚀扩展仍会有相当长的寿命。但裂纹扩展到何种程度应视作结构的失效，包含经验及人为的因素。一般情况下，腐蚀开裂起裂即认为结构失效，腐蚀环境下的结构点检做的就是此事。但在一些结构剩余寿命评价中，也常常需要用到腐蚀裂纹扩展速率曲线(虽然这实际上可能属于无效寿命)。

应力腐蚀的经验裂纹扩展规律如图 8.5 所示，可近似地表达为

$$\frac{\mathrm{d}a}{\mathrm{d}t} = \begin{cases} C_1 + C_2 K^{m_1} & 区间\ \mathrm{I} \\ C_3 & 区间\ \mathrm{II} \\ C_4 + C_5 K^{m_2} & 区间\ \mathrm{III} \end{cases} \tag{8.22}$$

这里，C_i 为与具体腐蚀环境以及温度有关的系数，K 为应力强度因子。其中平台部分让人有不可思议的感觉，因为它意味着应力或应力强度因子的增加，对腐蚀裂纹扩展速率没有影响。特别指出，平台部分的扩展速率较大，意味着将很快发生断裂，剩余寿命已基本可以忽略。这一特别的腐蚀裂纹扩展速率行为，实际上是可以用 8.5 节介绍的应力腐蚀寿命来说明的。当裂尖特征长度内的平均应力小于应力腐蚀门槛值 σ_{SCC} 时，裂尖不会腐蚀开裂，即裂纹不会扩展，故有裂纹扩展的门槛值 K_{ISCC}(当然，因 σ_{SCC} 的存在性有争议，K_{ISCC} 的存在性也是有争议的)。裂尖特征长度内的材料应力腐蚀寿命，可区分为潜伏寿命和静态疲劳开裂寿命以

及裂纹扩展寿命，扩展速率 $\mathrm{d}a/\mathrm{d}t = L/t_{\mathrm{SCC}} = L/(t_{\mathrm{in}}+t_{\mathrm{f}})$。当裂尖应力水平很高时，其静态疲劳开裂寿命 t_{f} 就很小，应力腐蚀寿命主要由潜伏寿命决定。而由式 (8.11)，潜伏寿命是个常数，故裂纹扩展速率也必然是个常数。由于多数材料的应力腐蚀裂纹扩展有常速段，意味着潜伏寿命在一个相当大的应力范围内必须基本保持为常数，这就说明了应力对腐蚀损伤的加速作用，在很大的一个应力范围内，是可以忽略的。但任何事情总有一个度，当应力非常大时，这种加速作用，也就是式(8.2)中的第二项，相比于第一项，会变得不可忽略甚至占支配地位，导致潜伏寿命变小，裂纹扩展速率急速增大。

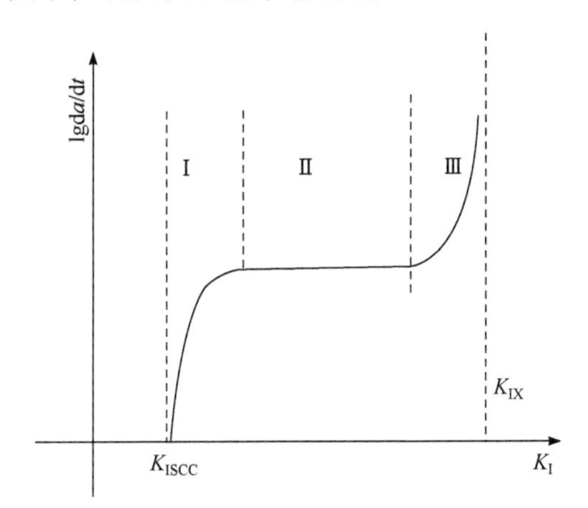

图 8.5　腐蚀裂纹扩展的典型速率曲线

必须注意的是，由于潜伏寿命在稳态扩展时，本身就是小量，故稳态扩展速率必然是相当大的，即实际上所剩寿命已不多了。应力腐蚀的寿命主要还是在起裂阶段，一旦形成宏观裂纹，由于扩展速率大，就会很快断裂。只有在应力强度因子接近于 K_{ISCC} 时，才仍会有一定的寿命。因此，只有对低速区的裂纹扩展速率研究才是有现实意义的。

应力腐蚀裂纹扩展速率试验是比较麻烦的，可通过引入应力腐蚀特征长度和特征长度内的静态疲劳应力，从光滑试件的应力腐蚀 S-t 曲线，推导得到扩展速率曲线，只需另行进行少量裂纹扩展试验，决定寿命比例系数即可。裂尖特征长度内的平均应力可表示为

$$L_{\mathrm{SC}} = \frac{2}{\pi}\left(\frac{FK_{\mathrm{ISCC}}}{\sigma_{\mathrm{SCC}}}\right)^2, \quad F = \begin{cases} \sqrt{2-2\nu} & \text{平面应力} \\ \sqrt{2-2\nu-4\nu^2} & \text{平面应变} \end{cases} \tag{8.23}$$

$$\bar{\sigma} = \frac{1}{L_{\mathrm{SC}}}\int_0^{L_{\mathrm{SC}}} \frac{FK_{\mathrm{I}}}{\sqrt{2\pi r}}\mathrm{d}r = \frac{2FK_{\mathrm{I}}}{\sqrt{2\pi L_{\mathrm{SC}}}} = \frac{\sigma_{\mathrm{SCC}}K_{\mathrm{I}}}{K_{\mathrm{ISCC}}} \tag{8.24}$$

利用该长度内的平均等效应力，裂纹腐蚀扩展条件就等效于光滑材料的应力

腐蚀条件，故而可以利用该应力来计算裂尖特征长度内材料的应力腐蚀寿命，进而得出裂纹扩展速率为

$$\frac{\mathrm{d}a}{\mathrm{d}t}=\frac{L_{\mathrm{SC}}}{t_{\mathrm{in}}+t_{\mathrm{f}}} \tag{8.25}$$

进而考虑裂尖初始损伤的影响，进行少量实验，对式(8.25)的计算曲线进行平移即可。

8.7 腐蚀疲劳及其寿命

腐蚀疲劳(corrosion fatigue)是指在腐蚀环境下，结构因承受循环载荷而发生疲劳的现象。由于腐蚀环境对损伤累积的促进作用，腐蚀疲劳的寿命、疲劳极限等比普通疲劳都要低得多。当平均应力超过腐蚀开裂极限σ_{SCC}时，由于腐蚀循环疲劳与应力腐蚀的双重作用，一般很快就会发生疲劳破坏。

一般性地，在腐蚀疲劳中有三种损伤累积机制在起作用。一是腐蚀损伤，包括循环应力和平均应力都对其的促进作用；二是静态疲劳损伤(因腐蚀环境而被激活)，主要与平均应力有关；三是循环疲劳损伤。腐蚀环境对静态和循环疲劳损伤都有促进作用。故即使对于单轴单频腐蚀疲劳，其损伤演化律也必须以耦合损伤演化的形式来表示[131]：

$$\frac{\mathrm{d}D}{\mathrm{d}t}=\frac{c_{\mathrm{nc}}(\sigma_{\mathrm{m}},\sigma_{\mathrm{a}})}{(1-D)^{m}}+c_{\mathrm{SC}}\left(\frac{\sigma_{\mathrm{m}}}{1-D}\right)^{\xi}H_{\mathrm{m}}+c_{\mathrm{Sf}}(\sigma_{\mathrm{m}})\left(\frac{\dot{\sigma}}{1-D}\right)\left(\frac{\sigma}{1-D}\right)^{\beta+1}H \tag{8.26a}$$

$$H=\begin{cases}1-\left(\dfrac{(1-D)\sigma_{\mathrm{Sf}}}{\sigma}\right)^{\gamma}, & \dfrac{\sigma}{1-D}>\sigma_{\mathrm{Sf}}\\[2ex] 0, & \dfrac{\sigma}{1-D}\leqslant\sigma_{\mathrm{Sf}}\end{cases} \tag{8.26b}$$

其中，ξ、ζ、β、γ等都与腐蚀环境有关，而不仅仅只取决于材料。这里，$\sigma_{\mathrm{Sf}}(\sigma_{\mathrm{m}})$、$c_{\mathrm{Sf}}(\sigma_{\mathrm{m}})$不仅与腐蚀液种类、浓度有关，而且也与平均应力有关，与普通疲劳的性能是大不相同的。尤其是疲劳极限，会有大幅的降低，并且由于存在腐蚀损伤，严格地说并不存在腐蚀疲劳极限(但关于是否存在腐蚀疲劳极限，尤其在实验研究者中尚有争论)。但对于光滑试件，从寿命足够长的角度，实用中也常人为定义一个腐蚀疲劳极限，不过它实际上只是名义上的，在更长的循环数下，因自然腐蚀损伤累积，仍会发生疲劳。

8.7.1 对称循环腐蚀疲劳

腐蚀疲劳的应力谱也是很复杂的，利用单轴单频的腐蚀疲劳试验，只是为了

确定式(8.26)中的特性系数。对称疲劳时仍有腐蚀损伤，但静态疲劳损伤可以忽略。对于单轴单频问题，其损伤演化律可简化为

$$\frac{\mathrm{d}D}{\mathrm{d}t}=\frac{c_0}{(1-D)^m}+c_{\mathrm{Sf}}\omega\left(\frac{\sigma_{\mathrm{a}}}{1-D}\right)^{\beta+1}\left|\sin\omega t\right|^{\beta}\left|\cos\omega t\right|H \tag{8.27}$$

积分得

$$N_{\mathrm{fC}}=\int_0^{D_{\mathrm{C}}}\frac{\mathrm{d}D}{\dfrac{c_0T_0}{(1-D)^m}+\dfrac{c_{\mathrm{fs}}\sigma_{\mathrm{a}}^{\beta+1}t}{(1-D)^{\beta+1}}} \tag{8.28}$$

其中，$c_{\mathrm{fs}}=1/C_{\mathrm{f}}$ 等循环疲劳参数可通过较高循环应力水平的腐蚀疲劳先行试验求取，仅剩腐蚀损伤系数 c_0T_0 和指数 m，需要通过腐蚀疲劳极限附近及以下的实验数据决定。

图 8.6、图 8.7 分别为低碳钢、铝镁合金的腐蚀疲劳寿命实验结果[132,133]与式(8.28)的比较，可知整条由式(8.28)计算得出的 S-N 曲线都与实验结果吻合很好。不同试验频率下，腐蚀疲劳的 S-N 曲线是不同的，在式(8.28)中，体现为载荷周期 T_0 的影响。

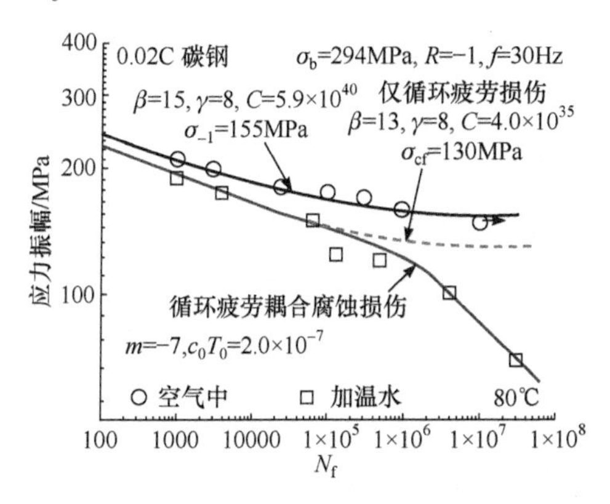

图 8.6　低碳钢的腐蚀疲劳寿命曲线

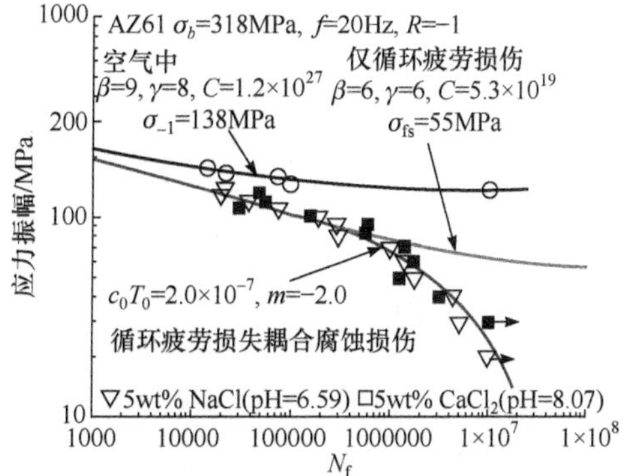

图 8.7　铝镁合金 AZ61 的腐蚀疲劳寿命曲线

值得注意的是，虽然在循环疲劳损伤的计算中仍用了名义腐蚀疲劳极限，但在它以下的应力振幅，仍然只有有限寿命。因此，所谓腐蚀疲劳极限，是针对循环损伤累积机制被激活的一个参数，并不是腐蚀损伤累积的极限。因此，不是把循环应力振幅控制在此极限以下就有足够长寿命的。另一个需要注意的问题是，因腐蚀损伤累积是时间依存的，故而该寿命必然是试验频率依存的。但式(8.28)意味着不同频率的疲劳 S-N 曲线，无须另行实验，以一种频率的试验决定特性常数后，其他频率就可由式(8.28)算出，如图 8.8 所示。这一点在实际应用中非常重要，否则频率依存性不仅要求各种频率下的实验，而且仍难以应用到多频疲劳载荷的场合。

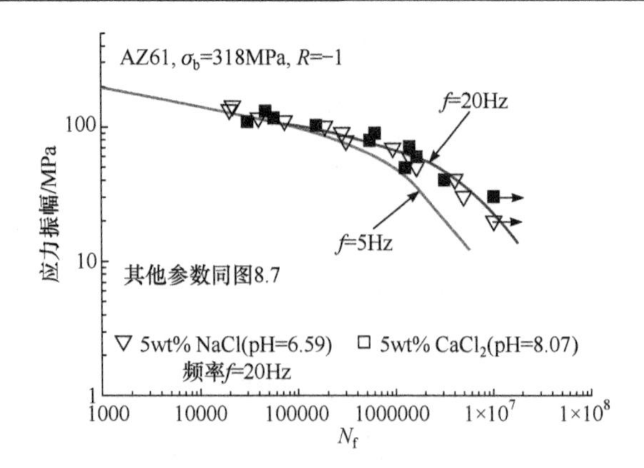

图 8.8　频率对腐蚀疲劳寿命的影响

8.7.2　腐蚀疲劳的潜伏寿命

当循环应力振幅小于名义腐蚀疲劳极限时，即$\sigma_a < \sigma_{Sf}$时，须先由腐蚀损伤累积至

$$\frac{\sigma_a}{1-D_s}=\sigma_{Sf},\quad D_s=1-\frac{\sigma_a}{\sigma_{Sf}} \tag{8.29}$$

循环疲劳机理才能被激活。这一阶段的寿命，称为腐蚀疲劳的潜伏寿命。反之，如果$\sigma_a > \sigma_{Sf}$，则一开始就有疲劳，潜伏寿命为零。总寿命为

$$N_{fC}=\int_0^{D_s}\frac{dD}{\dfrac{c_0T_0}{(1-D)^m}}+\int_{D_s}^{D_C}\frac{dD}{\dfrac{c_0T_0}{(1-D)^m}+\dfrac{c_{fs}\sigma_a^{\beta+1}t}{(1-D)^{\beta+1}}}=N_{inf}+N_{fcyc} \tag{8.30}$$

其中，第一项

$$N_{inf}=\frac{1-(\sigma_a/\sigma_{Sf})^{m+1}}{c_0T_0(m+1)} \tag{8.31}$$

是腐蚀疲劳潜伏寿命，N_{fcyc}是剩余循环疲劳寿命，但仍包含腐蚀损伤的贡献。当应力幅足够小时，潜伏寿命就占支配地位，即$N_{fC}\approx N_{inf}$。图 8.9 和图 8.10 表示了式(8.31)的潜伏寿命与总的腐蚀疲劳寿命的关系。由图可知，低应力幅时，可以只考虑潜伏寿命，高应力幅时可只考虑腐蚀加速了的循环疲劳寿命，而在名义疲劳极限附近，则必须同时考虑腐蚀损伤和循环损伤，即必须采用式(8.30)来进行寿命估算。

从以上两个验证实例还可以观察到一个很有意思的现象，即自然腐蚀的损伤累积指数也可以是负数，即腐蚀损伤累积速率不断减小的现象，可表示成

$$\frac{dD}{dt}=c_0(1-D)^{-m}=c_0(1-D)^n \tag{8.32}$$

这是因为腐蚀反应形成的化合物使表层体积膨胀阻碍了腐蚀液体的渗入。

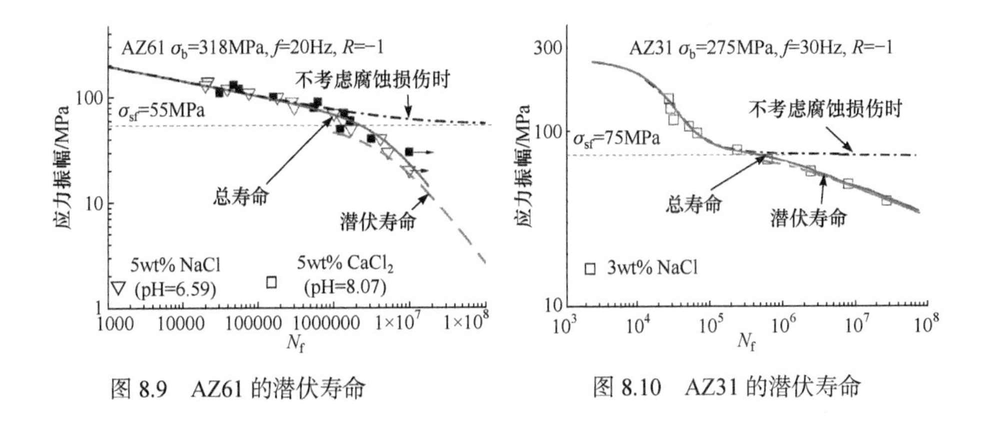

图 8.9　AZ61 的潜伏寿命　　图 8.10　AZ31 的潜伏寿命

8.7.3　非对称腐蚀疲劳

如果平均应力 $\sigma_{\rm m} > \sigma_{\rm SCC}$，则腐蚀、静态、循环损伤并存，一般寿命很短。故实际应用中必须使 $\sigma_{\rm m} < \sigma_{\rm SCC}$。但作为一种腐蚀疲劳理论，则不管平均应力的大小，应当都可以计算。理论上腐蚀疲劳寿命可以通过数值积分式(8.26)得到。但循环损伤是循环依存的，而腐蚀、静态损伤是时间依存的，所以数值积分还需要技巧。一般情况下，可以采用时间增量法，即针对微小时间增量 Δt 计算损伤增量 ΔD，逐步计算损伤增量进行累积，直至临界损伤 $D_{\rm C}$ 来计算腐蚀疲劳寿命。对于单轴单频的腐蚀疲劳，疲劳应力可简单地表示为 $\sigma = \sigma_{\rm m} + \sigma_{\rm a}\sin\omega t$，可以近似地认为一个载荷循环中损伤的增量是微量(当载荷频率非常低时，这一假定不成立)，式(8.26)可以改写成循环计数的形式

$$\frac{{\rm d}D}{{\rm d}N} = \left[\frac{c_0}{(1-D)^m} + c_{\rm SC}\left(\frac{\sigma_{\rm m}}{1-D}\right)^{\xi} H_{\rm m}\right]T_0 + c_{\rm Sf}(\sigma_{\rm m})\left(\frac{\sigma_{\rm a}}{1-D}\right)^{\beta+1}\int_0^{2\pi} H\left|\sin\theta\right|^{\beta}\left|\cos\theta\right|{\rm d}\theta$$
$$= \frac{c_0 T_0}{(1-D)^m} + c_{\rm SC}\left(\frac{\sigma_{\rm m}}{1-D}\right)^{\xi} H_{\rm m}T_0 + c_{\rm Sf}\left(\frac{\sigma_{\rm a}}{1-D}\right)^{\beta+1} t_1 \tag{8.33a}$$

$$t_1 = \int_0^{2\pi} H\left|\sin\theta\right|^{\beta}\left|\cos\theta\right|{\rm d}\theta \tag{8.33b}$$

频率相关性体现在腐蚀和静态疲劳损伤中。这样，单轴腐蚀疲劳寿命就可表示成

$$N_{\rm fC} = \int_0^{D_{\rm C}} \frac{{\rm d}D}{\dfrac{c_0 T_0}{(1-D)^m} + c_{\rm SC}\left(\dfrac{\sigma_{\rm m}}{1-D}\right)^{\xi} H_{\rm m}T_0 + c_{\rm Sf}\left(\dfrac{\sigma_{\rm a}}{1-D}\right)^{\beta+1} t} \tag{8.34}$$

利用式(8.34)拟合试验结果确定损伤特性系数，代回式(8.26)，就可适用于任意应力谱的腐蚀疲劳寿命评价。在利用式(8.33)决定损伤特性系数时，要注意应力腐蚀所涉及的损伤特性系数c_{SC}、ξ、ζ、σ_{SCC}，可通过单独的应力腐蚀实验求取。疲劳损伤特性β、γ可以用对称循环腐蚀疲劳试验确定，只有腐蚀疲劳损伤系数和名义极限c_{Sf}、σ_{Sf}需要通过非对称腐蚀疲劳试验确定。当应力振幅相对较高时，自然腐蚀损伤可以忽略，可简化为

$$N_{fC} = \int_0^{D_C} \frac{dD}{c_{SC}\left(\frac{\sigma_m}{1-D}\right)^{\xi} H_m T_0 + c_{Sf}\left(\frac{\sigma_a}{1-D}\right)^{\beta+1} t} \tag{8.35}$$

这样，可以用应力幅较高时的数据先确定c_{Sf}，然后用应力幅较低的试验结果确定腐蚀损伤系数等。图 8.11 为式(8.35)与铝合金在模拟海水中的腐蚀疲劳试验结果的比较[131]，理论与试验结果吻合很好。必须指出的是，由于非对称腐蚀疲劳所涉及的损伤特性参数多达 10 个，直接从非对称疲劳实验数据拟合确定腐蚀疲劳参数是非常困难的，必须分步进行应力腐蚀、对称腐蚀疲劳和非对称腐蚀疲劳，逐步确定相应的损伤特性系数。

在图 8.11 中的腐蚀疲劳寿命的理论预测曲线，没有考虑自然腐蚀损伤的影响，换句话说，只是针对高应力幅部分。当需要处理应力幅低的长寿命问题时，必须利用式(8.34)，如图 8.12 所示，S-N 曲线在长寿命侧会向下弯曲。因此，不存在严格意义上的所谓腐蚀疲劳极限，但某些情况下寿命曲线中会出现一个比较平坦的部分。如果寿命要求在此平台以前，则把平台应力作为腐蚀疲劳极限也无不可。

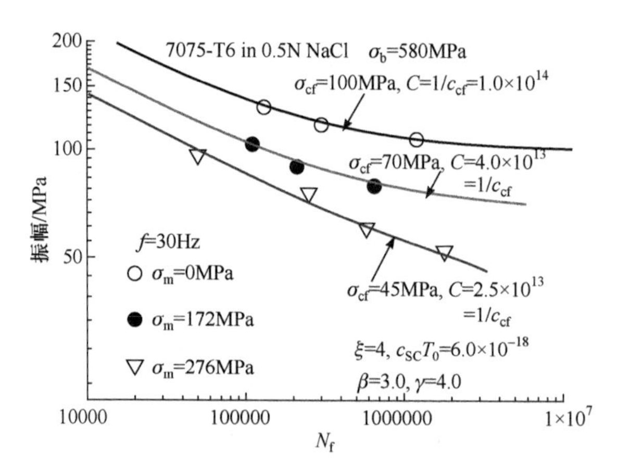

图 8.11　非对称腐蚀疲劳 S-N 曲线

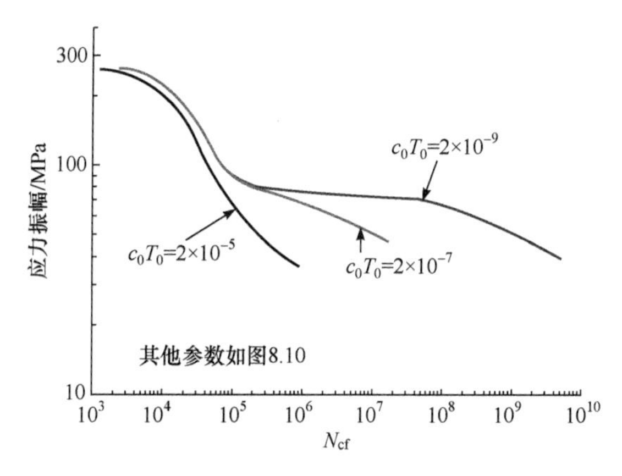

图 8.12　典型腐蚀疲劳寿命曲线

8.7.4　结构的多轴多频腐蚀疲劳

对于多轴多频的实际工程问题，任意应力谱总可表示成 $\sigma_{ij}=\sigma_{ijm}+\sum\sigma_{ijk}\sin(\omega_k t+\varphi_k)=\sigma_{ijm}+\sigma_{ijt}$，需根据各类损伤机理，采用不同的等效应力，来把单轴单频的损伤演化律扩展到多轴多频：

$$\frac{\mathrm{d}D}{\mathrm{d}t}=\left.\frac{\mathrm{d}D}{\mathrm{d}t}\right|_{\text{corrosion}}+\left.\frac{\mathrm{d}D}{\mathrm{d}t}\right|_{\text{static}}+\left.\frac{\mathrm{d}D}{\mathrm{d}t}\right|_{\text{fatigue}} \tag{8.36}$$

$$\left.\frac{\mathrm{d}D}{\mathrm{d}t}\right|_{\text{corrosion}}=\frac{c_0+c_i\left(\dfrac{\sigma_{\text{strainef}}}{1-D}\right)^{\beta}}{(1-D)^m} \tag{8.37}$$

$$\left.\frac{\mathrm{d}D}{\mathrm{d}t}\right|_{\text{static}}=c_{\mathrm{s}}\left(\frac{\sigma_{\text{strainef}}}{1-D}\right)^{\xi}H_{\mathrm{m}},\quad H_{\mathrm{m}}=\begin{cases}1-\left(\dfrac{(1-D)\sigma_{\mathrm{SCC}}}{\sigma_{\text{strainef}}}\right)^{\zeta}, & \dfrac{\sigma_{\text{strainef}}}{1-D}>\sigma_{\mathrm{SCC}}\\ 0, & \dfrac{\sigma_{\text{strainef}}}{1-D}\leqslant\sigma_{\mathrm{SCC}}\end{cases} \tag{8.38}$$

$$\left.\frac{\mathrm{d}D}{\mathrm{d}t}\right|_{\text{fatigue}}=c_{\mathrm{Sf}}\left(\frac{\dot{\sigma}_{\mathrm{ef}}(t)}{1-D}\right)\left(\frac{\sigma_{\mathrm{ef}}(t)}{1-D}\right)^{\beta}H,\quad H=\begin{cases}1-\left(\dfrac{(1-D)\sigma_{\mathrm{Sf}}}{|\sigma_{\mathrm{et}}(t)|}\right)^{\gamma}, & \dfrac{|\sigma_{\mathrm{ef}}(t)|}{1-D}>\sigma_{\mathrm{Sf}}\\ 0, & \dfrac{|\sigma_{\mathrm{ef}}(t)|}{1-D}\leqslant\sigma_{\mathrm{Sf}}\end{cases} \tag{8.39}$$

$$\sigma_{\text{strainef}}=\sqrt{I_1^2-2(1+\nu)I_2} \tag{8.40a}$$

$$\sigma_{\mathrm{ef}}(t)=\sqrt{I_{1\mathrm{t}}^2-\frac{2(1+\nu)^2}{1+2\nu^2}I_{2\mathrm{t}}},\quad \sigma_{\mathrm{efm}}=\sqrt{I_{1\mathrm{m}}^2-\frac{2(1+\nu)^2}{1+2\nu^2}I_{2\mathrm{m}}} \tag{8.40b}$$

其中，I_k 为关于 σ_{ij}，I_{km} 为关于 σ_{ijm}，I_{kt} 为关于 σ_{ijt} 的第 k 个应力不变量。利用时间增量法计算 ΔD，累积至

$$D = D_0 + \sum \Delta D = D_C = 1 - \sigma_{1\max} / \sigma_b \tag{8.41}$$

就可得到蠕变疲劳寿命 $t_f = \sum \Delta t$。

8.8　腐蚀环境下的裂纹疲劳扩展

8.7 节介绍的腐蚀疲劳寿命，实际上仅是结构的腐蚀疲劳起裂寿命。由于腐蚀是从表面开始的，因此，即使结构均匀受力，腐蚀疲劳起裂后也会有相当长的扩展寿命，这是与其他疲劳形式有本质不同的，因为腐蚀介质在表层开裂前对内部材料是基本不起作用的。在其他形式的结构疲劳中，起裂寿命占有效总寿命的绝大部分，但腐蚀疲劳则不然，起裂后的裂纹扩展寿命甚至可以成为总寿命的主体。目前已有许多关于腐蚀疲劳裂纹扩展的实验研究。根据裂纹扩展速率曲线的形式，当 $\lg(\mathrm{d}a/\mathrm{d}N) \sim \lg(\Delta K)$ 曲线有部分线性段时，常被称为循环依存的腐蚀疲劳扩展，当 $\lg(\mathrm{d}a/\mathrm{d}t) \sim \lg(\Delta K)$ 曲线有部分线性段时，该腐蚀疲劳扩展称为时间依存型腐蚀疲劳扩展。当然也有无论采用何种描述，都无线性段的情况，称为混合型腐蚀疲劳扩展。应当说，这种区分只是为了实验结果处理的方便，没有任何特别的理论意义。从理论上来看，裂纹的腐蚀疲劳扩展，本质上是裂尖材料的腐蚀疲劳起裂过程，由三种损伤累积机制(参见式(8.26))耦合在一起。扩展速率曲线有无直线段，以及直线段的区间如何，包含太多因素的影响，不能简单地一概而论。从总体上看，腐蚀疲劳扩展速率曲线(图 8.13)也与非腐蚀环境下普通裂纹疲劳扩展速率曲线有明显不同。裂纹扩展的门槛值行为不明显(理论上由于存在腐蚀损伤，没有门槛值行为)，甚至反而是较为平坦的，且频率依存性非常大。虽然仍可将足够小的扩展

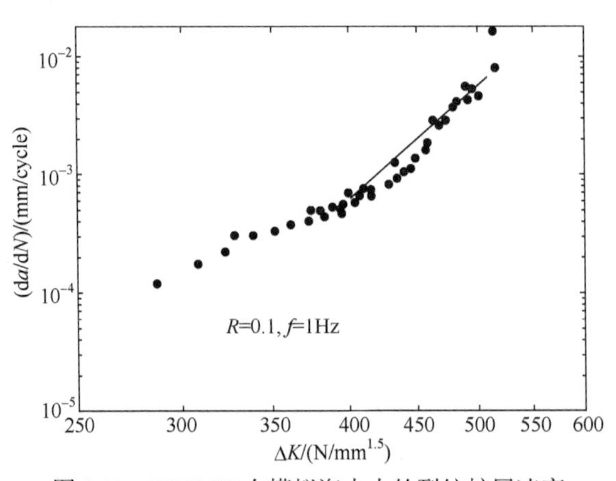

图 8.13　LY12CZ 在模拟海水中的裂纹扩展速率

速率视为扩展门槛，但与普通扩展的规定值在$10^{-8}\sim10^{-7}$ m/s(或在循环计数时m/N)左右不同，腐蚀疲劳扩展很难小到这一程度，需要取更大的规定值。并且即使在该规定值以下，扩展速率也不是快速趋于零的。

从式(8.26)的腐蚀疲劳耦合损伤演化角度来看，上述复杂的裂纹扩展行为是很好理解的。虽然由于不存在腐蚀疲劳极限以及门槛值，故无法定义相应的特征长度，但我们可以任取一个长度L_C，计算该长度内的代表应力，进而利用式(8.36)计算其腐蚀疲劳寿命t_f，对于单轴单频的试验应力，$N_f = t_f / T$，利用$da / dN = L_C / N_f$就可以计算裂纹扩展速率。定性地，对于不同长度的取法，代表应力都有$\sigma_{ef} = c\Delta K$的关系，所不同的只是系数而已。当应力强度因子范围较小并接近于“门槛值时”，潜伏寿命决定了裂纹扩展速率。根据式(8.31)，此时的扩展速率可以表示为

$$\left.\frac{da}{dN}\right|_{\text{small }\Delta K} = \frac{L_C}{N_{\inf}} = \frac{L_C c_0 T_0 (m+1)}{1-(c\Delta K / \sigma_{sf})^{m+1}} \tag{8.42}$$

这意味着在$\lg(da/dN)\sim\lg\Delta K$的双对数图上，扩展速率也不随$\Delta K$减小而急剧趋于零的关系，反而是趋于平坦的。而当$\Delta K$较大时，如果$\sigma_m < \sigma_{SCC}$，则裂尖腐蚀疲劳总寿命主要取决于循环疲劳寿命

$$\left.\frac{da}{dN}\right|_{\text{Large }\Delta K} = \frac{L_C}{N_f} = \frac{L_C (c\Delta K)^{\beta+1}}{C_f I(\sigma_a)} \tag{8.43}$$

故在双对数图上将会出现某种线性关系。但如果$\sigma_m > \sigma_{SCC}$，则疲劳寿命须由式(8.35)计算，故而也不会出现线性关系，而呈所谓的混合型腐蚀疲劳形式。

从耦合损伤演化理论来看，整条裂纹扩展速率曲线的理论表达式为

$$\frac{da}{dN} = \frac{L_C}{\displaystyle\int_0^{D_C} \frac{dD}{\dfrac{c_0 T_0}{(1-D)^m} + d_{SC}\left(\dfrac{K_m}{1-D}\right)^{\xi} H_m T_0 + d_{sf}\left(\dfrac{\Delta K}{1-D}\right)^{\beta+1} t}} \tag{8.44}$$

其中，d_{SC}、d_{sf}必须结合少量实验结果确定。看上去非常复杂的裂纹扩展曲线，实际上仅是由三种损伤的相对大小关系所决定的。

思　考　题

1. 钢铝的结合面也会发生应力腐蚀。其寿命可以采用与表面应力腐蚀相同的评价方法吗?
2. 应力腐蚀极限是常用的材料抵抗腐蚀的一个特性常数。这样的极限真的存在吗？为什么应用中可被采用?
3. 试考察潜伏寿命及其形成机理。

4. 裂纹的腐蚀开裂速率为什么会有平台现象？如果发生裂纹，为什么应力强度因子只有在接近门槛值附近时，才有应用意义？
5. 裂纹扩展的应力腐蚀门槛值真的存在吗？
6. 腐蚀疲劳的 *S-N* 曲线，与普通疲劳 *S-N* 曲线相比，有什么特征。
7. 腐蚀疲劳必定是频率依存的，为什么？
8. 思考决定应力腐蚀损伤累积与腐蚀环境下的循环疲劳损伤累积特性系数的决定方法。
9. 有、无应力时的腐蚀失效形式、准则是不同的。对于其他环境，例如辐照环境，有、无应力时其失效形式是否会相同。

附录 1　弹、塑性力学理论基础

F1.1　连续性假定

力学分析关心的是物体受力(作用)后的响应，所以首先要规定对物体、作用、响应的表征方法。例如，在经典力学中是用质点弹簧系或刚体来表征物体，用力来表征作用，用运动(位移、速度、加速度)来表征响应的。所有力学分析理论实际上都是从作用-作用(平衡)、响应-响应(几何微分)、作用-响应(第二定律)的三组基本关系出发来建立参数分析方法的。但对于工程结构材料，人们更多关心的是其变形、破坏等响应，用质点弹簧系表征工程材料会引发诸多不便甚至谬误，而须引入连续体假定，用连续体来表征工程材料。我们知道，实际材料总是有微观组织结构和缺陷的，如晶粒、分子、原子、微空洞等，并且微观组织结构和缺陷的形式、分布往往都是有随机性的。这意味着从微观来看，材料是由一些离散的微观结构构成的(这些微观结构在微观上如何表征，实际上也是需要研究的)，但从宏观上看，如果只局限于其受力和变形，显然我们可以不必考虑材料内部的具体各类微观结构(实际上因随机性也考虑不了)，而把其看成是弥漫于该实际材料几何外形空间内的一种假想“物体”，该“物体”没有任何微观组织结构，这称为连续体假定。在此假定下，极限操作成立，应力应变的定义可改写为

$$\sigma = \lim_{\Delta S \to 0} \frac{\Delta F}{\Delta S}, \quad \varepsilon = \lim_{\ell \to 0} \frac{\Delta \ell}{\ell}$$

显然对于实际材料，趋于零后上式定义是没有物理意义的，这是只在连续体假定基础上才成立的定义。必须注意的是，连续体是不能用质点弹簧系来代替的，因为在质点弹簧系内，作用与响应(力与运动)都只是矢量，而在连续体内，作用与响应(应力应变)都是张量，如图 F1.1 所示。

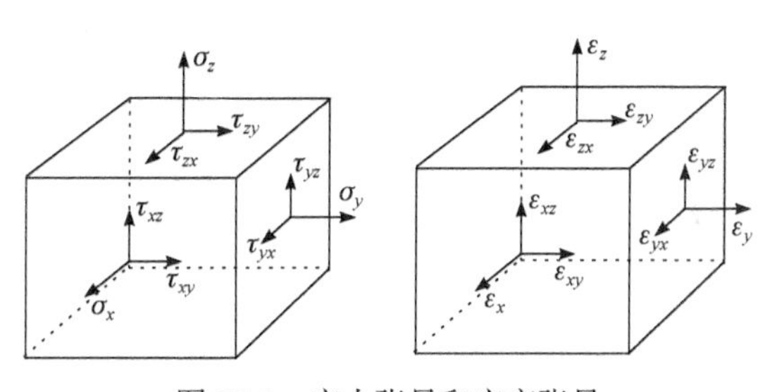

图 F1.1　应力张量和应变张量

采用连续体假定后，由三种基本关系建立控制方程并进行应力应变分析，基本上是应用数学的工作。这种分析是与材料微观组织结构完全无关的，所以连续体假定是没有任何问题的。但对于实际材料的失效来说，微观组织结构和缺陷是要影响材料失效形式、材料强度的，是必须纳入考虑范围的。因此，工程结构材料失效评价的难点是，要把假定不同(表征模型不同)的两套东西，即一边是在连续体假定基础上获得的评价参数——应力应变，另一边是与微观组织结构密切相关的失效，联系起来建立失效准则来判断是否会失效。

F1.2　弹 性 理 论

弹性是指卸载后变形可完全回复的情况。弹性理论建立在以下假定的基础上：①连续性假定，②均匀性假定，③小变形假定。局限于线性弹性的，还要引入线弹性假定。区分作用(应力)与响应(应变)后，对不同性质的连续体，这三组关系的具体形式有所不同。弹性理论是从平衡方程、几何方程和弹性本构关系三组方程出发，结合边界和初始条件，求解应力、应变、位移的方法。弹性包括线性和非线性两种，非线性弹性问题可通过逐段线性近似来作线性化处理，因此，最为关键的基础是线弹性理论。

1. 平衡关系

对应于作用-作用间的关系，必须满足力的平衡条件，从连续体中的点来看，就是

$$\begin{aligned}
&\frac{\partial \sigma_x}{\partial x}+\frac{\partial \tau_{xy}}{\partial y}+\frac{\partial \tau_{xz}}{\partial z}+b_x=\rho\frac{\partial^2 u}{\partial t^2}\\
&\frac{\partial \tau_{xy}}{\partial x}+\frac{\partial \sigma_y}{\partial y}+\frac{\partial \tau_{yz}}{\partial z}+b_y=\rho\frac{\partial^2 v}{\partial t^2}\\
&\frac{\partial \tau_{xz}}{\partial x}+\frac{\partial \tau_{yz}}{\partial y}+\frac{\partial \sigma_z}{\partial z}+b_z=\rho\frac{\partial^2 w}{\partial t^2}
\end{aligned}\tag{F1.1}$$

其中，u、v、w 为位移，其二阶导数即加速度乘密度，是惯性力，平衡方程中必须考虑惯性力的弹性理论，称为弹性动力学理论。此外还有三个关于旋转的平衡方程 $\tau_{ij}=\tau_{ji}$，作为暗默满足的平衡条件。由于该平衡方程是建立在连续体点上的，故这一平衡关系与材料模型、变形方式无关，是普适的。当然，此关系成立的前提是连续性和均匀性假定。对于实际结构中可能出现的不连续面或间断面，两侧的连续体都可应用该方程，但在不连续面上，需要用该面上的力学条件(包括连续和不连续量之间的关系)，把两个区域联系起来。

2. 几何关系

几何关系对应于响应-响应间的关系，描述的是应变和变形之间的关系，与响应的描述方法有关。常用的响应描述方法是以连续体变形前的位置为出发点，考虑小变形状态(变形的二阶以上偏导数可以忽略)，即

$$
\begin{aligned}
&\varepsilon_x=\frac{\partial u}{\partial x},\quad \varepsilon_y=\frac{\partial v}{\partial y},\quad \varepsilon_z=\frac{\partial w}{\partial z},\quad \gamma_{xy}=2\varepsilon_{xy}=\frac{\partial u}{\partial y}+\frac{\partial v}{\partial x}\\
&\gamma_{xz}=2\varepsilon_{xz}=\frac{\partial u}{\partial z}+\frac{\partial w}{\partial x},\quad \gamma_{yz}=2\varepsilon_{yz}=\frac{\partial v}{\partial z}+\frac{\partial w}{\partial y}
\end{aligned}
\tag{F1.2}
$$

这样定义的应变 ε_{ij} 称为柯西应变，其中 γ_{ij} 称为工程剪应变。弹性理论一般只考虑小变形，此时几何方程是线性的。必须考虑大变形时，需要采用以下的格林应变定义：

$$
\varepsilon_{ij}=\frac{1}{2}\left[u_{i,j}+u_{j,i}\right]+\frac{1}{2}u_{k,i}u_{k,j}
$$

此关系也是在连续性假定的基础上导出的，但是是非线性的，故大变形问题常称为几何非线性问题。对于非连续面，处理方法与平衡方程相同。有几何非线性时，即使材料是弹性的，也归于非线性力学。

几何方程与材料特性无关，无论弹性还是弹塑性，都是一样的。

3. 弹性本构关系

弹性本构分为线弹性与非线性弹性两种。所谓线弹性本构是指应力应变之间呈线性比例关系的情况，其一般形式为 $\sigma_{ij}=C_{ijkl}\varepsilon_{kl}$ 或 $\varepsilon_{ij}=e_{ijkl}\sigma_{kl}$。

对于各向同性连续体，就是常见的胡克定律：

$$
\begin{Bmatrix}\varepsilon_x\\ \varepsilon_y\\ \varepsilon_z\end{Bmatrix}=\frac{1}{E}\begin{bmatrix}1 & -\nu & -\nu\\ -\nu & 1 & -\nu\\ -\nu & -\nu & 1\end{bmatrix}\begin{Bmatrix}\sigma_x\\ \sigma_y\\ \sigma_z\end{Bmatrix},\quad \tau_{ij}=\mu\gamma_{ij},\quad \mu=\frac{E}{2(1+\nu)}
\tag{F1.3a}
$$

对于各向异性材料，其一般形式为

$$
\begin{Bmatrix}\varepsilon_x\\ \varepsilon_y\\ \varepsilon_z\\ \varepsilon_{yz}\\ \varepsilon_{zx}\\ \varepsilon_{xy}\end{Bmatrix}=\left[S6\times 6\right]\begin{Bmatrix}\sigma_x\\ \sigma_y\\ \sigma_z\\ \tau_{yz}\\ \tau_{zx}\\ \tau_{xy}\end{Bmatrix},\quad [S]=\begin{bmatrix}s_{11} & s_{12} & s_{13} & s_{14} & s_{15} & s_{16}\\ & s_{22} & s_{23} & s_{24} & s_{25} & s_{26}\\ & & s_{33} & s_{34} & s_{35} & s_{36}\\ & & & s_{44} & s_{45} & s_{46}\\ \text{sym} & & & & s_{55} & s_{56}\\ & & & & & s_{66}\end{bmatrix}
\tag{F1.3b}
$$

最一般的各向异性可有 21 个材料特性，常见的各向异性材料，因存在这样那样的对称面，独立的材料特性会大大减少。

所谓非线性弹性本构关系是指应力应变间不是线性比例关系的情况，但卸载后变形必须是能够完全恢复的，并且严格地说卸载时的应力应变路径必须是原路返回的。对于不是原路返回或者卸载后残余应变较小的情况，如在高分子材料中的加载阶段，也常用非线性弹性近似。非线性弹性的本构关系一般以单轴形式给出：$\sigma = f(\varepsilon)$ 或 $\varepsilon = f(\sigma)$ 。一般采用增量步法将其逐段线性化来扩展到多轴本构关系。即利用 $\Delta\sigma = C\Delta\varepsilon$ 或 $\Delta\varepsilon = e\Delta\sigma$ ，结合泊松比和广义胡克定律，获得 $\Delta\sigma_{ij} = C^*_{ijkl}\Delta\varepsilon_{kl}$ 或 $\Delta\varepsilon_{ij} = e^*_{ijkl}\Delta\sigma_{kl}$ (其中，C^* 、e^* 为当前增量步的弹性系数)多轴本构关系。因此，只要变形是弹性的，材料非线性仍属弹性理论范畴，其一般性的处理方法尤其是数值方法，是增量步的逐步线性化。

这三组方程共有 15 个变量、15 个方程，理论上当有足够边界条件和初始条件时，方程总是可以求得确定的解。但如果没有边界条件和初始条件，则是没有确定解的形式的。弹性理论其实就是上述三组方程加边界条件的一般性求解方法。求解方法主要有理论、数值和近似解法三种。无论采用何种解法，边界条件(物理模型)都必须给正确。边界条件可分为面力边界条件(面力已知，第一类)、位移边界条件(位移已知，第二类)和混合边界条件(一部分)共 3 类。面力与应力的关系为 $p_i = \sigma_{ij}n_j$ ，称为柯西公式，在处理面力边界条件时经常要用到。其中，n_j 为边界的外法线矢量方向余弦。面力分量 3 个，应力分量 6 个，所以面力已知并不代表应力已知，只是其中几个应力分量已知而已。确定边界条件时，经常需要用到圣维南原理：即任意复杂力系，用等效力系代替后，只影响复杂力系作用部位附近的应力应变，稍远处的应力应变是相同的。如果要考察复杂力系作用部位附近的应力应变，则必须严密考虑作用部位附近的边界条件。

理论解法主要分为数学消元法、应力或位移函数法。数学消元法有位移法和应力法两种。

(1) 位移法：选定三个位移变量作为基本未知数，对三组基本方程进行消元，可得

$$G\nabla^2 u_i + (\lambda + G)u_{i,ij} + b_i = \rho\ddot{u}_i \tag{F1.4}$$

其中，拉梅常数和微分算子为

$$\lambda = \frac{\nu E}{(1+\nu)(1-2\nu)} = \frac{2\nu\mu}{1-2\nu}, \quad G = \frac{\mu}{2(1+\nu)}, \quad \nabla^2 = \frac{\partial^2}{\partial x^2} + \frac{\partial^2}{\partial y^2} + \frac{\partial^2}{\partial z^2}$$

式(F1.4)称为纳维尔方程，也称位移控制方程，是三个关于位移分量的两阶偏微分方程。依据该方程，结合边界条件的求解方法称为位移解法。

(2) 应力法：选择应力作为基本变量，消除其他变量得

$$\left(\nabla^2-\frac{\rho}{G}\frac{\partial^2}{\partial t^2}\right)\sigma_{ij}+\frac{1}{1+\nu}\Theta_{,ij}+\frac{\nu}{1+\nu}\frac{\rho}{E}\ddot{\Theta}\delta_{ij}=-\frac{\nu}{1-\nu}b_{k,k}-\left(b_{i,j}+b_{j,i}\right) \tag{F1.5}$$

其中，$\Theta=\sigma_{kk}$。上式称为 Beltrami-Michell 方程，也称应力控制方程。对于静力问题，关于时间的微分项置为零即可。根据边界条件，直接求解微分方程式(F1.5)的方法，称为应力解法。采用应力解法时必须注意，只有满足以下应变协调方程的解，才是正确的解。

$$\begin{aligned}&\frac{\partial^2\varepsilon_x}{\partial y^2}+\frac{\partial^2\varepsilon_y}{\partial x^2}-2\frac{\partial^2\varepsilon_{xy}}{\partial x\partial y}=0\\&\frac{\partial^2\varepsilon_y}{\partial z^2}+\frac{\partial^2\varepsilon_z}{\partial y^2}-2\frac{\partial^2\varepsilon_{yz}}{\partial x\partial z}=0\\&\frac{\partial^2\varepsilon_z}{\partial x^2}+\frac{\partial^2\varepsilon_x}{\partial z^2}-2\frac{\partial^2\varepsilon_{xz}}{\partial x\partial z}=0\end{aligned} \tag{F1.6}$$

无论数学功底多么扎实，能够利用数学消元法进行理论求解的只有极少数非常简单的问题。而对于这些简单问题，实际上往往可直接根据具体问题的应力和位移分布特征，简化三组基本方程后再消元，如轴对称问题等来求解。

4. 位移函数解法

此解法是指先不考虑边界条件，设定一种位移分布的函数形式，使得纳维尔方程自动满足，然后再使该位移分布和应力满足边界条件的解法。这是力学中特有的微分方程解法。例如，如果取 $B_i(x,y,z)$、$\beta(x,y,z)$ 为调和函数，可以推导出被称为 Papokovitch 位移函数的位移理论解法，可以使 Navier 方程自动满足。利用几何和本构方程可得

$$\begin{cases}u=\dfrac{3-4\nu}{4(1-\nu)}B_1-\dfrac{1}{4(1-\nu)}\left[x\dfrac{\partial B_1}{\partial x}+y\dfrac{\partial B_2}{\partial x}+z\dfrac{\partial B_3}{\partial x}+\dfrac{\partial\beta}{\partial x}\right]\\ v=\dfrac{3-4\nu}{4(1-\nu)}B_2-\dfrac{1}{4(1-\nu)}\left[x\dfrac{\partial B_1}{\partial y}+y\dfrac{\partial B_2}{\partial y}+z\dfrac{\partial B_3}{\partial y}+\dfrac{\partial\beta}{\partial y}\right]\\ w=\dfrac{3-4\nu}{4(1-\nu)}B_3-\dfrac{1}{4(1-\nu)}\left[x\dfrac{\partial B_1}{\partial z}+y\dfrac{\partial B_2}{\partial z}+z\dfrac{\partial B_3}{\partial z}+\dfrac{\partial\beta}{\partial z}\right]\end{cases}$$

$$\begin{cases}\sigma_x=\dfrac{\nu\mu}{1-\nu}\left(\dfrac{\partial B_1}{\partial x}+\dfrac{\partial B_2}{\partial y}+\dfrac{\partial B_3}{\partial z}\right)+\dfrac{\mu(1-2\nu)}{1-\nu}\dfrac{\partial B_1}{\partial x}-\dfrac{\mu}{2(1-\nu)}\left(x\dfrac{\partial^2B_1}{\partial x^2}+y\dfrac{\partial^2B_2}{\partial x^2}+z\dfrac{\partial^2B_3}{\partial x^2}+\dfrac{\partial^2\beta}{\partial x^2}\right)\\ \sigma_y=\dfrac{\nu\mu}{1-\nu}\left(\dfrac{\partial B_1}{\partial x}+\dfrac{\partial B_2}{\partial y}+\dfrac{\partial B_3}{\partial z}\right)+\dfrac{\mu(1-2\nu)}{1-\nu}\dfrac{\partial B_2}{\partial y}-\dfrac{\mu}{2(1-\nu)}\left(x\dfrac{\partial^2B_1}{\partial y^2}+y\dfrac{\partial^2B_2}{\partial y^2}+z\dfrac{\partial^2B_3}{\partial y^2}+\dfrac{\partial^2\beta}{\partial y^2}\right)\\ \sigma_z=\dfrac{\nu\mu}{1-\nu}\left(\dfrac{\partial B_1}{\partial x}+\dfrac{\partial B_2}{\partial y}+\dfrac{\partial B_3}{\partial z}\right)+\dfrac{\mu(1-2\nu)}{1-\nu}\dfrac{\partial B_3}{\partial z}-\dfrac{\mu}{2(1-\nu)}\left(x\dfrac{\partial^2B_1}{\partial z^2}+y\dfrac{\partial^2B_2}{\partial z^2}+z\dfrac{\partial^2B_3}{\partial z^2}+\dfrac{\partial^2\beta}{\partial z^2}\right)\end{cases}$$

$$\begin{cases}\tau_{xy}=\dfrac{(1-2\nu)\mu}{2(1-\nu)}\left(\dfrac{\partial B_1}{\partial y}+\dfrac{\partial B_2}{\partial x}\right)-\dfrac{\mu}{2(1-\nu)}\left(x\dfrac{\partial^2 B_1}{\partial x\partial y}+y\dfrac{\partial^2 B_2}{\partial x\partial y}+z\dfrac{\partial^2 B_3}{\partial x\partial y}+\dfrac{\partial^2 \beta}{\partial x\partial y}\right)\\ \tau_{yz}=\dfrac{(1-2\nu)\mu}{2(1-\nu)}\left(\dfrac{\partial B_2}{\partial z}+\dfrac{\partial B_3}{\partial y}\right)-\dfrac{\mu}{2(1-\nu)}\left(x\dfrac{\partial^2 B_1}{\partial z\partial y}+y\dfrac{\partial^2 B_2}{\partial z\partial y}+z\dfrac{\partial^2 B_3}{\partial z\partial y}+\dfrac{\partial^2 \beta}{\partial z\partial y}\right)\\ \tau_{xz}=\dfrac{(1-2\nu)\mu}{2(1-\nu)}\left(\dfrac{\partial B_3}{\partial x}+\dfrac{\partial B_1}{\partial z}\right)-\dfrac{\mu}{2(1-\nu)}\left(x\dfrac{\partial^2 B_1}{\partial x\partial z}+y\dfrac{\partial^2 B_2}{\partial x\partial z}+z\dfrac{\partial^2 B_3}{\partial x\partial z}+\dfrac{\partial^2 \beta}{\partial x\partial z}\right)\end{cases}$$

问题变为寻找 4 个调和函数，去满足边界条件(但这不是件容易的事，一般靠凑)。对于轴对称问题，可以仅用两个调和函数 $\varPhi,\varPsi$ 表示的位移，去自动满足 Navier 方程：

$$2\mu u_r=\frac{\partial\varPhi}{\partial r}+z\frac{\partial\varPsi}{\partial r},\quad 2\mu w=\frac{\partial\varPhi}{\partial z}-(3-4\nu)\varPsi+z\frac{\partial\varPsi}{\partial z}$$

$$\sigma_r=-\frac{1}{r}\frac{\partial\varPhi}{\partial r}-\frac{\partial^2\varPhi}{\partial z^2}-\frac{z}{r}\frac{\partial\varPsi}{\partial r}-z\frac{\partial^2\varPsi}{\partial z^2}-2\nu\frac{\partial\varPsi}{\partial z}=\frac{\partial^2\varPhi}{\partial r^2}+z\frac{\partial^2\varPsi}{\partial r^2}-2\nu\frac{\partial\varPsi}{\partial z}$$

$$\sigma_\theta=\frac{1}{r}\frac{\partial\varPhi}{\partial r}+\frac{z}{r}\frac{\partial\varPsi}{\partial r}-2\nu\frac{\partial\varPsi}{\partial z},\quad \sigma_z=\frac{\partial^2\varPhi}{\partial z^2}-2(1-\nu)\frac{\partial\varPsi}{\partial z}+z\frac{\partial^2\varPsi}{\partial z^2}$$

$$\tau_{rz}=\frac{\partial^2\varPhi}{\partial r\partial z}-(1-2\nu)\frac{\partial\varPsi}{\partial r}+z\frac{\partial^2\varPsi}{\partial r\partial z}$$

$\varPhi,\varPsi$ 称为拉甫(Love)位移函数。

5. 应力函数解法

应力函数解法是指先不考虑边界条件，设定一种应力分布的函数形式，使得三组基本方程都自动满足，然后再使该应力分布和位移满足边界条件的解法。目前尚只见于二维问题。例如，对于平面问题，如果令 F 为双调和函数(应变协调方程的要求)，则

$$\sigma_x=\frac{\partial^2 F}{\partial y^2},\quad \sigma_y=\frac{\partial^2 F}{\partial x^2},\quad \tau_{xy}=-\frac{\partial F}{\partial x\partial y}$$

可以自动满足平衡方程和应变协调方程。问题变为寻求满足边界条件的双调和函数 F 。例如，对于如图 F1.2 所示的问题，设：$F=Axy+Bxy^3$ ，A 、B 为待定系数，可以简单地确认为双调和函数，则：

$$\sigma_x=6Bxy,\quad \sigma_y=0,\quad \tau_{xy}=-\left(A+3By^2\right)$$

利用上下两缘面力边界条件，$y=\pm h/2,p_x=0,p_y=0$ ，由柯西公式，即得 $y=\pm h/2,\sigma_y=0,\tau_{xy}=0$ ，故 $A=-3Bh^2/4$ 。在 $x=0$ 处的载荷条件 $p_x=0,p_y=P$ ，

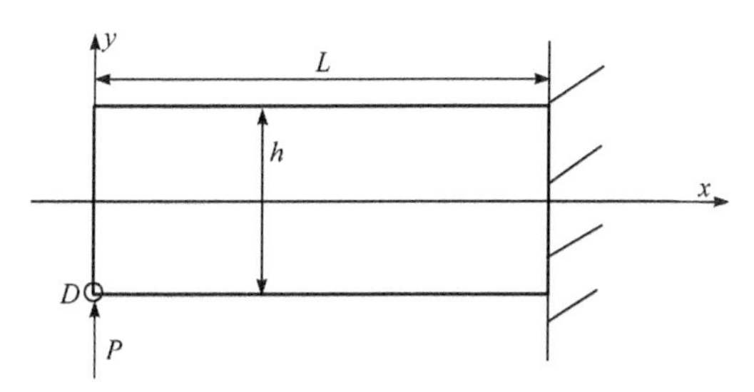

图 F1.2　悬臂梁受集中载荷作用

需要用到圣维南原理，即

$$-\int_{-h/2}^{h/2}\tau_{xy}\mathrm{d}y=\int_{-h/2}^{h/2}(A+3By^2)\mathrm{d}y=P$$

其中，负号由柯西公式中外法线方向余弦 $(-1,0)$ 得出。易求得 $B=2P/h^2$ 。故：

$$\sigma_x=\frac{12Py}{h^2},\quad \sigma_y=0,\quad \tau_{xy}=\frac{3}{2}\frac{P}{h^2}\left(h^2-4y^2\right)$$

该解在远离 $x=0,l$ 处正确，但不是 $x=0,l$ 处的解。因为在该处都只满足等效力系的边界条件，而不是作用力和固定端的边界条件。有兴趣的读者可以用有限元，在 $x=0,l$ 处细分单元，比较数值结果与上述理论解的区别，以加深对圣维南原理的理解，并确立所谓理论解在实际问题中实际上并不总是严密的概念，这是因为在求解理论解时对边界条件往往有所简化。

双调和函数的设定比较麻烦，可利用复变解析函数的实、虚部均为调和函数的性质，构筑双调和函数

$$\frac{\sigma_x+\sigma_y}{2}=2\mathrm{Re}\varphi'(z)$$

$$\frac{\sigma_y-\sigma_x}{2}+i\tau_{xy}=\bar{z}\varphi''(z)+\psi'(z)$$

经本构和几何方程求得位移

$$2\mu(u+iv)=\kappa\varphi(z)-z\overline{\varphi'(z)}-\overline{\psi(z)}$$

这是与 Airy 应力函数等价的，称为 Goursat 公式。只要所取的复变函数是解析函数，就可自动满足应变协调方程。

(1) **数值解法**　随着计算机和计算技术的成熟，数值求解是目前最常用的解法。主要有：有限元法、边界元法等。数值求解往往会有网格依存性，因此，对求解结果是否准确，往往还需要结合各种经验和知识进行判断，相关内容可参阅有限元或边界元的书籍，这里不作介绍。

(2) **近似解法**　在数值解法成熟之前，为了求解工程实际问题，人们通过对

具体构件引入合理的应力或位移分布近似假定，极大地简化三组基本方程，达到求解的目的。这类解法统称为近似解法，包括板壳理论、平面近似等。近似解法指的是力学模型的近似，与数学求解方法是严密的还是近似的无关。需要注意的是，一些力学模型的近似假定(如板壳、梁等)是相当准确的，所以它们也常常被直接用作理论或数值分析的力学模型。

F1.3 弹塑性理论

有塑性变形时，应力应变关系不再是线性的，甚至可以不再是一一对应的。与非线性弹性问题不同的是，弹塑性变形在卸载后变成线弹性，而非线性弹性则是按原路非线性返回。其平衡方程和几何方程(小变形条件)与弹性理论是相同的，不同的是本构关系。因此，首先必须给出有塑性变形时的应力应变关系(弹塑性本构关系)，才有可能建立和求解三组基本方程。弹塑性理论因此主要包括两方面的内容，即弹塑性本构以及考虑本构关系非线性或非一一对应性的求解方法。

有塑性变形时，应变可分为弹性和塑性两部分

$$\varepsilon_{ij} = \varepsilon_{ij}^{\mathrm{e}} + \varepsilon_{ij}^{\mathrm{p}} \tag{F1.7}$$

必须注意，应力 σ_{ij} 是不可区分成两部分的。弹性应变部分与应力的关系仍是弹性本构关系，这是因为进入塑性阶段时其卸载线与弹性加载线平行。塑性应变与应力之间的关系有多种描述方法，最主要有全量理论和增量理论两种。前者适用于加载途中没有卸载的情况，也常作为非线性弹性的本构描述方法；后者适用于有卸载(应力应变不是一一对应)的情况。

1. 全量理论

塑性本构关系为

$$\varepsilon_{ij}^{\mathrm{p}} = \frac{3}{2}\frac{\varepsilon_{\mathrm{e}}^{\mathrm{p}}}{\sigma_{\mathrm{e}}} s_{ij} \tag{F1.8}$$

其中，$s_{ij} = \sigma_{ij} - \delta_{ij}\sigma_m$ 为应力偏量；$\sigma_m = \sigma_{ii}/3$ 为体积应力；$\varepsilon_{ij}^{\mathrm{p}}$ 为塑性应变分量；σ_{e} 为 Mises 等效应力；$\varepsilon_{\mathrm{e}}^{\mathrm{p}}$ 为等效塑性应变；$\varepsilon_{\mathrm{e}}^{\mathrm{p}} = \sqrt{2\varepsilon_{ij}^{\mathrm{p}}\varepsilon_{ij}^{\mathrm{p}}/3}$。其中，$\varepsilon_{\mathrm{e}}^{\mathrm{p}}/\sigma_{\mathrm{e}}$ 是由单轴拉伸应力应变曲线决定的，变形过程中是变化的。

完整的弹塑性本构为

$$\varepsilon_{ij}=C_{ijkl}\sigma_{kl}+\frac{3}{2}\frac{\varepsilon_{\mathrm{e}}^{\mathrm{p}}}{\sigma_{\mathrm{e}}}s_{ij}\tag{F1.9}$$

该本构关系假定了塑性体积变形为零,即塑性阶段泊松比为 0.5。而弹性应变部分,仍须采用弹性时的泊松比。

2. 增量理论

通过增量来区分加载和卸载，应变增量同样被区分为弹性和塑性两部分

$$\mathrm{d}\varepsilon_{ij}=\mathrm{d}\varepsilon_{ij}^{\mathrm{e}}+\mathrm{d}\varepsilon_{ij}^{\mathrm{p}}\tag{F1.10}$$

$\mathrm{d}\sigma_{ij}$ 为应力增量，以对应于 σ_{ij} 的等效应力 $\sigma_{\mathrm{e}}(\sigma_{ij})$ 与对应于 $\sigma_{ij}+\mathrm{d}\sigma_{ij}$ 的 $\sigma_{\mathrm{e}}(\sigma_{ij}+\mathrm{d}\sigma_{ij})$ 的大小来判别加卸载。加载时的塑性本构为

$$\mathrm{d}\varepsilon_{ij}^{\mathrm{p}}=\frac{3}{2}\frac{\mathrm{d}\varepsilon_{\mathrm{e}}^{\mathrm{p}}}{\sigma_{\mathrm{e}}}s_{ij}\tag{F1.11}$$

其中，$\mathrm{d}\varepsilon_{\mathrm{e}}^{\mathrm{p}}$ 为等效塑性应变增量，$\mathrm{d}\varepsilon_{\mathrm{e}}^{\mathrm{p}}=\sqrt{2\mathrm{d}\varepsilon_{ij}^{\mathrm{p}}\mathrm{d}\varepsilon_{ij}^{\mathrm{p}}/3}$ 。$\mathrm{d}\varepsilon_{\mathrm{e}}^{\mathrm{p}}/\sigma_{\mathrm{e}}$ 也是由单轴拉伸应力应变曲线决定的，材料不同其值就会不同。注意，这一塑性本构利用了材料再次屈服后，应力应变关系曲线仍是原来的曲线，只是屈服极限发生了变化的事实。完整的弹塑性本构为

$$\mathrm{d}\varepsilon_{ij}=C_{ijkl}\mathrm{d}\sigma_{kl}+\frac{3}{2}\frac{\mathrm{d}\varepsilon_{\mathrm{e}}^{\mathrm{p}}}{\sigma_{\mathrm{e}}}s_{ij}\tag{F1.12}$$

卸载时恢复弹性，弹性本构为 $\mathrm{d}\varepsilon_{ij}=C_{ijkl}\mathrm{d}\sigma_{kl}$ ，利用了卸载线与原始加载线平行的事实。

由于弹塑性本构比较复杂，基本没有能够理论求解三组基本方程的情况，但可进行数值求解(除了本构关系不同外，解法上与弹性并无太大区别，只是当有卸载时需要采用载荷步来利用增量本构关系)。近似理论分析时，忽略加工硬化，即认为屈服后等效应力保持屈服极限不变，是常用的近似解法。

无论采用增量或全量理论，因本构关系的非线性，一般较难求得理论解，因此，没有通用的理论求解方法。但通过简化本构关系，如完全弹塑性模型等，可以做一些近似的理论分析。实际应用中一般都由数值计算来完成弹塑性分析。

F1.4　应力状态分析

设新坐标系的三个坐标轴在旧坐标系下的方向余弦为 $(\ell_i,m_i,n_i,i=1\sim3)$ ，任一点的位置在新坐标系下为 (x',y',z') ，旧坐标系下为 (x,y,z) ，则坐标变换为

$$\begin{Bmatrix} x \\ y \\ z \end{Bmatrix} = \begin{bmatrix} \ell_1 & \ell_2 & \ell_3 \\ m_1 & m_2 & m_3 \\ n_1 & n_2 & n_3 \end{bmatrix} \begin{Bmatrix} x' \\ y' \\ z' \end{Bmatrix} = \boldsymbol{T}^t \begin{Bmatrix} x' \\ y' \\ z' \end{Bmatrix}, \quad \boldsymbol{T} = \begin{bmatrix} \ell_1 & m_1 & n_1 \\ \ell_2 & m_2 & n_2 \\ \ell_3 & m_3 & n_3 \end{bmatrix}$$

T 称为坐标变换矩阵。应力的坐标变换为

$$\begin{bmatrix} \sigma_x & \tau_{xy} & \tau_{xz} \\ \tau_{xy} & \sigma_y & \tau_{yz} \\ \tau_{xz} & \tau_{yz} & \sigma_z \end{bmatrix} = \boldsymbol{T}^t \begin{bmatrix} \sigma_{x'} & \tau_{x'y'} & \tau_{x'z'} \\ \tau_{x'y'} & \sigma_{y'} & \tau_{y'z'} \\ \tau_{x'z'} & \tau_{y'z'} & \sigma_{z'} \end{bmatrix} \boldsymbol{T}$$

任意一个应力状态(包括弹性和弹塑性状态)，都可以化成三个主应力(没有剪应力)表示的状态，三个主应力由以下方程决定。

$$\sigma^3 - I_1\sigma^2 + I_2\sigma - I_3 = 0 \tag{F1.13}$$

$$I_1 = \sigma_x + \sigma_y + \sigma_z$$

$$I_2 = \sigma_x\sigma_y + \sigma_y\sigma_z + \sigma_x\sigma_z - \tau_{xy}^2 - \tau_{yz}^2 - \tau_{xz}^2$$

$$I_3 = \sigma_x\tau_{yz}^2 + \sigma_y\tau_{xz}^2 + \sigma_z\tau_{xy}^2 - 2\tau_{xy}\tau_{yz}\tau_{xz} + \sigma_x\sigma_y\sigma_z$$

分别为第一、第二、第三应力不变量，与坐标系的选取方式无关。式(F1.13)有三个解，按大小排列为 σ_1、σ_2、σ_3，称为第一、第二、第三主应力，它们也是不变量。在由宏观假说推导失效准则时，由于失效准则也必须与坐标系的选取方式无关，故其一般形式中只可能包含三个主应力或三个应力不变量。材料力学中的莫尔圆，实际上只是式(F1.13)的简化及其几何表示形式而已。但当根据失效机理推导失效准则时，则不受此不变量的限制，如内摩擦引起的压剪裂失效条件等。

F1.5　应变状态分析

应变的坐标变换为

$$\begin{bmatrix} \varepsilon_x & \varepsilon_{xy} & \varepsilon_{xz} \\ \varepsilon_{xy} & \varepsilon_y & \varepsilon_{yz} \\ \varepsilon_{xz} & \varepsilon_{yz} & \varepsilon_z \end{bmatrix} = \boldsymbol{T}^t \begin{bmatrix} \varepsilon_{x'} & \varepsilon_{x'y'} & \varepsilon_{x'z'} \\ \varepsilon_{x'y'} & \varepsilon_{y'} & \varepsilon_{y'z'} \\ \varepsilon_{x'z'} & \varepsilon_{y'z'} & \varepsilon_{z'} \end{bmatrix} \boldsymbol{T}$$

与应力状态分析类似，任意一个应变状态，都可以化成以三个主应变(没有剪应变)表示的状态。三个主应变由下式给出

$$\varepsilon^3 - J_1\varepsilon^2 + J_2\varepsilon - J_3 = 0 \tag{F1.14}$$

其中，

$$J_1 = \varepsilon_x + \varepsilon_y + \varepsilon_z,$$
$$J_2 = \varepsilon_x\varepsilon_y + \varepsilon_y\varepsilon_z + \varepsilon_x\varepsilon_z - \varepsilon_{xy}^2 - \varepsilon_{yz}^2 - \varepsilon_{xz}^2,$$
$$J_3 = \varepsilon_x\varepsilon_{yz}^2 + \varepsilon_y\varepsilon_{xz}^2 + \varepsilon_z\varepsilon_{xy}^2 - 2\varepsilon_{xy}\varepsilon_{yz}\varepsilon_{xz} + \varepsilon_x\varepsilon_y\varepsilon_z$$

分别为第一、第二、第三应变不变量，与坐标系的选取方式无关。式(F1.14)有三个解，按大小排列为ε_1、ε_2、ε_3，称为第一、第二、第三主应变，它们也是不变量。

应力和应变状态分析是完全类似的，但需注意应变分析时要用柯西剪应变，而不是工程剪应变。一些商用有限元软件中采用的是工程剪应变，两者有如下关系：

$$\gamma_{ij} = 2\varepsilon_{ij}, \quad i \neq j$$

附录 2　断裂力学基础

断裂力学有广义与狭义之分。狭义的断裂力学是裂纹力学，只针对裂尖的弹性或弹塑性奇异场，而广义的断裂力学则针对具有任意应力奇异性的问题。断裂力学的内容又可分为两部分，一是奇异应力场及其表征参数的分析。除了材料本构关系外，这部分完全是理论性的(根据采用的是线弹性还是弹塑性分析方法，又分为线性断裂力学与弹塑性断裂力学)，二是基于奇异应力场的裂纹萌生或扩展评价方法，即断裂准则。断裂力学的基本思路是以奇异点附近的“场”来进行断裂评价，这与材料力学以“点”上的应力来进行评价是不同的。

F2.1　理论模型——裂尖场

针对弹性体中的任意裂纹，裂纹前沿应力的全场分布总可表示为

$$\sigma_{ij}(r,\theta)=\frac{K_i f_{ij}(\theta)}{\sqrt{2\pi r}}+T_{ij}+g_{ij}(\theta)\sqrt{r}+h_{ij}(\theta)\sqrt[3]{r}+\cdots=\frac{K_i f_{ij}(\theta)}{\sqrt{2\pi r}}+T_{ij}+O(\sqrt{r}) \tag{F2.1}$$

其中，第一项称为奇异项。线性断裂力学的基本假定是奇异项支配断裂，故可只关注奇异项的表征。但必须指出，这一假定只在奇异项支配区足够大时才成立，当奇异项支配区很小时，就不能仅用奇异项的应力进行断裂评价，而需要计及高阶项的影响(但必须注意此时已不属于断裂力学的范围，因为要计及多少项高阶项，以及高阶项的影响方式等，都是个性案(case by case)的，难以有普适性的理论)。

弹性奇异项的应力可区分为图 F2.1 所示的三种模态。

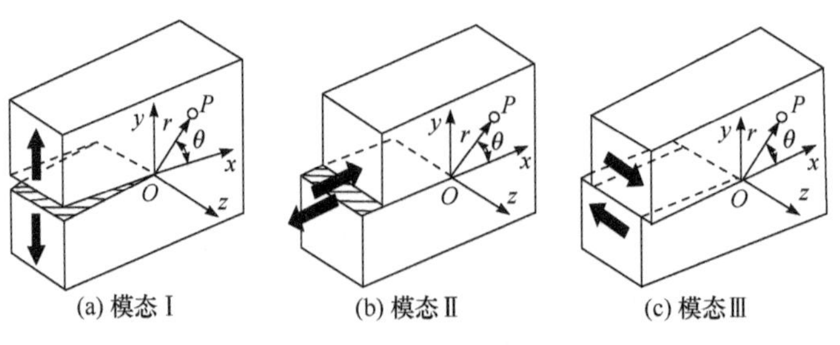

图 F2.1　裂纹的模态

Ⅰ型(也称张开型)裂纹的裂尖附近的弹性应力场可表示为

$$\begin{Bmatrix} \sigma_x \\ \sigma_y \\ \tau_{xy} \end{Bmatrix} = \frac{K_{\mathrm{I}}}{\sqrt{2\pi r}} \cos\frac{\theta}{2} \begin{Bmatrix} 1-\sin\frac{\theta}{2}\sin\frac{3\theta}{2} \\ 1+\sin\frac{\theta}{2}\sin\frac{3\theta}{2} \\ \sin\frac{\theta}{2}\cos\frac{3\theta}{2} \end{Bmatrix} \tag{F2.2}$$

Ⅱ型(也称剪开型)裂纹裂尖附近的应力场可表示为

$$\begin{Bmatrix} \sigma_x \\ \sigma_y \\ \tau_{xy} \end{Bmatrix} = \frac{K_{\mathrm{II}}}{\sqrt{2\pi r}} \begin{Bmatrix} -\sin\frac{\theta}{2}\left(2+\cos\frac{\theta}{2}\cos\frac{3\theta}{2}\right) \\ \sin\frac{\theta}{2}\cos\frac{\theta}{2}\cos\frac{3\theta}{2} \\ \cos\frac{\theta}{2}\left(1-\sin\frac{\theta}{2}\sin\frac{3\theta}{2}\right) \end{Bmatrix} \tag{F2.3}$$

Ⅲ型(也称撕开型)裂纹裂尖附近的应力场和位移场可表示为

$$\begin{Bmatrix} \tau_{xz} \\ \tau_{yz} \end{Bmatrix} = \frac{K_{\mathrm{III}}}{\sqrt{2\pi r}} \begin{Bmatrix} -\sin\frac{\theta}{2} \\ \cos\frac{\theta}{2} \end{Bmatrix} \tag{F2.4}$$

其中，K_{I}、K_{II}、K_{III}分别称为对应于模态Ⅰ、Ⅱ、Ⅲ的应力强度因子(SIF, stress intensity factor)。应力强度因子是裂尖奇异场强弱的表征，可以理论求取，也可利用数值方法得到。任何裂尖复杂应力状态都可用三种模态的叠加来表示。因“场”的分布形式是一定的，且奇异性相同(均为$1/\sqrt{r}$，这是均质材料中裂纹特有的奇异性)，这意味着无论多么复杂，都最多只有K_{I}、K_{II}、K_{III}三个参数，如果断裂力学的假定成立，即该奇异场支配区足够大，这就给复杂裂尖场的强度寿命评价带来巨大的便利。如果支配区很小，虽然该奇异项总是存在的，但断裂就不是由该奇异场支配的了，亦即是超出断裂力学的适用范围的。

顺便指出，很多初学者容易被理论解中裂尖应力无穷、但实际应力不可能趋于无穷的现象所迷惑。但只要理解了断裂力学的基本思路是利用“场”而不是“点”，这一问题是不存在的。因为只要“场”整体上表征了裂尖状态，那么就可用奇异场来整体上评价其断裂行为。当然，实际材料中裂尖的应力虽然很大，但却不是无穷的。这个差别来自于理论解中的连续体假定，细化到裂尖点或其附近的微小区域时，连续体假定是不成立的。如果一定要看裂尖点，就需要采用分子动力学等其他力学理论了。

针对弹塑性体的裂尖弹塑性应力场为

$$\sigma_{ij}=\left(\frac{J}{\alpha\varepsilon_{\mathrm{Y}}\sigma_{\mathrm{Y}}Ir}\right)^{\frac{1}{m+1}}\tilde{\sigma}_{ij}(\theta)+O(r^{m/(m+1)}) \tag{F2.5}$$

其中，第一项为弹塑性奇异项，其余为高阶项。参数 I 为关于 $\tilde{\sigma}_{ij}(\theta),\tilde{\varepsilon}_{ij}(\theta)$ 的一个定积分(通常认为只与硬化指数 m 有关)，r 为到裂尖的距离。场强参数 J 积分由下式决定

$$J=-\frac{\mathrm{d}\Pi}{\mathrm{d}a}=\int_{\Gamma}\left(Wdy-p_j\frac{\partial u_j}{\partial x_1}\mathrm{d}\Gamma\right) \tag{F2.6}$$

$$W=\int_0^{\varepsilon_{ij}}\sigma_{mn}\mathrm{d}\varepsilon_{mn} \tag{F2.7}$$

Γ 为任意的围绕裂尖的逆时针封闭曲线，J 积分是与路径无关的。式(F2.5) 即著名的 HRR 场。这一结果是在弹塑性本构被假定为 Ramberg-Osgood 关系

$$\frac{\varepsilon}{\varepsilon_{\mathrm{Y}}}=\frac{\sigma}{\sigma_{\mathrm{Y}}}+\alpha\left(\frac{\sigma}{\sigma_{\mathrm{Y}}}\right)^m \tag{F2.8}$$

的前提下得出的，对于裂尖仍采用了连续体假定。

弹塑性断裂力学同样假定断裂是由奇异项支配的，亦即弹塑性奇异项的支配区域是足够大的。不满足这一条件，弹塑性断裂力学也是不能适用的。

弹塑性奇异场与弹性奇异场的奇异性不同，但却是个单参数场，只有 J 积分一个场强参数。单纯从形式上考虑，单参数场的失效评价是十分简单的。但其实不然，因为该奇异场的支配区域是否足够大，常常会成为问题。而要用“场”来进行评价，首要条件是其支配区必须足够大。弹塑性奇异场并不覆盖整个裂尖屈服区域，而只在其靠近裂尖的一小部分区间才占支配地位。如果弹塑性奇异场的支配区域很小，显然就不能仅以奇异场作为评价的依据，而必须计及高阶项的影响。

F2.2　裂尖的破坏机理和破坏准则

从连续体角度看，裂尖附近将产生如图 F2.2 所示的几个区域。在非常靠近裂尖区，形成一个过程区(process zone)。在该区(虽然很小)内，不仅变形很大，而且材料损伤非常严重，即使将其做连续体模型化，其本构关系也是无法确立的。之所以会有过程区，需要从实际材料来解释，晶体中分子间相互作用力如图 F2.3 所示，当分子间距大于 u_{limit} 后，作用力随之减小，实际上是断开了，宏观上就是材

料失稳。材料失稳后的本构关系是难以描述的，过程区就是分子间距离超过u_{limit}的区域。严格地说，裂尖点的应力本身是无法用连续介质力学求取的。弹性或弹塑性奇异场是把过程区也做弹塑性体得出的结果，本来就不是过程区内的解。但重要的是，过程区外的应力分布却是可以用弹性或弹塑性奇异应力场来描述的。只要过程区足够小，奇异场就具有评价裂纹断裂的资格。在过程区外侧有一个屈服区，屈服区内侧会出现如式(F2.5)所示的弹塑性奇异场，在屈服区外侧则还有弹塑性高阶项的影响。屈服区外是弹性区，当屈服区较小时(称为小规模屈服条件)，弹性区内侧有式(F2.1)～式(F2.3)所示的弹性奇异场支配区，外侧则是高阶项影响区。而当屈服区较大时，弹性区内并没有弹性奇异场支配区。由此可知，基于连续体假定的奇异场解，本来就是有适用区间范围限制的。奇异场的作用并不在于它表示了裂尖点的应力状态，而在于它表示了裂尖点(过程区)以外的裂尖附近的应力分布。

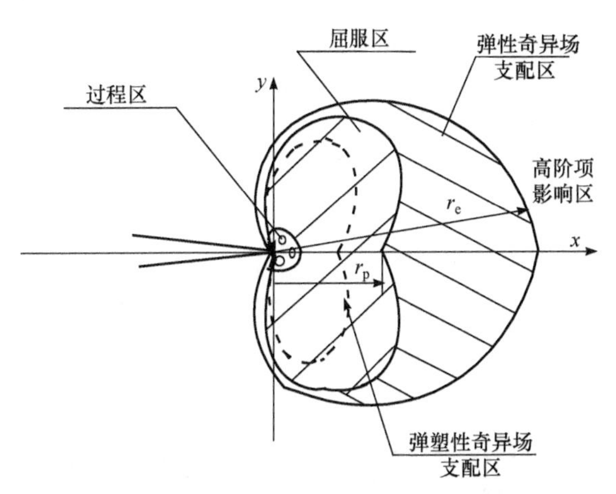

图 F2.2　裂尖应力三轴度小于临界三轴度时的裂尖分区

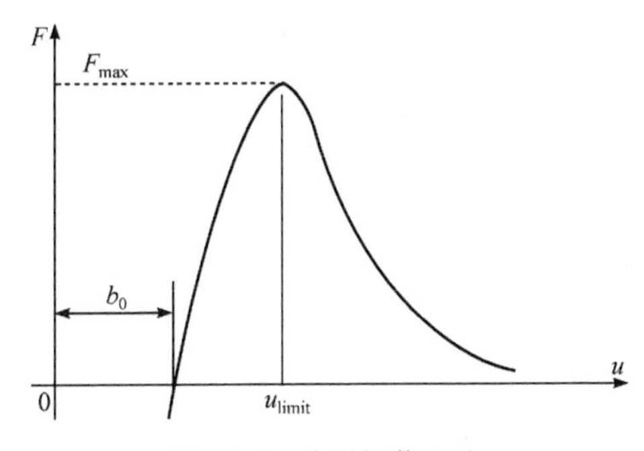

图 F2.3　分子间作用力

这里产生了一个疑问，为什么不是从过程区而是从奇异场来决定裂纹的破坏行为？断裂力学作为宏观理论，是从逻辑(连续体假定)而不是材料破坏机理来说明的。所谓“场”，就是一种能量分布，当奇异场的支配区域足够大时，很小的过程区所占的能量总是可以忽略的。这样，我们就可以不管过程区，只需关注奇异场即可。从材料承受或耗散能量极限的角度，逻辑上就可以用场强(即应力强度因子或 J 积分)来表征其破坏准则。这样，自然地得出单一模态时(单参数场)的破坏准则为

$$K_j = K_{jC}, \quad j = \mathrm{I}, \mathrm{II}, \mathrm{III} \quad 或 \quad J = J_C \tag{F2.9}$$

其中，K_{jC}、J_C 称为断裂韧性。当然这些准则也可以从连续体能量平衡的角度导出，显得更具有理论依据，但应当说这种导出也只是“场”支配材料破坏假定的必然结果，故而只是以假定证明了假定本身而已，是不能充分证明破坏准则的正确性的。实际上，当应用式(F2.9)所示的破坏准则时，经常会遇到因板厚或其他因素的影响，即 K_{jC}、J_C 并不为常数的情况(它们实际上只是在平面应变状态下被定义为材料常数)。

从实际材料角度看，少量几个原子结合的断开并不意味断裂，这是因为少量几个原子间距超过 u_{limit} 后，受周围其他未超过的原子对约束，仍处于一种非稳态的平衡状态。只有当一定区域内的原子间距都超过 u_{limit} 后，周围其他原子对的结合力，不足以将其约束在非稳态平衡状态，才会导致该区域的起裂，引发材料的断裂。

对于混合模态，则主要有两种建立破坏准则的方法。一是从能量平衡的角度，例如最大应变能释放率准则，即假定裂纹沿某个方向扩展一个微小距离，其应变能释放率为 $G(\theta)$，则实际裂纹扩展方向为 $\max G(\theta)$ 的方向，破坏准则为

$$\max G(\theta) = G_C \tag{F2.10}$$

二是结合破坏机理，如最大切向应力准则。断裂发生在 $\max \sigma(\theta)$ 的方向(最大劈开应力)，该方向上的奇异场为 $\max \sigma(\theta) = K_{\theta\max} / \sqrt{2\pi r}$，故断裂准则为

$$K_{\theta\max} = K_{\mathrm{IC}} \tag{F2.11}$$

两种评价方法的评价结果基本一致，但严格地说也是有一定差别的。对于脆性材料，还需考虑另有剪切起裂(即滑移开裂)的破坏机理，这是能量准则不能处理的。

必须强调，在做场参数的分析时，可以不管奇异场的实际支配区域的大小，但在进行断裂评价时，则必须考虑奇异场支配区足够大这个前提条件，否则就不能用奇异场来进行评价。

利用弹性奇异场进行断裂评价的另一个条件是小规模屈服条件，从奇异场支配区域的大小来看，这很好理解。因为在此条件下，弹性奇异场支配区域是足够大的。虽然在小规模屈服区内，弹塑性奇异场也是存在的，但其支配区域却很小。所谓“场”，实际上是能量分布的一种形式。在小规模屈服条件下，弹塑性奇异场所表示的能量并不占支配地位，反而是可以忽略的。因为可以忽略，所以在做应

力分析时甚至不需要去考虑它，直接进行弹性分析即可。而在大规模屈服时，弹塑性奇异场支配区足够大，逻辑上就可以用弹塑性奇异场来进行评价(实际中行不行得通，是理论与实际结合的问题)。裂尖的弹塑性奇异场是一个单参数场，没有混合模态的问题。但其断裂机理却比较复杂，是由塑性变形导致空洞(该空洞也可以是由 pop-in 产生的)的连成，裂纹开始扩展后，要继续塑性扩展，必须进一步增大 J 积分，否则会停顿下来，称为稳态扩展。开始扩展的条件是

$$J \geqslant J_{\text{in}} \tag{F2.12a}$$

但 J 积分大于临界值，即

$$J \geqslant J_{\text{C}} \tag{F2.12b}$$

此时将发生快速塑性断裂。弹塑性断裂力学中，常把式(F2.12)作为破坏准则，但这实际上只是概念性的。这是因为 J_{in}、J_{C} 都不是材料常数，而是与构件厚度、裂纹扩展量等有关的，如图 F2.4 所示。

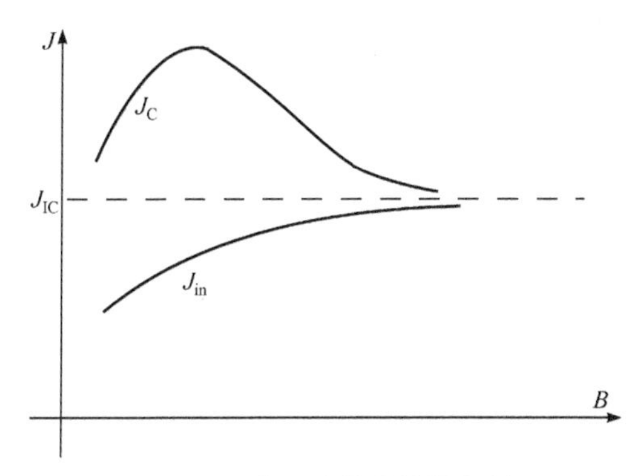

图 F2.4 稳态和临界扩展韧性

只有当厚度足够厚时，两者趋于同一个值 J_{IC}，但此时实际上弹塑性奇异场已不再占支配地位，而是弹性奇异场占支配地位。J 积分对于弹性奇异场也存在，故有

$$J_{\text{IC}} = \frac{1-\nu^2}{E} K_{\text{IC}}^2 \tag{F2.13}$$

根据 J_{in}、J_{C} 的逼近特性，利用式(F2.13)来减小试件厚度要求，以获得断裂韧性 K_{IC}，是韧性材料断裂韧性实验中常用的方法。

必须注意，并不是说材料中必须存在与理论模型中奇异场完全相同的奇异场。材料中裂尖前沿的应力分布如图 F2.5 所示。而针对模型的奇异场分析，并不需要针对裂尖所有区域，只需找出支配材料破坏的那部分即可，例如小规模屈服条件下，直接进行弹性分析决定弹性奇异场即可，并且如果塑性屈服域足够小，奇异点就可认为就是裂尖点。但是，当塑性屈服区较大而弹塑性奇异场支配又不足够大时，则需要考虑屈服区外的弹性奇异场。而此时弹性应力分布所对应的奇点，

不再是原裂尖点，而在塑性区内某一点，如图 F2.5 所示，即将奇点移到r_0处。新的或者说假想的奇点，由弹性奇异分布$1/\sqrt{r}$决定，如果分布明显偏离，就需要对奇点位置做调整。这是因为在利用应力强度因子进行评价时，已经包含了应力分布必须为$1/\sqrt{r}$的假定。这种考虑方法称为塑性修正，一般只针对奇异场参数即应力强度因子的修正，至于修正后的应力强度因子，能否用来做断裂评价，则是另一回事(因为这涉及材料断裂的机理)。

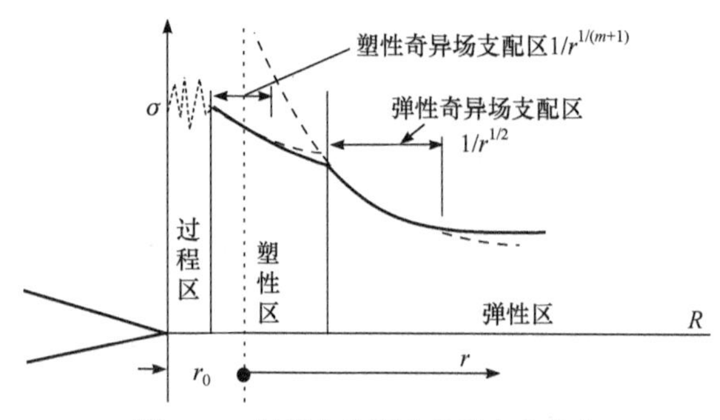

图 F2.5　材料中的裂尖前沿应力分布

然而，奇异场支配区大小是与裂纹尺寸、几何形状、应力状态等相关的。例如，压力容器中表面裂纹贯穿前，奇异场支配区很小，断裂力学不再适用。又如裂纹很小时，奇异场支配区也随之非常小，也不适用于断裂力学。必须指出的是，裂尖应力场不是奇异场支配的情况，也仍是存在的，只不过需要采用与传统断裂力学不同的方法而已。

F2.3　非$1/\sqrt{r}$奇异场

V 型切口、结合材料界面端等，工程中有大量的非$1/\sqrt{r}$奇异场问题，它们也是断裂力学研究的内容，因此，也有奇异场支配区足够大的前提条件。如果支配区域不够大，就需要计及其高阶项。以 V 型切口为例，如图 F2.6 所示，切口根部附近的奇异应力分布可表示为[56,59]

$$
\begin{aligned}
\sigma_\theta &= \frac{K_1}{r^{\lambda_1}}\left[C_1\cos\lambda_1\theta + C_2\cos(2-\lambda_1)\theta\right] + \frac{K_2}{r^{\lambda_2}}\left[C_3\sin\lambda_2\theta + C_4\sin(2-\lambda_2)\theta\right] \\
\sigma_r &= \frac{K_1}{r^{\lambda_1}}\left[\frac{2+\lambda_1}{2-\lambda_1}C_1\cos\lambda_1\theta + C_2\cos(2-\lambda_1)\theta\right] + \frac{K_2}{r^{\lambda_2}}\left[\frac{2+\lambda_2}{2-\lambda_2}C_3\sin\lambda_2\theta - C_4\sin(2-\lambda_2)\theta\right] \\
\tau_{r\theta} &= \frac{K_1}{r^{\lambda_1}}\left[\frac{\lambda_1}{2-\lambda_1}C_1\sin\lambda_1\theta + C_2\sin(2-\lambda_1)\theta\right] - \frac{K_2}{r^{\lambda_2}}\left[\frac{\lambda_2}{2-\lambda_2}C_3\cos\lambda_2\theta + C_4\cos(2-\lambda_2)\theta\right]
\end{aligned}
\tag{F2.14}
$$

其中，

$$C_1=\frac{(2-\lambda_1)\sin[(2-\lambda_1)(\pi-\beta)]}{(2-\lambda_1)\sin[(2-\lambda_1)(\pi-\beta)]-\lambda_1\sin\lambda_1(\pi-\beta)}$$

$$C_2=\frac{-\lambda_1\sin\lambda_1(\pi-\beta)}{(2-\lambda_1)\sin[(2-\lambda_1)(\pi-\beta)]-\lambda_1\sin\lambda_1(\pi-\beta)}$$

$$C_3=\frac{(2-\lambda_2)\sin[(2-\lambda_2)(\pi-\beta)]}{(2-\lambda_2)\sin\lambda_2(\pi-\beta)-\lambda_2\sin(2-\lambda_2)(\pi-\beta)}$$

$$C_4=\frac{-(2-\lambda_2)\sin\lambda_2(\pi-\beta)}{(2-\lambda_2)\sin\lambda_2(\pi-\beta)-\lambda_2\sin(2-\lambda_2)(\pi-\beta)}$$

奇异性指数 λ_1、λ_2 由以下特征方程决定

$$-(1-\lambda_1)\sin 2\beta+\sin(2(1-\lambda_1)(\pi-\beta))=0$$

$$(1-\lambda_2)\sin 2\beta+\sin(2(1-\lambda_2)(\pi-\beta))=0$$

其解如图 F2.7 所示，λ_1 为关于 x 轴对称应力的奇异性，而 λ_2 则为反对称应力的奇异性。K_1、K_2 为切口强度因子，是由切口尖端前沿 x 轴上的应力定义的[60]。

$$\sigma_\theta\big|_{\theta=0}=\frac{K_1}{r^{\lambda_1}},\quad \tau_{r\theta}\big|_{\theta=0}=\frac{K_2}{r^{\lambda_2}} \tag{F2.15}$$

概念性地，人们会习惯于认为存在 K_{1C}、K_{2C}，进而用 $K_i \geqslant K_{iC}$ 或 $\sum(K_i/K_{iC})^m=1$ 进行评价。但是，这种概念性的应用是非常不科学的，因为奇异性指数可以是 0～1 的任意数，导致无穷多的 K_{1C}、K_{2C}，这对于实验求取材料特性是不现实的，反过来说，这种概念性评价方法是不可用的。

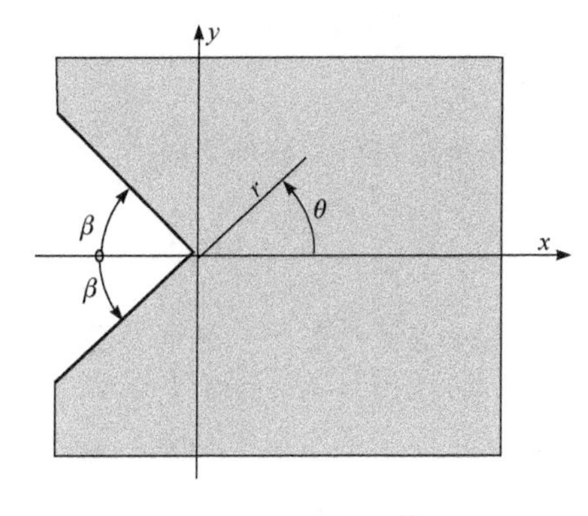

图 F2.6 V 型切口模型

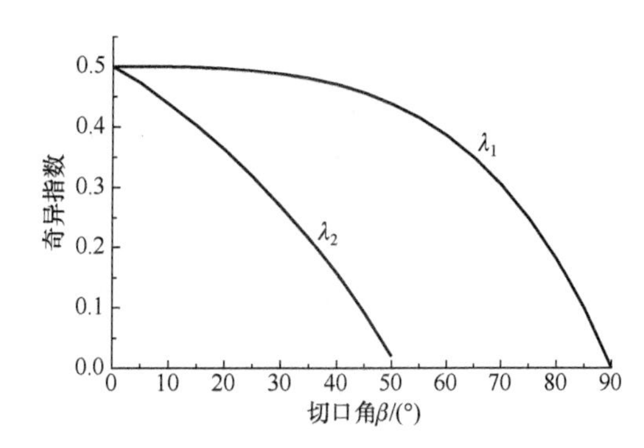

图 F2.7 V 型切口的奇异性指数

引入裂纹来规避任意奇异性的问题是常用的方法。引入裂纹的方向，可由最大切向应力等方法确定，但是引入多长的裂纹，则会因研究者不同而不同(评价结果也因此而不同)。对于 $\sigma_{\theta\max}=K_\theta/r^\lambda$ 的任意奇异场(注意，这里 K_θ 是该方向上

的等效强度系数)，用不着在某方向上引入裂纹，而是直接从奇点开始计算某方向上特征长度内的平均应力来进行评价：

$$\bar{\sigma}=\frac{1}{\ell}\int_0^{\ell}\frac{K_\theta}{r^\lambda}\mathrm{d}r=\sigma_\mathrm{b},\quad \frac{K_\theta}{(1-\lambda)\ell}r^{1-\lambda}\Big|_0^{\ell}=\frac{K_\theta}{(1-\lambda)\ell^\lambda}=\sigma_\mathrm{b}$$

$$K_\theta=\sigma_\mathrm{b}(1-\lambda)\ell^\lambda=\sigma_\mathrm{b}(1-\lambda)\left[\frac{2}{\pi}\left(\frac{K_\mathrm{IC}}{\sigma_\mathrm{b}}\right)^2\right]^\lambda \tag{F2.16}$$

因此，非$1/\sqrt{r}$奇异场的评价，只与断裂韧性、拉伸极限有关，不同奇异性按式(F2.16)都可进行评价。甚至可以扩展至有多重奇异性($\sigma_{\theta\max}$的方向不能确定)的情况，只需计算各个方向上的K_θ，按其最大者进行评价即可。但这实际上针对的是剪开强度大于裂开强度的材料，对于剪开强度小于裂开强度的脆性材料，还要用最大剪应力达到剪开强度来进行评价，对于受压的情况还需考虑内摩擦，后者甚至可能导致碎裂。以各种破坏形式中最先达到者为准。

因此，引入断裂特征长度后，不仅可以统一处理各种奇异性的断裂问题，而且也可统一处理裂尖奇异场支配区不够大的问题。

F2.4　材料的断裂韧性

断裂韧性是材料特性，它不是可以由连续介质理论导出的，而是与实际材料的失效机理有关的。以应力强度因子作为评价参数，就必然要有一个相应的临界值。这个临界值就是断裂韧性。裂纹断裂准则的一般型理论上可表示为

$$f(K_\mathrm{I},K_\mathrm{II},K_\mathrm{III})=C$$

但这个一般型其实是有问题的，因为右侧的C往往不是材料常数那么简单。例如，单一模态Ⅰ下，断裂准则退化为

$$K_\mathrm{I}=K_\mathrm{IC}$$

似乎没有问题，但实际上作为材料常数的断裂韧性K_IC，却只是在平面应变状态下被定义的。直观地说，对于金属材料，只有板厚很大时才是常数。板较薄时，它不能被定义，因为它是尺寸依存的。同样，利用弹塑性奇异场参数J积分时，形式上也有$J_\mathrm{I}=J_\mathrm{IC}$的失效准则，但实际上$J_\mathrm{IC}$也只有在平面应变条件下才是常数，非平面应变状态时，它也是尺寸依存的。这意味着，以上介绍的断裂力学中的断裂准则，都只适用于平面应变状态。之所以对金属材料的断裂韧性有平面应变条件的限制，是为了排除塑性变形能的影响。但平面应变状态实际上只是一种假想的状态，实际的应力状态都在平面应力-平面应变之间。例如表面裂纹，即使

除掉表面角点(该处奇异性不同)，裂尖前沿各处的应力状态也是不同的，最深处接近平面应变状态，表面附近接近平面应力状态。因此，在利用断裂力学的断裂准则时，必须要高度注意其应力状态(直观地说就是板厚)，对于不能近似为平面应变状态的裂尖，是不能直接用的。换句话说，裂纹的一般性(任意应力状态)断裂准则，实际上是还没有的，有的只是平面应变状态的断裂准则，或者尺寸依存的形式上的弹塑性破坏准则(如 $J_{\mathrm{I}}=J_{\mathrm{C}}$)。

但对于脆性材料，因无塑性变形，可以不管是平面应变状态还是平面应力状态，直接应用断裂力学的断裂准则。

F2.5　裂纹的疲劳扩展

在循环载荷作用下，裂纹会有相对较缓慢的扩展。扩展的原因是裂尖材料因循环损伤累积而发生疲劳。

扩展停留的条件是

$$\Delta K_{\mathrm{I}} \leqslant K_{\mathrm{th}} \tag{F2.17}$$

其中，K_{th} 称为裂纹扩展门槛值。疲劳扩展规律常采用 Paris 准则，即

$$\frac{\mathrm{d}a}{\mathrm{d}N}=c\left(\Delta K\right)^{m} \tag{F2.18}$$

非常有意思的是，K_{th}、c、m 却并不要求裂尖处于平面应变状态，而基本上是与试件板厚无关的(但要求裂纹足够长，数十个疲劳特征长度以上)，可以视作材料常数。这反过来说明了，在裂纹的疲劳扩展过程中，或者说在裂尖材料的疲劳损伤累积过程中，裂尖塑性功的影响是可以忽略的。因为如果裂尖塑性功不能忽略，那么必然会出现尺寸依存性。而这其实暗含着对裂纹疲劳扩展机理的认识问题，意味着试图从裂尖塑性变形角度看，裂纹疲劳扩展是与扩展规律中 K_{th}、c、m 为常数的事实相矛盾的。

必须指出，式(F2.17)与裂尖代表应力在疲劳极限以下的条件是等价的，但式(F2.18)则完全只是一种经验公式。另外，疲劳裂纹的扩展过程从微小时间刻度来看，实际上是间隙性的，只有从宏观以及长时间范围来看，式(F2.18)才成立。也就是说，式(F2.18)不仅是基于连续体假定的，而且还必须引入较长时间范围的平均扩展速率的假定。

附录 3 连续损伤力学基础

材料内存在着各种各样的微观缺陷，同一材料的不同部位，微观缺陷的分布及其对材料力学行为的影响也是不同的。这就是同一材料不同试件的试验结果有离散性的原因。所谓损伤，是指所有微观缺陷对材料力学行为影响的一个总体描述。实验离散性实际上就是材料的初始损伤不是处处相同引起的。任何工程材料都是包含初始微观缺陷的，其对强度性能的影响就是初始损伤。由于实测的强度性能包含了初始损伤的影响，所以初始损伤可取为零。使用过程中的损伤，则是材料内部微观缺陷变化的表征，实际上是相对于初始缺陷状态的一个相对损伤。

F3.1 连续损伤的概念

如图 1.5 所示，由于微观缺陷的存在，材料内部的实际微观内力分布是十分复杂的。在把材料做连续体处理后，宏观的应力中是没有微观缺陷的影响的。那么微观缺陷的影响去哪里了？它被反映在了材料的力学行为(如材料的强度特性，乃至变形特性)里，不同的微观缺陷状态就会有不同的力学行为，这就是材料强度特性离散性的原因。

如果材料内部的微观缺陷状态不发生变化，那么这种以材料力学行为特性来暗含其影响的方法是够用的。但是，如果它是要发生变化的，那么就意味着材料的力学行为特性也要随之发生变化，从材料常数的角度，可以说已不再是同一种材料了。但材料强度特性的变化又是从初始缺陷状态开始变化的，即与原始特性必然有关联性，只是因为微观缺陷及其变化方式是无穷的，故材料特性的变化方式也是无穷的。因此，虽然以材料力学行为特性来暗含其影响的方法不够用了，但如果能够把微观缺陷的变化对强度特性的影响统一表征出来，那么就不必去实测各种微观缺陷状态的强度特性，只须考虑该影响即可。

那么，怎么来考虑微观缺陷变化对材料特性的影响呢？强度特性的退化，换一种角度，也可以认为是应力的增加(强度特性则保持不变)。如何考虑微观缺陷变化对应力增加的贡献呢？这就需要回到定义材料特性的原点上去。应力的定义是内力除面积，如果该面积 S 内有不能承受内力的缺陷等效面积 $\overline{S}$，则有效应力变为

$$\sigma_{\text{ef}} = \lim_{S\to 0}\frac{F}{S-\overline{S}} = \lim_{S\to 0}\frac{F}{S(1-\overline{S}/S)} = \frac{\sigma}{1-D} \tag{F3.1}$$

$$D = \lim_{S\to 0}\frac{\overline{S}}{S} \tag{F3.2}$$

与应力一样，D 是被定义在连续体的点上的，故称为连续损伤。根据上述有效应力的定义，缺陷等效面积并非是微观缺陷的面积，更多反映的是应力集中等引起应力增大的等效面积。连续损伤是一个表征各类微观缺陷对有效应力影响的宏观抽象概念，不需要明确究竟是什么缺陷，只需有截面 S 内存在不能受力的缺陷等效面积 $\overline{S}$ 的理性认识即可(但这个面积是要进行趋于零的操作的)。

有了损伤的概念后，还必须区分初始损伤与损伤演化的概念。表征材料原始微观缺陷状态的损伤，称为初始损伤 D_0。考虑到原始微观缺陷的随机性，初始损伤是呈概率分布的，如图 F3.1 所示，存在一个期望值 D_e。但这个初始损伤期望值却是被包含在利用原始材料测得的材料强度特性中值里的。换句话说，材料的强度特性也有一个期望值(复数个试件的强度值取平均，实际上就是在求取这个期望值)，实测的强度值在这个期望值附近呈概率分布。这样，我们就无须考虑 D_e 的值究竟是多少，而可把初始损伤的期望值当作初始损伤零来处理，因为它已被反映在强度期望值里面。如果初始损伤的离散范围是 δ，那么真实强度的离散范围就是 $(1-\delta)\sigma_\text{b}$～$(1+\delta)\sigma_\text{b}$。所以，可以把原始材料的初始损伤取为零，只需注意它是有离散范围的即可，可以有负初始损伤(表示其微观缺陷状态比强度中值对应的状态要弱)。因此，初始损伤实际上是一个相对的概念，反映的只是微观缺陷状态的变化，而不是原始微观缺陷状态本身(它已隐含在材料强度特性的实验期望值里)。另外，当同一种材质的材料所包含的微观缺陷状态(如因热处理等)有显著不同时，连续损伤的期望值显然也不同。这种不同是不能包含在材料强度特性离散性里的，也就是说此时必须各自实测其材料强度特性。

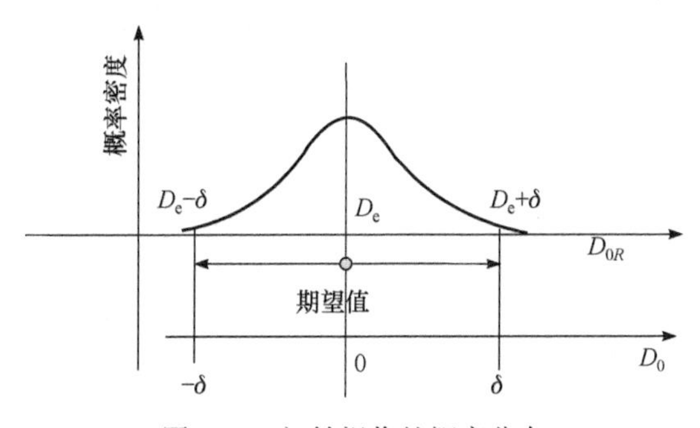

图 F3.1　初始损伤的概率分布

材料的微观缺陷状态会在使用过程中发生变化，即由初始损伤状态变化到一个当前损伤状态，这种损伤的变化称为损伤演化，其根本原因是微观缺陷状态发生了变化。一般情况下，损伤总是增大的，故损伤演化也可称为损伤累积。损伤演化是在初始损伤基础上进行的，由于初始损伤在材料内是随机分布的，演化后的当前损伤就更是处处不同的。但是，损伤演化或累积的规律却必然是相同的，因为无论初始损伤状态如何，都是由相同的损伤累积机理导致的。损伤演化决定的是损伤的增量，与初始损伤之和构成当前损伤。材料的强度特性，会因损伤累积而逐渐退化，在役结构在某一时刻尚存的强度，称为剩余强度。服役结构中的材料，因各处损伤累积不同，剩余强度是处处不同的。连续介质假定掩盖了微观材料组织结构，所以其应力分析是不能考虑微观结构变化的。损伤力学是在连续介质力学的应力概念的基础上，另行引入了如式(F3.1)所示的有效应力概念。利用这一概念，应力分析仍可在连续介质力学框架内进行，只是进行强度评价时需要采用有效应力的概念。这样，我们无须去考虑具体微观缺陷变化，可以继续作为同一种材料，利用同样的材料强度常数进行评价，只需考虑当前损伤对有效应力的增幅作用即可。

要确定当前损伤，可有理论分析和实测两种方法。理论分析需要有损伤演化的规律，简称损伤演化律(详细在 F3.2 节介绍)。实测则可通过剩余强度 σ_{bcur}，根据 $D=1-\sigma_{\mathrm{bcur}}/\sigma_{\mathrm{b}}$ 来确定当前损伤 D。早期也有利用表观杨氏模量的退化来测量当前损伤的方法，其依据是

$$\varepsilon=\frac{\sigma_{\mathrm{ef}}}{E}=\frac{\sigma}{E(1-D)}=\frac{\sigma}{E_{\mathrm{ef}}},\quad E_{\mathrm{ef}}=E(1-D),\quad D=1-\frac{E_{\mathrm{ef}}}{E} \tag{F3.3}$$

其中，E_{ef} 为有效杨氏模量。但这个依据实际上是不成立的，一是对有效应力的理解有了偏差，过分简单地把损伤面积理解成了单纯的缺陷面积，二是混淆了连续体与损伤连续体的概念，直接把建立在连续体假定基础上的应变，与建立在损伤连续体假定基础上的有效应力，用连续介质力学的本构关系形式联系了起来。实际上许多经长期使用的金属材料，其杨氏模量是基本保持不变的。金属材料即使在疲劳裂纹萌生时刻，其杨氏模量的变化也不大，只在疲劳裂纹萌生后会有少量的减小(实际上这是疲劳裂纹的贡献，而非损伤的贡献)。但是，式(F3.3)却是在损伤力学领域很常见的谬误，甚至产生了类似于 $\sigma=E(1-D)\varepsilon$ 的所谓损伤连续体本构关系。根据损伤连续体假定，损伤是被定义在点上或者说损伤微元体上(图 F3.2，边长 a 趋于零)，由于初始损伤的随机性，即使在均匀应力作用下演化后的损伤也不是均匀的，这意味着经过损伤累积后，不同位置损伤微元体上的当前损伤是不同的。记定义在损伤连续体上的应力、应变为 σ_{ef}、$\varepsilon_{\mathrm{ef}}$ (定义在连续体上的为 σ、ε)，有

$$\sigma_{\mathrm{ef}}=\frac{\sigma}{1-D},\quad \varepsilon_{\mathrm{ef}}=\frac{\Delta a}{a}=\varepsilon \tag{F3.4}$$

利用连续体上的 $\sigma=E\varepsilon$，可得损伤连续体的本构关系应为

$$\sigma_{ef}=\frac{\sigma}{1-D}=\frac{E\varepsilon}{1-D}=\frac{E\varepsilon_{ef}}{1-D} \tag{F3.5}$$

因此，损伤连续体的等效杨氏模量应为

$$E_{ef}=\frac{\sigma_{ef}}{\varepsilon_{ef}}=\frac{E}{1-D} \tag{F3.6}$$

式(F3.5)、式(F3.6)与式(F3.3)是完全不同的。由此可知，式(F3.3)是在混淆了连续体和损伤连续体概念后被错误地导出的。利用连续体上定义的应力、应变σ,ε时，本构关系是$\sigma=E\varepsilon$。利用定义在损伤连续体上的σ_{ef}、ε_{ef}时，本构关系是$\sigma_{ef}=E_{ef}\varepsilon_{ef}$，其中$E_{ef}=E/(1-D)$。由于连续介质力学的其他基本方程都是基于连续体假定的，故作力学分析时的本构关系只能用$\sigma=E\varepsilon$，而不能用$\sigma_{ef}=E_{ef}\varepsilon_{ef}$。

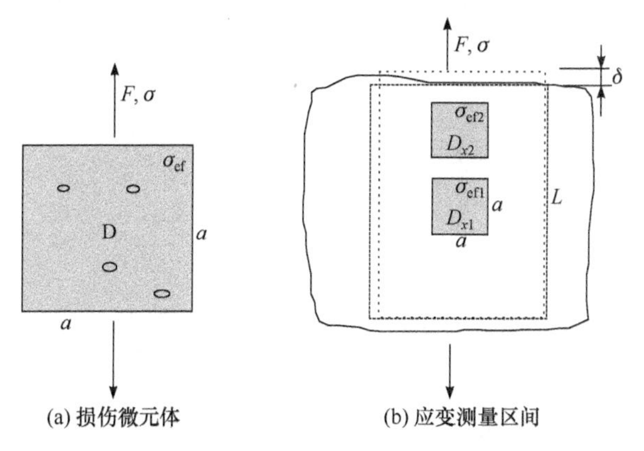

图 F3.2　损伤微元体及损伤分布不均匀性

另外，实测杨氏模量时，总是通过一定长度内的变形来进行的，如图 F3.2(b)所示。总位移量：

$$\delta=\sum\frac{\sigma_{ef}a}{E_{ef}}=\varepsilon_{ef}L=\sum\frac{\sigma a}{E}=\varepsilon L$$

无论是基于连续体还是损伤连续体假定，两者的变形量都是一致的(变形是客观量，故必须一致)。而如果采用式(F3.5)，则两者是不一致的。这意味着，式(F3.3)实际上偷换了应变的定义。例如，如果采用式(F3.3)，则长度 L 的总变形量为$\delta=\sum\sigma_{ef}a/E_{ef}=\sum\sigma a/\left(E(1-D)^2\right)=\varepsilon L/(1-D)^2$，按应变定义有$\varepsilon_{ef}=\delta/L=\varepsilon/(1-D)^2$，这与式(F3.3)的$\varepsilon_{ef}=\varepsilon=\sigma/E_{ef}$是相互矛盾的，这一矛盾是因为式(F3.3)是用了错误的损伤连续体本构关系来反推应变。在应变的原始定义$\varepsilon_{ef}=\varepsilon=\delta/L$下，由正确的损伤连续体本构关系$\varepsilon_{ef}=\sigma_{ef}/E_{ef}$，损伤连续体的等效杨氏模量应为$E_{ef}=E/(1-D)$，而不是$E_{ef}=E(1-D)$。而用公称应力应变表示的本构关系仍是$\sigma=E\varepsilon$，而不是$\sigma=E(1-D)\varepsilon$。

F3.2　损伤演化律

根据前述损伤的概念，如果微观缺陷状态发生变化，那么就只须知道其宏观抽象的损伤变化量即可。而要知道其变化量，就需确定损伤的变化规律，这就是损伤演化律。损伤演化律必须是一种客观规律，必须不受初始损伤大小、材料几何形状、应力状态的影响。但导致损伤演化的机理有多种，不同的演化机理就有不同的演化律。当然，我们所谓的损伤演化律，只是对客观规律的一种描述，必然会存在描述的准确性问题，但随着研究的深入，是必然能找出准确的描述的。

最早的损伤演化律是 Kachanov 静态损伤演化律，这是他在研究蠕变破坏寿命时，根据经验提出的，如下式

$$\frac{\mathrm{d}D}{\mathrm{d}t}=c\sigma^{\mathrm{m}} \tag{F3.7}$$

进一步假定损伤累积到某一临界值 D_{c} 时发生断裂，则

$$\int_{D_0}^{D_{\mathrm{c}}}\mathrm{d}D=\int_0^{t_{\mathrm{f}}}c\sigma^{\mathrm{m}}\mathrm{d}t,\quad \sigma^{\mathrm{m}}t_{\mathrm{f}}=C \tag{F3.8}$$

可在一定应力范围内，说明蠕变断裂寿命的变化规律。然而，式(F3.7)是有逻辑缺陷的。例如，当应力固定时，损伤变化速率为常数，损伤变化形式是一条直线，而实际的微观缺陷状态的变化，具有强烈的非线性，如图 F3.3 所示，在寿命早期，损伤的变化非常缓慢，越到寿命后期，则变化越快。因此，随后不同的研究者提出了各种不同的损伤演化律的形式。一般性地可表示为

$$\frac{\mathrm{d}D}{\mathrm{d}t}=f(D,\sigma,t) \tag{F3.9}$$

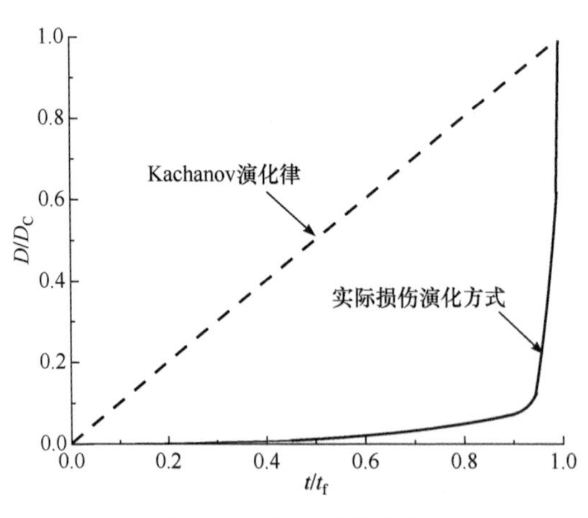

图 F3.3　损伤变化方式

损伤力学的基本框架是基于损伤演化律，计算损伤由初始损伤演化到临界损伤的寿命，或者由工作经历时间计算当前状态的损伤，反过来确定材料的剩余强度。显然，具体求解的方法与损伤演化律的具体形式有关。理论上无论损伤演化律多么复杂，都可以采用增量解法进行数值求解。例如，对于某一时刻t_i，其当前损伤D_i，考虑时间增量Δt_i，如果Δt_i足够小，则$\Delta D_i = f(D_i,\sigma,t_i)\Delta t_i$，$D_{i+1} = D_i + \Delta D_i$，只要有初始损伤和临界损伤，总是可以计算的。尤其对于变量分离型的损伤演化律

$$\frac{\mathrm{d}D}{\mathrm{d}t} = f_1(D,\sigma)f_2(t), \quad \int_{D_0}^{D_\mathrm{C}} \frac{\mathrm{d}D}{f_1(D,\sigma)} = \int_0^{t_\mathrm{f}} f_2(t)\mathrm{d}t$$

则可通过理论求解来增量计算。数值和理论计算的关键，都在于必须有明确的初始损伤和临界损伤D_C。一般材料强度特性是对应于零初始损伤的(即微观缺陷状态处于随机分布的期望值状态)，故而初始损伤常可取零，此时计算得出的寿命，只有50%的可靠性，即是所谓的寿命中值。当考虑计算寿命的可靠度时，必须取非零的初始损伤(对应于规定可靠度下的初始损伤离散范围)。关于临界损伤，传统损伤力学中认为它是一个常数，甚至许多人认为应该取 1，以表征材料完全失去承载能力，但这显然是不对的。考虑到有效应力的断裂条件为

$$\sigma_\mathrm{ef} = \frac{\sigma}{1-D} = \sigma_\mathrm{b}$$

故临界损伤必然是与应力水平有关的，即

$$D_\mathrm{C} = 1 - \frac{\sigma}{\sigma_\mathrm{b}} \tag{F3.10}$$

这一点必须引起高度注意。例如对于静态疲劳，应力水平为拉伸极限的 80%时，损伤需累积到 0.2，材料才会发生断裂，而当应力水平为拉伸极限的 90%时，损伤只需累积到 0.1 就会发生断裂。总之，临界损伤在各类寿命计算时，都是不能作为常数处理，更不能当作 1 来计算。

另一个必须注意的问题是:瞬态破坏条件是不能从损伤演化的角度来考虑的。这是因为损伤是当前微观缺陷状态的表征，而瞬态破坏则是当前微观缺陷状态下应力达到某个极限状态时瞬间发生的破坏形式,微观缺陷状态瞬间变为宏观断裂，变化时间可认为是零，零时间内的变化是无法考虑的。当然，也有人认为断裂过程总是需要时间的，认为零并不真是零。但一方面微观缺陷的突变难以描述，另一方面瞬态破坏准则已足以描述破坏的发生，故再考虑微观缺陷如何突变，并没有现实意义。也就是说，损伤力学只是针对微观缺陷状态渐变的情况，而不能处理突变的问题。

这样，损伤力学的关键问题就只是如何找出与客观的损伤客观变化规律一致的损伤演化律了。这是需要根据引发微观缺陷状态变化的机理来建立的。引发微观缺陷状态变化的机理可以有多种，记某种机理引起的损伤演化律为

$$\left.\frac{\mathrm{d}D}{\mathrm{d}t}\right|_i = f_i(D,\sigma,t) \tag{F3.11a}$$

则多种损伤机理并存时总的损伤演化速率就为

$$\frac{\mathrm{d}D}{\mathrm{d}t} = \sum\left.\frac{\mathrm{d}D}{\mathrm{d}t}\right|_i = \sum f_i(D,\sigma,t) \tag{F3.11b}$$

所以，需要对可能的引起微观缺陷状态变化的机理，分别建立其损伤演化律。当然，多种损伤机理并存时，其中较弱的一些可以忽略。我们只须关注其中起支配作用的损伤演化律即可。

常见的损伤机理及其演化律如下。

1. 静态应力损伤

在静态应力作用下，当材料富含原始微观缺陷时，缺陷附近的原子容易发生逃逸，逃逸后的空位又难以被别处逃逸的原子所填补，从而使得原来的微观缺陷生长。其损伤演化律为

$$\frac{\mathrm{d}D}{\mathrm{d}t} = c\left(\frac{\sigma}{1-D}\right)^{\xi} H \tag{F3.12a}$$

$$H = \begin{cases} 1-\left(\dfrac{(1-D)\sigma_{\mathrm{f0}}}{\sigma}\right)^{\zeta}, & \dfrac{\sigma}{1-D} > \sigma_{\mathrm{f0}} \\ 0, & \dfrac{\sigma}{1-D} \leqslant \sigma_{\mathrm{f0}} \end{cases} \tag{F3.12b}$$

式中，H 为曲度因子，σ_{f0} 称为名义静态疲劳极限，当有效应力小于名义静态疲劳极限时，微观缺陷状态不发生改变(严密地说，其变化可以忽略)；c 为损伤比例系数。实际的静态疲劳极限是与初始损伤状态相关的，可表示成

$$\sigma_{\mathrm{f}} = (1-D_0)\sigma_{\mathrm{f0}}$$

同一种材料，即使其初始损伤不同，其名义静态疲劳极限 σ_{f0} 也是相同的，但实际的疲劳极限则依存于该材料的初始损伤状态。例如，气孔率不同的烧结陶瓷，即使烧结工艺完全相同，实测得到的静态疲劳极限也会不同。σ_{f0} 理论上对应于初始损伤可以忽略的静态疲劳极限，但初始损伤可以忽略时，一般是不会发生静态疲劳的。因此，关于静态疲劳极限的物理意义，理解成初始缺陷足以引发静态疲劳时的疲劳极限外插值更为合适，如图 F3.4 所示。利用应变能等效应力，可以方便地将式(F3.12)扩展到多轴应力状态。

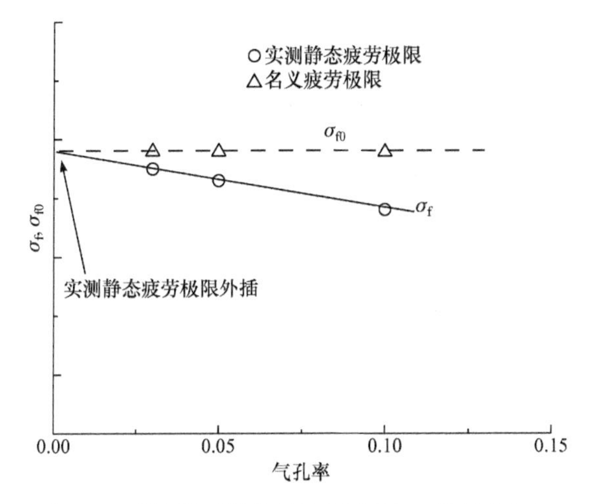

图 F3.4　某陶瓷材料静态疲劳极限与气孔率的关系

2. 循环疲劳损伤

当材料受循环载荷作用时，原子的平衡位置作周期性变化。虽然在某一时刻，原子逃逸的概率仍是各向相同的，但逃逸后产生的空位位置，将因其平衡位置的周期性变化而不在原子逃逸时的位置上。我们知道，静态平衡位置是势能最小点，空位绕原平衡位置的循环运动，导致其位置本身就有位势，故而对来填补该空位的原子的能量要求提高，从而使得空位湮灭的概率降低。从材料整体上看，这一空穴位置的变化，就导致了瞬态空穴不能完全被别处逃逸来的原子所填补，即不能完全湮灭(部分还是会湮灭的)，不能湮灭的部分将不再是瞬态空穴，而会引起累积，形成疲劳损伤。与之相对应，找不到空位去填补的原子，将在某个位置形成间隙原子，由于逃逸是短程的，这种间隙原子将集聚在最易逃逸处(原始微观缺陷)附近，形成类位错结构。疲劳问题中的空穴和类位错结构，是同一个现象的两个方面，都是包含在损伤概念内的。可以不管其具体是什么微观结构，统一以损伤表示之，其损伤演化律为

$$\frac{\mathrm{d}D}{\mathrm{d}t}=c_{\mathrm{f}}\frac{\dot{\sigma}(t)}{1-D}\left(\frac{\sigma(t)}{1-D}\right)^{\beta+1}H \tag{F3.13a}$$

$$H=\begin{cases}1-\left(\dfrac{(1-D)\sigma_{\mathrm{f}}}{\sigma(t)}\right)^{\gamma}, & \dfrac{\sigma(t)}{1-D}>\sigma_{\mathrm{f}}\\ 0, & \dfrac{\sigma(t)}{1-D}\leqslant\sigma_{\mathrm{f}}\end{cases} \tag{F3.13b}$$

这里，$\sigma(t)$ 仅指交变部分，即 $\sigma_{\mathrm{total}}=\sigma_{\mathrm{m}}+\sigma(t)$，因为只有交变部分引发损伤累积。曲度因子中考虑了应力水平对损伤演化方式的影响，当有效应力小于疲劳极限时，

没有损伤累积现象(严密地说是循环损伤累积可以忽略)。损伤累积比例系数 c_f 和疲劳极限 σ_f 都是随平均应力 σ_m 变化的，故还不是材料常数，只有变化规律中的常系数，才是材料常数。

式(F3.13)是不能直接积分求解的。对于单种循环载荷，即 $\sigma(t)=\sigma_a\sin\omega t$ ，可以改写成

$$\frac{\mathrm{d}D}{\mathrm{d}t}=c_f\omega\left(\frac{\sigma_a}{1-D}\right)^{\beta+1}\left|\sin\omega t\right|^{\beta}\left|\cos\omega t\right|H \tag{F3.14a}$$

$$H=\begin{cases}1-\left[\dfrac{(1-D)\sigma_f}{\sigma_a\left|\sin\omega t\right|}\right]^{\gamma}, & \dfrac{\sigma_a\left|\sin\omega t\right|}{1-D}>\sigma_f\\ 0, & \dfrac{\sigma_a\left|\sin\omega t\right|}{1-D}\leqslant\sigma_f\end{cases} \tag{F3.14b}$$

考虑 1 个载荷循环 $\Delta t=2\pi/\omega$ 内的损伤增量，在一个循环内损伤的变化可以忽略，有

$$\Delta D=c_f\left(\frac{\sigma_a}{1-D}\right)^{\beta+1}\int_0^{2\pi}H\left|\sin\theta\right|^{\beta}\left|\cos\theta\right|\mathrm{d}\theta \tag{F3.15}$$

这样，以循环数表述的损伤演化律(循环损伤演化速率)为

$$\frac{\mathrm{d}D}{\mathrm{d}N}=c_f\left(\frac{\sigma_a}{1-D}\right)^{\beta+1}\int_0^{2\pi}H\left|\sin\theta\right|^{\beta}\left|\cos\theta\right|\mathrm{d}\theta=c_f\left(\frac{\sigma_a}{1-D}\right)^{\beta+1}I(\sigma_a) \tag{F3.16}$$

其中， H 与式(F3.14b)相同，只是积分变量替换成了 $\theta=\omega t$ 。

$$H=\begin{cases}1-\left[\dfrac{(1-D)\sigma_f}{\sigma_a\left|\sin\theta\right|}\right]^{\gamma}, & \dfrac{\sigma_a\left|\sin\theta\right|}{1-D}>\sigma_f\\ 0, & \dfrac{\sigma_a\left|\sin\theta\right|}{1-D}\leqslant\sigma_f\end{cases} \tag{F3.17}$$

经此变换后，载荷频率的影响从式中完全消失，并且损伤演化律变成了变量分离型，可以进行直接积分。因此，这种变换是循环寿命求解时必需的计算技术。

利用等效疲劳应力，可以方便地将式(F3.13)扩展到多轴应力状态。

3. 腐蚀损伤

腐蚀损伤需要从两方面来考虑，一是应力对腐蚀的加速作用，二是腐蚀对材料损伤累积的加速作用。腐蚀是电化学反应等引起的材料损伤，应力对其有加速作用。腐蚀损伤演化律为

$$\frac{\mathrm{d}D}{\mathrm{d}t}=\frac{c_0+c_{\mathrm{in}}[\sigma/(1-D)]^{\beta}}{(1-D)^m} \tag{F3.18}$$

其中，c_0为自然腐蚀时的比例系数，与腐蚀环境有关；c_{m}则是该环境下的应力加速比例系数。当腐蚀损伤进行到某一程度时，材料变得富含缺陷，静态损伤机理被激活，其演化律仍如式(F3.12)，但要受腐蚀的加速作用。也就是说，该演化律中的材料常数如c、ξ、ς、σ_{f0}都是随腐蚀环境变化的，并且同时腐蚀损伤也在进行，是多种损伤机理并存的。同样，如果受循环载荷作用，循环损伤也要受腐蚀环境的加速作用，循环损伤演化律仍如式(F3.13)，但该演化律中的材料常数如c_{f}、β、λ、σ_{f}都是随腐蚀环境变化的。

由于腐蚀是一个能量变化过程，所以将式(F3.18)扩展到多轴问题时，需采用应变能等效应力。

4. 蠕变损伤

蠕变是由于材料微观结构的渐变引起的，它不仅有几何形状变化的几何损伤，也有因微观缺陷状态变化而引起的静态损伤。几何损伤的定义是

$$D_{\mathrm{V}}=\frac{A_0-A(t)}{A_0} \tag{F3.19}$$

其中，A_0为初始截面积，$A(t)$为当前截面积。故仅考虑蠕变几何损伤的有效应力可表示为

$$\sigma_{\mathrm{efV}}=\frac{\sigma_0}{1-D_{\mathrm{V}}} \tag{F3.20a}$$

但在蠕变过程中必然耦合有材料静态疲劳损伤，故实际有效应力为

$$\sigma_{\mathrm{ef}}=\frac{\sigma_0}{(1-D)(1-D_{\mathrm{V}})} \tag{F3.20b}$$

其中，σ_0为名义应力。几何损伤的演化律为

$$\frac{\mathrm{d}D_{\mathrm{V}}}{\mathrm{d}t}=-\frac{1}{A_0}\frac{\mathrm{d}A}{\mathrm{d}t}=\frac{A}{A_0}\frac{\mathrm{d}\varepsilon}{\mathrm{d}t}=(1-D_{\mathrm{V}})\frac{\mathrm{d}\varepsilon}{\mathrm{d}t} \tag{F3.21}$$

因此，几何损伤的演化是蠕变本构依存的。根据应力水平的高低，稳态蠕变时的本构可表示成(工程实际中应力水平不会太高，发生非线性蠕变时，幂蠕变可认为是最主要的)

$$\frac{\mathrm{d}\varepsilon}{\mathrm{d}t}=C\sigma_{\mathrm{ef}},\quad \sigma_{\mathrm{ef}}\leqslant\sigma_{\mathrm{p}} \tag{F3.22a}$$

$$\frac{\mathrm{d}\varepsilon}{\mathrm{d}t}=B\sigma_{\mathrm{ef}}^{m},\quad \sigma_{\mathrm{ef}}>\sigma_{\mathrm{p}} \tag{F3.22b}$$

这里，σ_{p}是线性黏弹性极限。故几何损伤演化律可表示成

$$\frac{\mathrm{d}D_{\mathrm{V}}}{\mathrm{d}t}=\begin{cases}C(1-D_{\mathrm{V}})\sigma_{\mathrm{ef}}, & \sigma_{\mathrm{ef}}\leqslant\sigma_{\mathrm{p}}\\ B(1-D_{\mathrm{V}})\sigma_{\mathrm{ef}}^{m}, & \sigma_{\mathrm{ef}}>\sigma_{\mathrm{p}}\end{cases} \tag{F3.23}$$

蠕变引起材料损伤的机理是原子的定向移动，与应力静态损伤的机理类似，故其演化律仍为式(F3.12)，但该演化律中的材料常数如c、ξ、ς、σ_{f0}，则因引发损伤累积的机理不是富含缺陷，而是蠕变，故是需要另行确定的。蠕变实际上是两类损伤累积机理共存的过程。当受交变应力作用时，循环损伤的演化律也仍如式(F3.13)，但该演化律中的材料常数如c_{f}、β、λ、σ_{f}都是受蠕变的加速作用的。

当需要考虑长程蠕变时，应利用长程蠕变本构关系，代入式(F3.21)即可得几何损伤演化律。而蠕变时的材料损伤演化律，需在式(F3.13)中考虑几何损伤对有效应力的影响，变为

$$\left.\frac{\mathrm{d}D}{\mathrm{d}t}\right|_{\mathrm{creep}}=c\left(\frac{\sigma}{(1-D)(1-D_{\mathrm{V}})}\right)^{\xi}H \tag{F3.24a}$$

$$H=\begin{cases}1-\left(\dfrac{(1-D)(1-D_{\mathrm{V}})\sigma_{\mathrm{f0}}}{\sigma}\right)^{\zeta}, & \dfrac{\sigma}{(1-D)(1-D_{\mathrm{V}})}>\sigma_{\mathrm{f0}}\\ 0, & \dfrac{\sigma}{(1-D)(1-D_{\mathrm{V}})}\leqslant\sigma_{\mathrm{f0}}\end{cases} \tag{F3.24b}$$

对于蠕变疲劳，其循环损伤演化律也同样需要考虑几何损伤的影响，其损伤演化律变为

$$\left.\frac{\mathrm{d}D}{\mathrm{d}t}\right|_{\mathrm{cyc}}=c_{\mathrm{f}}\dot{\sigma}_{\mathrm{ef}}(t)\left(\sigma_{\mathrm{ef}}(t)\right)^{\beta}H_{\mathrm{f}} \tag{F3.25a}$$

$$H=\begin{cases}1-\left(\dfrac{\sigma_{f}}{\sigma_{\mathrm{ef}}(t)}\right)^{\gamma}, & \sigma_{\mathrm{ef}}(t)>\sigma_{\mathrm{f}}\\ 0, & \sigma_{\mathrm{ef}}(t)\leqslant\sigma_{\mathrm{f}}\end{cases} \tag{F3.25b}$$

$$\sigma_{\mathrm{ef}}(t)=\frac{\sigma(t)}{(1-D)(1-D_{\mathrm{V}})} \tag{F3.25c}$$

附录 4　标准正态分布可靠度表

x	α									
	0.00	0.01	0.02	0.03	0.04	0.05	0.06	0.07	0.08	0.09
0.0	0.5000	0.5040	0.5080	0.5120	0.5160	0.5199	0.5239	0.5279	0.5319	0.5359
0.1	0.5398	0.5438	0.5478	0.5517	0.5557	0.5596	0.5636	0.5675	0.5714	0.5753
0.2	0.5793	0.5832	0.5871	0.5910	0.5948	0.5987	0.6026	0.6064	0.6103	0.6141
0.3	0.6179	0.6217	0.6255	0.6293	0.6331	0.6368	0.6406	0.6443	0.6480	0.6517
0.4	0.6554	0.6591	0.6628	0.6664	0.6700	0.6736	0.6772	0.6808	0.6844	0.6879
0.5	0.6915	0.6950	0.6985	0.7019	0.7054	0.7088	0.7123	0.7157	0.7190	0.7224
0.6	0.7257	0.7291	0.7324	0.7357	0.7389	0.7422	0.7454	0.7486	0.7517	0.7549
0.7	0.7580	0.7611	0.7642	0.7673	0.7704	0.7734	0.7764	0.7794	0.7823	0.7852
0.8	0.7881	0.7910	0.7939	0.7967	0.7995	0.8023	0.8051	0.8078	0.8106	0.8133
0.9	0.8159	0.8186	0.8212	0.8238	0.8264	0.8289	0.8315	0.8340	0.8365	0.8389
1.0	0.8413	0.8438	0.8461	0.8485	0.8508	0.8531	0.8554	0.8577	0.8599	0.8621
1.1	0.8643	0.8665	0.8686	0.8708	0.8729	0.8749	0.8770	0.8790	0.8810	0.8830
1.2	0.8849	0.8869	0.8888	0.8907	0.8925	0.8944	0.8962	0.8980	0.8997	0.9015
1.3	0.9032	0.9049	0.9066	0.9082	0.9099	0.9115	0.9131	0.9147	0.9162	0.9177
1.4	0.9192	0.9207	0.9222	0.9236	0.9251	0.9265	0.9279	0.9292	0.9306	0.9319
1.5	0.9332	0.9345	0.9357	0.9370	0.9382	0.9394	0.9406	0.9418	0.9429	0.9441
1.6	0.9452	0.9463	0.9474	0.9484	0.9495	0.9505	0.9515	0.9525	0.9535	0.9545
1.7	0.9554	0.9564	0.9573	0.9582	0.9591	0.9599	0.9608	0.9616	0.9625	0.9633
1.8	0.9641	0.9649	0.9656	0.9664	0.9671	0.9678	0.9686	0.9693	0.9699	0.9706
1.9	0.9713	0.9719	0.9726	0.9732	0.9738	0.9744	0.9750	0.9756	0.9761	0.9767
2.0	0.9772	0.9778	0.9783	0.9788	0.9793	0.9798	0.9803	0.9808	0.9812	0.9817
2.1	0.9821	0.9826	0.9830	0.9834	0.9838	0.9842	0.9846	0.9850	0.9854	0.9857
2.2	0.9861	0.9864	0.9868	0.9871	0.9875	0.9878	0.9881	0.9884	0.9887	0.9890
2.3	0.9893	0.9896	0.9898	0.9901	0.9904	0.9906	0.9909	0.9911	0.9913	0.9916
2.4	0.9918	0.9920	0.9922	0.9925	0.9927	0.9929	0.9931	0.9932	0.9934	0.9936
2.5	0.9938	0.9940	0.9941	0.9943	0.9945	0.9946	0.9948	0.9949	0.9951	0.9952
2.6	0.9953	0.9955	0.9956	0.9957	0.9959	0.9960	0.9961	0.9962	0.9963	0.9964
2.7	0.9965	0.9966	0.9967	0.9968	0.9969	0.9970	0.9971	0.9972	0.9973	0.9974
2.8	0.9974	0.9975	0.9976	0.9977	0.9977	0.9978	0.9979	0.9979	0.9980	0.9981
2.9	0.9981	0.9982	0.9982	0.9983	0.9984	0.9984	0.9985	0.9985	0.9986	0.9986

续表

x	α									
	0.00	0.01	0.02	0.03	0.04	0.05	0.06	0.07	0.08	0.09
3.0	0.9987	0.9987	0.9987	0.9988	0.9988	0.9989	0.9989	0.9989	0.9990	0.9990
3.1	0.9990	0.9991	0.9991	0.9991	0.9992	0.9992	0.9992	0.9992	0.9993	0.9993
3.2	0.9993	0.9993	0.9994	0.9994	0.9994	0.9994	0.9994	0.9995	0.9995	0.9995
3.3	0.9995	0.9995	0.9995	0.9996	0.9996	0.9996	0.9996	0.9996	0.9996	0.9997
3.4	0.9997	0.9997	0.9997	0.9997	0.9997	0.9997	0.9997	0.9997	0.9997	0.9998
3.5	0.9998	0.9998	0.9998	0.9998	0.9998	0.9998	0.9998	0.9998	0.9998	0.9998
3.6	0.9998	0.9998	0.9999	0.9999	0.9999	0.9999	0.9999	0.9999	0.9999	0.9999
3.7	0.9999	0.9999	0.9999	0.9999	0.9999	0.9999	0.9999	0.9999	0.9999	0.9999
3.8	0.9999	0.9999	0.9999	0.9999	0.9999	0.9999	0.9999	0.9999	0.9999	0.9999
3.9	1.0000	1.0000	1.0000	1.0000	1.0000	1.0000	1.0000	1.0000	1.0000	1.0000

参 考 文 献

[1] 岡村. 强度解析学. 东京: オーム社, 1985.

[2] 匡震邦. 非线性连续介质力学. 上海: 上海交通大学出版社, 2002.

[3] 刘鸿文. 材料力学. 北京: 高等教育出版社, 1982.

[4] 许金泉, 丁皓江. 现代固体力学理论及应用. 杭州: 浙江大学出版社, 1995.

[5] 许金泉. 材料强度学. 上海: 上海交通大学出版社, 2009.

[6] Yokobori T. Strength of Engineering Materials. Tokyo: Gihodo Publish Corporation, 1955.

[7] 匡震邦, 郑颖人. 固体本构理论中的某些问题. 中国力学学会现代力学与科技进步学术大会, 1997.

[8] 黄克智, 黄永刚. 固体本构关系. 北京: 清华大学出版社, 1999.

[9] 李忱. 超弹性体非线性本构理论. 北京: 国防工业出版社, 2012.

[10] Johnson J N. Dynamic fracture and spallation in ductile solids. Journal of Applied Physics, 1981, 52(4): 2812-2825.

[11] Suresh S. Fatigue of materials. London: Combridge University Press, 1998.

[12] Pugno N M. The centenary of Griffith's theory. Matter, 2021, 4(12): 3811-3813.

[13] Khaji Z, Mahdi F. A Semi-theoretical criterion based on the combination of strain energy release rate and strain energy density concepts (STSERSED): establishment of a new approach to predict the fracture behavior of orthotropic materials. Theoretical and Applied Fracture Mechanics, 2022, 118: 103290.

[14] Simha N K, Fischer F D, Shan G X, et al. J-integral and crack driving force in elastic-plastic materials. Journal of the Mechanics and Physics of Solids, 2008, 56(9): 2876-2895.

[15] Schweizer C. Evolution equations for the C(t)-integral and the crack-tip opening displacement CTOD for elastic-viscoplastic material behavior and temperature dependent material properties. Engineering Fracture Mechanics, 2016, 157: 125-40.

[16] 张琳娜, 孙玉龙, 李跃辉. 国内外常用金属材料疲劳与断裂试验方法对比分析. 第三届航空理化检测技术学术研讨会, 2015.

[17] Chaboche J L. Continuum damage mechanics. J. Appl. Mech., 1988, 55: 59-64.

[18] 戴起勋. 金属材料学. 北京: 化学工业出版社, 2005.

[19] 国家机械工业委员会. 金相组织基础知识. 北京: 机械工业出版社, 1988.

[20] 毛卫民. 金属材料的晶体学织构与各向异性. 北京: 科学出版社, 2002.

[21] 叶申. 基于裂纹尖端塑性的多尺度疲劳裂纹. 华东理工大学博士学位论文, 2018.

[22] 许金泉. 界面力学. 北京: 科学出版社, 2006.

[23] 张晓虎, 孟宇, 张炜. 碳纤维增强复合材料技术发展现状及趋势. 纤维复合材料, 2004, 1: 50-53.

[24] 张国赏, 魏世忠, 韩明儒. 颗粒增强钢铁基复合材料. 北京: 科学出版社, 2013.

[25] 冈村弘之. 线性断裂力学. 东京: 培风馆, 1976.
[26] Hutchinson J W. Singular behavior at the end of a tensile crack in hardening materials. J. Mech. Phys. Solids, 1968, 16: 13-31.
[27] Rice J R, Rosengren G F. Plane strain deformation near crack tip in a power law hardening materials. J. Mech. Phys. Solids, 1968, 16: 1-12.
[28] 许金泉. 疲劳力学. 北京: 科学出版社, 2017.
[29] Henry B S, Luxmoore A R. The stress triaxiality constraint and the Q -value as a ductile fracture parameter. Engineering Fracture Mechanics, 1997, 57(4): 375-390.
[30] 高延法, 陶振宇. 岩石强度准则的真三轴压力试验检验与分析. 岩土工程学报, 1993, 4: 26-32.
[31] 李向哲, 许金泉. 一个可区分破坏模式的新应力三轴度参数. 应用力学学报, 2020, 37(3): 921-927.
[32] Guo F, Xu J Q, Mutoh Y. Fracture theory based on the concept of characteristic fracture length of materials. Science in China, Ser G, 2009, 52(12): 2041-2046.
[33] Hou S Q, Xu J Q. An evaluation method for brittle fracture from a singular point with arbitrary singularities. International Journal of Mechanical Sciences, 2014, 88: 202-207.
[34] 侯善芹, 许金泉. 基于疲劳特征长度概念的一种新疲劳理论. 上海交通大学学报(自然版), 2010, 44(10): 1444-1449.
[35] 中原一郎. 应用弹性学. 东京: 实教出版社, 1977.
[36] 俞茂宏. 强度理论百年总结. 力学进展, 2004, 38(4): 529-560.
[37] Lee D M. Angles of friction of granular fills. University of Cambridge Doctoral dissertation, 1992.
[38] 卓杨, 许金泉. 基于分子动力学模拟结果的界面破坏准则. 工程力学, 2008, 2: 46-51.
[39] 龚晓南. 高等土力学. 杭州: 浙江大学出版社, 2006.
[40] 徐干成, 郑颖人. 岩石工程中屈服准则应用的研究. 岩土工程学报, 1990, 24: 108-111.
[41] Chen Y Q, Xu J Q. A simple failure criterion for materials with different tensile and compressive strengths. Key Engineering Materials, 2004, 274(276): 987-992.
[42] Chang J, Xu J Q, Mutoh Y. A general mixed mode brittle fracture criterion for cracked materials. Engineering Fracture Mechanics, 2006, 73: 1249-1263.
[43] Cai X J, Xu J Q, A generalized life evaluation formula for uniaxial and multiaxial static fatigue. Ceramics International, 2016, 42: 3212-3218.
[44] 冯端. 金属物理学(第 3 卷金属力学性质). 北京: 科学出版社, 2000.
[45] Bily M. Cyclic deformation and fatigue of metals. Elesevier, 1993.
[46] Xu J Q, Huo M C, Xia R. Effect of cyclic plastic strain and flow stress on low cycle fatigue life of 316L(N) stainless steel. Mechanics of Materials, 2017, 114: 134-141.
[47] Machida S. Ductile fracture mechanics. Tokyo: Nikan Kogyo Shinbunsya, 1984.
[48] 国尾武, 等. 破坏力学实验法. 东京: 朝仓书店, 1984.
[49] Hou S Q, Cai X J, Xu J Q. A life evaluation formula for high cycle fatigue under uniaxial and multiaxial loadings with mean stresses. International Journal of Mechanical Sciences, 2015, 93: 229-239.

[50] 蔡晓静, 许金泉, 各种平均应力下高周疲劳极限间的定量关系. 工程力学, 2015, 32-10: 31-37.

[51] Hou S Q, Xu J Q. Relationship among S-N curves corresponding to different mean stresses or stress ratios. J Zhejiang Univ-Sci A (Appl Phys & Eng), 2015, 16: 885-893.

[52] Macha E, NiesłonyA. Critical plane fatigue life models of materials and structures under multiaxial stationary random loading: The state-of-the-art in opole research centre CESTI and directions of future activities. Int. J. Fatigue, 2012, 39: 95-102.

[53] Cai X J, Li X Z, Xu J Q. Fatigue limit and life evaluation formula for compressive mean stress states. Material Science and Technology, 2018, 34(17): 2166-2173.

[54] Cruzado A, Lucarini S, Llorca J, et al. Microstructure-based fatigue life model of metallic alloys with bilinear Coffin-Manson behavior. International Journal of Fatigue, 2017, 107: 40-48.

[55] Paris P, Erdogan F. A critical analysis of crack propagation law. Basic. Engng., Trans. ASME, 1963, 85: 528-534.

[56] Erdogan F, Ratwani M. Fatigue and fracture of cylindrical shells containing a circumferential crack. Int. J. Frcature, 1970, 6: 379-392.

[57] Cai X J, Huo M C, Xu J Q. A threshold formula for fatigue crack growth with mean stress intensity. International Journal of Mechanical Sciences , 2018, 135: 639-645.

[58] Wu J, Shan J, Wei Z, et al. An integral formulation of two-parameter fatigue crack growth model. Advances in Materials Science and Engineering, 2018, 2018: 1-12.

[59] Kumar M, Bhuwal A S, Singh I V, et al. Nonlinear fatigue crack growth simulations using jintegral decomposition and XFEM. Procedia Engineering, 2017, 173: 1209-1214.

[60] Hou S Q, Xu J Q. An approach to correlate fatigue crack growth rate with S-N curve for an aluminum alloy LY12CZ. Theoretical and Applied Fracture Mechanics, 2018, 95: 177-185.

[61] 杨军, 周菊玲. 高斯推导正态分布概率密度函数的过程. 统计与信息论坛, 2019, 34: 5.

[62] Renz R, Szymikowski R. Locally resolved hysteresis measurement of advanced glass-mat thermoplastic composites. International Journal of Fatigue, 2010, 32: 174-183.

[63] 夏日, 许金泉. 一种可考虑界面相物性影响的界面单元法. 计算力学学报, 2019, 36(5): 569-575.

[64] Cai X J, Xu J Q. Interface models for thin interfacial layers. Appl. Math. Mech. -Engl. Ed., 2016, 37: 707-724.

[65] Elices M, Guinea G V, Gómez J, et al. The cohesive zone model: Advantages, limitations and challenges. Engineering Fracture Mechanics, 2002, 69: 137-163.

[66] Park K, Paulino G H, Roesler J R. A unified potential-based cohesive model of mixed-mode fracture. Journal of the Mechanics & Physics of Solids, 2009, 57: 891-908.

[67] Xu J Q, Mutoh Y. Singular residual stress field near the interface edge, Trans. JSME, 1996, A62(597): 1219-1225.

[68] Yuuki R, Xu J Q, Schmauder S. Simple method to analyze the residual thermal stress of dissimilar material joints and some applications. Trans. JSME, 1991, A57(536): 864-870.

[69] Yuuki R, Xu J Q, Mutoh Y. Evaluation of fracture and strength of Metal/ceramic bonded joints based on interfacial fracture mechanics. Trans. JSME, 1994, A60(569): 37-45.

[70] Yuuki R, Xu J Q. Logarithmic singularity on thermal or residual stress at the interface edge point pf bonded dissimilar materials. Trans. JSME, 1992, A58(556): 2394-2400.

[71] Miyashita Y, Sasaki Y, Kuroishi T, et al. An evaluation of the adhesive strength of the interface between a coating and substrate. JSME Int. J., 2003, 46(3): 335-340.

[72] 卓杨, 许金泉. 基于分子动力学的结合材料界面破坏准则. 力学季刊, 2007, 28(1): 1-7.

[73] 张镇宇, 许金泉. 薄膜涂层材料的界面破坏准则. 上海交大学报, 2007, 41(6): 983-987.

[74] Cai X J, Xu J Q. Interfacial fracture criteria based on the nominal deformation energy of interface. Theoretical and Applied Fracture Mechanics, 2015, 75: 16-21.

[75] Ogihara S, Koyanagi J. Investigation of combined stress state failure criterion for glass fiber/epoxy interface by the cruciform specimen method. Compos. Sci. Technol., 2010, 70: 143-150.

[76] Cornec A, Scheider I, Schwalbe K H. On the practical application of the cohesive model. Engineering Fracture Mechanics, 2003, 70(14): 1963-1987.

[77] Park H S, Kwon D. An energy approach to quantification of adhesive strength from critical loads in scratch tests. The solid films, 1997, 307: 156-162.

[78] 许金泉, 金烈侯, 丁浩江. 双材料界面端附近的奇异应力场. 上海力学, 1996, 17(2): 104-110.

[79] Hattori H. Strength evaluation of bonded materials based on edge singular parameters. Trans. JSME, 1990, A56(522): 618-623.

[80] Hou S Q, Xu J Q. An evaluation method for brittle fracture from a singular point with arbitrary singularities. International Journal of Mechanical Sciences, 2014, 88: 202-207.

[81] Xu J Q, Wang X G, Mutoh Y. Stress intensity factors of a surface crack near an interface edge. Int. J. Fracture, 2001, 111: 251-264.

[82] Yuuki R, Xu J Q. Boundary element analysis of dissimilar materials and interface crack. Computational Mechanics, 1994, 14: 116-127.

[83] 许金泉, 武藤睦治. 実用的界面き裂応力拡大係数の新定義. 材料(日本材料学会会报), 1998, 47(8): 804-807.

[84] Rice J. Elastic fracture mechanics concepts for interfacial cracks. J. Appl. Mech., 1988, 55: 299-316.

[85] Yuuki R, Liu J Q, Xu J Q. Mixed mode fracture criteria for an interface crack. Engineering Fracture Mechanics, 1992, 47(3): 367-377.

[86] Yuuki R, Xu J Q. Stress based criterion for an interface crack kinking out of the interface in dissimilar materials. Engineering fracture mechanics, 1992, 41(5): 635-644.

[87] Sun C T, Jih F J. Strain energy release rate for interfacial cracks in bimaterial media. Engineering fracture mechanics, 1987, 28: 13-20.

[88] Yuuki R, Xu J Q, Mutoh Y. Evaluation of fracture and strength of Metal/ceramic bonded joints based on interfacial fracture mechanics. Trans. JSME, 1994, A60(569): 37-45.

[89] Yuuki R, Liu J Q, Xu J Q. Study on the mixed mode fracture criterion of interface crack. J. Soc. Mat. Sci., Japan, 1994, 43(493): 1206-1210.

[90] Yuuki R, Liu J Q, Xu J Q. Fracture tests and evaluation of interface crack under mixed mode condition. Trans. JSME, 1993, A59(557): 74-80.

[91] Mutoh Y, Xu J Q. Interface fatigue crack propagation in ceramic thermal barrier coatings. JSME Int. J., 2003, 46: 403-408.

[92] Mutoh Y, Miyashita Y, Xu J Q. A test method for fatigue crack propagation along interface between ceramic coating and substrate//Proceedings of SPIE - The International Society for Optical Engineering, 2001, 4317: 286-291.

[93] Curtin W A. Tensile Strength of Fiber-Reinforced Composites: III. Beyond the Traditional Weibull Model for Fiber Strengths. J. Comp. Mat. , 2000, 34(15): 1301-1332.

[94] Karahan M, Lomov S V, Bogdanovich A E. Fatigue tensile behavior of carbon/epoxy composite reinforced with non-crimp 3D orthogonal woven fabric. Composites Science and Technology, 2011, 71(16): 1961-1972.

[95] Round W, et. al. Acoustic emission monitoring of damage progression in Glass/Epoxy composites during static and fatigue tensile tests. Applied Acoustics, 2018, 132: 124-134.

[96] Averill R C, Carmen G P. Analytical modeling of micromechanical stress variations in continuous fiber-reinforced composites//Proc IUTAM, 1991: 28-31.

[97] Sun C T, Vaidya R S. Prediction of composite properties from a representative volume element. Compos Sci Technol, 1996, 56: 171-179.

[98] Kollár L P, Springer G S. Mechanics of Composite Structures. London: Cambridge University Press, 2003.

[99] 李涛, 张秋华. 正交异性材料在 R. Hill 屈服准则下平面应力问题的特征场. 工程力学, 2002, 19: 123-126.

[100] 许金泉. 现代固体力学理论及应用. 杭州: 浙大出版社, 1997.

[101] 加藤, 熊井, 尾中. 材料强度学. 东京: 朝仓书店, 1999.

[102] Deteresa S J, Larsen G J. Reduction in the number of independent parameters for the Tsai-Wu tensor polynomial theory of strength for composite materials. Journal of Composite Materials, 2003, 37(19): 1769-1785.

[103] 钟明辉. 编织复合材料. 纤维复合材料, 1992, 2: 42-48.

[104] Zarges J C, Kaufhold C, Feldmann M, et al. Single fiber pull-out test of regenerated cellulose fibers in polypropylene: An energetic evaluation. Composites Part A: Applied Science and manufacturing, 2018, 105: 19-27.

[105] Talreja R. 复合材料疲劳. 杨乃宾, 译. 北京: 航空工业出版社, 1990.

[106] 潘小娟, 郭领军, 李贺军, 等. 国内外 C/C 复合材料疲劳性能的研究进展. 材料导报, 2011, 25(4): 63-66.

[107] Xu D, Liu P F, Chen Z P, et al. An Experimental Analysis for Damage Monitoring in Glass Fiber/Epoxy Composites During Fatigue Tests by Acoustic Emission. J Fail. Anal. and Preven, 2020, 20: 2119-2128.

[108] Philippidis T P, Passipoularidis V A. Residual strength after fatigue in composites: Theory vs. experiment. International Journal of Fatigue, 2007, 29(12): 2104-2116.

[109] Aymerich F, Priolo P, Sun C T. Static and fatigue behaviour of stitched graphite/epoxy composite laminates. Composites Science & Technology, 2003, 63: 907-917.

[110] Guedes R M. Creep and fatigue lifetime prediction of polymer matrix composites based on simple cumulative damage laws. Composites Part A Applied Science & Manufacturing, 2008, 39(11): 1716-1725.

[111] Christensen R M. Theory of Viscoelasticity. New York: Academic Press, 1982.
[112] Markovitza H. Theory of Viscoelasticity, An Introduction. 2nd ed. New York: Academic Press, 1982.
[113] 仲增墉, 等. 中国高温合金手册. 北京: 中国质检出版社, 2012.
[114] 李忱. 超弹性体非线性本构理论. 北京: 国防工业出版社, 2012.
[115] Li X, Li W, Xia R, et al. Folding stress analysis of a sandwich plate based on transversely isotropic and rate-dependent constitutive relationship of adhesive. The Journal of Adhesion, 2021, 5: 1-30.
[116] Huo M C, Xu J Q. A coupled creep damage evolution model and creep life evaluation. Materials at high temperatures, 2019, 36(3): 253-264.
[117] 张宇明, 颜勇剑, 翁琳, 等. 考虑低温蠕变的钎料本构及芯片可靠性评价. 材料科学与工程学报, 2013, 2: 159-163.
[118] Liu J H, Meng X Q, Xu J Q. Creep constitutive relationships and cyclic behaviors of $Sn_{96.5}Ag_3Cu_{0.5}$ under high temperatures. Int. Journal of modern physics B, 2008, 22(31/32): 5438-5444.
[119] Huo M, Yu Y, Xia R, et al. A new creep constitutive relationship for high temperature alloys. Int. J. Mech. Sci., 2021, 194: 106207.
[120] Evans R W, Parker J D, Wilshire B. The Θ projection concept—a model-based approach to design and life extension of engineering plant. Int J Press Vessel Pip, 1992, 50: 147-160.
[121] Kwofie S, ChandlerH D. Fatigue life prediction under conditions where cyclic creep–fatigue interaction occurs. International Journal of Fatigue, 2007, 29: 2117-2124.
[122] Li X Z, Xia R, Huo M C, et al. Evaluation of creep failure life for sandwich panel based on interfacial creep damage evolution. 投稿中.
[123] 杨武. 金属的局部腐蚀. 北京: 化学工业出版社, 1997.
[124] 曹楚南. 腐蚀电化学原理. 北京: 化学工业出版社, 2004.
[125] Huang X G, Xu J Q. Pit morphology characterization and corrosion fatigue crack nucleation analysis based on energy principle. Fatigue & Fracture of Engineering Materials & Structures, 2012, 35: 606-613.
[126] Huang X G, Xu J Q, Feng M L. Energy principle of corrosion environment accelerating crack growth of anodic dissolution corrosion fatigue. Journal of Shanghai Jiao Tong University (Sci.), 2013, 18(2): 190-196.
[127] 黄小光. 腐蚀疲劳点蚀演化与裂纹扩展机理研究. 上海交通大学博士学位论文, 2013.
[128] Hou S Q, Xu J Q. Mechanical modeling of damage accumulation and life evaluation for stress corrosion cracking. Corros Rev. 2016, 34(4): 201-209.
[129] 毋玲, 陈召涛, 孙秦. 应力腐蚀损伤裂纹起始寿命计算模型. 机械强度, 2004, 26: 58, 59.
[130] Kumar M V, Balasubramanian V, Rajakumar S, et al. Stress corrosion cracking behaviour of gas tungsten arc welded super austenitic stainless steel joints. Defence Technology, 2015, 11: 282-291.
[131] Hou S Q, Xu J Q. A phenomenological life evaluation method for corrosion fatigue. Corros Rev., 2017, 35(2): 75-83.

[132] Speidel M O. Corrosion fatigue. Fracture, 1984, 1: 379-398.
[133] Bhuiyana M S, Mutoh Y, Murai T, et al. Corrosion fatigue behavior of extruded magnesium alloy AZ61 under three different corrosive environments. International Journal of Fatigue, 2008, 30: 1756-1765.